口絵 1　池の中のエゾアカガエルとエゾサンショウウオ幼生（第1章）
エゾアカガエルとエゾサンショウウオの幼生が共存する池では，形状が変異したエゾアカガエル幼生が見られる（底部に集まっているのがエゾアカガエル幼生）。右下の写真は，通常型（右）と頭部が変異した膨満型（左）の幼生を比較したもの。

口絵 2　オオサイチョウ（第5章）

口絵 3　サトイモ科植物とタロイモショウジョウバエの送粉共生（第 8 章）

①クワズイモの生育状況 / ②〜⑫：ボルネオのインドクワズイモ / ⑬〜⑯：ジャワのジャワクワズイモ / ⑰，⑱：中国雲南省の *Steudnerae colocasiifolia*（花序の構造は第 8 章図 3 も参照）
①クワズイモ *Alocasia odora*（中国雲南省西双版納熱帯植物園で撮影）。②明け方に開花し強い匂いを発する花序（受粉実験用に緑色のネットが掛けられている）。仏炎苞の隙間からハエが中に入り受粉する。③仏炎苞が開いた日中の花序とハエ（黒い点）。④雌花の隙間に産みつけられた卵。⑤，⑯翌朝花粉の放出と前後して仏炎苞のくびれ部分が閉まり始めると仏炎苞下部からハエが這い出し，花粉まみれになりながら肉穂花序をのぼる。⑥開花後は花序上部が腐り，⑦取れてなくなる。

口絵 4　日本産マルカメムシ類 4 種の成虫（第 5 章）

マルカメムシ　　　　　　　　　　　　タイワンマルカメムシ

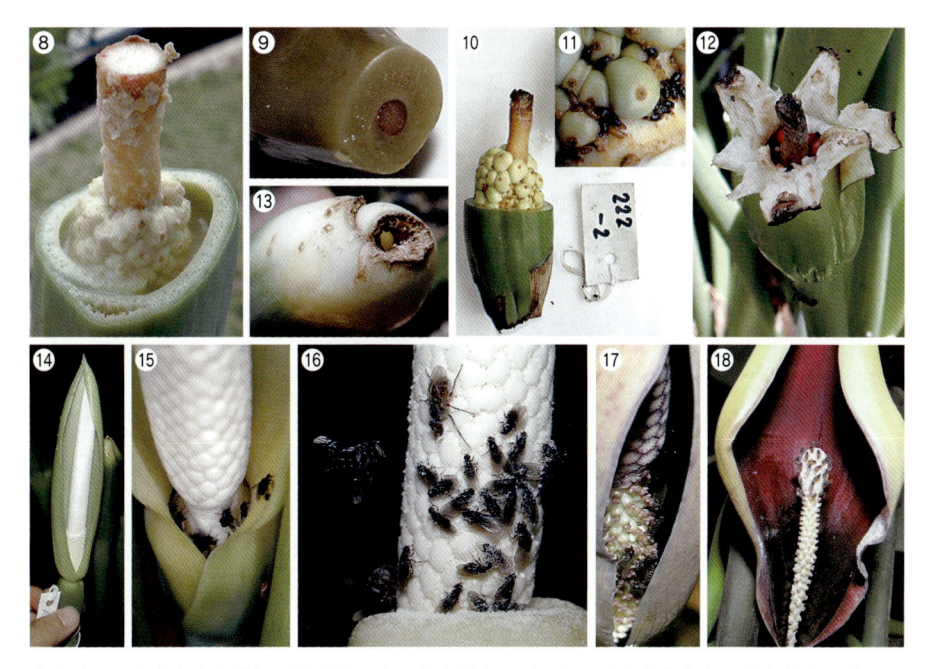

⑧発達する果実序内を満たす浸出液の中で幼虫が育つ（写真では果実序上部の仏炎苞を切除してある）。⑨花序の軸を巻き込んだ仏炎苞によって，果実序上部がぴったりと閉じたインドクワズイモ（写真は果実序上部を切開した横断面）では，⑩中で蛹化したハエ（⑪）は3か月も待って，⑫果実序の裂開と同時に羽化するのに対し，⑬果実序上部に穴が開くジャワクワズイモでは，ハエは果実序の裂開を待たず羽化する。⑭開花直前の花序は仏炎苞がゆるむ。⑮開花前半（雌性期）の花序は仏炎苞のくびれ部分が広く開き，下部の雌花部分にハエが入りやすくなっている。⑰開花1日目（雌性期）ハエは卵を産みつけるために雌花部の周りを歩き回り，受粉するが，⑱翌朝は花粉を放出する雄花部に誘引され，花粉まみれになってから次の雌性期の花へと飛んでいく。

クロツヤマルカメムシ　　　　　　　　　　ミヤコキベリマルカメムシ

口絵5　クルミホソガの幼虫，蛹，成虫（第3章）

①オニグルミの葉上に形成されたクルミ集団のマイン（3個体がマインを形成している）。②ネジキの葉上に形成されたネジキ集団のマイン。③クルミ集団のマインの拡大図（2個体がマインを形成している）。矢印の部分は1・2齢時に形成された線状のマイン。その上の広がっている部分が3齢以降に形成された部分。④クルミの葉上に形成されたクルミホソガの繭。繭は2層構造になっており，内部に蛹が入っている。⑤成虫。翅を広げても1cmに満たない。1円玉の上にのせる（⑥）と，成虫の小ささがよくわかる

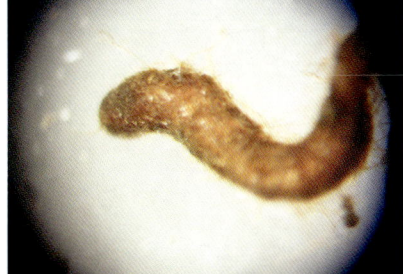

口絵6 オニイグチ属の各形態種の子実体およびの菌根の形態（第6章）

①オニイグチの子実体，②オニイグチモドキの子実体，③コオニイグチの子実体，④トライグチの子実体，⑤コオニイグチの菌根

口絵7　スズメダイ類とその藻園 （第6章）

サンゴ礁に生息するスズメダイ類の魚には，藻を餌とするものが多い。かれらはなわばりを持ち，そこに侵入する他の藻食性の生物を追い払って消化しやすい糸状藻類を繁栄させ，餌を確保している。かれらのなわばりの外では多くの生物が食べ尽くしてしまうので，糸状藻類が見られることは少ない。

クロソラスズメダイとその藻園。クロソラスズメダイはハタケイトグサ以外の藻を除藻するため，ハタケイトグサだけが生えた藻園となる

サンゴの枝で他の生物の侵入が制限されるハナナガスズメダイとその藻園。除藻は行わず，生えている藻の種類は多い。

ルリホシスズメダイとその藻園。ハナナガスズメダイと同じく除藻は行わず，多種の藻が生えている。

スズメダイモドキとその藻園。単一の藻だけが生えているわけではないが，スズメダイモドキの藻園には「必ず生えているイトグサの一種」があることがわかった。

ダンダラスズメダイとその藻園。平らな海底上で，ウニなど他の生物も藻を食べに来る。ダンダラスズメダイは，藻以外の餌も利用している。

口絵8 キールンカンコノキと送粉者のキールンハナホソガ（第7章）

キールンハナホソガはキールンカンコノキの花粉媒介を担う昆虫で、幼虫はキールンカンコノキ胚珠を食べて育つ。①開花中の雌花。癒合した花柱の先端にすき間があり、開花中であることがわかる。②キールンハナホソガの雌が雄花で花粉を集めているところ。口吻に花粉をこすりつけている。③花柱のすき間に口吻を差し込み、授粉しているところ。花粉がたくさんついた口吻が太く見えている。④授粉した雌花に産卵しているところ。腹部を折り曲げて、産卵管を花に差している。

口絵9 ハンマーオーキッド（第7章）
オーストラリアに生育する *Drakaea glytodon*（撮影／勝真理子）

口絵 10　さまざまな虫えい（第4章）

①コナラに形成されたナラメリンゴタマバチの虫えい，②オノエヤナギの葉上に形成されたハコブハバチの一種による虫えい，③タニウツギに形成されたウツギメタマバエの虫えい，④ソヨゴの芽に形成されたソヨゴタマバエの虫えい，⑤ヤブウツギの芽に形成されたウツギメタマバエの虫えい，⑥フジの枝に形成された癌腫病菌（バクテリア）による虫えい，⑦ケヤキの葉上に形成されたケヤキヒトスジワタムシによる虫えい

種間関係の生物学

共生・寄生・捕食の新しい姿

種生物学会　編

責任編集　川北 篤・奥山雄大

文一総合出版

Biology of Species Interactions

edited by
Atsushi KAWAKITA and Yudai OKUYAMA
The Society for the Study of Species Biology (SSSB)

Bun-ichi Sogo Shuppan Co.
Tokyo

種生物学研究　第35号
Shuseibutsugaku Kenkyu No. 35

責任編集　　川北　篤（京都大学）
　　　　　　奥山　雄大（国立科学博物館）

種生物学会　和文誌編集委員会
（2010年1月～2012年12月）

編集委員長　　藤井　伸二（人間環境大学）
副編集委員長　石濱　史子（国立環境研究所）
編集委員　　　奥山　雄大（国立科学博物館）
　　　　　　　川北　篤　（京都大学）
　　　　　　　川窪　伸光（岐阜大学）
　　　　　　　川越　哲博（京都大学）
　　　　　　　工藤　洋　（京都大学）
　　　　　　　陶山　佳久（東北大学）
　　　　　　　富松　裕　（東北大学）
　　　　　　　永野　惇　（京都大学）
　　　　　　　西脇　亜也（宮崎大学）
　　　　　　　細　　将貴（NCB Naturalis）
　　　　　　　安元　暁子（早稲田佐賀中学・高等学校）
　　　　　　　矢原　徹一（九州大学）
　　　　　　　吉岡　俊人（福井県立大学）

はじめに

　自然界の生物はどれも，他の生物とかかわらずに生きていくことはできない。動物は生きていくために他の生物を食べなければならないし，自らも天敵から逃れなければたちまち身の危険にさらされる。植物は自ら光合成を行うことができるが，植物が作り出す豊富な資源を目当てに昆虫や草食獣がやってくる。私たちの見えないところでは動物も植物も無数の微生物に絶えず攻撃されており，こうした寄生者から身を守る仕組みをもつことを余儀なくされている。

　生物どうしの関係には"助け合い"も多い。例えば陸上植物の多くは根を介して地中で菌とつながっていて，互いに不足する養分を補い合っているし，花で蜜を吸って花粉を運ぶ昆虫や，果実を食べて種子を散布する動物なども，植物にとって欠かせないパートナーだ。

　生物はこうした種間関係を通じて，目を見張るほどの多様な形質を進化させてきた。生物の形や色，行動，鳴き声，匂い，生理メカニズム，巣やなわばりの構造など，個々の生物を特徴づけている形質の実に多くが，他の生物とのかかわりの中で形作られてきたものである。生物多様性に私たちが心を奪われるのは，単に生物の種数が多いからではなく，こうした豊かな個性をもった生物が集まって生態系を作り上げているからであろう。生物多様性はまさに，種間関係の賜物である。

　本書では，こうした種間関係をテーマに，第一線で活躍されている研究者の方々にそれぞれの研究をご紹介いただいた。生物間相互作用の研究は，おそらく生物学そのものと同じくらい長い歴史を持つが，今でも胸が躍るような新しい発見が引きも切らない，古くて新しい研究分野だ。特に本書で紹介されている研究は，私たちの種間関係の見方を大きく変えるような研究や，従来見過ごされてきた相互作用の新しい一面に光をあてた研究ばかりである。そしてそこから広がる進化生態学研究の最前線を紹介しようというのが本書のねらいである。

　本書では第1部から第3部として，それぞれ捕食，寄生，共生についての研究をまとめた。食う，食われるという私たちにとってなじみやすい関係

から，ミクロの世界で繰り広げられる共生にまで至るよう各章を配したつもりである．

　本書の大きな特徴は，いずれの種間関係も，執筆者の方々が独自に新しく研究対象として見出したものばかりだという点だ．口絵に並べられた写真を見ていただきたい．鳥，両生類，爬虫類，魚，昆虫，貝類，植物，藻類，菌類といったさまざま生物が登場するが，生物の教科書では見たことがないものばかりのはずだ．これまで誰も扱わなかった生物を研究対象とするうえでの数々の失敗や苦労，そしてそれを乗り越える研究者の方々の情熱が文章の端々に感じられると思う．

　第4部では，種間関係を研究するうえで役に立つさまざまな手法を，それぞれの専門家に解説していただいた．特に遺伝子解析をはじめとする近年の分析技術の飛躍的進歩は，種間関係の新たな側面に迫るうえで強力な武器となっている．しかしいざ野外の生物を研究してみると，それぞれの生物独自の工夫が必要だったり，予想もしなかったような困難がつきまとう．手法編である第4部では，こうした野外の生物を対象とした研究で用いられた数々のアイデアを惜しみなく紹介していただいた．いずれも現場での実体験にもとづいた解説だけに，臨場感に溢れている．またコラムでは，野外の生物を研究する際に時に大きな威力を発揮する博物館標本の利用について，さまざまな実例を交えながら解説していただいた．

　モデル生物のゲノムが次々と解読され，ポストゲノム時代と呼ばれるようになって久しい．今後も遺伝子の機能やシステムを還元的に解析することで，私たちの生物に対する理解は飛躍的に深まっていくだろう．一方，本書で取り上げた例のように，野外で地道に生きものの生態を追いかけるような研究は，ともすると生物学の時流に沿わないものに映るかもしれない．しかし私達は，こうした研究こそが生物学の裾野を広げ，ポストゲノム研究と両輪となってこれからの生物学をより魅力的なものにしていくものだと信じている．本書が一人でも多くの読者に野外研究の面白さを伝えるものとなれば幸いである．

　最後に，ご多忙の中，素晴らしい原稿を寄せていただいた執筆者の方々に厚く御礼申し上げる．執筆者の方々には早くに原稿を仕上げていただきながら，私達責任編集者が出版を大きく遅らせてしまい，大変ご迷惑をお掛け

した．このことを深くお詫びしたい．また匿名で査読にご協力いただき，貴重なコメントをお寄せいただいた方々，企画・編集にあたりご助言ご協力をいただいた種生物学会和文誌編集委員の方々，出版にあたり多くのお力添えをいただいた文一総合出版の菊地千尋さんに御礼申し上げる．

2012年2月
京都大学生態学研究センター　　川北　篤
国立科学博物館　　　　　　　　奥山雄大

種間関係の生物学
共生・寄生・捕食の新しい姿
目　次

はじめに

第1部　食う−食われるの新しい姿

第1章　形を変えるオタマジャクシ：操作実験からのアプローチ
　　　　　　　　　　　　　　　　　　　　　　　　　　岸田　治　11

第2章　右と左の共進化：追いかけるヘビと逃げるカタツムリ
　　　　　　　　　　　　　　　　　　　　　　　　　　細　将貴　53

第2部　寄主と寄生者の種間関係の進化

第3章　リーフマイナーの食性の進化を探る：
　　　　野生生物を用いた実験系確立ストーリー　　　　大島一正　71

第4章　虫えいをめぐる昆虫群集　　　　　杉浦真治・山崎一夫　101

第3部　共生する生物の関係を紐解く

第5章　タイの熱帯季節林における大型の果実食鳥類サイチョウ類に
　　　　よる種子散布　　　　　　　　　　　　　　　北村俊平　123

第6章　魚による農業：サンゴ礁における
　　　　スズメダイとイトグサとの栽培共生　　　　　畑　啓生　151

コラム1　栽培共生とは　　　　　　　　　　　　　　畑　啓生　172

第7章　花の匂いが結ぶ植物と送粉者のパートナーシップ
　　　　　　　　　　　　　　　　　　　　　　　　　岡本朋子　175

第8章　サトイモ科植物とタロイモショウジョウバエの送粉共生
　　　　　　　　　　　　　　　　　　　　　高野（竹中）宏平　195

第9章　キノコ類の隠れた種：共生する植物との相性を紐解く
　　　　　　　　　　　　　　　　　　　　　　　　　佐藤博俊　217

コラム2　核DNAとミトコンドリアDNAの比較による生殖的隔離の検出
　　　　　　　　　　　　　　　　　　　　　　　　　　　　　　佐藤博俊　*242*

第10章　マルカメムシ類と腸内細菌イシカワエラの絶対的共生
　　　　――切り貼り自由な共生システム　………　細川貴弘　*245*

第4部　新しい自然史研究の手法

第11章　野生生物からのDNAおよびRNA抽出
　　　Ⅰ　DNA抽出の基礎　……………………………　川北　篤　*265*
　　　Ⅱ　植物からのDNA抽出プロトコル（改変CTAB法）
　　　　　　　　　　　　　　　　　　　　　　奥山雄大・川北　篤　*273*
　　　Ⅲ　植物からのRNA抽出プロトコル　…………　奥山雄大　*279*
　　　Ⅳ　菌根サンプルのDNA解析について　………　佐藤博俊　*285*
　　　Ⅴ　動物糞に含まれるキノコのDNA解析法　　佐藤博俊　*294*
　　　Ⅵ　貝類，および各種海産無脊椎動物からのDNA抽出
　　　　　　　　　　　　　　　　　　　　　　　　　　亀田勇一　*297*
　　　Ⅶ　古い昆虫標本からのDNA抽出と抽出産物のPCR増幅
　　　　　　　　　　　　　　　　　　　　　　大島一正・吉澤和徳　*304*
　　　Ⅷ　ホルマリン浸漬標本からのDNA抽出
　　　　　　　　　　　　　　　　　　　　　　　　　　島田知彦　*312*

第12章　花の匂いの捕集方法　………………………　岡本朋子　*317*

第13章　リーフマイナーの自然史と採集法，飼育法，標本作製法
　　　　　　　　　　　　　　　　　　　　　　　　　　大島一正　*331*

コラム3　博物館標本の活用術
　　　　　　　　　　　　　　　　　　　　　細　将貴・鈴木まほろ　*357*

コラム4　ハーバリウムにおけるローン制度と貸し出し方法
　　　　　　　　　　　　　　　　　　　　　　　　　　藤井伸二　*377*

編集委員　*2*
執筆者一覧　*391*
索引　*392*

第 1 部

食う−食われるの新しい姿

誰もがイメージしやすい種間関係として，真っ先に食う−食われるの関係が挙げられるだろう。肉食性の動物は生存，繁殖のために他種の生物を捕食する必要があるが，もちろん捕食される側の動物もまた，生存，繁殖のためには捕食を回避しなければならない。このように，捕食する側，捕食される側は相互にその適応度を最大化すべく，それぞれ食うため，食われるのを回避するための巧妙かつ多様な形質を進化させてきた。第1部では，誰もが予想もしなかった捕食とそれに対する防御の形質についての，近年の驚くべき発見と，そこから広がる進化生態学研究の現場を紹介する。

第1章　形を変えるオタマジャクシ：
操作実験からのアプローチ

岸田治（北海道大学北方生物圏フィールド科学センター天塩研究林）

遠い日の記憶

　ランドセルを放り投げたぼくは勢いよく玄関を飛び出した。物置の奥に立てかけてあった破れかけの網を手に取ると，戸を閉めるのも忘れて走り出した。近所で友だちと合流すると，ぼくらは急ぎ足で歩きはじめる。目指すのは，500mほどむこうにある秘密の池だ。

　友だち：「ことし，行くの初めてだから楽しみだね」
　ぼ　く：「オタマいるかな？」
　友だち：「サンショウウオいるってよ」
　ぼ　く：「えっ，なんで知ってんの？　サンショウウオ，もういるの？……じゃあ，おれとろうかな」
　友だち：「おれ，べつにいらねーからやってもいいけど，弟がいっぴきほしいって言ってたな……」

　小学生が歩きながらする会話は大人顔負けの腹の探りあいだ。かわいらしくなんかない。互いにお目当てがサンショウウオの幼生だということ知ると，歩きも徐々に速くなる。道を曲がって秘密の場所が見えたとたんに，ぼくらはどちらからともなく駆け出した。小学生のぼくらにとってオタマ（エゾアカガエルの幼生）とサンショウウオ（エゾサンショウウオの幼生）は自然がくれた大切な宝物だった。

　北海道の春。林道や河川の脇の池や水たまりにエゾアカガエル *Rana pirica* とエゾサンショウウオ *Hynobius retardatus* は産卵する。2，3週間もすると，おびただしい数の両種の幼生が池を泳ぐ。サンショウウオ幼生のほうが子どもたちに人気があったのは，オタマジャクシならいくらでも採れるが，サンショウウオ幼生はそれほどたくさんは採れなかったからだ。

1. 膨らむオタマジャクシ
1.1. 発見

　15年後。大学を卒業したばかりの私は小樽にある水族館で飼育員として働いていた。水族館には大小さまざまな水槽があり，色とりどりの魚や，愛くるしいイルカたちが，お客さんの目を楽しませる。バックヤードとよばれる裏方でも，たくさんの生きものが飼育されていることをご存知だろうか。多くは展示生物に万が一のことがあった場合の控えとしてストックされているものであるが，将来の展示に向けて試験的に飼育されているものもいれば，絶滅が心配されている種で繁殖を期待され飼われているものもいる。わずかではあるが，各々の飼育員が野外で採ってきたお気に入りの生きものがおり，そのなかに，エゾサンショウウオの幼生とエゾアカガエルのオタマジャクシがいた。

　エゾサンショウウオの幼生は肉食である。私もイトミミズやユスリカの幼虫といった水生動物を餌として与えていた。しかし，エゾサンショウウオの幼生が共食いをするほどの貪欲な肉食者だということは，水族館に就職し，先輩方から飼育のノウハウを教えてもらうまでは知らなかった。さらに驚いたのは，同種の密度が高い時には共食いに有利な大きな顎をもつ個体が出現するということだった[*1]。貪欲な肉食動物。餌生物を食い尽くしてしまうのではないか，というサンショウウオ幼生に対する新しいイメージは，「カエルのオタマジャクシはいくらでもいる」という子どもの頃に刷り込まれた記憶に疑問を投げかけた。

　サンショウウオ幼生が肉食なのに，一緒にいるオタマジャクシは多すぎやしないか？　これに答えるのは容易なことではないが，1つの仮説として，サンショウウオ幼生の偏食の可能性を考えた。単純にサンショウウオ幼生はオタマジャクシが嫌いなのかもしれない。オタマジャクシはあまりおいしそうには見えない。さっそく確かめてみることにした。空の水槽にサンショウウオ幼生を数匹入れ，そこへ大小さまざまたくさんのオタマジャクシを入れた。

　おいしくないだなんてとんでもない。オタマジャクシと交錯しかけた時，サ

[*1]：エゾサンショウウオ幼生は同種が高密度で存在すると，一部の個体が大顎の形へと変化する（Wakahara, 1995）。2002年に北海道大学の大学院生だった道前洋史さんは，オタマジャクシがたくさんいる状況だと，サンショウウオ幼生の大顎化がより高頻度であらわれるということを明らかにし，大顎化がサンショウウオ幼生やオタマジャクシのような比較的大型の餌を捕食するための表現型可塑性の一例として結論づけた（図8）。

図1　エゾアカガエルのオタマジャクシを丸呑みするエゾサンショウウオ幼生

ンショウウオ幼生が鋭く動いたかと思うと次の瞬間にはオタマジャクシの頭はサンショウウオ幼生の顎の中に納まっていた（図1）。サンショウウオ幼生はオタマジャクシを丸呑みにすべく，口を大きく広げているが，あっという間の早業で，見ているこちらも開いた口がふさがらない。その後も，次々と捕食が起こり，数分後にはほとんどのサンショウウオ幼生がオタマジャクシをほおばっていた。

　オタマジャクシに食らいついてから完全に呑み込んでしまうまでは意外と時間がかかるものだ。当然，食われているほうは必死で抵抗する。オタマジャクシは頭を引っこ抜くため，サンショウウオ幼生の口からはみ出た尾鰭を激しくくねらせ暴れ回る。大きなオタマジャクシに食らいついてしまったサンショウウオ幼生は，ひっくり返ったり戻ったりと，大暴れする獲物に振り回されている。しかし，サンショウウオ幼生もそう簡単には獲物を吐き出さない。互いにすさまじい執念だ。やがてオタマジャクシは動かなくなり，サンショウウオ幼生の喉の奥へと引きずりこまれていった。サンショウウオ幼生は，はちきれんばかりに腹を膨らませながら，水底で休んでいた。

　サンショウウオ幼生はオタマジャクシを勢いよく襲ったが，捕食は簡単ではなかった。捕食がうまくいくかどうかは，互いの大きさに依存して決まるようだ。成長して大きくなったオタマジャクシであれば食われないだろう。だからこそ，オタマジャクシはサンショウウオ幼生と一緒にいても食い尽くされることがないのかもしれない。図2は，その後行った実験の結果であり，サンショウウオ幼生が食べることのできる最大のオタマジャクシの大きさを示してある。自分の頭幅よりもいくらか小さな頭幅をもつオタマジャクシでなければ捕食できないことから，捕食の成否は互いの大きさに強く依存することがわかる。

　実験後，残ったオタマジャクシとサンショウウオ幼生をバケツに入れて飼い

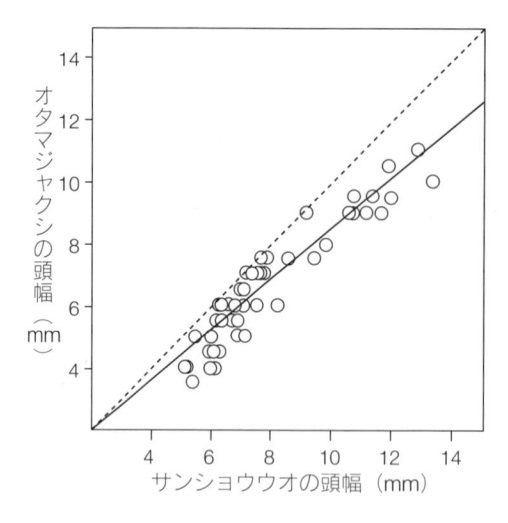

図2 サンショウウオ幼生が食える最大のオタマジャクシの大きさ

（Kishida & Nishimura, 2004 より作成）
横軸はサンショウウオ幼生の頭幅。頭幅は口の大きさをあらわす指標となる。縦軸は，サンショウウオ幼生が食うことができた最大のオタマジャクシの頭幅。実線は回帰直線を示す。点線上でサンショウウオ幼生とオタマジャクシの頭幅が同じ値をとる。サンショウウオ幼生は自らの頭幅より，小さな頭幅のオタマジャクシを食うことができる。

続けた。2週間ほどたった日のことだったと思う。水を替えるためにバケツから水槽へと2種を移し替えた私は，オタマジャクシを見てびっくりした。丸く，大きく，透明なのだ。しかも1匹や2匹ではない。バケツの中にいたすべてのオタマジャクシが，透明な分厚い皮膚に覆われた頭をもち，尋常でなく膨らんでいたのだ。同じ水槽に入っていたサンショウウオ幼生の頭と比べても明らかに大きかった。これほどまで膨れてしまえば，頭からサンショウウオ幼生に呑み込まれることはまずないだろう。膨れた頭がもつ意味を直感した。

この発見からほどなく，『恋のかけひきはグッピーに学べ』というタイトルの本を通して，私は"誘導防御"と"表現型の可塑性"という2つの言葉を知った。「食われないためには形を変える」というなんともタイムリーなタイトルの章では，ミジンコや巻貝が，捕食者のいる時にだけトゲを伸ばしたり，殻を厚くして身を守るということが紹介されていた。そして，脊椎動物のフナにも同様の現象が発見されたことが，驚きをもって書かれていた（ミジンコの誘導防御については花里（1994）が詳しく紹介している。巻貝についての原著はTrussell（1996），Trussell & Nicklin（2002）など，フナについてはBrönmark & Miner（1992）などがある）。一般に，環境に応じて，個体が表現型を変えることを表現型の可塑性とよぶ。そのなかでも，被食生物が捕食者のいる環境においてのみ，防御形質を発現するようなやり方は，捕食者誘導防御という。形を変えてまで，自分の置かれている状況に対応するというだけでも驚くべきことなのに，それがさまざまな種に共通したやり方だということに，

心が熱くなった。

　オタマジャクシの頭の膨らみも誘導防御にちがいない。この興奮を一刻も早く誰かに伝えたくて，大学4年の時卒業研究を指導していただいた北大の西村欣也先生に連絡した。オタマジャクシの形態変化の写真を見てもらい，発見の経緯について詳しく話した。西村先生も水饅頭のように膨れたオタマジャクシをみて興奮してくれた。誘導防御の仮説にも好意的で，この仮説を検証するための研究を展開するよう強く勧めてくれた。自分の発見をプロの生態学者が認めてくれた気がしてなんだかうれしかった。私は仕事の合間を縫って，膨らむオタマジャクシを研究することにした。

1.2. 誘導防御の進化生態学

　膨らむオタマジャクシを発見したのは6月も半ばのことだったと思う。すでにサンショウウオとカエルの繁殖シーズンは終わっていたから，その年にさらに研究することはできなかった。本格的な研究は翌春のお楽しみということにして，誘導防御について勉強することとなった。西村先生は，真新しい1冊の本『The Ecology and Evolution of Inducible Defenses』と，誘導防御に関するいくつかの論文を送ってくれた。その中にはフナやミジンコの他にカエルのオタマジャクシを研究対象とした文献が含まれていた。オタマジャクシを対象とした可塑性研究が盛んになっていることは，文献からすぐに読み取れた。すでに多くの生態学者が研究してしまっていることは，少なからず残念ではあったが，膨れるオタマジャクシの話はまだ誰も報告していないことを知って少しほっとした。

　休日を利用して図書館に行き，英和辞典を開いて論文を解読した。大学時代にろくすっぽ勉強しなかったので，英語で書かれた科学論文を読むのは簡単なことではなかった。たとえば生態学者にとっては常識といえる"ANOVA (Analysis Of Variance: 分散分析のこと)"を英和辞典で調べたほどの酷さである。しかも辞書に載ってなくて困った。苦労して文献を読み進めていくうちに，誘導防御研究の重要な課題が3つ見えてきた。

　最も重要な課題として位置づけられるのが，捕食者環境で発現された形質の防御機能の解明である。形質を変えた被食者は本当に捕食されにくいのか？ また，それはどのようなメカニズムによるのか？ 形質誘導による適応度への貢献を明らかにすることで初めて「誘導防御」とよべる。適応という統一的な見方ができるからこそ，さまざまに研究が展開していく。

2つめの課題は，防御形質の適応度上のコストの検証である。もし，防御形質にコストがかからないのだとしたら，被食者は常に防御すべきである。コストがあるからこそ，被食の危険を受けてから防御を発現する意味がある。つまり，防御コストの存在を示すことで，「変化すること」自体の適応的意義を見出せるのだ。しかし，言うは易く行うは難しで，防御コストの証明は簡単でないらしい。厳密な検証に成功した例はほとんどないのだ。一般に，適応度は個体が生涯に産む子の数で計測される。しかし，直接これを測るのは難しいので，それと関係する生活史形質を代替的な指標にすることが多い。たとえば，成長率や死亡率，発生速度などである。したがって，防御形質を発現していない個体と発現した個体との間での適応度成分を比較することが，防御コストを検証するためのアプローチのひとつになる。防御した個体の産子数（卵数）が少ないか，死亡率が高い（防御の対象となる捕食者からの被食による死亡は含まない），あるいは発生速度が低い場合に，防御コストの存在が示唆される（Lively, 1986; McCollum & Van Buskirk, 1996; Trussell, 2000）。

　しかし，たとえこのように適応度成分の減少を発見できたとしても，それが注目している防御形質のコストを反映したとは言いきれない。なぜかというと，それらは注目している防御形質の有無だけを操作し比較することで得られた結果ではないため，別の相関した原因が適応度の低下を招いた可能性を否定できないからだ。これは，捕食者のいる環境で防御を発現した個体と，捕食者のいない環境で防御を発現していない個体とを比較する場合に（実際，これらの比較が現実的である），避けられない問題である。

　被食の危機にさらされた被食者は，1つの形質でのみ防御するとは限らない。たとえば，形態防御する動物の多くが，行動による防御も行う。じっとしたり物陰に隠れて捕食者に見つからないようにするのだ。これらの行動をとると餌の獲得量も減るため，成長が悪化し発生が遅れる。結果的に，卵数や繁殖齢などにも影響が及ぶだろう。こうなると，形態防御を誘導した個体に適応度成分の低下が見られても，それが形態防御によるコストを反映したものか，行動防御によるコストを反映したものか区別することはできない。さらに，やっかいなのは，被食の危機にさらされた個体はストレスによってパフォーマンスが低下する可能性も大いにあるということだ。実際，ストレス応答にかかわっていることが知られているヒートショックプロテイン遺伝子の発現量を解析した研究では，ミジンコやイトトンボのヤゴが捕食者環境でストレスを感じていることが示されている（Pauwels *et al.*, 2005; Slos & Stoks, 2008）。

3つめの課題は，被食の危機が何によって伝えられているのかを知ることである。危険を的確に察知して防御を発現することで，誘導防御の適応度上の利益は最大化される。防御の必要がない安全な状況にもかかわらず，間違って防御を発現してしまったなら，コストだけを被ってしまう可能性がある。誘導防御をする生物がなにを手がかりとして危険を察知しているのか，個々のケースで明らかにすることで，防御戦略の進化についての理解がいっそう深まるだろう。形態形質での誘導防御の例は，多くが水生生物での報告であり，そのほとんどが，水溶性の化学物質を手がかりとしているという (Tollrian & Harvell, 1999)。この水溶性の化学物質は，捕食者の排泄物に含まれる化学物質（カイロモン）と，捕食者によって攻撃を受けた同種他個体から出る警戒物質 alarm substance とに大きく分けられる。水に溶け込んだ物質を頼りに防御形態を発現することは非常に優れたやり方のように思える。というのも，形態防御は発現に時間がかかるため，危険をいかにして早く察知できるかが重要になってくるからだ。水を媒介することで，化学物質は比較的長距離まで伝播されるだろう。視覚による捕食者の認知や，捕食者から直接受ける攻撃も防御発現の信号になりうるが，視覚刺激や機械刺激はまさに緊急事態を意味するわけだから，形態防御というよりはむしろ，逃げたり隠れたりといった行動による防御を発動するのに使われるべき信号である (Tollrian & Harvell, 1999)。

時がたつのは早い。文献を通して取り組むべき重要な課題も見えてきた頃，実験の季節春が来た。さあ膨らむオタマジャクシの研究だ。まずは再現することからだ。サンショウウオ幼生からの被食危機に応じてオタマジャクシが頭を膨らませることを実験的に証明しなければならない。そのあとで防御機能について検証することにしよう。

1.3. 先入観—膨らまなかったオタマジャクシ—

形態変化の再現。成功するかどうかは，変化を誘発する信号をオタマジャクシに与えられるかどうかにかかっている。では，エゾアカガエルのオタマジャクシはなにを手がかりとして形を変えるだろうか？ 先に記したように，捕食者誘導型の防御形態の発現は水生生物で多く発見されており，そのほとんどの例で，捕食者から排出された化学物質が形態変化を誘発する信号になっている。たとえば，ミジンコは捕食者のフサカ幼虫のいる環境で，ネックティースとよばれる棘状構造を発達させるが，実験的にはフサカ幼虫を熱処理したあとの抽出液をミジンコを飼育する環境水に溶かしてやることで誘導できる (Tollrian,

1995)。岩礁潮間帯にすむタマキビガイが殻を厚くして身を守る際にも，捕食者のカニが排泄する物質が手がかりとなる。カニをケージに囲って隔離しても，環境水さえ共有していれば貝殻が厚くなるのだ（Trussell, 1996）。

　エゾアカガエルのオタマジャクシもサンショウウオ幼生の排泄物から溶け出した化学物質を頼りして形を変えるに違いない。被食危機を遠隔的に感知してこそ，来るべき脅威を万全の態勢で迎えることができる。私は，タマキビガイで行われている実験と同様に，ケージにサンショウウオ幼生を隔離したうえで，オタマジャクシを形態変化させようと考えた。しかし，それだけでは先行研究とあまり違いがない。研究の独自性を高めるために，もう一歩踏み込んだ実験をしようと思った。そこで注目したのが信号となる化学物質の由来だった。オタマジャクシにとって，被食の危機とは，ただ単にサンショウウオ幼生がいるということではなく，サンショウウオ幼生がオタマジャクシを食ったという事実に基づくのではないだろうか。オタマジャクシは，サンショウウオ幼生の排泄物に含まれる同種由来の物質を嗅ぎ分けたうえで形を変えるのかもしれない。襲われたオタマジャクシの傷口から染み出た警告物質を利用することも考えられる。

　そこで，初めの実験では，サンショウウオ幼生からの被食危機を操作するだけでなく，サンショウウオ幼生に与える餌も操作して，オタマジャクシの形態を比較することにした。エゾサンショウウオとエゾアカガエルの卵を近くの池で採集し，孵化したサンショウウオ幼生とオタマジャクシを使って，実験を始めた。1ℓの水を入れた小さな水槽を用意し，そこにサンショウウオ幼生を隔離するためのプラスチック製のかごを1つずつ入れた。各水槽，5個体ずつオタマジャクシをかごの外に入れた。彼らがこの実験での主役である。実験処理は3つ。かごの中に，①サンショウウオ幼生1個体と餌として小さなオタマジャクシ毎日1個体ずつ入れた処理（サンショーオタマ区），②サンショウウオ幼生1個体と，餌のイトミミズを入れた処理（サンショーミミズ区），③何も入れない処理（対照区）である。それぞれ5回ずつ繰り返した。

　実験が始まれば，わくわくどきどきの毎日だ。毎朝，出勤するやいなや水槽をチェックしにいった。仕事が終われば餌を与えたり水を替えたり，実験をメンテナンスした。当初は，1〜2週間で形に違いが出ると予測していたので，日数が経過するにつれて私の期待もどんどん大きくなっていった。ところがなかなかオタマジャクシは変わらない。2週間たっても3週間たっても，サンショウウオ幼生がいる水槽のオタマジャクシは頭を膨らませはしなかった。形態

変化を促す化学物質の量が不足していたのだろうか。水を替えすぎてしまったかもしれない。サンショウウオ幼生は餌を余すことなく食べていたし、糞もしていたから、あまり心配はしていなかったが、目測を誤ってしまったようだ。

　仕切り直し。気を取り直して、もう一度卵を採集し孵化させた後で、改めて実験を組んだ。前回の反省から、今度は誘導物質の濃度が高まるように工夫した。サンショウウオ幼生にたくさん糞をしてもらうため、与える餌の量を倍に増やした。さらに、水換えの頻度も大幅に減らした。これで、オタマジャクシも形を変えるに違いない。今度こそはうまくいくだろう。ところが、期待とは裏腹に、またもオタマジャクシは形を変えようとしなかった。1週間たてども2週間たてども、みな普通のオタマジャクシだった。去年の春に発見した水饅頭のようなオタマジャクシは幻だったのか……。正直いって混乱した。追い討ちをかけるように実験は荒れていった。隔離したはずのサンショウウオ幼生が、何かの拍子にかごから飛び出し、外のオタマジャクシを食い荒らす水槽まで出てきてしまったのだ。

1.4. 脱出サンショウウオ幼生のお手柄

　実験は失敗した。すっかりやる気も失せていた。去年見たおかしな形のオタマジャクシは病気にでもかかっていたのだろう。いやいや、オタマジャクシがおかしいのでなくて、自分のほうがおかしかったのかもしれない。半ば自虐的になりながら、期待はずれに終わった実験の後始末にとりかかった。実験生物を回収しようと水槽を覗き込んだそのときだった。

　「うわっ！いたっ！」思わず叫んでしまった。

　ついに透明な皮膚に覆われた頭のオタマジャクシを見つけたのだ！　あろうことか、そいつがいたのはサンショウウオ幼生がかごから飛び出していた水槽だった。

　いったい何があったのか。込み上げてくる興奮を抑えて考えた。

　膨らんだオタマジャクシがいたのは、実験の途中で捕食者がかごから脱出した水槽だ。そこでは数日にわたってオタマジャクシがサンショウウオ幼生の攻撃を受けていたと思われる。もしや、オタマジャクシが体を膨らませるには、サンショウウオ幼生の接触が必要なのではないだろうか。直接的な接触によるストレスや、接触を介さないと伝えられない難水溶性の化学物質が、誘導信号の候補になるだろう。私は、遠隔的に伝播する水溶性の化学物質が形態変化を誘発するものだとすっかり信じ込んでいた。そしてそのことを前提として実験

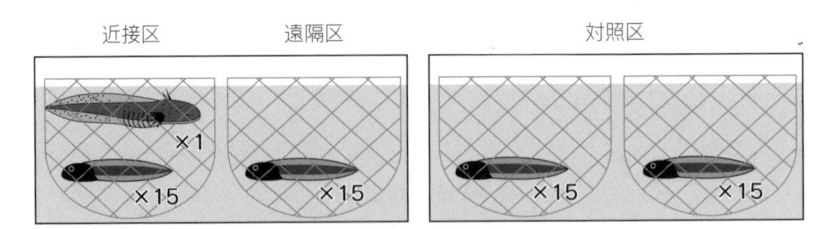

図3 サンショウウオに対する形態変化の誘導実験デザイン
遠隔区では,オタマジャクシはサンショウウオの存在を,視覚的,嗅覚的に認知する可能性があるが,サンショウウオに接触されることはない。一方で,近接区では視覚,嗅覚刺激に加え,接触刺激を受ける可能性がある。×印の後の数字は初期に導入した個体の数。

を進めてしまったのだ。

　目の前に立ち込めていた靄が一気に晴れた。早く実験をして確かめなければならない。今度はサンショウウオ幼生の接触を操作するのだ。サンショウウオ幼生から接触を受ける状況とは,オタマジャクシにとって最も危機的な環境であり,視覚,聴覚,嗅覚,触覚などあらゆる感覚機能を利用できる究極的な条件といえる。今度こそ,形態変化を期待してよいだろう。私は急いで実験の準備にとりかかった。

1.5. 膨らむオタマジャクシ―誘導防御の一例として―

　実験のデザインを図3に示す。5つの水槽に調理用具のザルを2つずつ入れ,それぞれにオタマジャクシを15個体ずつ入れた。各水槽,2つのうち一方のザルにだけ,サンショウウオ幼生を1個体入れた(近接区)。つまり,このザルの中のオタマジャクシはサンショウウオ幼生の接触を受けるが,もう一方のザルのオタマジャクシは,環境水を共有してもサンショウウオ幼生に触れることはない(遠隔区)。これらの処理に加えて,どちらのザルにもサンショウウオ幼生を入れない水槽を対照区として用意した。サンショウウオ幼生は,実験とは別に用意したタンクで餌を与え,満腹になった個体を用いた。満腹状態の個体と毎日交換することで,近接区のオタマジャクシがサンショウウオ幼生に食われるのをできる限り防いだ。

　実験開始から5日ほどで,ついに期待していた形態変化の兆候が見られ出した。近接区のオタマジャクシの頭胴部を透明の膜が覆い始めたのだ。2週間もすると透明の膜はずいぶんと厚くなった。この時点で実験を終了し,生き残っていたすべてのオタマジャクシを計測した。その結果,近接区の個体は,遠隔

図4　エゾアカガエルの形態変異
a：基本型，b：サンショウウオ誘導の膨満型，c：ヤゴ誘導の高尾型。正面，側面，背面方向から撮影した写真を左から順に並べた。膨満型はエゾサンショウウオ幼生が接触する状況でのみ発現する。高尾型はヤゴから排泄される化学物質により発現し，接触を必要としない。

区や対照区の個体に比べ，頭の高さや幅が大きくなるだけでなく尾鰭も高くなっていることがわかった（図4-b）。遠隔区と対照区の個体には違いが見られなかった（図4-a）。つまりエゾアカガエルのオタマジャクシはサンショウウオ幼生の接触を受ける環境でのみ，体を大きく膨らませることがはっきりしたのだ。

そこですぐに次の実験にもとりかかった。この形態変化が誘導防御かどうかを確かめなければいけない。小さな容器に，膨れたオタマジャクシ（これ以降，膨満型とする）と，普通のオタマジャクシ（以降，基本型とする）を1個体ずつ用意し，そこに空腹にした大型のサンショウウオ幼生を1個体入れ，どちらのタイプのオタマジャクシが先に食われるかを調べた。この試行は40回繰り返したが，そのうち，29回で基本型のオタマジャクシが先に食われた。やはり，オタマジャクシは膨らむことで身を守ることができるのだ。

当然気になるのは，これが自然界でも見られる反応かどうかである。この時点では，オタマジャクシの膨満型は，極端な実験環境が生み出したものにすぎない可能性があった。そんな疑念は，野外の複数の池で，膨らんだオタマジャクシを観察できたことですぐに吹き飛んだ。膨満型のオタマジャクシのいる池には必ずサンショウウオ幼生がいた。まるで2種だけの世界が成立しているかのような池もあり，そこではたくさんのサンショウウオ幼生とオタマジャクシたちが10 cmほどの間隔をあけながら池の底一面に広がっていた。彼らは駐車場に並んだ車のように微動だにしない。オタマジャクシがじっとしているの

も身を守るためである (Skelly, 1994)。動いてサンショウウオ幼生にぶつかるわけにはいかない。彼らは，形態と行動2つの形質での誘導防御を駆使して身を守っているらしい。

　形態変化の信号の話に戻ろう。なぜ，水溶性の化学物質などの遠隔性の信号ではなく，接触というきわめて危険な信号によって形態防御が誘導されたのだろうか？　今のところ，この疑問に対する明確な回答をもち合わせていない。というのも，信号の信頼性や防御の効果，防御を発現するのにかかる時間やコストといった要因を複合的に検討しなければ，なぜ接触刺激を信号として用いることが適応的なのか説明できないからだ。たとえば，防御を維持するのに大きなコストを被るなら，真の危険が到来するぎりぎりまで防御を発現しないほうがよいだろう。すると，遠隔的な信号よりも近接的な信号が好まれそうだ。他の説明も可能だ。水溶性の化学物質が被食危機を的確に示さないなら，それを手がかりにするわけにはいかないのかもしれない。池の中のサンショウウオ幼生とオタマジャクシは大小さまざまである。小さいオタマジャクシは，サンショウウオ幼生に食われる可能性が高いが，大きな個体は食われる心配が少ない。オタマジャクシにとって，自身が危険にさらされているかどうかは，自分の大きさに比べてどれだけ大きなサンショウウオ幼生がいるかで決まる。このような状況では，サンショウウオ幼生の消化物由来の信号を利用するのは得策ではないかもしれない。たとえ池の中のサンショウウオ幼生がオタマジャクシを食べていたとしても，自分が大きな体を持っているなら，防御などする必要がないからだ。事実，サンショウウオ幼生は小さなオタマジャクシを襲う傾向がある。したがって，直接受けた攻撃の強さや頻度に応じて，防御を発現するのはそんなにおかしいやり方とはいえないだろう。

　では，オタマジャクシの膨満型の発現は適応度上のコストを被るのだろうか。先に述べたように，コストの検証は形態変化の適応性を理解するうえで重要であるが，非常に難しい。実際，サンショウウオ幼生の被食危機のもとで膨満化したオタマジャクシは，安全な環境でぬくぬくと育った個体に比べて成長が悪く，変態の時期が大幅に遅れる。このことはもちろん，形態防御の発現や維持にコストを被ることを示唆する。ところが，野外池でも観察されたように，彼らは行動による防御もするため，成長や発生の悪化が形態防御のコストを反映しているかどうかははっきりしない。また被食の危機がストレスとなっていることもその後の生理学的な研究でわかっている (Mori et al., 2009)。

　しかし，膨満型のコストを示唆する経験的な証拠がほかにもある。1つは，

形態変化の可逆性である。すなわち，膨満化したオタマジャクシは，サンショウウオ幼生がいなくなるとただちに基本型へと戻るという事実が，防御形態を維持するのにコストがかかることを示唆している。もう1つの証拠は，発生遺伝学的な研究から得られつつある。膨満型の形態変化にあたって，オタマジャクシの脳や内臓においてさまざまな機能遺伝子が発現しており，その一部はたとえば細胞どうしの結合にかかわる物質の分泌を促進すると推測されている。すなわち形態変化を遂げるため，生理的なレベルでさまざまな投資が行われているはずなのだ（Mori et al., 2005; Mori et al., 2009）。

1.6. 挑戦

偶然の発見から始まった一連の研究は，「試行錯誤すること」や「謎を解決すること」を体験した初めての機会だった。研究が進行するにつれ，オタマジャクシの誘導防御についてさらに深く追究したいという思いがこみあげてきた。科学的な営みそのものにも大きな魅力を感じるようになった。当然，得られた成果を学会で発表し，論文として公表したいという気持ちもわいてきた。しかし，水族館職員として日々の業務をこなしながら，勤務外の時間や休暇を活用して研究を進めることは簡単なことではない。ましてや論文を読むのもやっとの自分にとって，論文を書くということは夢のまた夢ともいえた。研究を展開し，成果を論文化していくには，仕事を辞め大学院に進学して一から学ぶ必要がある。研究する人生への挑戦。私は日ごと大きくなる思いを抑えきれなくなり，ついに進学を決意した。当然ながら周囲からは反対された。自分自身安定した収入のある社会人としての身分を捨てることへのためらいは大きかったが，やるなら今しかないと思い，足を踏み出したのだ。師事したのはもちろん西村欣也先生である。研究の初期から指導していただいていたというのもあるが，大学院進学の相談を持ちかけた時に，まず反対してくれたのが大きかった。先生は研究者への道のりは長く険しいこと，そして，自分の考えや見通しの甘さを指摘してくれた。その一方で，相当の覚悟で進学し必死に取り組むのであれば，ともに努力してよい研究にしていくと言ってくれたのだった。

2. 異なる捕食者に対する誘導防御

2.1. 大学院での研究

修士課程への進学後，研究するうえで特に注意を払ったのは，テーマの新規

性と実行可能性だった。先行研究の真似に終始してもつまらないが，独自色を出そうとするあまりに実行可能性の低い研究に取り組むことは避けたかった。過去の論文を読み，先行研究で調べられてきた種にはないユニークな特徴を自分の対象種に見出し，それを生かすことで独自の研究が展開するのは言うまでもない。逆に，多くの研究に共通する特徴を明確にすることで実行可能性の高い研究をデザインできる。このバランスが重要だと思う。

　私が大学院に進学した2002年頃，オタマジャクシを対象とした誘導防御の研究は目ざましい発展の最中にあった。誘導反応の適応性や一般的特徴の詳細に迫った論文が次々と発表されていた。

　捕食者誘導型の形態変化が両生類の幼生で初めて報告されたのは，1995年の「American Naturalist」誌上でのことだった。ハイイロアマガエル*Pseudacris triseriata*のオタマジャクシが，ヤゴがいる時に尾鰭を高くするという論文である（Smith & Van Buskirk, 1995）。以来，同様の形態変化は，アメリカやヨーロッパに分布するカエルやイモリの幼生で次々と見つかった（McCollum & Leimberger, 1997; Relyea 2001; Van Buskirk, 2002; Schmidt & Van Buskirk, 2005など）。尾鰭の高い形（以降，高尾型とよぶ）へと変化した個体は，ヤゴやイモリなどに捕食されにくいことが証明され（McCollum & Van Buskirk, 1996; Van Buskirk & Relyea, 1998），その防御機能として具体的に2つの仮説が検討されてきた。

　1つめの仮説は，遊泳力の向上である。尾鰭が高いことで推進力が増し，攻撃を受けた時に逃げやすいというものだ。実際，この仮説は複数の研究者によって実験的に確かめられている（McCollum & Leimberger, 1997; Dayton *et al.*, 2005）。もう1つの仮説は，大きい尾鰭がおとりとして機能するというものである。尾鰭が高いと，ヤゴの攻撃が尾鰭に集中し，致命的な頭胴部への攻撃の頻度が減るという（Van Buskirk *et al.*, 2003）。オタマジャクシは高尾型を発現することによって被食されにくくなるものの，被食以外の死亡率が高まったり（McCollum & Van Buskirk, 1996; Van Buskirk & Saxer, 2001），変態するタイミングが遅れる（Van Buskirk & Schmidt, 2000）ことから少なからずコストを被っていると考えられる。オタマジャクシの高尾型への変化は，適応的な表現型可塑性の代表例としての立場を確立していた。

　他種で見られる高尾型形態は，エゾアカガエルの膨満型形態とは，防御機能の点で明確に区別できた。また，この形態は，たくさんの種の両生類幼生で誘導されるだけでなく，いろいろな捕食者に対して発現されるらしい（Relyea,

2001; Van Buskirk, 2001; Schoeppner & Relyea, 2005)。たとえば，ヨーロッパアカガエルは，ヤゴに対してだけでなく，ゲンゴロウやマツモムシ，イモリなどに対しても尾鰭を高くする（Van Buskirk, 2001)。高尾型はジェネラリスト型の防御戦略といえる。

さらに，形態変化を誘発する信号の受信様式も，高尾型と膨満型とは大きく異なる。エゾサンショウウオ幼生の接触を必要とするエゾアカガエルの膨満型への形態変化と違って，他種で見られる高尾型の発現は，例外なく水溶性の化学物質を手がかりとしており，遠隔的に誘導されるのだ。エゾアカガエルの膨満型形態は，見た目だけでなく，防御機能や発現様式にユニークな特徴をもつことがはっきりした。

当然，ここで知りたくなるのは，サンショウウオ幼生以外の捕食者に対してもエゾアカガエルは膨満型の形態を発現するかどうかである。丸呑みタイプの捕食をするサンショウウオ幼生に対して，頭胴部を膨らませるのが効果的だとしても，ヤゴやゲンゴロウのような噛みつき型の捕食者の攻撃の防衛に機能するとは思えない。膨満型の形態はサンショウウオ幼生に特化したものであって，他の捕食者に対しては，高尾型のような別の形態を発現するかもしれない。これは，エゾアカガエルの近縁種であるヨーロッパアカガエルが，ヤゴやゲンゴロウに対して高尾型の形態を発現することからも推察される。

ということで，「エゾアカガエルのオタマジャクシはエゾサンショウウオ幼生以外の捕食者に対してはどんな形態へと変化するのか？」を研究テーマにすることにした。しかし，この研究タイトルではいくらなんでも狭すぎる。もう少し一般的なテーマを意識したタイトルに変えた。「被食者は異なる捕食者に対して異なる防御形態を発現するのか？　エゾアカガエルのオタマジャクシでの実験」。これで，少しは生態学らしくなっただろう。

先行研究で同様の課題に取り組んだものは，オタマジャクシを対象とした研究で2つあったが，どちらも，オタマジャクシが複数の捕食者種に対してほとんど同様の形（高尾型）を発現することを示している。他の分類群を対象としたものでは1つだけ，異なる捕食者種に対し異なる防御形態反応をする例を報告した研究があった（淡水性の巻貝のサカマキガイの一種 *Physa heterostropha* は，捕食者となる魚がいる環境では，丸呑みを避けるために，球形に近い形に殻を成長させるが，捕食性のザリガニに対しては，殻の中にハサミを入れられるのを防ぐため細長い殻になるという（DeWitt *et al.*, 2000)。研究例が少ないことも研究の動機づけとなった。

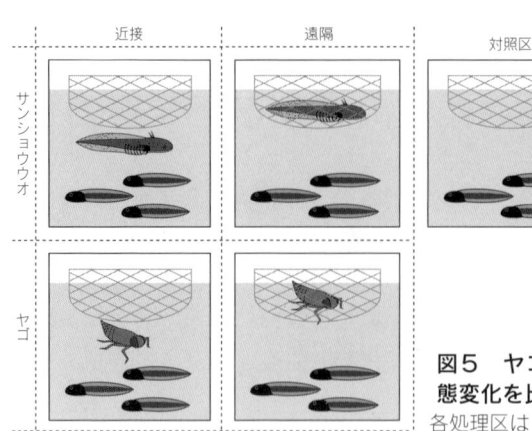

図5 ヤゴとサンショウウオに対する形態変化を比較するための実験デザイン
各処理区は7水槽ずつ繰り返した。

2.2. 捕食者の種に特異的な防御形態変化

　この研究では，捕食者としてサンショウウオ幼生の他に，オオルリボシヤンマ *Aeshna nigroflava* のヤゴ（以下ヤゴ）を使うことにした。これは，このヤゴが代表的な捕食者だというだけでなく，サンショウウオ幼生とは捕食様式が明確に異なるためだ（下あごを伸ばして餌に噛みつき，口元に引きつけた餌を噛み砕いて食べる）。また，先行研究の多くがヤゴを使っていたことも重要である。自分の実験結果と先行研究の結果とを効果的に比較できる。

　研究は大きく分けて2つのパートからなる。1つめは，ヤゴとサンショウウオ幼生に対してオタマジャクシが違った形態へ変化するかどうかを確かめるための実験である（誘導実験）。そこで異なる形態への変化を証明できたなら，それぞれの防御効果を調べるための研究（捕食実験）へ進む。

2.2.1. 誘導実験

　先にも述べたように，他種のオタマジャクシは，ヤゴに対して防御形態（高尾型）を発現する際，遠隔的な信号（水溶性の化学物質）を手がかりとする。エゾアカガエルのオタマジャクシの膨満型の発現は，サンショウウオ幼生の接触を必要とすることから，この実験では，形態変化の手がかりとなる信号にも焦点を当てることにした。図5に実験計画を示した。10ℓの水を入れた水槽にザルを1つずつ設置し，ザルの外側にオタマジャクシを100個体入れた。捕食者の接触の有無は，このザルの内側外側のどちらかに捕食者を入れるかによって操作した。つまり，ザルの内側に捕食者がいる水槽ではオタマジャクシは捕食者と接触しない（遠隔区）が，ザルの外側に捕食者がいる水槽では，捕食者の接触を受ける（近接区）。これら4つの処理に加えて，捕食者を入れな

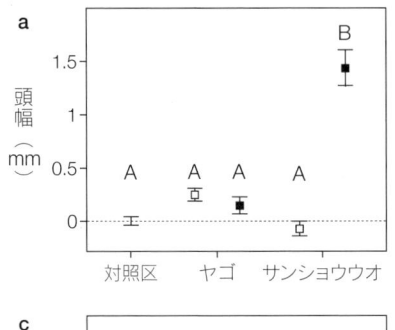

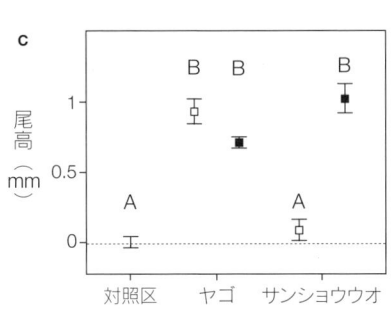

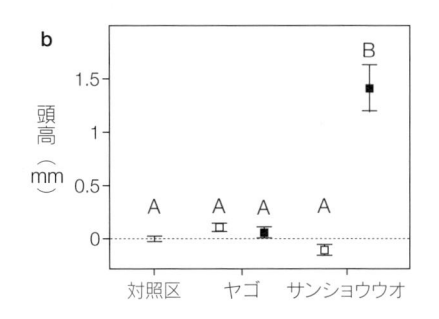

図6 ヤゴとサンショウウオに対する形態変化(Kishida & Nishimura, 2005 より作成) 頭幅（**a**），頭高（**b**），尾高（**c**）における形態変化の量は，対照区からの差であらわしている。白ぬきは遠隔区を，黒塗りは近接区を示す。エラーバーは標準誤差(n=7)。大文字のアルファベットは事後比較の結果を示しており，同じアルファベットで示された処理間には，統計的な違いがないことを意味する。サンショウウオからの接触を受けると，オタマジャクシは尾鰭を高くし，頭胴部を膨らますが（膨満型），ヤゴに対しては，接触を受けずとも形を変えることがわかる。そしてそれは尾鰭だけが高い，高尾型である。

い対照区の水槽を用意した。近接区の捕食者は，予備の水槽でオタマジャクシを十分に食べた個体と，毎日取替えて実験個体の捕食を減らした。遠隔処理の捕食者には毎日オタマジャクシを5個体ずつ与えた。すべての処理は7水槽ずつ繰り返した。

2週間後，私は驚くほど期待どおりの結果を得ることとなった（図6）。サンショウウオ幼生に対しては，近接処理でのみ膨満型の形態変化が見られた。一方で，ヤゴに対しては，近接，遠隔にかかわらず，他種で知られる高尾型の形態が誘導された。エゾアカガエルのオタマジャクシは，捕食者によって異なる形態を発現し，しかもその際に用いる信号もまったく異なっていることが明らかになったのだ。つまりサンショウウオ幼生に対しては接触の際に伝えられる信号によって膨満型を発現し，ヤゴに対しては遠隔的に危険を探知し高尾型の形態を発現したのだ（図4-c）。おそらく，ヤゴの排泄物に含まれる化学物質が誘導信号として重要なのだろう。なぜなら，これは近接区，遠隔区のどちらに

も存在するからだ．

2.2.2. 捕食実験

では，サンショウウオ幼生に対する膨満型とヤゴに対する高尾型の形態は，それぞれの捕食者に対して防御として有効に機能するのだろうか？　すでに，膨満型のオタマジャクシが基本型のオタマジャクシに比べて捕食されにくいことは明らかだ．また，他種のオタマジャクシで調べられてきたことではあるが，高尾型も基本型に比べて，ヤゴに食われにくいこともわかっている．したがって，どちらの形も捕食者環境で発現することに適応的な意味があるといえる．しかし，これだけでは，エゾアカガエルが防御形態として，高尾型と膨満型の2つのタイプをもつことの説明が不十分だ．たとえば，もしサンショウウオ幼生とヤゴの両方に対して，高尾型のほうが膨満型よりも優れた防御になるとしたら，サンショウウオ幼生に対して膨満型を発現することにあまり意味がなくなる（この論理が成立するのは，発現にかかるコストが高尾型と膨満型で同じか，膨満型のほうが高いと仮定した場合である）．異なる捕食者に対して違った応答をするのは，2つの形態が，それぞれの捕食者に対してより優れた防御になっているためだと考えられる．そこで，膨満型と高尾型の形態を持つオタマジャクシがそれぞれサンショウウオ幼生とヤゴに対して最も食われにくい形かどうかを調べるための実験を行った．

実験は，2ℓの水を入れた水槽で行った．サンショウウオ幼生に対しては膨満型の個体が，高尾型や基本型の個体に比べ食われにくいこと，また，ヤゴに対しては，高尾型の個体が膨満型や基本型の個体に比べ食われにくいことを確かめるために，表現型を2つずつペアにして食われにくさの比較をした．たとえば，「サンショウウオ幼生に対する"膨満型と高尾型の比較"」では，それぞれの型を1個体ずつ水槽の中に入れ，空腹のサンショウウオ幼生に先に食われた個体を記録した．これを，すべての組み合わせで，25回ずつ結果が出るまで繰り返した．図7が捕食実験の結果である．まず先行研究で確かめられてきたように，基本型に比べて，確かに高尾型と膨満型の個体はそれぞれヤゴとサンショウウオ幼生に対して食われにくかった．さらに，膨満型と高尾型の比較を加えると，ヤゴに対しては高尾型が最も食われにくい表現型であり，逆にサンショウウオ幼生に対しては膨満型が最も食われにくいことが確かめられた．

興味深かったのは，サンショウウオ幼生に対して，高尾型の個体は膨満型に比べると食われやすいが，基本型よりは食われにくいということだった．高尾

a ヤゴの捕食下

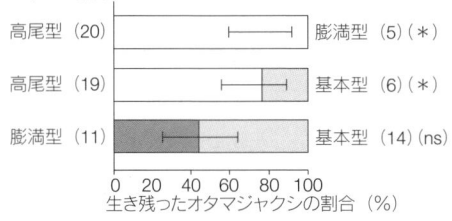

b サンショウウオ幼生の捕食下

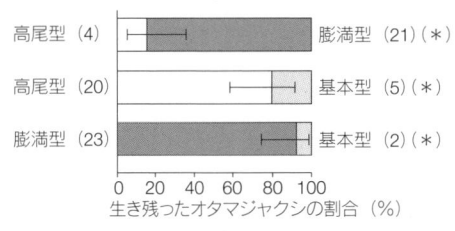

図7　捕食者種に特異的な形態と防御成功

(Kishida & Nishimura, 2005 より作成)

それぞれの形態の組み合わせで25回の独立な捕食実験を行い，生存したオタマジャクシを調べた．括弧内の数字が生き残ったオタマジャクシの数．括弧内の＊は，2つの形態の間で生存率に統計的に有意な差があったことをあらわす．nsは有意な差がなかったことをあらわす．

型がヤゴだけでなく他の捕食者に対しても防御として機能することは，他種のオタマジャクシを対象とした研究でも知られている．やはり，高尾型はジェネラリスト型の防御形態と呼べそうだ．過去に指摘されてきたように，高尾型が防御として機能するのは，逃避時の推進力の向上やおとり効果によると考えられる．ヤゴに対しては，高尾型だけが食われにくく，膨満型と基本型は同様に食われやすかった．今回の研究では，"ヤゴに対する膨満型と基本型との食われにくさの比較"および"サンショウウオ幼生に対する高尾型と基本型の比較"に対して直接の関心はない．しかし，これらの比較は，後の研究の予測や結果の解釈にとって大きな助けとなった．

3. 対抗的な表現型可塑性：進化と維持の機構

3.1. 対抗的な表現型可塑性

オタマジャクシの膨満型の発現は，見た目だけでなく誘導条件や防御機能など，他種には見られないきわめてユニークな特徴を備えている．たいへん面白いことに，捕食者のエゾサンショウウオ幼生もまた形態変化によってこの防御応答に対抗している．なんと，オタマジャクシが多い環境で育ったサンショウウオ幼生は顎が大型化するのだ（以降，この変化を大顎化とよぶ．図8）(Michimae & Wakahara, 2002; Kishida et al., 2006)．この現象を発見した道前さ

図8 サンショウウオ幼生の形態変異
大顎型（上），普通型（下）。基本型は，同種やオタマジャクシ，捕食者が低密度な池で見られる。大顎型は，同種やオタマジャクシが高密度で生息する時に見られる。ここでは，形の比較のために，体サイズがほぼ等しい個体を並べたが，普通，大顎型は貪欲で，オタマジャクシや同種を捕食して急激に成長するため，体サイズも大きくなる。

んはさらに，サンショウウオ幼生の大顎化の能力が地域集団によって異なっており，それが，オタマジャクシの密度と相関することを明らかにした（Michimae, 2006）。つまり，オタマジャクシが高密度で生息する池のサンショウウオ集団ほど，オタマジャクシに対して大顎化しやすい性質を備えていたのだ。このことは，オタマジャクシの存在が，サンショウウオ幼生の大顎化能力の進化と維持に貢献したことを示している。

するとオタマジャクシが膨満型を発現する能力も，サンショウウオ幼生から受ける強い捕食圧のもとで進化し維持されてきたのではないだろうか。私にとってこの仮説の検証に取り組むのは，ごく自然なことだった。なぜなら，私は以前から，エゾサンショウウオが北海道本島にしか分布しないが，エゾアカガエルが北海道本島の他，周辺の離島（利尻島，礼文島，奥尻島）にも分布することを知っていて，「エゾサンショウウオが分布しない離島にすむエゾアカガエルは，膨満型を発現する能力を持たないのではないか？」と疑っていたからだ。この予測の検証が，次の研究テーマとなった。

3. 2. 局所適応

私は普段から渡島半島のエゾアカガエルを材料としていたため，この研究でも渡島半島の遺伝集団を用い，北海道本島の遺伝集団の代表として扱うことにした。そして，比較対象となる離島の遺伝集団の代表として奥尻島の集団を用いることにした。これは奥尻島が利尻島や礼文島に比べて渡島半島の近くに位置するために，渡島半島と環境条件が類似していることと，奥尻島のエゾアカガエルの遺伝集団が他の島の集団よりも渡島半島の集団に近縁だと考えられるためである。つまり，奥尻島と渡島半島の遺伝集団を用いることで，エゾサン

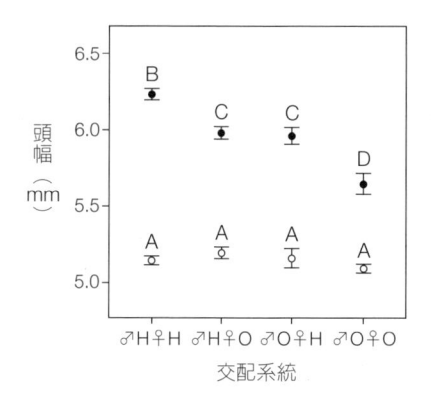

図9 北海道と奥尻島のエゾアカガエルの交配系統の形態変化能力
(Kishida et al., 2007 より作成)
白丸はサンショウウオ幼生にさらさなかった場合。黒丸はエゾサンショウウオ幼生にさらした場合。縦のバーは平均値の標準誤差（n=5）。アルファベットの同じ文字は、互いに統計的に有意な差がないことを示す。

ショウウオの分布の違いにのみ注目した比較ができる。

　ここで単純に野外から採ってきた個体を比較するだけでは面白くないので、両者の能力に違いがあるとして、この違いにはっきりとした遺伝的背景が存在することも示そうと考えた。そこで繁殖期に奥尻島と北海道本島の複数の池から親ガエルを採集し人工授精により4つの遺伝交配系統を作り（2つの純系系統と2つの交雑系統）、各系統のオタマジャクシを、サンショウウオ幼生がいる水槽（サンショウウオ区）といない水槽（対照区）で飼育して、その後の形態を比較した。

　実験を始めてから10日後の形態を示したのが図9である。サンショウウオ幼生がいない対照区ではもちろん4つの遺伝系統の頭の高さに違いは見られなかった。一方でサンショウウオ区では、すべての遺伝系統で頭が高くなったが、系統間にははっきりとした違いがあり、北海道純系が最も高く、奥尻島純系が最も低かった。つまり、サンショウウオとの関係が深い北海道系統のオタマジャクシは高い防御能力を備えていたのだ。さらに、2つのハイブリッド系統は両純系系統のちょうど中間の値を示したことから、形態変化能力は相加的な遺伝様式を背景としていることもわかった。ここで奥尻島系統は、膨満能力は低いものの、まったく変化しないわけではなかった。このことは奥尻島の遺伝集団の祖先が、サンショウウオと相互作用していた可能性を示唆する。では、奥尻系統と本島系統の発現能力の違いはどう説明できるだろうか？　これには、北海道本島集団での能力の強化による説明と、奥尻集団での能力の衰退による説明がある。

　北海道本島集団の能力強化による説明とは、「北海道本島と奥尻島の共通の祖先は、現在の奥尻集団のように発現能力が低かったけれども、集団が分かれ

た後，本島集団が，強い発現能力を進化させた」というものである。一方，奥尻島集団での能力衰退による説明とは，「奥尻島集団の祖先が現在よりも高い防御能力を持っていたこと」を想定しており，「サンショウウオ幼生の捕食圧のない状況で，形態防御を発現する必要性がないためにその能力を失った」というアイデアだ。たとえば，形態変化をつかさどる機能遺伝子が突然変異により機能しなくなったとしても，サンショウウオ幼生の捕食圧を受けない環境であれば，適応度は低下しないため，自然選択の力を借りずとも，集団中からその能力は失効しうる。あるいは，自然選択の結果，膨満化の能力が急速に失われた可能性もある。もし，形を変える能力をもつこと自体に適応度コストがかかっているなら（一般に表現型可塑性のコストという），捕食者のいない状況では発現能力の低い個体は，発現能力の高い個体より適応度が高くなるからだ。どちらのシナリオが正しいかは今のところわからないが，近い将来，是非明らかにしたい問題である。近年の遺伝分析機器の急速な発達により，生態学的に重要な形質の遺伝子を特定し塩基配列を決定する研究が盛んになりつつある。得られた塩基配列データの多型パターンを分析することで，形質進化のプロセスを推定できる（山道・印南，2008）。したがって，エゾアカガエルの膨満型発現にかかわる遺伝的基盤を調べ，その塩基配列について集団内及び集団間変異を明らかにできれば，形態変化能力の地域集団間の違いがどのように生まれたのか，手がかりが得られるかもしれないのだ。

4. 変幻自在：柔軟な形態変化
4.1. 変化しやすい捕食者環境

　ここまで，オタマジャクシの形態変化がいかに防御として有効な能力であり，また捕食者であるサンショウウオとの深い関係のもとで進化してきたことを示してきた。しかしエゾアカガエルのオタマジャクシが経験する捕食者環境は時間とともに大きく変化する。たとえば，春先にいっせいに孵化するサンショウウオ幼生は春から初夏にかけて高密度で存在し，オタマジャクシに強い捕食圧をかけるが，やがて危険な捕食者でなくなる。これは，共食いや被食により急激に数が減るだけでなく，成長すると変態して池からいなくなるためだ。一方，ヤゴは水温が低い春先の時期には活性がきわめて低いが，季節が進み，水温が上昇するにつれて，捕食者としての脅威を増す。しかし，ヤゴもサンショウウオ幼生同様に変態するので，その脅威が長く続くとは限らない。

物理的な環境の変化も捕食者環境の時間変化をもたらす。オタマジャクシは数平方メートル足らずの水溜りのような小さな池にすむことが多い。池の水量は天候によって左右されやすく，それにともなってオタマジャクシをとりまく捕食者環境も変わる。たとえば雨が降らないと池の水量が減って生物の密度が高くなるため，相互作用は強まる。数週間にわたって晴れた日が続くと，涸れかけた小さな水場で，オタマジャクシとサンショウウオ幼生が逃げ場なくひしめきあっているのを見かけることもある。ひとたび雨が降って池が増水すると，密度が低下して相互作用も弱まる。大雨で近隣の池がつながるようなことがあれば，池の間で生物が移動するので，オタマジャクシは以前とは違う捕食者環境を経験する可能性もある。このような不安定な環境の下で個体が生き抜くためには，いかに臨機応変にふるまえるかが鍵になるに違いない。

ではオタマジャクシは，サンショウウオ幼生やヤゴに対して一度防御形態を発現した後で再び形を変えられるだろうか？　捕食の危険がなくなれば，元の形（基本型）に戻るかもしれない。実際，ヨーロッパフナ（Brönmark & Pettersson, 1994）やミジンコの誘導防御（Hanazato, 1990），オタマジャクシの高尾型の形態（Relyea, 2003）では，被食危機を除去した後での，可逆的な変化が確かめられている。また，環境中で捕食者が別の種に替わった時には，オタマジャクシは新しい捕食者に合わせて形態を変えるかもしれない。これまで，捕食者種の交替に対する形態の再変化を報告した研究事例はないが，防御形態の捕食者特異性をふまえると，高尾型と膨満型の間で形態の変更が起こっても不思議ではない。そこで，誘導防御形態が柔軟であることを証明することが，次の私の目標となった（Kishida & Nishimura, 2006）。

4.2. 柔軟性の実験検証

というわけで，例のごとく実験である。まず，オタマジャクシを，サンショウウオ幼生（サンショウウオ区）もしくはヤゴ（ヤゴ区）にさらし，膨満型と高尾型個体を準備した。この時，それぞれの実験区の水槽は 18 個ずつ繰り返した。1 週間後，サンショウウオ区ではオタマジャクシが膨満型に変化し，ヤゴ区では高尾型へと変わっていたので，そこから捕食者環境を変える処理を行った。各処理 6 水槽ずつ 3 つのグループに分けて操作した。1 つめのグループでは，捕食者を除去し（除去区），2 つめでは捕食者の種を交替した（交替区）。最後のグループでは，捕食者をそのままさらし続けた（継続区）。

1 週間後のオタマジャクシの形態から，彼らが捕食者環境の変化に臨機応変

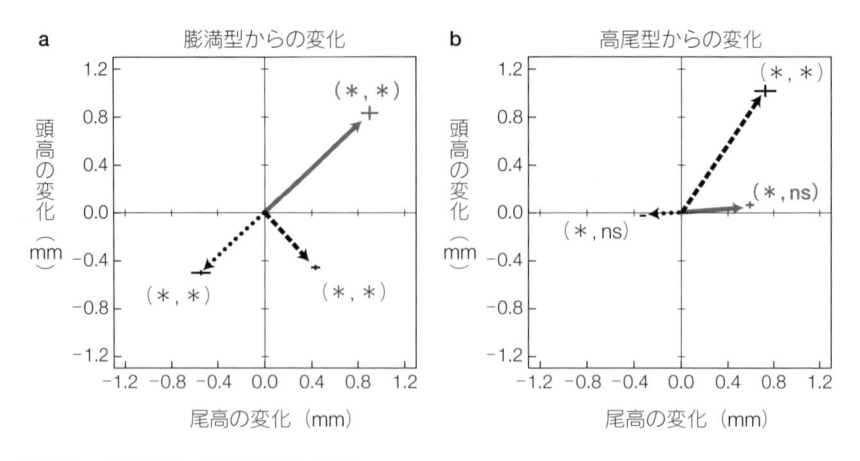

図10　防御形態の可逆性と可変性（Kishida & Nishimura, 2006 より作成）
a：膨満型オタマジャクシの形態変化。グレーの実線の矢印はサンショウウオにさらし続けた場合（継続区），破線の矢印は捕食者をヤゴに変えた場合（交替区）。点線の矢印は捕食者を取り去った場合（除去区）の形態変化を示す。b：高尾型オタマジャクシの形態変化。グレーの実線の矢印はヤゴにさらし続けた場合（継続区），破線の矢印は捕食者をサンショウウオに変えた場合（交替区），点線の矢印は，捕食者を取り去った場合（除去区）の形態変化。変化の方向を調べるために，元の膨満型あるいは高尾型の測定値をそれぞれのグラフの原点として，矢印のベクトルで形態変化の量を示した。各矢印の先の縦または横の棒は平均値の標準誤差をあらわす（$n=6$）。括弧内の＊は，座標方向の変化が統計的に有意であることを示す。ns は統計的に有意でないことを示す。

に対応できることがわかった（図10）。継続区では，膨満型も高尾型もその特徴がより強まっていたが，除去区では，膨満型も高尾型も，どちらも基本型へと元に戻る兆候が見られた。交替区では，新たな捕食者に合わせた形態の変化が観察された。サンショウウオ幼生からヤゴへと捕食者が交替した処理区では，オタマジャクシは高い尾鰭を維持したまま，頭胴部を収縮し，高尾型に変化していた。また，ヤゴからサンショウウオ幼生に替えた処理区では，オタマジャクシが頭を膨満化した。

　今回明らかになったオタマジャクシの臨機応変さは，変化しやすい池の捕食者環境に実によく適応しているように思える。先にも述べたとおり，被食危機の除去に応じた可逆的応答は，防御形態を維持するのにコストがかかることを示唆する。もしかしたら，オタマジャクシは元に戻る時に，それまで形態防御に投資していたエネルギーを回収しているのかもしれない。実際，危険がなくなったあとの膨満型のオタマジャクシは，膨れた組織を直接しぼませることで元の形に戻るのだ（Kishida & Nishimura, 2004）。捕食者の交替に応じて，膨満

型と高尾型を入れ替えることができるのは，2つの形態が構造的に似通っているからかもしれない。どちらの表現型も尾鰭は同様に高い。違いは頭胴部にある。そのため，高尾型から膨満型への変化は，頭胴部を膨らませることで実現し，新たに尾鰭部分を変える必要はない。また膨満型から高尾型への変化も，頭胴部の皮下組織を収縮するだけで完成するのだ。

また，臨機応変に形態を変えられるからこそ，オタマジャクシはサンショウウオ幼生に対して膨満型を誘導するようになったのかもしれない。もしも，いったん，防御形態を発現した後に，もう二度とその形を変えられなかったなら，サンショウウオ幼生に対しても高尾型を発現するようなやり方のほうが進化したかもしれない。というのも，高尾型の形態はヤゴだけでなくサンショウウオ幼生に対しても防御として機能するが，膨満型はサンショウウオ幼生を相手にした時にしか防御にならないからだ（図7）。

4.3. なぜ両生類の幼生は変わりやすいのか？
発生学と進化生態学からのアプローチ

一般に形態形質は行動形質と違って柔軟性に乏しいと考えられてきた。しかし，ここで紹介しているエゾアカガエルのオタマジャクシに代表されるように，両生類の幼生は環境に応じて驚くほど柔軟に形を変える。そもそも両生類は形態変化の王様だ。ご存知のようにオタマジャクシは，孵化後数か月もすると似ても似つかぬカエルに変身する。サンショウウオやイモリといった有尾類も陸上に上がる際には体の構造を大幅に変える。変態と形態可塑性。両生類幼生が変態をする過程ではたらく生理的なメカニズムは，環境応答型の形態変化においても重要な役割を担っているかもしれない。発生遺伝学のめざましい発展を背景として，非モデル生物の発生学が注目を集めている。表現型可塑性をつかさどる遺伝発生システムが明らかになれば，表現型可塑性がどんな遺伝学的・発生学的な制約をかいくぐって進化したのかを知る手がかりが得られるだろう。

一方で，進化生態学では両生類の幼生が可塑的な形態防御を獲得した理由について，生息環境の特徴にもとづいて推論できる。両生類の幼生は，池や沼，小河川といった空間的に小さなハビタットに生息する。これらのハビタットは壊滅的な環境変動によりしばしば消滅するため，水域だけで生活史を全うする魚類などには不向きな環境である。変態し，陸上の生活史ステージを持つ両生類だからこそ利用できる場所だろう。私は，このような"小さな空間ハビタットを利用する"という本来的な性質のせいで，両生類は幼生期に形態による防

御を発現するようになったと考えている。池や小河川などの空間的に限られたハビタットは海洋や陸上など広がりのあるハビタットに比べて，個体が経験する被食の危機は継続しやすいのだ。たとえば，陸上や海洋では，捕食者があらわれても，被食者は別の場所に逃げることで危機を逃れられるだろう。つまり，そこでは被食危機は一過性のものにすぎない。

ところが，池や小河川などでは，被食者も捕食者もその場所に制限されるため，いったん，捕食者があらわれるとその被食危機はしばらく続く。それゆえ形態による防御が有効になる。もちろんこのアイデアは両生類だけに限ったものではない。池や湖沼で生息するさまざまな生き物にあてはまるし，実際そのような環境にすむプランクトンや水生昆虫，貝類などで捕食者誘導型の形態は数多く報告されている。

5. トップダウン効果：上位捕食者と形態変化

「ヤゴとサンショウウオ幼生が両方いる時にはオタマジャクシはどんな形になりますか？」。学会やセミナーで研究発表をすると必ずこの質問を受ける。捕食者2種に対して異なる形態が発現することを知った人なら誰でも，2種の捕食者が同時にいる時のオタマジャクシの対応が気になることだろう。もちろん私もこの疑問に取り組んだ。ヤゴとサンショウウオ幼生とオタマジャクシがすべて揃う池は珍しくないから，三者すべてを考慮した研究を行うのはごく自然なことである。しかし単純に彼らの生きざまに迫りたいというナチュラリストとしての欲求だけがこのトピックに取り組む動機となったわけではない。むしろ誰よりも先に新しいことに取り組みたいというサイエンティストとして欲求が大きかった。いうなれば，上記の疑問は，「ある捕食者に対する被食者の防御応答が，別の捕食者がいる時にどう変わるのか？」というように，より一般的に表現することができ，この疑問に答えることで「多種系のなかでの表現型可塑性」という，これまでの研究者がほとんど手をつけていない新しい世界へと足を踏み入れることができたわけである（Kishida *et al*., 2009a; Kishida *et al*., 2010）。

さて，オタマジャクシはサンショウウオ幼生とヤゴの両方がいる時にどのような対応をするのだろうか？　これに答えるのはそう簡単ではない。サンショウウオ幼生とヤゴの関係も考慮に入れて仮説を立て，研究をデザインする必要がある。

5.1. ヤゴの影響を予測する

　ヤゴはオタマジャクシの捕食者であるが，実はサンショウウオ幼生の捕食者でもある。したがってサンショウウオ幼生がヤゴに食われて数を減らしてしまえば，オタマジャクシが膨満型に変化せず高尾型を発現することは想像に難くない。しかし，たとえ被食によりサンショウウオ幼生の数が減らないとしても，ヤゴはオタマジャクシの膨満化に影響すると考えられる。これは，「信号の強度」，「形態の適応性」，「発生的な制約」の3点から説明できる。3つの要因がどう影響しうるのかについて，私の仮説をこれから説明するが，オタマジャクシの防御形態変化だけでなく，サンショウウオ幼生の大顎型の捕食形態の発現に関しても同様に予測できるので，これについても述べていく。

　まず，信号の強度の点から考えてみよう。信号の強さは，形態変化の大きさに影響する。オタマジャクシは，サンショウウオ幼生と接触する際になんらかの信号を受け膨満型を発現するが，この接触の頻度にヤゴが影響する可能性があるのだ。一般に被食動物は，捕食の危険を察知すると捕食者に発見されないように，動くのをやめ，餌をとらなくなる（Relyea, 2001; Trussell et al., 2002）。ヤゴがいるときにサンショウウオ幼生の動きが減るなら，接触機会が少なくなって，オタマジャクシの膨満化が抑制されそうだ。また，オタマジャクシの行動に対するヤゴの影響も，接触機会の減少をもたらすかもしれない。オタマジャクシはサンショウウオ幼生がいるだけで活発に行動しなくなるが，そこにヤゴが加わることでさらに動かなくなることも考えられる。

　ヤゴがいるときの両生類2種の活動抑制は，サンショウウオ幼生の捕食形態の発現にも影響を及ぼしそうだ。サンショウウオ幼生はオタマジャクシがいるときに，丸呑みに適した大顎型を発現する。大顎化はオタマジャクシの尾鰭の振動を受けると起こるため（Michimae et al., 2005），オタマジャクシの行動活性が発現量を決定する要因になるはずである。したがって，ヤゴがオタマジャクシの活動を抑制するなら，サンショウウオ幼生は大顎化しにくいと予測した。

　続いて，適応論的な立場からヤゴがいるときの形態変化を予測してみる。まず，オタマジャクシの形態変化から考えよう。捕食実験（図7）で明らかになったように，膨満型はサンショウウオ幼生に対してしか防御とならないが，高尾型の形態は，ヤゴの捕食を防ぐだけでなく，サンショウウオ幼生の捕食の回避にも機能する。したがって，ヤゴとサンショウウオ幼生の両方がいるときには，オタマジャクシが完全な膨満型に変化すべきではなく，完全な高尾型か，

あるいは膨満型と高尾型の中間的な形になったほうがよい。サンショウウオ幼生の形態変化も同様に予測できる。大顎型のサンショウウオ幼生は，口が大きいためオタマジャクシを食うのには適しているが，その極端なプロポーションのせいで遊泳力が乏しくヤゴに食われやすい。攻撃を受けた際の逃げる速度が，普通の形のサンショウウオ幼生に比べて明らかに遅いのだ（宮崎ら，未発表データ）。このことから，オタマジャクシがいる環境であっても，ヤゴがいるなら，大顎化を妥協するほうが良さそうだ。

最後に形態変化の際の，発生上あるいは資源投資上の制約を考えてみる。個体は，全体としての一定の恒常性を保ちつつ，部分を改築して形態を変える。部分を変えるためには資源が必要だろうし，改築の仕方は他の形態部位の状態に依存するだろう。たとえば，サンショウウオ幼生は，オタマジャクシに対しては大顎型の形態を発現するが，実はヤゴに対しては，防御形態として尾鰭を高くし，外鰓を著しく発達させる*2。ヤゴがいるときに要求される形態を発現するのに資源を投資するなら，たとえオタマジャクシがいたとしても，顎を広げるのに十分な資源を確保できないかもしれない。また，ヤゴに対する形態変化とオタマジャクシに対する形態変化が，構造上両立しない可能性もある。これらの内因的な理由により，被食回避と餌獲得のための異なる形態変化が互いの発現を抑制し合うかもしれない。つまり，考えうる3つのメカニズムはどれも「両生類2種の対抗的な形態変化がヤゴからの捕食リスクによって抑制される」という予測を導いた。果たして実際にはどうなるだろうか？

5.2. 予測の検証

上述の予測を確かめる実験では，図11にあるように6つの処理を行った。

---

*2：大学院生時代の同じ研究室の後輩の岩見斉さんは，サンショウウオ幼生がヤゴの排出した化学物質を受けて，尾鰭を高くし，外鰓を大きく発達させることを見つけた。高い尾鰭は，他種で見られる高尾型の形態と同様に防御として機能すると思われたが，大きく広がった外鰓が有効な防御として機能するとは考えにくかった。彼は，鋭い洞察力と綿密に計画した実験により，外鰓の発達が捕食者のいる環境で重要な機能を果たしていることをつきとめた。サンショウウオ幼生は呼吸器官として外鰓の他に，肺ももっており，酸素が足りなくなると水面に上がり肺呼吸する。ヤゴがいるときには動くと見つかって食われてしまうので，サンショウウオ幼生はほとんど肺呼吸をしない。驚いたことに，鰓を発達させた個体は肺呼吸しなくとも低酸素状態で長く生きられることが明らかとなった。つまり，サンショウウオ幼生はヤゴに攻撃されないように肺呼吸するのをやめるが，その結果生じるであろう酸素不足を，鰓機能を強化することで補っていると考えられたのだ（Iwami et al., 2007）。

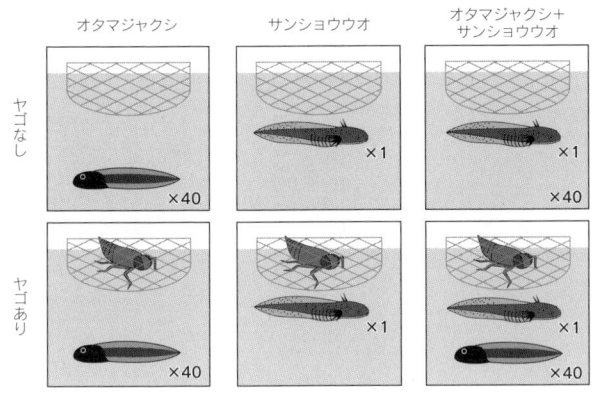

図 11　サンショウウオ幼生とオタマジャクシの形態変化に対するヤゴの影響を調べるための実験デザイン
×印の後の数字は初期に導入した個体の数。各処理区は，6水槽ずつ繰り返した。

　オタマジャクシとサンショウウオ幼生がいる処理（オタマ-サン区）とそこにヤゴを加えた処理（オタマ-サン-ヤゴ区）との比較が，仮説を直接検証するための比較となるが，明確な結論を得るためには，残りの4つの処理区も欠かせない。10ℓの水を入れた22ℓのタンクを実験ユニットとした。各タンクにはザルを1つずつ設置し，ヤゴを必要とする4つの処理では1個体ずつヤゴを隔離した。オタマジャクシは孵化後7日目のものを40個体，サンショウウオ幼生はオタマジャクシと同齢のものを1個体ずつ用いた。
　図12には，10日後のオタマジャクシとサンショウウオ幼生の形態を示している。期待していたとおり，対抗的な形態変化がヤゴの捕食リスクのもとでは小さくなっていた。オタマジャクシはサンショウウオ幼生のいる2つの処理区で体を膨らませたが（頭高が大），ヤゴの有無によって発現量が異なり，ヤゴがいないときに比べている時には，膨れが半減していた（図12-a）。またサンショウウオ幼生も，オタマジャクシがいる処理区で大顎化したが，その変化量はヤゴがいる場合に小さかったのだ（図12-b）。

5.3. なぜヤゴが形態変化を抑制したのか？

　では，予測どおり対抗的な形態変化がヤゴの存在によって抑制された理由を，実験計画の時点で考えた3つのメカニズムに沿って検討していこう。まず，形態変化を引き起こす信号の強さから考察する。私は，サンショウウオ幼生の大顎化とオタマジャクシの膨満化が，互いの行動活性に依存すると考えていたので，実験期間中の2種の活動量も記録していた。図13が活動量のデータになる。オタマジャクシは，どちらの捕食者に対しても同様に動かなくなったが，両方

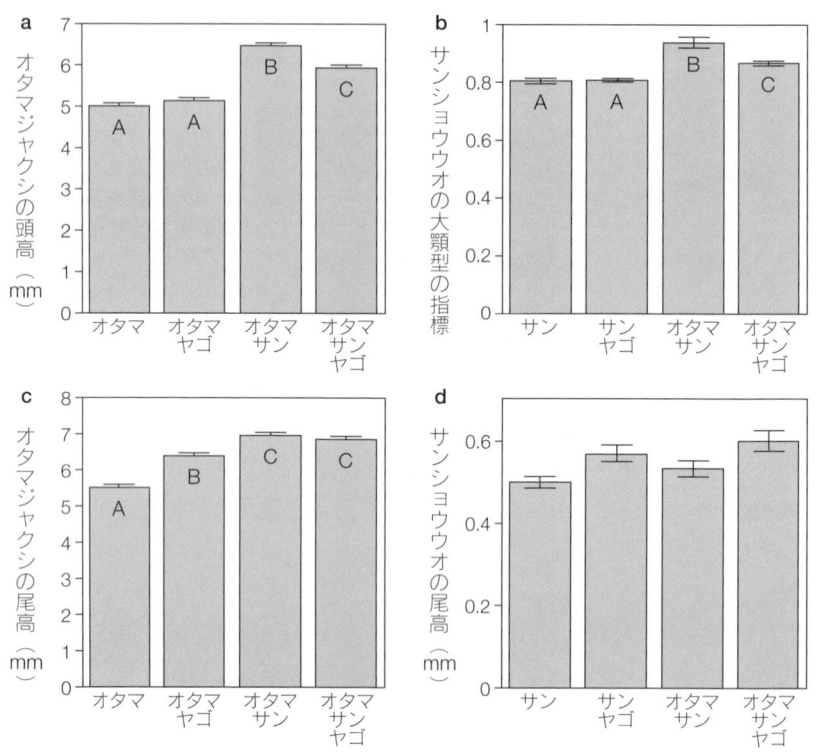

図12 サンショウウオ幼生とオタマジャクシの形態（Kishida *et al.*, 2009a より作成）
a：オタマジャクシの頭高。**b**：サンショウウオの大顎化の指標（口幅／頭幅）。大顎型は，口の幅が広がり，頭の幅に近い値をとるため1に近い値をとる。**c**：オタマジャクシの尾高。**d**：サンショウウオの尾高。縦のバーは平均値の標準誤差（$n=5$）。オタマジャクシの形質（**a**, **c**）については，サンショウウオおよびヤゴの有無を説明要因として，またサンショウウオの形質（**b**, **d**）についてはオタマジャクシおよびヤゴの有無を説明要因として二元配置の分散分析を行った。解析の結果，サンショウウオの尾高についてのみ要因間の交互作用が検出されず，そこでは，ヤゴの効果だけが有意であった。交互作用が有意だった他の3つの形質については事後比較を行った。事後比較の結果は，アルファベットであらわしており，同じ文字は互いに統計的に有意な差がないことを示す。

の捕食者がいることでさらに不活発になることはなかった。サンショウウオ幼生は，オタマジャクシがいるときほど活発になる傾向があったが，ヤゴがいるときに動かなくなっていた。特に，オタマジャクシとサンショウウオ幼生の両方がいる2つの処理に限ってみると，ヤゴの存在に対しては，サンショウウオ幼生のほうがオタマジャクシより強く反応していた。したがって，ヤゴがいる時（オタマ－サン－ヤゴ区）に，オタマジャクシの膨満化が抑制されたのは，

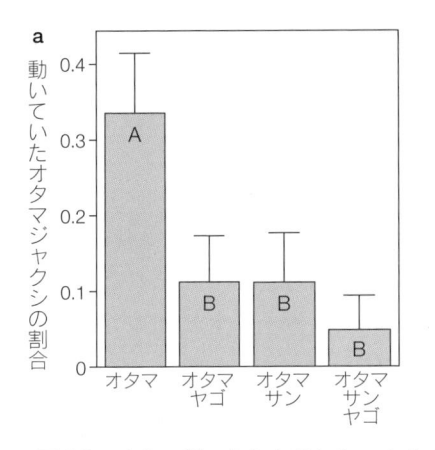

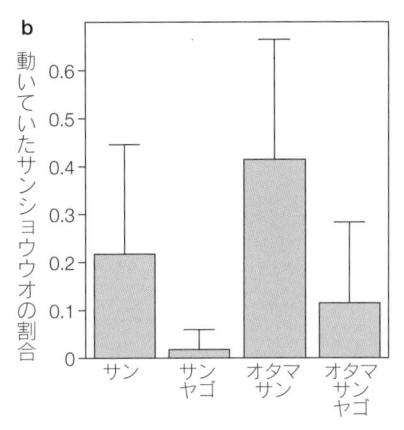

図13 オタマジャクシとサンショウウオの行動量(Kishida *et al*., 2009aより作成)
a：動いていたオタマジャクシの割合。b：動いていたサンショウウオの割合。実験開始から8日目と9日目に，オタマジャクシについては，各水槽10個体中，何個体が泳いでいるかをカウントした。サンショウウオについては，各水槽30秒間観察し，その間に個体が動くかどうかを調べた。各水槽10回ずつ調べた。エラーバーは平均値の標準偏差($n=6$)。オタマジャクシの動きについては，サンショウウオおよびヤゴの有無を説明要因として，またサンショウウオの動きについてはオタマジャクシおよびヤゴの有無を説明要因として，二元配置の分散分析を行った。解析の結果，サンショウウオの割合については，ヤゴがいるときに少なく，オタマジャクシがいるときに増えた。そしてこれらの効果は相加的だった。動いていたオタマジャクシの割合については，2つの要因間の交互作用が有意だったので，事後比較を行った。事後比較の結果は，アルファベットであらわしており，同じ文字は，互いに統計的に有意な差がないことを示す。

ヤゴの存在におびえたサンショウウオ幼生がオタマジャクシを積極的に襲わず，形態変化を誘発する接触機会が減ったためだと考えられた。実際，ヤゴのいる処理に比べて，ヤゴのいない処理では，サンショウウオ幼生がオタマジャクシを約10％多く捕食していた。一方でサンショウウオ幼生の大顎化がヤゴのいる処理で抑制されたのは，信号（オタマジャクシが泳ぐときの尾鰭の振動）の量に依存したわけではないようだ。これはオタマーサン区とオタマーサン－ヤゴ区との間で，オタマジャクシの行動に有意な違いが認められなかったからだ。

では，資源をめぐる形質間の競争や発生上の制約のような内因的な要因が，対抗的な形態変化を抑制する原因になったのだろうか？ もしそうだとすると，注目する形質の間にトレードオフ関係が観察されるべきである。つまり，オタマジャクシでは膨満型と高尾型の発現量との間に，またサンショウウオ幼生では，大顎化と高尾型との間に，負の相関関係が見出されるはずだ。オタマーサン－ヤゴ処理に比べて，オタマーサン処理のオタマジャクシは頭が高かっ

たが，尾鰭の高さに違いが見られなかった（図 12-a, c）。したがって，ヤゴに対して高尾型を強く発現した結果，膨満型の発現が抑制されたとは考えにくい。一方，サンショウウオ幼生については，処理間の平均値の比較で，2 つの形態変化の拮抗的な関係が示唆された。つまり，ヤゴがいないときに比べ，いるときには，サンショウウオ幼生は顎を発達させずに，尾鰭を高くしていた（図 12-b, d）。しかし，サンショウウオ幼生の個体データを用いて，処理ごとに相関関係を分析したところ，2 つの形質に有意な負の相関は認められなかった。要するに顎を広げた個体ほど尾鰭が低くなる傾向が見られなかったため，トレードオフについての強い証拠は得られなかった。

　予測の時にも述べたように，ヤゴが存在するときに 2 種の両生類幼生が対抗的な形態変化を弱めるのは，ヤゴからの被食の回避に適している。もしかしたら，ヤゴからの被食危機を感じとることで，膨満化や大顎化が抑制されるような発生機構が作動するのかもしれない。サンショウウオ幼生の大顎化に関して，このような機構の存在を示唆する傍証がある。大学院生時代の後輩だった宮崎玄さんは，サンショウウオ幼生をオタマジャクシの高密度環境にさらし，一度大顎型を発現させた後で，オタマジャクシを除去する実験を行った。この時，彼はオタマジャクシだけを除去する処理区と，オタマジャクシの除去と同時にヤゴの被食危機を導入した処理区を作った。面白いことに，オタマジャクシだけがいなくなった処理では，サンショウウオ幼生はしばらくのあいだ大顎形態を保持し続けたが，そこにヤゴが加わった処理のオタマジャクシは，大顎型から普通の形へと急激に戻ったのだ（宮崎ら，未発表）。

　今回の実験結果は，捕食者と被食者に見られる対抗的な形態変化の両方が，上位の捕食者によって緩和されることを示した。食う－食われるの関係での個体の形質変化についての従来の研究のほとんどは，捕食者と被食者 1 種ずつからなる単純な系を対象としてなされてきた。私の研究は，そこに別の種を 1 つ加えただけでしかないが，それによって結果が劇的に変わってしまうことを示した。この結果は自然界の複雑性をただ強調し，自然を理解しようとする私たちにとっての試練を改めて浮き彫りにしただけのようにも思える。しかし，ここまでに推論してきたとおり，研究の結果は，まったくでたらめなパターンではなく，過去の研究の成果にもとづいた予測を反映していたこともまた事実である。分解した要素を 1 つずつ組み立てていくことで，着実に理解が進むのだ。

6. 相互作用を変える形態変化

6.1. 池のほとりで小さなサンショウウオ幼生を憂いて

　2007年初夏のある昼下がり。私はたくさんのオタマジャクシとサンショウウオ幼生が泳ぐ小さな池のほとりにいた。この池のオタマジャクシはとにかく良く膨らんでいる。網ですくったオタマジャクシのほとんどがパンパンに膨れていた。さすがにこれだけ膨らんでしまえばオタマはサンショウウオ幼生に食われないのではないだろうか？　いやいや，そううまくはいかないらしい。池の底には，オタマジャクシの頭のサイズを上回る大きな顎をもった巨大なサンショウウオ幼生が数匹いるのがわかった。彼らはこれまでにその大顎でたくさんのオタマジャクシを平らげてきたのであろう。丸々と太った胴周りが印象的である。

　しかし，この池にいるサンショウウオ幼生のすべてが，彼らのように大きいわけではない。体サイズが小さく，顎も広がっていないサンショウウオ幼生がたくさんいる（図14）。池に落ち込んだヤナギの枝に目をやると，そこに付着するエゾサンショウウオの卵嚢の中に，いまだ孵化しない個体までもがいるのがわかった。大顎のサンショウウオ幼生と膨らんだオタマジャクシが激しく攻防する初夏の池で，小さなサンショウウオ幼生たちはどんな人生を歩むことになるのだろうか……。彼らの多くは大きなサンショウウオ幼生に共食いされてしまうのかもしれない。

　池の中では，膨れたオタマジャクシが小さなサンショウウオ幼生のすぐ目の前を通り過ぎる。まるで「食えるものなら食ってみろ」と言わんばかりの余裕がオタマジャクシにはある。小さなサンショウウオ幼生たちの顎の幅は，膨らんだオタマジャクシの頭の幅の半分ほどしかないから，当然食えるわけがない。では，オタマジャクシと小さなサンショウウオ幼生は無関係なのだろうか？　オタマジャクシを食えない小さなサンショウウオ幼生とパンパンに膨れたオタマジャクシ。異様ともいえる組み合わせをしばらく眺めていた私は，彼らをつなぐ一本の糸を思いついた。もしや，オタマジャクシは小さなサンショウウオ幼生に対して，えらく迷惑なことをしているのではないだろうか？

6.2. オタマジャクシの防御とサンショウウオ幼生の共食い

　オタマジャクシが防御したことで小さなサンショウウオ幼生が共食いされやすくなっているのではないか？　これが私の思いつきである。つまり，オタマ

図14 野外の池のサンショウウオ幼生とオタマジャクシ
左端は，サンショウウオ幼生のいない池のオタマジャクシ．残りの個体は，囲い網実験をした池で採集されたオタマジャクシ（左から2番目）とサンショウウオ幼生．実験を行った野外池では，オタマジャクシのほとんどが左から2番目の個体のようによく膨らんでいた．一方，サンショウウオ幼生は，大顎をもった大きな個体（右端）から小さな個体（右から4番目）まで，変異に富んでいた．

ジャクシが防御すると，大きなサンショウウオ幼生はオタマジャクシを食えなくなるので，その分，小さなサンショウウオ幼生をよく食うのではないかと考えたわけだ．

すぐにこの仮説を検証することにした．なぜならこれは，冒頭で述べた"いくらでもいるオタマジャクシ・あまり多くないサンショウウオ"という子どもの頃の印象を，うまく説明する仮説だからだ．さらに，この仮説を検証することが，「被食者の防御が捕食者の共食いを強める」という，他の捕食者−被食者系でも十分にありそうな生態学的プロセスの証明になると考えたためである．

さて仮説の検証である．せっかくなので今回の実験は，先ほどの池で行うことにした．まず池にいるオタマジャクシとサンショウウオ幼生を数え上げたところ，$1\,m^2$あたり116個体のオタマジャクシと25個体のサンショウウオ幼生がいることがわかった．池には，80 cm×80 cm×80 cmの囲い網を8つ設置し（図15），うち4つには，この池のサンショウウオとオタマジャクシ（膨満型）を，実際の密度に合わせて入れた（防御区）．残りの4つの網にも，防御区と

図15 野外実験の様子
野外の池に設置した80cm四方の網。実験では、ふたをしていない8個の網を使用した。

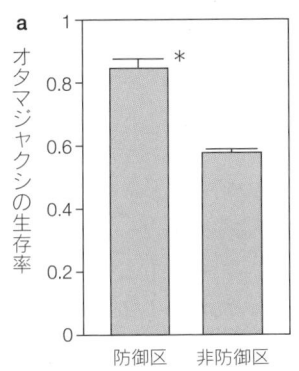

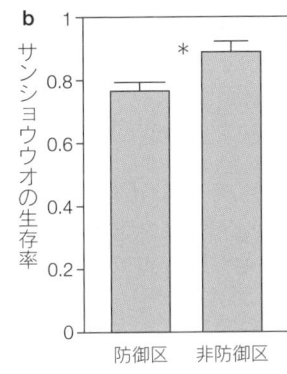

図16 オタマジャクシとサンショウウオの生存率（Kishida et al., 2009bより作成）
エラーバーは平均値の標準偏差（n=4）。＊は、2つの形態の間で生存率に統計的に有意な差があったことをあらわす。

同数の2種を入れたが、サンショウウオ幼生はこの池のものを、オタマジャクシは近隣のサンショウウオ幼生のいない池から採集した基本型の個体を用いた（非防御区）。この実験計画のもとで、もし非防御区に比べて、防御区のオタマジャクシの数が多くなり、サンショウウオの数が少なくなれば、オタマジャクシの防御がサンショウウオ幼生の共食いを強めていることが確かめられる。

実験開始から3日後、見事に期待どおりの結果が得られた。網の中のオタマジャクシとサンショウウオ幼生を数えたところ、非防御区に比べ、防御区のほうが、オタマジャクシが多く、サンショウウオ幼生は少なかった（図16）。オタマジャクシが防御しているとサンショウウオ幼生はオタマジャクシを捕食できずに共食いを強めていたのだ。さらに、生存していたサンショウウオ幼生の平均的な大きさを比較したところ、防御区のサンショウウオ幼生のほうが大きな値をとることがわかった（図17）。これはつまり、オタマジャクシが防御していると、小さなサンショウウオ幼生の死亡率が上がったことを意味する。やはり、オタマジャクシが膨らむことで、大きなサンショウウオ幼生の捕食の矛

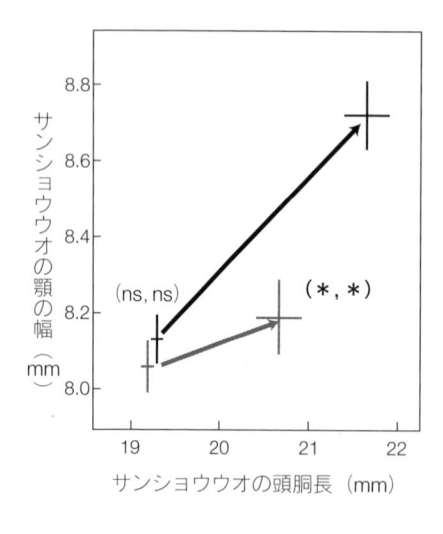

図17 囲い網のなかのサンショウウオ幼生の形態の推移
(Kishida et al., 2009bより作成)

防御区（黒），非防御区（灰色）。矢印の根元が実験前，矢印の先が実験後（3日後）の平均的な形態の値をあらわしている。縦横のエラーバーの交点が平均値を示し，エラーバーの大きさは平均値の標準偏差（$n=4$）を示す。括弧内の＊は，座標方向で，処理間に統計的な有意差があることを示す。nsは統計的に有意でないことを示す。3日後の，防御区のサンショウウオは平均的な形は，非防御区に比べて大きい。これは，防御区で大きなサンショウウオが小さな個体を頻繁に共食いしたことを意味する。

先が，小さなサンショウウオ幼生に向くのである。この結果は，エゾサンショウウオの生活史戦略の進化にオタマジャクシが重要な役割を果たしてきたことを示している。つまり，サンショウウオ幼生にとって，頭を膨らませて身を守るエゾアカガエルのオタマジャクシがいる状況では，一刻も早く体サイズを大きくできた個体ほど生き残りやすく，それを可能にする適応戦略が進化しやすいのだ。

たいへん面白いことに，エゾサンショウウオ幼生は共食いを避けるための形態変化をすることが最近の研究から明らかになっている（井川ら，未発表）。エゾサンショウウオ幼生は同種が低密度の環境で育った場合に比べ，高密度の環境で育つと大顎化する個体が出現するというのは以前に述べた通りであるが＊1，大顎化は一部の個体でしかなされず，残りの大部分の個体（特にサイズの小さな個体）は，頭の上に突起物を発達させ，顎のつけ根の部分を大きく広げた形へと変わる。サンショウウオ幼生の共食いは多くの場合，個体同士が正面からぶつかったときに起こるから，頭部のパーツを大きく発達させるのはきわめて効果的な防御戦略となる（なんと，サンショウウオ幼生はオタマジャクシの膨満化と同じようなやり方で丸呑み捕食を防いでいたのだ！）。このようなサンショウウオ幼生の防御発現の能力は，オタマジャクシが膨満化しサンショウウオ幼生の共食いに拍車をかけるからこそ，獲得されてきた誘導防御戦略だと考えられないだろうか。

6.3. 広がる世界

　生物個体の適応的なふるまいは，個体群や群集，生態系といった高次の生態学的要素にどんな影響を与えるのか？　進化生態学と群集生態学をつなぐべく，この疑問への取り組みが盛んになっている（Kondoh, 2003, 2007; Miner et al., 2005; Agrawal et al., 2007; Mougi & Kishida, 2009; Kishida et al., 2010; Mougi et al., 2011）。私も，先ほどの研究をきっかけとして，捕食者や被食者の形態変化が，両者や他種の個体群プロセスに与える影響を調べ始めている。これまでに紹介してきたようにエゾサンショウウオ幼生とエゾアカガエルのオタマジャクシの形態変化は，単に見た目が強烈なだけではなく，適応機能の面で非常に強力な効果を発揮する。そのため2種を材料として研究を進めることで，個体の形態変化が生み出す生態学的な効果について，明確な仮説を立てながら調べることができる。

　個体の適応的な表現型可塑性は，相互作用の強さを変えることで，さまざまな生態学的効果をもたらすはずだ。先ほどの実験ではオタマジャクシが防御するとサンショウウオ幼生が頻繁に共食いするようになることを確かめたが，同様のプロセスは，池の生態系を構成する他の群集メンバーに対してもはたらくと期待される。実際に私は，オタマジャクシが形態防御により多く生き残ることで，彼らの餌の落葉が良く分解されることや，サンショウウオ幼生が防御したオタマジャクシを食えなくなる分，底性生物のミズムシを良く食べるようになることを実験により確かめている（岸田ら，未発表）。おそらくは，サンショウウオ幼生の大顎化にもさまざまな生態学的効果があるだろう。

　たとえば，サンショウウオ幼生がオタマジャクシの存在や同種の高密度環境下で大顎化すると，捕食（共食い）によりオタマジャクシやサンショウウオ幼生の数は激減する。その結果，2種が餌とする生物種の食われる数が減るだろうし，2種を食うヤゴやゲンゴロウなどの捕食者においては，餌不足による成長率や生存率の低下が期待される。また，大顎化することでサンショウウオ幼生の餌選択の幅が広がることもあるかもしれない。つまり，サンショウウオ幼生が大顎になると，以前は食べることができなかった大きなサイズの無脊椎動物（トビケラやヤゴ）を食うようになると予想され，それが，池の生物群集のサイズ構造を決める要因の1つになるかもしれない。

　これらのプロセスは，どれもわかりやすいものばかりである。しかし，池には多様な生物種がいるため，サンショウウオ幼生とオタマジャクシの形態変化

の効果は，群集に張り巡らされた複雑な相互作用の網を伝い，時間の遅れをともないながら，さまざまな形としてあらわれてくるはずだ．そして，そのような時間遅れの効果は実験を行う前に予測できるとは限らない．むしろ実験をしてから発見できるものが多いだろう．だから，こういった研究は，わかりやすいプロセスの仮説検証に重きを置いて進めるだけでなく，自然本来の複雑さが生み出す予想外の効果を見落とすことがないように，慎重かつ柔軟な姿勢で取り組むことが大切であろう．

おわりに

　エゾサンショウウオ幼生とエゾアカガエルのオタマジャクシ．彼らの形態変異は驚異の一言に尽きる．数メートルと離れていない隣接した池でも違った形が見られるし，同じ池でも季節とともに形が変わる．すばらしい適応と思えるものから，とうてい適応とはよべそうにないものまで非常に多様である．私はこれまで，操作実験を主たるアプローチとして，彼らの形の多様性とその意義をひも解いてきた．実験は簡単ではない．本章で紹介した研究は，そのほとんどが一度で成功したわけではない．初期設定が悪ければオタマジャクシやサンショウウオ幼生は形を変えることはない（もちろん条件によって形が変わらないこと自体が興味深く，研究の対象となるのだが）．実験を始めて3年ほどは，両生類の幼生に蔓延する病気との闘いでもあった．度重なる失敗を糧として，研究の成果があがってきた．野外のデータを解析するのに比べ，操作実験が優れているのは，環境条件を均一化し，興味のある環境要因だけを操作できるところだ．操作実験を通して，関心のある環境因子に対する形態応答を明確に知ることができる．実験の経験と知識が蓄積してくると，以前は認識できなかった野外での形態のパターンもはっきりと見えるようになる．池の中を網で探り，採れた生物の数や大きさから，その場所での支配的な相互作用も想像できる．操作実験で明らかとなった因果関係から，野外で見られるパターンを説明できたとき，池の中の出来事がわかった気がしてうれしくなる．

　一方で，今もなお説明不能な変異に出くわすことがある．池に大きなサンショウウオ幼生がたくさんいてもオタマジャクシが膨れていないことがある．逆に，オタマジャクシが多くても，サンショウウオ幼生の口が小さいこともある．同じ池でも毎年同じことが起こるとは限らない．去年，大顎のサンショウウオ幼生と膨れたオタマジャクシがいっぱいいた池で，今年は対抗的な形態変化が

ほとんど見られないなんてこともしょっちゅうだ。あるいはこれまでには気づかなかった形態の変異を新しく発見することもある。わからないことが多いからこそ，研究したくなる。私はまだまだサンショウウオ幼生とオタマのことを知り足りない。進化生態学を専門とする実証研究者のほとんどは，お気に入りの研究対象を持ち，それらの魅力的な特徴に生態学的な説明を加え，進化の足跡をたどることに生きがいを感じている。研究対象の多くは，発生学でのショウジョウバエや線虫，生態学でのマメゾウムシやコオロギといった，いわゆるモデル生物とは違って，実験的に扱いにくかったり，継代することができない場合が多い。しかし，自分が慣れ親しんだ種にしかない特徴を徹底的に探究しているうちに，これまでの理論や仮説の不足を指摘し，それを補う理論を立てられるようになるのだろう。そして，彼らのユニークな特長を利用せずには検証できそうにない理論を見つけることもあるだろうし，自らそのような理論を立てるようにもなるのかもしれない。

　この章では，形態可塑性を中心に話を進めた。生物たちは，被食危機や餌環境に応じて，形態だけでなく，行動や生活史あるいは生理的形質など，さまざまな形質を変える。これらは，環境への適応を意味するかもしれないし，あるいは，他の形質変化にともなう副産物であるかもしれず，そのなかには最適とはいえないものも含まれているだろう。したがって，これら複数形質がどのように絡み合って個体の適応度に貢献しているのかを明らかにすることが，今後必要になるだろう。さらに，短い時間スケールで生じるダイナミックな形質変化が，相互作用する生物の行動や生活史を変えることで，その後どのような生態学的，進化学的インパクトをもつのか興味は尽きない。まだまだわからないことだらけである。

引用文献

Agrawal, A. A., D. A. Ackerly, F. Adler, B. Arnold, C. Cáceres, D. F. Doak, E. Post, P. Hudson, J. Maron, K. A. Mooney, M. Power, D. Schemske, J. J. Stachowicz, S. Y. Strauss, M. G. Turner & E. Werner. 2007. Filling key gaps in population and community ecology. *Frontiers in Ecology and the Environment* **5**: 145-152.

Brönmark, C. & J. G. Miner. 1992. Predator-induced phenotypical change in body morphology in crucian carp. *Science* **258**: 1348–1350.

Brönmark, C. & L. B. Pettersson. 1994. Chemical cues from piscivores induce a change in morphology in crucian carp. *Oikos* **70**: 396-402.

Dayton, G. H., D. Saenz, K. A. Baum, R. B. Langerhans & T. J. DeWitt. 2005. Body shape, burst speed and escape behavior of larval anurans. *Oikos* **111**: 582-591

DeWitt, T.J., B. W. Robinson & D. S. Wilson. 2000. Functional diversity among predators of a freshwater snail imposes an adaptive tradeoff for shell morphology. *Evolutionary Ecology Research* **2**: 129-148.

花里孝幸　1994. 湖沼の動物プランクトン群集におけるカイロモンを介した捕食者‐被食者関係. 日本生態学会誌　**44**: 61-77

Hanazato, T. 1990. Induction of helmet development by a Chaoborus factor in *Daphnia ambigua* during juvenile stages. *Journal of Plankton Research* **12**: 1287-1294

Iwami, T., O. Kishida & K. Nishimura. 2007. Direct and indirect induction of a compensatory phenotype that alleviates the costs of an inducible defense. *PLoS ONE* **2**: e1084

Kishida, O. & K. Nishimura. 2004. Bulgy tadpoles: inducible defense morph. *Oecologia* **140**: 414-421.

Kishida, O. & K. Nishimura. 2005. Multiple inducible defenses against multiple predators in anuran tadpoles (*Rana pirica*). *Evoutionary Ecology Research* **7**: 619-631.

Kishida, O. & K. Nishimura. 2006. Flexible architecture of inducible morphological plasticity. *Journal of Animal Ecology* **75**: 705-712.

Kishida, O., Y. Mizuta & K. Nishimura K. 2006. Reciprocal phenotypic plasticity in a predator-prey interaction between larval amphibians. Ecology 87: 1599-1604.

Kishida, O., G. C. Trussell & K. Nishimura. 2007. Geographic variation in a predator-induced defense and its genetic basis. *Ecology* **88**: 1948-1954.

Kishida, O., G. C. Trussell & K. Nishimura. 2009a. Top-down effects on antagonistic inducible defense and offense. *Ecology* **90**:1217-1226.

Kishida, O., G. C. Trussell, K. Nishimura & T. Ohgushi. 2009b. Inducible defenses in prey intensify predator cannibalism. *Ecology* **90**: 3150-3158.

Kishida, O., G. C. Trussell, A. Mougi & K. Nishimura. 2010. Evolutionary ecology of inducible morphological plasticity in predator-prey interaction: toward the practical links with population ecology. *Population Ecology* **52**: 37-46.

Kondoh, M. 2003. Foraging adaptation and the relationship between food web complexity and stability. *Science* **299**: 1388-1391.

Kondoh, M. 2007. Anti-predator defence and the complexity-stability relationship of food webs. *Proceedings of the Royal Society of London. Series B*. **274**: 1617-1624.

Lively, C. M. 1986. Competition, comparative life histories, and maintenance of shell dimorphism in a barnacle. *Ecology* **67**: 858-864.

McCollum, S. A., J. D. Leimberger. 1997. Predator-induced morphological changes in an amphibian: Predation by dragonflies affects tadpole shape and color. *Oecologia* **109**: 615-621

McCollum, S. A. & J. Van Buskirk. 1996. Costs and benefits of a predator-induced polyphenism in the gray tree frog *Hyla chrysoscelis*. *Evolution* **50**: 583-593.

Michimae, H. 2006. Differentiated phenotypic plasticity in larvae of the cannibalistic salamander *Hynobius retardatus*. *Behavioural Ecology and Sociobiology* **60**: 205–211.

Michimae, H. & M. Wakahara. 2002. A tadpole-induced polyphenism in the salamander Hynobius retardatus. *Evolution* **56**: 2029-2038.

Michimae, H., K. Nishimura, & M. Wakahara. 2005. Mechanical vibrations from tadpoles' flapping tails transform salamander's carnivorous morphology. *Biology Letters* **1**:

75-77.
Miner, B.G., S. E. Sultan, S. G. Morgan, D. K. Padilla & R. A. Relyea. 2005. Ecological consequences of phenotypic plasticity. *Trends in Ecology & Evolution* **20**: 685-692.
Mori, T., I. Hiraka, Y. Kurata, H. Kawachi, O. Kishida & K. Nishimura. 2005. Genetic basis of phenotypic plasticity for predator-induced morphological defenses in anuran tadpole, *Rana prirca*, using cDNA subtraction and microarray analysis. *Biochemical and Biophysical Research Communications* **330**: 1138-1145.
Mori, T., H. Kawachi, C. Imai, M. Sugiyama, Y. Kurata, M. Suzuki, T. Kojima, O. Kishida & K. Nishimura. 2009. Identification of a novel uromodulin-like gene related to predator-induced bulgy morph in anuran tadpoles by functional microarray analysis. *PLoS ONE*. **4**: e5936.
Mougi, A. & O. Kishida. 2009. Reciprocal phenotypic plasticity can lead to stable predator-prey interaction. *Journal of Animal Ecology*. **78**: 1172-1181
Mougi, A., O. Kishida & Y. Iwasa. 2011. Coevolution of phenotypic plasticity in predator and prey: why are inducible offenses rarer than inducible defenses? *Evolution* **65**: 1079-1087.
Pauwels, K., R. Stoks & L. De Meester. 2005. Coping with predator stress: interclonal differences in induction of heat-shock proteins in the water flea *Daphnia magna*. *Journal of Evolutionary Biology* **18**: 867-872.
Relyea, R. A. 2001. Morphological and behavioral plasticity of larval anurans in response to different predators. *Ecology* **82**: 523-540.
Relyea, R. A. 2003. Predators come and predators go: The reversibility of predator-induced traits. *Ecology* **84**: 1840-1848.
Schmidt, B. R. & J. Van Buskirk. 2005. A comparative analysis of predator-induced plasticity in Triturus newts. *Journal of Evolutionary Biology* **18**: 415-425.
Skelly, D. K. 1994. Activity level and the susceptibility of anuran larvae to predation. *Animal Behaviour* **47**: 465-468.
Schoeppner N. M. & R. A. Relyea. 2005. Damage, digestion, and defence: the roles of alarm cues and kairomones for inducing prey defences. Ecology Letters **8**: 505-512.
Slos, S. & R. Stoks. 2008. Predation risk induces stress proteins and reduces antioxidant defense. *Functional Ecology* **22**: 637-642.
Smith, D. C. & J. Van Buskirk. 1995. Phenotypic design, plasticity, and ecological performance in two tadpoles. *American Naturalist* **145**: 211-233.
Tollrian, R. 1995. Predator-induced morphological defenses: costs, life history shifts, and maternal effects in *Daphnia Pulex*. Ecology **76**: 1691-1705.
Tollrian, R. & C. D. Harvell. 1999. The Ecology and Evolution of Inducible Defenses. Princeton University Press.
Trussell G. C. 1996. Phenotypic plasticity in an intertidal snail: the role of a common crab predator. *Evolution*. **50**: 448-454.
Trussell, G. C. 2000. Predator-induced plasticity and morphological trade-offs in latitudinally separated populations of *Littorina obtusata*. *Evolutionary Ecology Research* **2**: 803-822.
Trussell, G. C. & M.O. Nicklin. 2002. Cue sensitivity, inducible defense, and trade-offs in a marine snail. *Ecology* **83**: 1635-1647.

Trussell, G. C., P. J. Ewanchuk & M. D. Bertness. 2002. Field evidence of trait-mediated indirect interactions in a rocky intertidal food web. *Ecology Letters* **9**: 241-245.

Van Buskirk, J. 2001. Specific induced responses to different predator species in anuran larvae. *Journal of Evolutionary Biology* **14**: 482-489.

Van Buskirk, J. 2002. A comparative test of the adaptive plasticity hypothesis: relationship between habitat and phenotype in anuran larvae. *American Naturalist* **160**: 87-102.

Van Buskirk, J. & R. A. Relyea. 1998. Selection for phenotypic plasticity in Rana sylvatica tadpoles. *Biological Journal of the Linnean Society* **65**: 301-328.

Van Buskirk, J. & B. R. Schmidt. 2000. Predator-induced phenotypic plasticity in larval newts: Trade-offs, selection, and variation in nature. *Ecology* **81**: 3009-3028.

Van Buskirk, J., & G. E. Saxer. 2001. Delayed costs of an induced defense in tadpoles? morphology, hopping, and development rate at metamorphosis. *Evolution* **55**: 821-829.

Van Buskirk, J., P. Anderwald, S. Lupold, L. Reinhardt, H. Schuler. 2003. The lure effect, tadpole tail shape, and the target of dragonfly strikes. *Journal of Herpetology* **37**: 420-424.

ウェイド，N. 1998. 師岡亮子・片岡輝男（訳）恋のかけひきはグッピーに学べ．翔泳社．

Wakahara, M. 1995. Cannibalism and resulting dimorphism in larvae of a salamander. *Hynobius retardatus*., inhabited in Hokkaido, Japan. *Zoological Science* **12**: 467-473.

山道真人・印南秀樹　2008．始めよう！エコゲノミクス（1）局所適応と形質の分化．日本生態学会誌 **58**: 241-247.

第2章　右と左の共進化：
　　　追いかけるヘビと逃げるカタツムリ

細　将　貴 (NCB Naturalis)

1．右利きの捕食者仮説

　カタツムリを食べるという変わり者のヘビが日本にいることを教えてくれたのは，京都大学で同期だった島田知彦君だった。それもカタツムリの殻ごと飲み込むのではなく，中身だけを器用に下顎で引っ張り出して食べるという（太田ら，1996；図1）。その名はイワサキセダカヘビ *Pareas iwasakii* (Maki)。「イワサキ」は，長らく石垣島の測候所に勤め，八重山地方の自然史研究の基礎を築いた岩崎卓爾にちなんだものだ。本種の模式標本は，岩崎によって当時随一のヘビ類分類学者であった牧茂市郎に提供されたものである（Maki, 1937）。セダカとは背高の意で，体が縦に平たいことを表現している。一説には日本四大珍ヘビのひとつに数えられるとのことだったが，あとの3つは忘れてしまった。しかし幸いなことに，ヘビとカタツムリというこの意外な組み合わせは，私の頭の片隅に残された。

　時は流れて，2003年の秋も深まった頃。私が本稿の研究テーマを思いついたのは，当時読んでいた『貝のミラクル』の一節（浅見，1997）に影響を受けてのことだった。本の出版後に世に出た知見も補完すると，心惹かれた謎の概要は，こういうことだ。

　広く動物界を見渡せど，鏡像のごとく左右が逆転する進化はほとんど起きていない。ところが巻き貝では，圧倒的多数が右巻きであるなかで，左右を逆転させることで左巻きに進化した系統が確かに，それも複数存在する（Vermeij, 1975；図2）。左巻きの系統は少数ながらも比較的陸上に多いが（Robertson, 1993），これも矛盾に満ちた事実だ。陸棲の巻き貝（カタツムリ）では，巻きの異なる個体どうしが交尾することに物理的な困難をともなう（Asami *et al.*, 1998; Johnson, 1982）。そのため左巻きの突然変異体は，せっかく出現しても交配相手に恵まれないために，早々に集団中から消されてしまうことが予想されるからだ（Davison *et al.*, 2005; Orr 1991; Stone & Bjorklund, 2002）。このような逆風

図1　イワサキセダカヘビの捕食行動（左から右；Hoso et al., 2007）
背後から接近し，頭部を左に傾けてかみつく．姿勢が安定した後，左右の下顎を交互に抜き差しすることで，殻の中身を器用に引き出して飲み込む．捕食行動の動画はMOMO（動物行動の映像データベース；http://www.momo-p.com/）にて公開されている．

図2　左巻きの貝（左；リュウキュウヒダリマキマイマイ）と右巻きの貝（右；シュリマイマイ）

に抗ってまで，いったいなぜ，左巻きのカタツムリは進化できたのだろうか．

　沖縄を旅することが好きだった私は，西表島で見た左巻きのカタツムリ（クロイワヒダリマキマイマイ *Satsuma yaeyamensis* [Pilsbry]）のことを思い出し，そしてこう考えた．このグループ（ニッポンマイマイ属）のカタツムリでは，セダカヘビ類の分布する南の方にやけに集中して左巻きの種が分布しているように思える（図3）．もしヘビが右巻きのカタツムリの捕食に特化しているとしたら，左巻きのカタツムリの進化を促進する要素になりえるかもしれない．ヘビとカタツムリの，左右を巡る共進化だ．

　この仮説は，全部が全部，妄想の産物だったというわけではなかった．海産のカニ（カラッパ科，オウギガニ科など）や水生昆虫（ガムシ科の一部の幼虫）には，優占する右巻きの巻き貝を捕食することに特化するべく，摂餌器官の形態を左右非対称に進化させたものが複数知られている（Dietl & Vega, 2008; Inoda et al., 2003; Ng & Tan, 1985; Shoup, 1968）．こうした「右利き」の捕食者のもとでは，餌になっている右巻きの巻き貝の側に，対捕食者防御の適応として巻きの逆転が進化してもおかしくはない．ところが，左巻きの巻き貝は，こうした既知の右利き捕食者の分布域に格別に多いというわけではなかった．むしろ左巻きの種は，こうした捕食者が報告されていない陸上で多く知られているのだ．陸棲の巻き貝，すなわちカタツムリには，左巻きへの進化を促進する未知の力がはたらいてきたと考えるべきだろう．そのひとつは，カタツムリ食

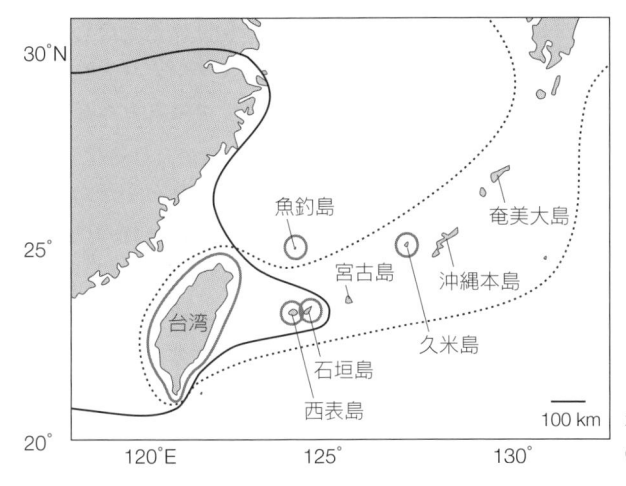

図3 琉球列島近辺におけるセダカヘビ類（実線）とニッポンマイマイ属（破線；右巻き種群，実線；左巻き種群）の分布
右巻き種群の分布は本州の北端まで延びている。

のヘビではなかったか。

2. 仮説検証の手順

「右利きの捕食者仮説」を実証するためには，ふたつの作業仮説を検証する必要があった．第1の作業仮説は，「イワサキセダカヘビが右巻きのカタツムリ捕食に特化している」である．それを示すためには，左巻きのニッポンマイマイ属カタツムリがヘビからの捕食を免れることを行動実験によって示せばよい．しかし，言うは易し，である．これには，解決困難な問題がいくつも控えていた．

まず，研究材料を集める困難である．修士1年の夏，イワサキセダカヘビを捕獲するべく西表島と石垣島で10日間ほどの調査旅行を敢行したが，それは惨敗に終わった．徒歩と野宿ではどうにもならないということを学んだだけであった．初めからわかっていたことだが，生きたイワサキセダカヘビを研究対象にすることは，イバラの道を進むことを意味していたのだ．イワサキセダカヘビは，IUCN版レッドデータブック（RDB）では情報不足（IUCN, 2008；Downloaded on 24 November 2008），環境省版RDBでは準絶滅危惧種（環境省, 2000），沖縄県版RDBでは希少種（沖縄県文化環境部自然保護課, 2005）に指定されており，それはもう，捕獲されれば地元の新聞に取り上げられるほど珍しいヘビなのだ．お世話になっている爬虫類研究者からは，のちに「自分の学生だったら止めていた」と聞かされた．無謀なことを始めたものだった．

さらに，野外での捕食圧を確認することの困難である。傍証に過ぎないとはいえ，イワサキセダカヘビが右巻きのニッポンマイマイ属カタツムリを食べているという証拠はぜひとも示しておきたい。しかし，イワサキセダカヘビが野外で具体的に何をどれだけ食べているのかは，まったくわかっていなかった。一般に動物のエサ内容は，消化管内の内容物や排泄物中の残留物を手がかりにして調べられる。しかし，イワサキセダカヘビに限らずカタツムリ食のヘビ類全般についていえることだが，彼らは捕食の際に殻を一緒に飲み込みはしない。消化管や排泄物の中にあるのは，軟体部分の残骸だけである。そこから獲物になったカタツムリを種のレベルで同定することは，不可能だと考えられていた (Cobb, 2004; Kofron, 1982; Peters, 1960)。

第2の作業仮説は，右巻きのカタツムリ捕食に特化していることが確認できたセダカヘビ各種のいる地域に，左巻きの種を含むカタツムリのグループが多く分布していることである。イワサキセダカヘビの属するセダカヘビ科 Pareatidae (Vidal *et al.*, 2007) は，広く東南アジアに3属15種ほどが知られており (Ota *et al.*, 1997)，ほぼ全種がカタツムリとナメクジを専食するとされている (Cundall & Greene, 2000; Stuebing & Inger, 1999)。だから，セダカヘビ科のヘビが右巻きのカタツムリ捕食に特化していることと，これらの分布域に左巻きのカタツムリの系統が偏って分布していることを定量的に示すことができれば，ひとつの検証に耐えたとみなすことができる。

しかしながら，セダカヘビ科の全種(理想的には全個体群)が右巻き捕食に特化しているかどうかを確かめるために行動実験を組むことは，現実的ではない。次善策として注目することが許される形質は，形態である。右巻きカタツムリ捕食への特殊化を誰もが納得できるレベルで物語る形態形質を，見出さねばならなかった。最初の審判は，セダカヘビ類の標本に託されていた。

3. 右利きのヘビ，発見！

セダカヘビ科のヘビに専門的に取り組んだ研究者は，私が初めてだったといえるかもしれない。しかし，それまでに何の研究もされてこなかったというわけではない。標本さえあれば研究するのに支障のない分野については，比較的容易に入手することのできる種のセダカヘビを用いて幾許かの知見が蓄積されていた。特に顎の機能形態に関しては，他の多くのヘビ類と同様に高い関心が払われていたらしい。骨格と筋肉の付き方に関する記載的な図解をはじめ (Haas, 1930; Langebartel, 1968)，解剖学的には一通り暴かれた後だったといえ

る。中にはカタツムリ食にかかわる特殊化に目を向けた解剖学者もいて、薄く長い下顎や、そこに数多く生える針のように長く細い歯といった特徴は、カタツムリのようにヌメヌメした滑りやすい獲物を食べるのに都合がよいのだろうと解釈されていた（Cundall & Greene, 2000; Savitzky, 1983）。しかしながら、幾度となく仔細な観察を受けてきたにもかかわらず、カタツムリの巻き方向に対応した左右非対称性は報告されていなかった。ずっと見落とされてきたなんてことが、ありえるのだろうか。

　2005年の年始め。重大な進展があったのは、セダカヘビ類の頭骨標本を前にしたときだった。標本は、琉球大学（当時）の太田英利先生から送っていただいたものだった。太田先生は、分類から保全まで幅広く、日本の爬虫両棲類研究の底上げに邁進する生ける伝説である。セダカヘビ類の分類を手がけている現役の研究者としても、世界に知られた存在だと言える。直接の面識はなかったが、京大理学研究科でヘビの行動学を専門に研究されている森哲先生の計らいで、貴重な標本を調査する機会をいただいたのだった。

　アリザリンレッドで赤く染色されたイワサキセダカヘビの頭骨を、グリセリンで満たされた標本ビンから取り出し、慣れない手つきでシャーレにそっと載せる。ヘビの頭骨を見たのはこれが初めてだった。下顎の長さには、右と左で違いはなさそうだ。実体顕微鏡の下で眺めてみても、際立った左右差は見つからない。骨格に期待してもだめか。落胆しながらシャーレに目を移したとき、歯の並びのきめ細かさが気になった。左右で歯の並ぶ間隔が違わないか？

　こうして、仮説を信じる最初の力は、イワサキセダカヘビの骨格標本から得られた。下顎の歯の本数が左右で異なり、右のほうが格段に多い（図4）。どの標本を見ても同じことだった。歯の本数が左右で大幅に異なる脊椎動物は、カレイやヒラメといった異体類を除けば他に例がない。この予期せぬ、しかし明瞭な左右差は、何人もの優れた解剖学者の目をすり抜け、私に発見される日を暗い標本庫でずっと待っていたに違いない。そう思うと、感激もひとしおだった。

　きわめて都合のよいことに、歯の本数であれば貴重な標本を解剖せずともレントゲンで撮影することによって確認することができた。また、研究室に軟X線撮影装置があったのも幸いだった。今度はイワサキセダカヘビの液浸標本をお借りして、かたっぱしから歯の本数を決定していく。最終的には、地球上に現存するイワサキセダカヘビの標本の80％ぐらいは調べたのではないだろうか。その結果わかったことは、歯の本数もその左右差の程度も、成長に応じて

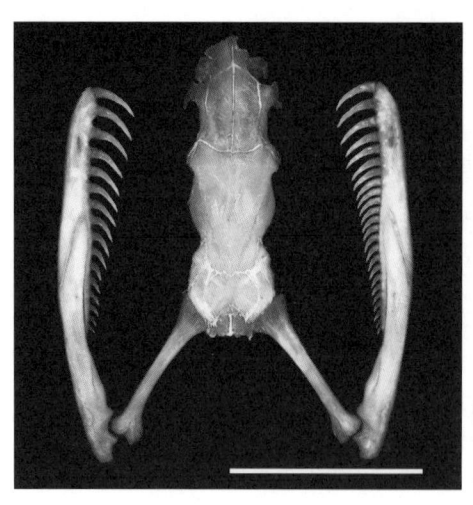

図4　イワサキセダカヘビの頭部の骨格標本 (Hoso et al., 2010)
スケールバーは10 mm。

変化するようなものではなさそうだということだった。このことは，どの発育ステージにある標本の計測値でも，その種（厳密には個体群）のもつ平均値の推定に用いて構わないことを意味する。また，歯列非対称性が遺伝的に決定されている形質である可能性も示唆する。

　この時よりしばらく後の話ではあるが，歯列非対称性が遺伝形質であることを示すより決定的な証拠は，実際に得られている。孵化直前の段階で，すでに下顎の歯の本数に左右差が確立していることが確認できたのである（Hoso, 2007; Hoso et al., 2007）。飼育していたイワサキセダカヘビの1匹が，2004年の9月に6個の卵を産んだ。大事に育てるつもりで世話を続けたものの，そのうちの3個は早々にカビに冒されて死んでしまった。あとの3個は見かけ上特に変化もなく，2か月ほどが過ぎていった。そんなある日，卵のひとつがしぼんでいるのに気づいた。死んで腐ってしまったのだろうか。私はほかの卵もすでに中身が腐ってしまっているものと思い込んで，残っていた卵をすべて標本ビンに沈めてしまった。ところが，寂しくなった孵卵用のケースを洗おうとしたとき，底に敷いていたミズゴケの下からちいさなヘビが現れた。へしゃげた卵は，孵化したあとの卵殻だったのだ。私は喜ぶと同時に青ざめた。案の定，他の卵はエタノールに浸されたせいで，孵化を目前にして絶命していた。しかし皮肉にも，この日の目を見ることなく死亡した個体を細見することによって，歯列非対称性に遺伝基盤があることが確かめられたのだった。

4. 博物館標本の威力

　続けて私は，世界各地の博物館からありったけのセダカヘビ類の標本を取り寄せて，歯列を調査しようと考えた。しかし，どこに問い合わせたものか，皆目見当が付かない。親身に相談に乗ってくれたのは，先述の解剖学者のひとりで，来日の際に親しくなった Old Dominion 大学（米国ヴァージニア州）の Alan Savitzky 先生だった。教わったウェブサイト（http://research.calacademy.org/research/herpetology/Comb_Coll_Index/）からは，スミソニアン博物館をはじめとする北米各地の偉大な博物館に所蔵されている標本の目録を，余すことなく調べることができた（コラム3参照）。案内に沿って貸し出しの手続きをとった私は，その年の夏以降，本格的に標本計測に没頭することになった。

　はるか昔に東南アジア各地で採集され，長らく博物館に眠っていたセダカヘビ科の標本たちは，歯の数の違いがイワサキセダカヘビだけに見られる形質ではないことを，雄弁に物語っていた。程度の差こそあれ，どの種も決まって右の歯のほうが断然多い（図5）。ただし，1種だけ，例外的に左右同数を示すものが見つかった。自分の仮説にとって不都合な事例の出現に，最初はがっかりした。しかし驚くべきことに，この種（マラッカセダカヘビ *Asthenodipsas malaccanus* Peters）はナメクジの専食者であった（Stuebing & Inger, 1999）。非対称な歯列はそもそも必要ないのである。このことはむしろ，下顎の歯列非対称性がカタツムリ食への特殊化に関連した機能形態である可能性を，強く支持するといえる。

　なお，後日談ではあるが，太田先生の下でかつて卒研生として同じ標本を扱っていた平田徹さんという方が，私に先んじること10年ほど前に同じ発見をしていたそうだ。私が本業としてセダカヘビの研究をしているとは考えていなかった太田先生は，再発見の報せを聞いて大層驚かれたそうだが，私は咎められることなく独立に研究を進めることを許していただいた。この2人には大恩がある。私は一生頭が上がらない。

5. 捕食圧の確認

5.1. 森に独り

　イワサキセダカヘビの歯列に左右差が発見され，右利きの捕食者仮説の検証

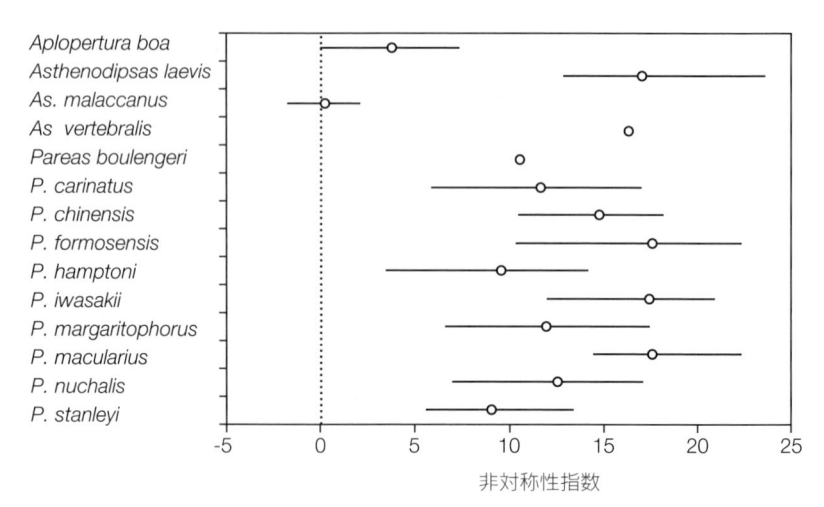

図5 セダカヘビ科3属14種における歯列非対称性（中央値±90％区間）
破線は左右対称を示す。Asthenodipsas malaccanus を除き，調べた全種について右の歯の本数が多い（Hoso et al., 2007）。非対称性指数：（右−左）×100／（右＋左）

に向けた足がかりがひとまず築かれた。最終的に仮説の検証まで行き着けなかったとしても，論文が書けないということはないだろう。保険を手にした私は，次のステップに進むことにした。

　課された使命は，昨夏のリベンジだ。なんとしてもイワサキセダカヘビを捕獲せねばならない。ニッポンマイマイ属を捕食している証拠を掴むことと，行動実験に用いる個体を確保すること。これらのミッションを帯びて，西表島に再び上陸したのは2005年の初夏だった。不退転の決意を込めて，帰路の航空券は1か月半後に予約しておいた。琉球大学熱帯生物圏研究センターの西表実験所を根城にして，はるばる京都から持ち込んだ自転車で夜な夜な調査地に向かう。またしても，心の折れそうな日々が始まった。

　亜熱帯の森は緑が濃く，昼なお薄暗い。西の海に日が落ちれば，そこは魑魅魍魎が闊歩する闇の世界である。夜の住人は，大きくふたつに分類することができる。脚の多いものと脚のないものだ。ヘッドライトに照らされて，突如眼前に出現するオオジョロウグモ *Nephila pilipes* (Fabricius) への免疫はすぐについたが，指の太さほどもあるタイワンオオムカデ *Scolopendra morsitans* L. には未だに寒気を覚える。しかし何といっても，森で最凶の存在は毒牙を備えたサキシマハブ *Protobothrops elegans* (Gray) である。死に至るほどの毒性は持っていないので，沖縄本島や奄美大島に分布するハブ *Pr. flavoviridis*

(Hallowell) に比べれば安全だが，単身で野外に出る身としては注意の怠れない存在だ。体表の色彩に個体変異が大きく，中には明るい黄褐色の美しい個体も見られる。これが，イワサキセダカヘビによく似ているものだから始末が悪い。そこにとぐろを巻いて座っているのは一見してサキシマハブだが，実は見間違いで，イワサキセダカヘビではないだろうか。ちょっと角度を変えて見てみれば，ホラ，見えないこともない……と，何度自分の理性をだまそうとしたことだろう。

そんな悲しみをいくつも越えて，温かな霧雨煙る，とある夜。さしたる収穫もなく，とぼとぼとペダルを漕ぐ私の曇った眼鏡に，黄色い紐が道路を横切る姿が映った。動いていなければ，ヘビだとは気がつかなかっただろう。暗い視界が急に開けた。駆け寄った私は，次の瞬間には叫んでいた。何を叫んだのかは覚えていない。手の中にあったのは，夢にまで見たイワサキセダカヘビだった。

5.2. 獲物の同定

これで一応，ミッションのひとつは果たせたことになる。次に肝心なのは，捕獲される前にこの個体がカタツムリを食べていたかどうか，そして食べていたとしたら，そのカタツムリを種のレベルで同定することができるかどうかである。捕獲の3日後，ヘビは急ごしらえの飼育ケースにちいさな排泄物を残した。

イワサキセダカヘビの排泄物には，食べられたカタツムリを同定することのできるヒントが隠されている。そんな予感があった。

カタツムリの分類で伝統的に重要視される形質のひとつに，歯舌の形状がある。歯舌とは，キチン chitin で構成された硬組織で，同じくキチン質の顎板に隠れるように口器に格納されている。多くのカタツムリは，歯舌表面のヤスリのような微細構造を用いることで，植物質の餌を削り取って食べるのだ。イワサキセダカヘビがどのような消化酵素を持っているのかはわからないが，もし排泄物に溶け残りがあるとしたら，この歯舌と顎板である可能性が高い。

京都に戻った私は，エタノールに封じてあったヘビの排泄物を顕微鏡下で解きほぐし，ダメもとで，しかし丹念に歯舌と顎板を探した。どのような大きさでどのような形状になって残っているのかもわからなかったが，カタツムリの食べかすと思しき植物片に混じって，それらはたやすく目に付いた。表面に細かな模様が微かに光沢を放つ，汚れたビニール紐のような薄片と，褐色で扇形をした物体。西表島で採集したカタツムリを解剖して取り出したものと見比べると，褐色の方は明らかに顎板であることがわかった（図6-a）。もう一方は，本

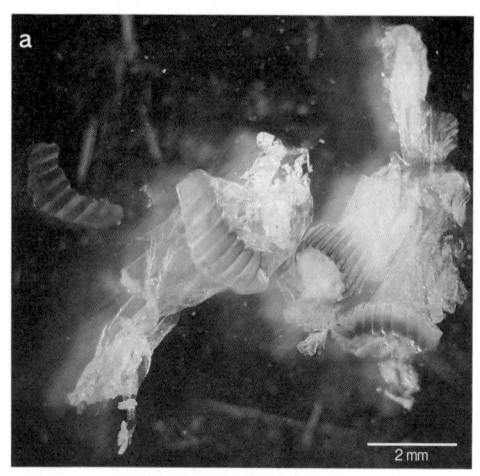

図6 a: 顎板の実体顕微鏡写真
左から，排泄物から発見されたもの，イッシキマイマイ，クロイワヒダリマキマイマイ，クロイワオオケマイマイ Aegista mackensii (Adams & Reeves)。

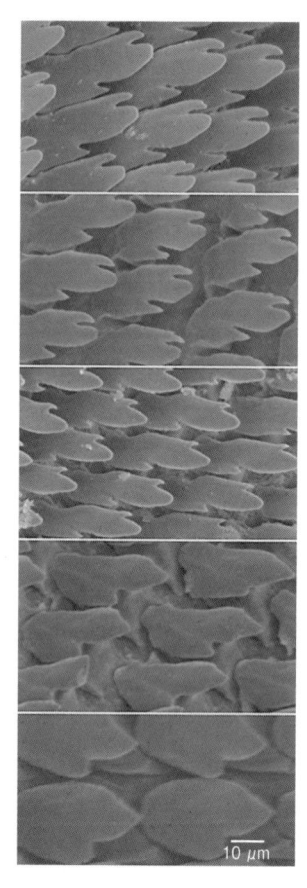

b: 歯舌の電子顕微鏡写真 (Hoso & Hori, 2006)
上から，排泄物から発見されたもの，イッシキマイマイ，クロイワヒダリマキマイマイ，クロイワオオケマイマイ，タママイマイ Acusta tourannensis (Souleyet)。

来の立体構造が平坦にならされてはいるが，歯舌のように見えなくもない。この表面の微細構造に，同定の決め手になる特徴が隠されているはずだ。しかし，そこは実体顕微鏡では届かないミクロの世界。走査型電子顕微鏡が必要だった。

そこで，研究について時折相談に乗ってもらっていた左右性研究の大家，堀道雄先生の計らいで，京大理学研究科の電子顕微鏡を使わせていただくことになった。堀先生の研究室に所属していた高橋里英子さんと高見泰興さんから手ほどきを受けた後，これもまた慣れない手つきで高額な機器を操る。このあと堀先生には博士後期課程から正式に指導を受けることになったのだが，最初からずいぶん信用されていたものだと思う。その甲斐あって，イワサキセダカヘビが食べていたカタツムリを同定することに成功した。西表島でただ1種しかいない右巻きのニッポンマイマイ属，イッシキマイマイ Sa. caliginosa

caliginosa (Adams & Reeve) だった (図6-b)。ましてや決してどこにでもいるカタツムリではない (知念, 1990)。最寄りの調査地では, 平均してひと晩につきわずか2.6個体しか見ることができなかった稀種である。期待通りとはいえ, なんという幸運。

こうして, イワサキセダカヘビからの捕食圧がニッポンマイマイ属にかかっていることは示された。食べられたカタツムリを排泄物の残渣から同定するこの手法は, それまで諦められてきたカタツムリ食ヘビ類の野外生態の解明に, 初めて光をもたらしたものでもあった (Hoso & Hori, 2006)。

ところで, 歯舌には裏と表があり, 裏側の表面には有用な情報は記されていない。カタツムリの生体から採取した歯舌であれば間違いようがないのだが, 今回の試料はのっぺり平たくなった状態で発見された。誤って表側を土台に接着してしまっていたら, 再び観察することは不可能だったかもしれない (これ以降は用心のため, 歯舌の半分は敢えて裏返しに接着して観察することにしている)。確率2分の1。誰のものであっても研究人生というものは, こうした些細な奇跡の積み重ねの上に成り立っているのだと思う。

6. 奇跡の実験

さらにその後も多くの方の助力を得て, 生きたイワサキセダカヘビを複数個体そろえることができた。次に示すべきは, セダカヘビ類が右巻きのカタツムリ捕食に特殊化していることの実験的な証拠だった。

実験にはヘビのほかに, 右巻きと左巻きのカタツムリが必要だった。それもほとんど同じ大きさで近縁なもの……理想的には同種が望ましい。そこで堀先生を介して, 右巻き左巻き研究の伝道師である浅見先生との共同研究が始まった。浅見先生はオナジマイマイ *Bradybaena similaris* Ferussac というカタツムリの左巻き突然変異体の増殖に成功していた。巻きの逆転はわずか1遺伝子の違いで表現型に現れる。違いが一遺伝子しかない変異型と野生型を用いることで, 一片の疑念も挟めない, 完璧な実験を組むことが可能になった。実験場所には, 森哲先生のご厚意で専用の恒温室を使わせていただくことができた。望むべくもない研究支援体制である。

この奇跡の実験系によって, イワサキセダカヘビの捕食効率がカタツムリの巻き方向によって歴然と異なることがはっきりした。左巻きのカタツムリを食べるときには, 中身を引っ張り出すのにかかる時間がずっと長いのだ (図7-a;

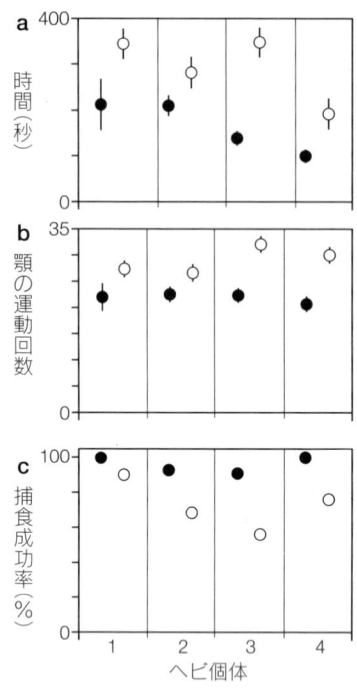

図7 オナジマイマイを用いた行動実験の結果 (Hoso et al., 2007)
捕食に成功した場合に(**a**)軟体部を抜き出し始めてから抜ききるまでにかかった時間(秒)と(**b**)その間に下顎を動かした回数(右顎と左顎の合算)、および(**c**)捕食の成功確率(平均値±標準誤差)。黒丸は左巻き、白丸は右巻き。捕食に失敗した場合にオナジマイマイが死ぬことはなかった。

一般化線形混合モデル間の尤度比検定, d.f.=1, $p<0.01$)。それは、余計に多く顎を出し入れしなければならないからである(図7-b; $p<0.01$)。この違いには、歯列非対称性が効いているに違いない。

殻から中身を引っ張り出すとき、イワサキセダカヘビの下顎は左右で異なる動作を分業する。右巻きのカタツムリの場合、左の顎を殻口の奥深くに突っ込み、軟体部を歯に引っ掛けた状態で手前に引き寄せて、今度は歯のたくさん生えた左の顎で咥えて保持する、という動作を繰り返すのだ。巻きが逆転してしまえば、歯の少ない左の顎で軟体部を保持せざるを得ない。おそらく、左の顎ではうまく保持できずに軟体部が奥に戻ってしまうことが多いせいで、結果的に顎の抜き差しの回数を多く要するのだろう。

この実験からはさらに、最も望ましい結果が得られた。イワサキセダカヘビは左巻きのカタツムリの捕食に失敗しやすいのだ(図7-c; $p<0.01$)。イワサキセダカヘビは、カタツムリに噛み付く際に必ず頭を左に傾ける。その結果、相手が右巻きのカタツムリの場合には、殻に引っ込む軟体部に連れられて、下顎が殻口に差し込まれていく。ところが相手が左巻きだと、この巧みな捕食行動

が裏目に出る。このヘビは頭を傾ける向きを，巻き方向の逆転に合わせて変えることができなかった。そのためこのヘビは下顎ではなく上顎を，入るはずのない殻口部に突っ込んでしまう。その結果，保持できなくなった獲物を落としてしまい，左巻きのカタツムリは生きながらえることができた。この実験結果は，左巻きであることがヘビの捕食圧下では高い適応度につながることを明示している。またこれは，巻きが逆転することに生存上の利益があることを示す，初めて例でもある（Hoso et al., 2007）。

その後さらに，大きさのよく似たニッポンマイマイ属の右巻きの種（シュリマイマイ Sa. mercatoria mercatoria [Pfeiffer]）と左巻きの種（リュウキュウヒダリマキマイマイ Sa. perversa [Pilsbry]）を用いて追試を行うことで，左巻きの捕食にはやはり失敗しやすいということが確認できた（Hoso et al., 2010）。

7. 最後の審判

セダカヘビ類が，巻きの逆転による左巻きのカタツムリの進化を促進しうることは認められた。仮説が正しければ，ニッポンマイマイ属に限らず，セダカヘビ類の分布域には左巻きのカタツムリが多数出現しているはずである。この予測が定性的には的を射ているという可能性は示唆されていたが（Vermeij, 1975），検証のためには量的に解析する必要があった。

残念ながらカタツムリの系統分類はきわめて遅れており，全大陸を網羅したデータセットを得るためには，言語の異なる複数のモノグラフをつなぎ合わせなければならなかった。英語に加えて中国語とドイツ語の辞書を引きながら，属ごとに分布域を訳出して書きとめていく。語学力に乏しい私にとっては，実に骨の折れる作業である。セダカヘビ類の分布域と重複しているかどうかが肝心なので，分布北限にあたる中国や西限にあたるインド，東南限にあたるフィリピンについては省や州，島のレベルで地理に詳しくなってしまった。京大の人間・環境学研究科の亀田勇一君の協力を得ながら，地道な作業は進められた。

データセットがひととおり完成したのは，2006 年の春だった。世界地図に落としたカタツムリの分布域，実におよそ 900 属分が一覧の下となった。そして一瞬の解析により，セダカヘビ類の分布域において左巻きの属が高頻度で出現していることが確認できた（表 1；科をランダム変数に組み込んだ一般化線形混合モデル間の尤度比検定，d.f. = 1, $p = 0.019$）。右利きの捕食者仮説は検証に耐えることができたのだ（Hoso et al., 2010）。

表1 巻き方向とセダカヘビ類の分布で区分したカタツムリ*¹の分布パターン

(Hoso et al., 2010)

	左巻きの属	右巻きの属	左巻きの割合
セダカヘビ類の分布域*²	19	142	11.8%
非分布域	34	642	5.0%

*1：有肺亜綱柄眼目の陸産貝類から，殻が体内に埋没したナメクジ状の種，種内に巻き方向の多型が維持されている種，および全種が左巻きで構成されているキセルガイ上科を除いた。属内に右巻きの種と左巻きの種の両方を持つ場合は，それぞれを別属として集計した。

*2：分布の全部または一部がセダカヘビ科のカタツムリ食ヘビ類の分布に含まれる場合を，分布域が重複していると定義した。

8. 一瞬の栄光

その年の暮れ。セダカヘビの右巻きカタツムリ捕食への特殊適応に趣旨を絞って書き上げた原稿を，「Biology Letters」誌に投稿した。それからわずか1か月後，論文受理の知らせが届いた。歯列非対称性の発見から，ちょうど3年が過ぎていた。

電子版が公開された途端，この論文は予想だにしない反響を呼んだ。多くの取材が舞い込み，紹介記事がさまざまな言語でさまざまなメディアに掲載された。その中に，生涯忘れないであろうものがふたつある。ひとつは「朝日小学生新聞」。論文の内容が，見開き2ページのマンガに仕立てられていた（朝日小学生新聞，2007）。もうひとつは欧州原子核研究機構（CERN）の機関誌「CERN Courier」。日本人による2008年度のノーベル物理学賞受賞が，自発的対称性の破れ spontaneous symmetry breaking の実証を称えたものであったことは記憶に新しいと思う。この紹介記事はまさに，素粒子物理学における対称性の破れの進化生物学版という触れ込みで書かれていた（CERN，2007）。文系の修士課程で回り道をして以来，私は，ほんとうにおもしろい研究は誰にでもわかるものでなければならないという信念を持って，研究を続けてきたつもりだった。これらの紹介記事は，私の研究が，小学生から理論物理学者まで等しく楽しませることに成功したことの証左であるように思える。これまでの道のりは，無駄ではなかった。

終わりに

これまでを振り返って改めて思うのは，多くの人に助けられ，不思議な幸運に恵まれたおかげで，私は研究を進めることができたのだということだ。本文中に名前を挙げることができなかった恩人も大勢いる。報恩の務めとして，地

道に研究を続けていく所存である。

　なお，フィールドワークや研究生活の苦楽は，本稿では十分に紹介しきれなかった。より詳しく知りたい方は，近刊の著書『右利きのヘビ仮説：追うヘビ，逃げるカタツムリの右と左の共進化』（細，2012）をご参照いただきたい。

引用文献

朝日小学生新聞　2007．カタツムリを食べるヘビ「右きき」のあごに進化？　朝日小学生新聞 12371: 4-5.
浅見崇比呂　1997．左巻き・右巻きのミラクル　奥谷喬司（編）貝のミラクル p. 59-81. 東海大学出版会．
Asami, T., R. H. Cowie & K. Ohbayashi. 1998. Evolution of mirror images by sexually asymmetric mating behavior in hermaphroditic snails. *American Naturalist* **152**: 225-236.
CERN. 2007. Symmetry, snakes and snails. *CERN Courier* **47**: 10.
知念盛俊　1990．西表島の陸産貝類　環境庁自然保護局（編）平成元年度西表島崎山半島地域調査報告書：南西諸島における野生生物の種の保存に不可欠な諸条件に関する研究 p. 267-275. 環境庁．
Cobb, V. A. 2004. Diet and prey size of the flathead snake, *Tantilla gracilis*. *Copeia* 2004: 397-402.
Cundall, D. & H. W. Greene. 2000. Feeding in snakes. *In*: Schwenk, K. (ed.) Feeding: form, function, and evolution in tetrapod vertebrates. p. 293-333. Academic Press, San Diego.
Davison, A., S. Chiba, N. H. Barton & B. Clarke. 2005. Speciation and gene flow between snails of opposite chirality. *PLoS Biology* **3**: 1559-1571.
Dietl, G. P. & F. J. Vega. 2008. Specialized shell-breaking crab claws in *Cretaceous seas*. *Biology Letters* **4**: 290-293.
Haas, G. 1930. Über die Kaumuskulatur und die Schädelmechanik einiger Wühlschlangen. *Zoologische Jahrbücher, Abteilung für Anatomie und Ontogenie der Tiere* **52**: 95-217.
Hoso, M. 2007. Oviposition and hatchling diet of a snail-eating snake *Pareas iwasakii* (Colubridae: Pareatinae). *Current Herpetology* **26**: 41-43.
細将貴　2012．右利きのヘビ仮説：追うヘビ，逃げるカタツムリの右と左の共進化（フィールドの生物学シリーズ）．東海大学出版会．
Hoso, M. & M. Hori. 2006. Identification of molluscan prey from feces of Iwasaki's slug snake, *Pareas iwasakii*. *Herpetological Review* **37**: 174-176.
Hoso, M., T. Asami & M. Hori. 2007. Right-handed snakes: convergent evolution of asymmetry for functional specialization. *Biology Letters* **3**: 169-172.
Hoso, M., Y. Kameda, S. P. Wu, T. Asami, M. Kato & M. Hori. 2010. A speciation gene for left-right reversal in snails results in anti-predetator adaptation. *Nature Communications* **1**: 133. (doi:10.1038/ncomms1133)
Inoda, T., Y. Hirata & S. Kamimura. 2003. Asymmetric mandibles of water-scavenger larvae improve feeding effectiveness on right-handed snails. *American Naturalist*

162: 811-814.
IUCN. 2008. Downloaded on 24 November 2008. 2008 IUCN Red List of Threatened Species.
Johnson, M. S. 1982. Polymorphism for direction of coil in *Partula suturalis* - behavioral isolation and positive frequency-dependent selection. *Heredity* **49**: 145-151.
環境省 2000. 改訂・日本の絶滅のおそれのある野生生物 3 爬虫類・両生類 財団法人自然環境研究センター．
Kofron, C. P. 1982. A review of the Mexican snail-eating snakes, *Dipsas brevifacies* and *Dipsas gaigeae*. *Journal of Herpetology* **16**: 270-286.
Langebartel, D. A. 1968. Hyoid and its associated muscles in snakes. *Illinois biological monographs* **38**: 1-156.
Maki, M. 1937. A new species, *Amblycephalus mosensis iwasakii*, belonging to Amblycephalidae from Ishigaki-jima. *Transactions of the Natural History Society of Formosa* **27**: 217-218.
Ng, P. K. L. & L. W. H. Tan. 1985. Right handedness in heterochelous calappoid and xanthoid crabs - suggestion for a functional advantage. *Crustaceana* **49**: 98-100.
沖縄県文化環境部自然保護課 2005. 改訂・沖縄県の絶滅のおそれのある野生生物 動物編 - レッドデータおきなわ - 沖縄県文化環境部自然保護課．
Orr, H. A. 1991. Is single-gene speciation possible? *Evolution* **45**: 764-769.
Ota, H., J. T. Lin, R. Hirata & S. L. Chen. 1997. Systematic review of colubrid snakes of the genus *Pareas* in the east Asian islands. *Journal of Herpetology* **31**: 79-87.
太田英利・千石正一・森口一・鳥羽通久・当山昌直 1996. メクラヘビ・ナミヘビ類．千石正一ほか（共編）日本動物大百科 5 両生類，爬虫類，軟骨魚類 p. 83-84. 平凡社．
Peters, J. A. 1960. The snakes of the subfamily Dipsadinae. Museum of Zoology, University of Michigan, Michigan.
Robertson, R. 1993. Snail handedness. *Research & Exploration* **9**: 104-119.
Savitzky, A. H. 1983. Coadapted character complexes among snakes - fossoriality, piscivory, and durophagy. *American Zoologist* **23**: 397-409.
Shoup, J. B. 1968. Shell opening by crabs of the genus *Calappa*. *Science* **160**: 887-888.
Stone, J. & M. Bjorklund. 2002. Delayed prezygotic isolating mechanisms: evolution with a twist. *Proceedings of the Royal Society of London Series B-Biological Sciences* **269**: 861-865.
Stuebing, R. B. & R. F. Inger. 1999. A field guide to the snakes of Borneo. National History Publications (Borneo), Kota Kinabalu.
Vermeij, G. J. 1975. Evolution and distribution of left-handed and planispiral coiling in snails. *Nature* **254**: 419-420.
Vidal, N., A. S. Delmas, P. David, C. Cruaud, A. Coujoux & S. B. Hedges. 2007. The phylogeny and classification of caenophidian snakes inferred from seven nuclear protein-coding genes. *Comptes Rendus Biologies* **330**: 182-187.

第 2 部

寄主と寄生者の種間関係の進化

　植物に寄生する植食性昆虫などに代表される寄生者は，その生活環を完結するために，防御化学物質や免疫システムを無効化したり，ホスト組織を摂食しやすい形態に誘導するなど，ホストが持つ防衛の仕組みをかいくぐる巧みな進化を遂げている。このような進化の副産物として，多くの寄生者はホストとなる生物の幅が極めて限られているスペシャリストとなっており，このことが寄生によって生物多様性が高められる根本的要因でもある。第 2 部では，特に植食性昆虫に着目し，巧みなホストの利用形態がどのように進化し，またどのように昆虫の多様化を促したかを最新の研究事例から迫ってみよう。

第 3 章 リーフマイナーの食性の進化を探る：野生生物を用いた実験系確立ストーリー

大島一正（基礎生物学研究所・生物進化研究部門）

　道ばたで木の枝を引っ張りながら葉を見ていると，「植物を調べているのですか？」とよく声をかけられる．そこで，見ていた葉をちぎって「この中に蛾の幼虫がいるんです」と答える．すると，「葉の中にですか！」と驚きながら，みなさんその葉をのぞき込む．蛾はきわめて人気のない生き物であるが，このときばかりは，葉の中でモゾモゾと動く不思議な蛾の幼虫に対する興味の方が勝るようである．このように葉の中に潜り込んで葉肉組織を食べる昆虫のことをリーフマイナー leaf miner と呼び，潜り跡のことをマイン mine と呼ぶ．蛾類を含む鱗翅目だけでなく，ハエのなかま（双翅目）やハチのなかま（膜翅目），ゾウムシやタマムシのなかま（鞘翅目）にもリーフマイナーが見られる．家庭菜園をしている方なら，葉に糸のような白い筋がついているのを見たことがあるかもしれない．あれもマインである（第 13 章参照）．

　私が研究しているクルミホソガ *Acrocercops transecta* Meyrick, 1931 もリーフマイナーであり，その名の通り幼虫はクルミ科 Juglandaceae の植物の葉に潜って生活している．日本にはオニグルミ *Juglans ailanthifolia* Carr., サワグルミ *Pterocarya rhoifolia* Sieb. et Zucc., ノグルミ *Platycarya strobilacea* Sieb. et Zucc. の 3 種のクルミ科植物（図 1）が自生しており，クルミホソガはこれらすべての種を利用している．卵から孵化した幼虫は，はじめは線状のマインを形成する（口絵 5）．その後マインを広げながら葉を食べ進み，マインは葉の上にできた染みのような形状になる．蛹になる直前に幼虫はマインを破って出てきて，葉や茎の表面で繭を紡いで蛹になる．ところが，このクルミホソガは，クルミ科とは系統的に非常にかけ離れた植物であるツツジ科 Ericaceae のネジキ *Lyonia ovalifolia* (Wall.) Drude（図 1）も利用することが知られている（Kumata et al., 1988a, 口絵 5）．

　もちろん，系統的に離れた複数の植物を餌として利用する昆虫もいる．しかしそれらの多くは，特定の植物に依存せずさまざまな植物を食害するイラガやアメリカシロヒトリのような昆虫である．昆虫全体を見渡すと，こうした例は

図1 クルミホソガの寄主植物
a: オニグルミ, b: サワグルミ, c: ノグルミ（以上クルミ科），d: ネジキ（ツツジ科）

ごく少数派であり，ほとんどの種はそれぞれごく限られた植物種しか餌として利用できない（Bernays & Chapman, 1994）。1つの昆虫種が複数の餌植物を利用している場合でも，餌植物の範囲は同じ科内や近縁な科どうしに限られる場合が多い（Futuyma & Mitter, 1996; Janz & Nylin, 1998）。身近な例としては，アゲハチョウとミカン科植物の関係が挙げられる。家の庭にミカンのなかまを植えている方なら，アゲハチョウの幼虫がミカン科植物の葉を食害するのを見たことがあるだろう。同じ庭にさまざまな植物があっても，アゲハチョウの雌親がミカン科以外の植物に卵を産みつけたり，幼虫がミカン科以外の植物を食べることはない。あるいは，小学校の授業でモンシロチョウの幼虫を飼育した方なら，モンシロチョウの幼虫がキャベツなどのアブラナ科植物しか食べないことを覚えているかもしれない。一方，今回の主役であるクルミホソガはクルミのなかまとネジキを食べており，例えば，ミカンのなかまとキャベツを餌とする蝶がいるようなものである。では，クルミホソガに見られる「クルミ科とネジキ」という餌植物の奇妙な組み合わせは，何を意味しているのだろうか？以下では，私がこのクルミホソガに出会った経緯や，その後クルミホソガを用いた実験系を立ち上げて行く過程を振り返りながら，この疑問に答えていくことにする。

1. クルミホソガとの出会い

　小さい頃から虫が好きだった私は，昆虫の研究がしたいと思い北海道大学の農学部に入学した。北海道大学の農学部には，昆虫学の研究室である昆虫体系学教室がある。この研究室では，伝統的な記載分類学に基礎を置きながら，分類学で得られた基礎情報を自ら発展させ，系統学や生態学，量的遺伝学，集団遺伝学といったさまざまな分野にまたがる研究が自由な空気のもと行われていた。研究室へ配属されるのは学部3年生の春であったが，昆虫体系学教室に行く気満々だった私は，学部1年生の時から時々研究室にお邪魔しては，標本の整理等を手伝いながらこうした研究の雰囲気を楽しんでいた（当時の昆虫体系学教室は学生にあまり人気がなかったため，配属時にあぶれる心配はまずなかった）。

　クルミホソガの話を初めて聞いたのは学部2年生の夏だったと思う。当時，私は大学のバレーボール部に所属しており，練習のため夏休みでもほぼ毎日大学に行っていた。ある日，部活のついでに昆虫体系学教室に顔を出したところ，以前この教室の教官をされていた久万田敏夫先生が来られた。久万田先生はクルミホソガが属するホソガ科という小型の蛾類の分類が専門であり，200種近いホソガの新種を発表されている。久万田先生と居合わせた院生の方々とで分類談義が始まり，私は横でそれを聞いていた。他にどんな話があったのかはすっかり忘れたが，とにかくクルミホソガの話が印象に残った。200種近い新種を発表してきた久万田先生でも，クルミのなかまを食べているクルミホソガとネジキを食べているクルミホソガは別種なのか同種なのか，よくわからないといった内容だったと思う。伝統的な昆虫分類学の研究では，形態の差異に基づいて新種が発表される。特に雄交尾器には形態的な差があらわれやすいため研究上重要である。しかし，クルミのなかまを食べているクルミホソガとネジキを食べているクルミホソガの間には，雄交尾器も含めてまったく形態的な違いが見当たらない（Kumata et al., 1988a）。

　当時の私は，昆虫体系学教室に所属するからには，記載分類をしっかりと学びたいと思っていた。しかしそれと同時に，新しい種がどうやって生じるのか，そのメカニズムとプロセスも研究してみたいと漠然と思っていた。少し専門的な話になるが，動物の種分化様式として考えられているものを大別すると，異所的種分化と非異所的種分化の2つに分けられる（片倉，1996）[*1]。前者のプロセスは，祖先種が山脈や海峡のような物理的障壁によって分断され，集団ごとに異なる

突然変異が蓄積していった結果，集団間に生殖隔離が形成される，というものである。一方，後者のプロセスは物理的隔離を伴わず，1つの繁殖集団の中に，例えば異なる餌資源へ適応した集団があらわれ，その適応の結果として新たな繁殖集団が生じるというものである。異所的種分化に関しては，さまざまな生物群を用いた地理変異やそれに伴う遺伝的分化の豊富な研究例により広く支持されている（総説としては Coyne & Orr, 2004 を参照）。非異所的種分化に関しては，祖先集団と新たに生じた集団との間で遺伝的な交流を伴いながら，これらの集団間に生殖隔離が進化していく必要があり，さまざまな理論的制約が提唱されている(Futuyma & Mayer, 1980; Felsenstein, 1981; Futuyma, 2008)。しかし，異なる餌資源や生息環境（湿地と乾燥地など）に適応した集団が明瞭な地理的隔離を伴わずに共存している例も多く知られており，非異所的種分化がどの程度起こっているのかという点が種分化研究の1つの重要なテーマとなっている。

　植物を食べる昆虫類には，それぞれ異なる餌植物に適応しているもののほぼ同所的に生息している集団がしばしば見られ，非異所的種分化の候補として古くから注目されてきた（例えば Bush, 1969。総説としては，Matsubayashi et al., 2010）。もちろん，当時の私はそんな種分化研究の背景などまったく知らなかったが，クルミホソガの話を聞いたとたんに，何かとても面白いことが隠れていそうで，是非とも自分で研究してみたいと思った。今思えば，まだ研究室にも所属していないのに変な話である。それにしても，バレーボールをやっていたおかげでクルミホソガを知ったわけだが，クルミホソガの研究を実際に進めていくうえでも，バレーボールはこの後たいへん重要な役割を果たすことになる。

＊1：異所的種分化は二所的種分化と周縁的種分化に，非異所的種分化は側所的種分化と同所的種分化にそれぞれさらに分割される。しかし，異所的種分化と非異所的種分化の両方のプロセスを経て種分化が進行したと考えられるケースも知られている（例えば Feder et al., 2003）。近年では異所的，非異所的というプロセスではなく，種分化自体を促進したメカニズム（自然選択か遺伝的浮動か）によって種分化様式を分けることが多くなってきている。特に，生態的な適応が重要な役割を果たす種分化の様式を，生態的種分化 ecological speciaiton (Rundle & Nosil, 2005; Schluter, 2009) や適応的種分化 adaptive speciation (Dieckmann et al., 2004) と呼ぶことが多い。また，そもそも種というまとまりをどのように定義するか（種概念）という点についてもさまざまな議論が行われており，種概念だけでも少なくとも25種類が提唱されている (Coyne & Orr, 2004)。有性生殖を行う動物では，Mayr (1942) が提唱した生物学的種概念が広く用いられている。この概念に従うと，交配によって遺伝的に交流することが可能な集団どうしは同種とされる。本稿でもこの種概念に則って話を進めていく（それ以外の種概念の詳細に関しては，秋元 (1992) や Harrison (1998) を参照）。

2. 植食性昆虫の寄主植物への適応

　ここで，昆虫類の餌植物がどのような要因によって決まっているかを解説しておこう。落ち葉や腐った実ではなく，生きている状態の植物体を餌とする昆虫類のことを植食性昆虫と呼び，餌植物のことを寄主植物と呼ぶ。先に述べたように，ほとんどの植食性昆虫の寄主範囲はそれぞれ特定の植物種に限られている。

　昆虫がある植物を餌として利用するには，次の2つの条件を満たす必要がある（Bush, 1975）。1つ目は幼虫がその植物を食べることができ，かつ食べた植物体を消化して成長のための栄養として利用できることである。植物の中には，昆虫に食べられないようにさまざまな二次代謝産物を忌避剤や毒物として蓄えているものもあり，餌として利用するにはそれらの二次代謝産物を解毒できなければならない（例えば，Ivie et al., 1983; Konno et al., 2001）。2つ目の条件は，雌親が幼虫の餌となる植物を正確に認識し，その植物上もしくはその近くに卵を産むことである。多くの昆虫では，卵から孵化したばかりの1齢幼虫はとても小さく，自ら餌となる植物を求めて移動することはほとんどできない。よって，幼虫の代謝能力がいくら寄主植物に適応していても，雌親がどの植物に卵を産むかという好みと一致していないことには餌として利用できない。本稿では，幼虫が餌植物を消化し成長する能力を「寄主利用能力」，雌成虫が卵を産みつける際の植物の好みを「産卵選好性」と呼ぶことにする。

　植食性昆虫の寄主範囲がどのように決まっているのかという問題は古くから議論されており，幼虫の寄主利用能力と雌成虫の産卵選好性以外の要因についてもその重要性が指摘されている。Smiley（1978）は，寄生者や捕食者といった天敵の有無も寄主範囲を決める重要な要因であると指摘した。いくら幼虫の餌として適していても，天敵が多い植物上では生存率が低くなるのである。こうした例は，スジグロシロチョウ *Pieris melete* Ménétriès とエゾスジグロシロチョウ *P. napi japonica* Shirozu（Ohsaki & Sato, 1994）や，アラスカに生息するキアゲハのなかま *Papilio machaon aliaska* Scudder で知られている（Murphy, 2004）。その他にも，寄主植物側の分布域と昆虫側の分布域が重なっていることや（Bernays & Chapman, 1994），昆虫が寄主植物を餌として利用できる時期（例えば，芽吹きや結実の時期）と昆虫自身の出現時期が同調していること（Abrahamson et al., 2001）などが条件として挙げられてきた。これらの条件も寄主植物の範囲を決める要因として重要であるが，先に述べた幼虫の寄

主利用能力と雌成虫の産卵選好性が特定の植物に対応していないことには，そもそも昆虫はその植物を餌として利用することができない。よって本稿では，寄主植物の範囲を決めている要因として「寄主利用能力」と「産卵選好性」の2つの形質に注目して話を進めていくことにする。

3. 実験系の確立へ向けて

　実際の研究の話に入る前に，これまで述べてきたことを参考にクルミホソガに関してまず調べなければならないことを2点挙げておきたい。1つ目は，クルミ科植物にマインを形成しているクルミホソガ（以下クルミ集団と呼ぶ）がネジキに産卵したり，ネジキも食べられるといったことがあるかのどうかという点である。ネジキにマインを形成しているクルミホソガ（以下ネジキ集団と呼ぶ）についても同じことを調べる必要がある。寄主利用能力については，クルミ集団の幼虫をネジキ集団がつくったマインへ導入してみる，といった移植実験をする必要があるだろう。産卵選好性に関しては，雌成虫にクルミとネジキを与えてどちらに卵を多く産みつけるかを調べればいいだろう。2つ目は，クルミ集団とネジキ集団の間に生殖的隔離があるかという点である。交尾しない，もしくは交尾してもその子孫が正常に発育しないといった明瞭な生殖的隔離があれば，クルミ集団とネジキ集団は形態的には区別のできない別種ということになる（生殖的隔離に関する詳細は，片倉（1996）を参照）。この点を調べるには，両集団間で交配実験を行い，仮に交尾すればその子孫の生存率や妊性を調べる必要がある。つまり，クルミホソガの研究を立ち上げるには，産卵選好性実験と幼虫の移植実験，交配実験，累代飼育実験の手法を確立しなければならない。

3.1. 予備調査の日々：記載論文は宝の山

　クルミホソガという興味深い材料を見つけたといっても，すぐに実験ができるわけではない。幼虫の移植実験や成虫の交配実験をするには大量のクルミホソガを採集してくる必要がある。どの程度簡単に採れる虫なのか，いつ頃の季節が採集に適しているのか，幼虫から成虫までどれくらいの期間で成長するのか，というように，実験を始める前に調べなければならないことは山のようにあった。さらに，こうした基本情報がわかったところで，どうやって交配実験や雌成虫の産卵選好性を調べる実験を行えばいいのか見当もつかない。という

訳で，無事昆虫学教室に配属されたが，すぐにはクルミホソガの研究を始めず，卒論ではひとまずネマルハキバガ科という地味な蛾の分類をすることに決めた．

しかしクルミホソガの研究に関して何もしなかった訳ではなかった．私がまず行ったのは，クルミホソガに関する記載論文を読むことだった．記載論文とは，その名の通り新たに発表された新種や分類学的変更（例えば，A属の1種として新種記載された種をB属に移すといった処置）を行った種の特徴を「記載」した論文のことである．しかし，それと同時に記載論文は記載された生物種に関する多くの情報を与えてくれる．まず，記載論文を書く際に用いた標本の採集地や時期，個体数，採集者等の情報が載っている．さらに，幼虫を採集して成虫まで飼育した場合なら，寄主植物の情報はもちろんのこと，幼虫の生活史についても述べられており，記載論文を読むだけでもかなりの情報を得ることができる．このような理由から，まずは久万田先生が書かれたクルミホソガの論文（Kumata et al., 1988a）を読んでみることにした．以下，この論文から得られた情報を紹介するとともに，クルミホソガにまつわる分類学的問題についても触れることにする．

Kumata et al. (1988a) は，Kumata et al. (1988b) と並んでクルミホソガが含まれるホソガ科の1グループに関して，日本産43種を分類学的にまとめ直した論文である．クルミホソガ Acrocercops transecta は Meyrick によって1931年に新種記載が行われた（Meyrick, 1931）．その後，黒子（1982）によってネジキ集団はクルミ集団（つまりクルミホソガ A. transecta）とは別種のネジキホソガ A. lyoniella とされたが，その根拠となる形態的差異はわずかなものであった．Kumata et al. (1988a) はその差異がクルミ集団とネジキ集団との間で安定して見られるかを調べるため，日本各地とロシア極東，さらに台湾から採集された合計199個体にも及ぶ標本を精査した．その結果，黒子（1982）が提唱したネジキ集団の形態的特徴はクルミ集団にも見られることが判明し，再びクルミホソガ A. transecta 1種としてまとめられた．この際に用いられた199個体の情報は，私の研究にもさまざまな情報を与えてくれた．まず，クルミホソガは，クルミとネジキが自生している地域には広く分布していること，そして5月の初めから10月の終わりまで成虫が発生していること，少なくとも1年に2〜3世代は発生していることがこの論文から読み取れた．つまり，クルミホソガはクルミとネジキさえ見つけられれば簡単に採集でき，しかも年多化性のため1年のうちに何度か実験ができる，比較的扱いやすそうな生き物であ

ることがわかった。本格的に野外へ調査に出る前にこうした情報が得られたことは，その後の研究を行ううえで非常に励みになった。さらに，卒論の対象であるネマルハキバガを採集するかたわら，クルミやネジキの木を見つけてはクルミホソガのマインを探したが，マインはたいていの場合簡単に見つかり，とても採集しやすい種類であることもわかってきた。ある日，偶然オニグルミの木の下でライトトラップ（夜間に白布にライトを当て飛来してきた昆虫を採集する方法）を行ったところ，頭上から大量のクルミホソガが舞い降りてきて驚いたことがあった（本当は卒論材料のネマルハキバガを大量に採りたかった）。これらの予備調査から，クルミホソガは材料の得やすさという点では非常に良い実験対象だということがわかってきた。

3.2. 再びバレーボール：素晴らしいフィールドの発見

　次の問題はどこの個体群を実験に用いるかという点である。ネジキは北海道には分布しておらず，本州以南まで実験のために出かける必要がある。さらに，クルミ集団とネジキ集団を異なる地域から採集してしまうと，交配や産卵選好性実験の結果が地理的な違いによるものか寄主植物の違いによるものかという判断が難しくなってしまう可能性がある。つまり，クルミとネジキの木が同所的に生えており，かつ実験に十分なクルミホソガが生息しているフィールドを探す必要があった。欲を言えば，できるだけ交通の便がよく，札幌からも比較的近く，運が良ければ近くに大学等があって実験室を使わせていただくことができれば完璧である。しかし，そんな夢のようなフィールドなど見つかるのだろうか。ここで再びバレーボールの登場である。

　北海道大学のバレーボール部は東北大学と毎年6月に定期戦を行っており，札幌と仙台で交互に試合が開催されている。私が学部4年生のとき（2001年）は仙台での開催であった。ちょうどその春，研究室の先輩であった溝田浩二さんが宮城教育大学に就職された。そこで私は，バレーの試合のついでに溝田さんの研究室を訪ねた。宮城教育大学は青葉山のほぼ山頂にあり，大学構内と青葉山の山林との境界がわからないほど森のすぐ脇に建っていた。予定では，少し研究室を見せてもらったあとすぐに焼き肉を食べに行くはずだったが，折角だからと大学の裏山を案内していただいた。大学のすぐ裏の森はミズナラやコナラが生い茂り昆虫の採集や観察にはとてもいいという話をうかがいながら林内に入っていくと，驚いたことにそこにはオニグルミとネジキも一緒に生えていたのだった。もちろんマインもたくさん見つけることができた。そして振り

返れば溝田さんの研究室がある建物が見えている。まさに先に挙げた条件をすべて満たすフィールドが突然見つかったのである。大興奮の私は，来年度から仙台に通うので研究室を使わせてほしいと早速溝田さんにお願いした。

翌年，修士課程に進学した私は早速4月の頭に仙台に向かった。桜の季節にはまだ早かったが，青葉山の林床にはカタクリが花を咲かせていた。もちろん，オニグルミもネジキもまだ新葉を展開していなかったが，林床にはまだ下草が生い茂っておらず，これからフィールドとなる森を良く見渡すことができた。一般に，オニグルミは沢沿いに多く生えているが，ネジキは乾いた尾根沿いに多い。しかし今回見つけたフィールドでは，沢の上部と尾根の下部が近接するあたりにオニグルミとネジキが広く同所的に生えていた。まだ落ち葉だらけの斜面を何度も登り下りしながら，オニグルミとネジキの木をじっくりと観察した。

3.3. 砂糖水の魔法：成虫をいかに長生きさせるか

次に仙台を訪れたのは，7月の半ばであった。それまでは，看護学校で生物の講師をし，夜は焼き鳥屋でアルバイトをして仙台への旅費を稼いでいた（おかげで今でも生ビールの注ぎ方には自信がある）。青葉山の森はすっかり夏の様相になっており，早速マインの採集に取りかかった。オニグルミは大木であり樹高が10 mを超えるが，ネジキは灌木であり，大きくても樹高5 mほどでマインも採集しやすい。しかし，林床をよく探すとオニグルミの実生がたくさん生えており，クルミ集団のマインも効率よく採集できた。

さて，実験に用いるフィールドも見つかり採集の要領もつかめたわけだが，一番重要な実験系の確立という大問題が残っていた。クルミホソガの成虫は翅を広げても1 cm未満の小さな蛾であり（口絵5-6），水を飲まないと羽化後1日もしないうちに死んでしまう。水を与えても3日ほどで死ぬ。これでは交配実験も産卵選好性実験もできない。しかしこのときすでにあるアイデアが浮かんでいた。それは1％の砂糖水を成虫に餌として与えるというものである。この方法はたまたま読んだ *Yponomeuta* 属というスガ科の小さな蛾類の産卵選好性を調べた論文中で用いられていたものであり（Roessingh *et al.*, 2000），この論文中で著者らは砂糖水を染み込ませたガーゼを試験管に入れその中で蛾の成虫を飼育していた。北大に戻った私は，試験管ではガラスなので扱いにくいと思い，適当な容器はないだろうかと自分の机のまわりを見渡した。その時たまたま目に入ったのが50 ccの遠沈管であった。この遠沈管は長さが11.8 cm，直径が2.8 cmとクルミホソガを入れるにはちょうど良い大きさであり，しか

も透明のプラスチックでできている。試しに遠沈管の中に1％の砂糖水を染み込ませたキムワイプを入れ，蛾を入れてみた。すると，驚いたことにこの蛾は1週間経っても机の上で元気に生きていた。キムワイプが乾くと砂糖水を足すのだが，なぜか蛾はそれがわかるらしく，ササササッと寄ってきては口吻を伸ばして美味しそうに砂糖水を飲むのであった。そんな様子を実体顕微鏡で眺めながら，これはうまくいくかもしれないと思った。

3.4. 交配実験法の確立

仙台で採集したクルミ集団とネジキ集団の成虫が続々と羽化し始めたので，早速砂糖水と遠沈管を用いて交配実験に挑戦した。ここでまた1つ，どうやってこの小さな蛾を傷つけずにかつ効率的に遠沈管に移すか，という問題が浮上した。しかしこれは，吸虫管を工夫することで解決した（第13章参照）。蛾類では，自身の寄主植物がないと交配行動を示さないという例が知られていたため（Menken et al., 1992），クルミ集団どうしの交配のときはクルミの葉を，クルミ集団とネジキ集団の交雑のときは両方の葉を遠沈管の中に入れた。（第13章参照）。当時，久万田先生は週に1度だけ大学に来られてご自身の標本の整理をされていた。たまたま私も同じ部屋で作業をしていたのだが，時折私の実験の様子をのぞきにこられた。しかし，久万田先生も私も，このような単純な方法ではうまくいかないだろうと思っていた。

数日後，交配させていた容器に砂糖水を足していると，なんと交尾した状態でつながったまま死んでいるペアを発見した。これは交尾が起こった証拠であり，非常に嬉しかった。各ペアとも雌雄いずれかの個体が死ぬまで交配実験を続け，その後雌の腹部を解剖して交尾の有無を確認した。チョウやガのなかま（鱗翅目）では，交尾の際に雌内部生殖器の交尾嚢に雄から渡された精包が形成される（図2）。よって雌を解剖して精包の有無を確認すれば交配の有無がわかるのである。解剖の結果は，遠沈管を用いた方法が交配実験の方法として十分使えることを示していた。さらに蛾を24時間観察した結果，交尾は暗期から明期[*2]へと変わる前後1時間ほどの間に集中して起こることがわかった。

[*2]：実験は電灯によって人工的に日長が調節できる恒温器もしくは恒温室内で行った。電灯がついている期間を明期，消えて真っ暗になっている期間を暗期とそれぞれ呼ぶ。本稿で紹介している実験は明期14時間と暗期10時間，もしくは明期16時間と暗期8時間の条件下で行った。暗期から明期への変わり目で交尾をするということは，野外では明け方に交尾が行われていることを示唆する。

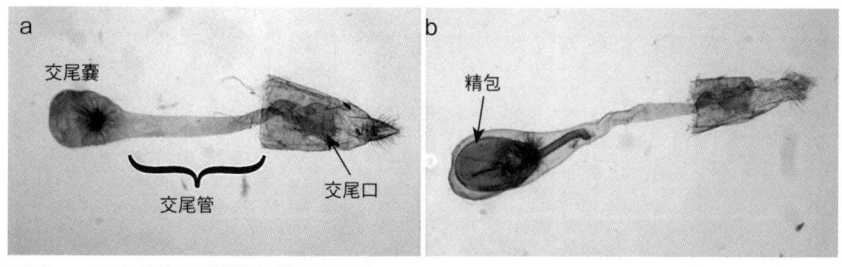

図2　メスの内部生殖器と精包の有無
a：雌の内部生殖器（未交尾の雌）。菊の花のような模様が見える膨らんだ部分が交尾嚢で，そこから交尾口まで続く管状の部分が交尾管。
b：交尾をした雌では，雄から渡された精包が交尾管から交尾嚢にかけてみられる。

交配実験ができそうなことを久万田先生に話すととても驚かれたが，すぐに「産卵選好性実験はどうやってやるんだ？」と質問された。交配実験がうまくいき喜んでいた私も，実はこの点が気になっていた。しかし，このときはまだ何のアイデアも持っていなかった。

3.5. 産卵選好性実験法の確立

その後も交配実験の反復数を増やすため，2～3週間おきくらいのペースで仙台に採集に行っては札幌に戻るという日々を送っていた。ある日，交配実験後の雌を解剖しながらふと気づいたことがあった。すでに100個体以上を解剖していたが，ほとんどの雌は精包を1個しか持っておらず，これは交配が1回しか起きていないことを示していた。これは雄が「1度」しか交尾できないためなのか，それとも雌が2度目以降の交尾をしないためなのか，何となく不思議に思った。そこで仙台へ採集に出かける日に未交尾のクルミ集団の雌5頭と雄1頭を透明のプラスチック容器（10 cm×10 cm×5 cm）に入れ，札幌に戻ったときに何頭の雌が精包を持っているかを調べることにした。

4日後に札幌に戻ると，容器の中のオニグルミの葉がきらきらと光っているように見えた。本来の実験目的はさておき[*3]，実体顕微鏡でこの光っているものを見てみると，半透明で平べったい楕円形の餅のような形のものが見えた（図3）。卵かもしれないと直感的に思ったが，そんなに簡単に卵を産むのか半

[*3]：余談になるが，このときは卵が得られたことで頭がいっぱいになり，結局何頭の雌が精包を持っていたのかを調べるのを忘れた。後日調べ直したところ，雄は複数の雌と交尾できることがわかった。

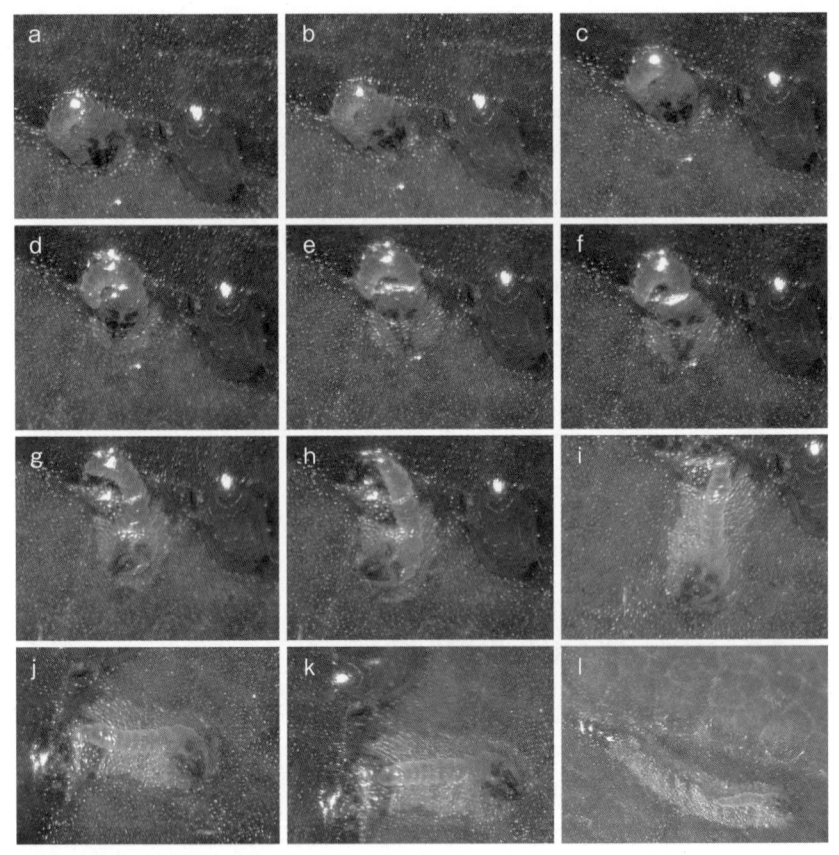

82 第3章 リーフマイナーの食性の進化を探る：野生生物を用いた実験系確立ストーリー

図3 孵化の様子
卵の中から出てきた幼虫が直接葉の中に潜っていくことで孵化が完了する（abc順に孵化が進行していく）。孵化中の幼虫の右隣に見えている半透明のものは産卵されたばかりの卵。

信半疑でもあった．しかし，日が経つに連れて内部に幼虫の体のようなものが見え始め，ついに幼虫が出てきた（図3）．やはり，このきらきらと光るものはクルミホソガの卵だったのである．しかも卵の大きさは長径が 0.3 mm ほどであり，実体顕微鏡があれば正確に数えることができる．つまり，寄主植物の切り葉を入れておくだけで産卵することがわかったのだ．そこでこの透明のプラスチック容器にオニグルミとネジキの葉を入れ，交配後の雌を放してみた（図4）．またまた 24 時間蛾に張りついて観察した結果，産卵行動は明期の後半から暗期の間に起こるようであった．雌成虫を容器内に放した 24 時間後，葉の

図4 産卵選好性実験の方法
同じくらいの大きさのクルミの葉とネジキの葉を容器に入れておく。中央の丸いものは遠沈管の蓋であり、キムワイプを詰め、1％の砂糖水を染み込ませてある。

上の卵を数えてみると、クルミ集団の雌はオニグルミのみに、ネジキ集団の雌はネジキのみにしか卵を産んでいなかった。結局修士1年のフィールドシーズン中にはクルミ集団、ネジキ集団ともにそれぞれ1個体ずつしか産卵選好性実験を行えなかったが、切り葉を用いた方法（図4）で実験ができること、さらには両集団間で産卵選好性が異なることが示唆された。

3.6. 累代飼育法の確立

交配実験と産卵選好性実験を立ち上げる過程で、累代飼育法の確立にもあるアイデアが浮かんでいた。交配実験と産卵選好性実験の際、蛾に餌を与えるためにクルミやネジキの葉の葉柄側の切り口をキムワイプで巻いて1％の砂糖水を染み込ませておくが、こうすると砂糖水を与えた植物自体もたいへん長持ちすることに気づいたのだ。通常、クルミの葉は特に傷みやすくすぐに黒くなるが、この方法を採用すると2週間以上新鮮な状態で葉を維持することができた。卵は3日ほどで孵化することがわかっているため、幼虫が10日ほどで蛹化すればこの方法で次世代を得ることができるはずである。早速、産卵選好性実験で卵を産ませた葉に砂糖水を与えて試したところ、幼虫は10日ほどで蛹になることがわかった（このときは22±1℃で飼育していたが、温度を上げると幼虫期間はさらに短くなる）。これまでの飼育経験から、蛹は10日ほどで羽化し、羽化した成虫は1週間以内には産卵を開始することがわかっていたので、クルミホソガでは1世代のサイクルを1か月以内で回せることがわかった（Ohshima, 2005）。

ここまでできれば何とか修論も書けるだろうと思い、修士1年のフィールドシーズンも終わりにさしかかったころ、大学院当時の指導教官であった秋元信

一先生の部屋に一連のクルミホソガの研究状況を話しに行った。秋元先生の部屋はいつも扉が全開になっており，入るとすぐに目が合う仕組みになっていた。まずクルミホソガという蛾がいること，クルミ集団とネジキ集団ではどうやら産卵選好性が違うらしいこと，さらに両集団間での交配実験の方法を確立したことなどをとても熱烈に話したが，秋元先生の反応はとても冷めていて「どうせまた年1化でしょ」という答えが返ってきた。事実，低緯度地域に生息する種を除くと，植食性昆虫には植物の芽吹き等に合わせて1年間で1度だけしか成虫が羽化しない年1化性の種が多い。このため，同種ではあるが異なる寄主植物を利用している集団間での交配実験や，雑種世代がどちらの植物を利用できるようになるか，といった研究は魅力的ではあるがほとんど行われていなかった。私がクルミホソガが年多化性であることと世代期間が1か月以内であることを話すと，急に目を輝かせて「それはいい」とおっしゃった。

　青葉山にも秋の気配が漂い始めた10月の初め，この年最後の採集のため仙台を訪れた。これで修士1年のときは計7回仙台に採集に通ったことになる。しかし来年度以降，産卵選好性実験や累代飼育実験を本格的に行うには寄主植物が大量に必要になる。特にネジキは北海道に自生していないため，できれば仙台に滞在しながら実験を行いたいと思うようになった。このことを溝田さんに話したところ，宮城教育大学でシロイヌナズナを材料に研究されていた後藤伸治先生を紹介していただいた。後藤先生は温室と恒温室を管理されており，私がクルミホソガの研究を説明したところ，温室と恒温室の使用を快諾して下さった。後藤先生はシロイヌナズナが今ほど注目される前から研究されており，ご自身の研究にまつわるエピソードとともに励ましの言葉をいただいた。

　こうしてクルミホソガの研究は，数々の幸運と偶然に恵まれて何とか実行可能な段階までたどり着いた。そして冬の間は，焼き鳥屋に加えてスキー場でもアルバイトをして次年度の旅費を蓄えた（おかげでスキーも少し上手くなった）。

4. クルミホソガのホストレース

4.1. 仙台での日々Ⅰ：産卵選好性実験と幼虫の移植実験

　翌年（2003年）は6月の頭から3か月間仙台に滞在し実験を行った。前年に確立した方法で産卵選好性実験の反復数を増やして行くと，クルミ集団とネジキ集団の産卵選好性は明瞭に異なることがわかってきた（図5; Ohshima, 2008）（以下，クルミ科植物のことをまとめてクルミと表記する。実験にはオ

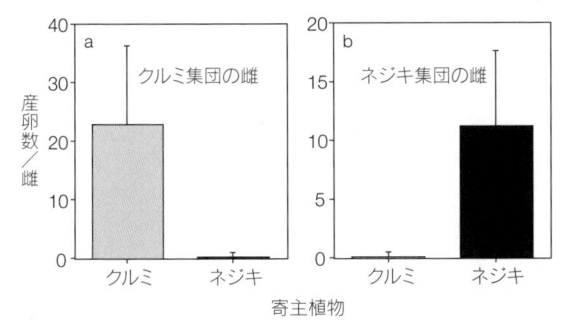

図5　産卵選好性実験の結果（Ohshima, 2008 より作成）クルミとネジキの葉を同時に与え，各雌個体がそれぞれの葉の上に産んだ卵の数の平均値と標準偏差。両集団とも 40 個体の雌を用いた。クルミ集団の雌はクルミに，ネジキ集団の雌はネジキに，それぞれ有意に多く産卵した。

ニグルミを用いたが，サワグルミやノグルミを用いてもほぼ同じ結果が得られる）。毎朝，前日に交尾済の雌成虫を入れたプラスチック容器からクルミの葉とネジキの葉を取り出して卵を数えるのだが，ほとんどの場合，クルミ集団の雌はクルミのみに，ネジキ集団の雌はネジキのみにしか産卵しておらず，その厳密さに驚かされた。ごく稀にネジキにも産卵したクルミ集団の雌個体や，クルミにも産卵したネジキ集団の雌個体が見られたが，それらの個体ははるかに多くの卵を，クルミ集団ならクルミ上に，ネジキ集団ならネジキ上にそれぞれ産みつけていた。

では，幼虫の寄主利用能力にもクルミ集団とネジキ集団の間に違いがあるのだろうか？　早速，両集団間で幼虫の移植実験に取りかかった。移植実験では，例えばクルミの葉に潜っていた幼虫をピンセットで取り除いて空のクルミマインを用意したあと，ネジキのマイン内にいる幼虫をピンセットで取り出して，空にしておいたクルミのマインへと移す。マインの中にいる幼虫は外に出すと死んでしまいそうな印象を受けるが，上手に取り出して他のマインに導入すれば何事もなかったかのように移植先のマイン内で再び摂食を始める。実際，このような実験は他のリーフマイナーでも行われている（例えば，Gratton & Welter, 1998（ハモグリバエ科の 1 種））。クルミホソガの 1 齢と 2 齢幼虫は移植には小さすぎるため，体長が 3 mm ほどの 3 齢幼虫を用いて実験を行った。クルミに潜っていた幼虫をネジキに移植した場合とその逆方向の移植を行い，さらにこれらに加えて移植操作そのものが生存率に与える影響を見るために，クルミの葉に潜っていた幼虫を他のクルミの葉にできたマインへ導入する移植と，ネジキの葉に潜っていた幼虫を他のネジキの葉にできたマインへ導入する移植を行った。

　クルミからクルミへの移植と，ネジキからネジキへの移植では，ほとんどの

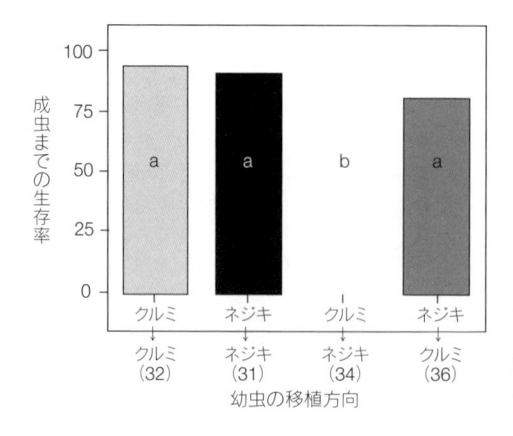

図6 幼虫の移植実験の結果
3齢幼虫を移植した後，各幼虫の成虫までの生存率。同じアルファベットの移植間では有意差はない。（ ）内の数字は各移植で用いた幼虫の個体数。

個体が成虫まで育った（図6; Ohshima, 2008）。これは，移植操作自体は幼虫の生存率に影響を与えないことを示している。しかし，クルミ集団の幼虫をネジキに移した場合はすべての幼虫が4齢になる前に死亡した（図5; Ohshima, 2008）。移植後の幼虫をよく観察すると，移植後すぐはクルミにいたときと同じようにネジキを摂食するのだが，数時間後にはまったく動かなくなる。よってこの死亡の原因は，餌を食べなかったことによる餓死ではなく，ネジキが持つ二次代謝産物をクルミ集団の幼虫が解毒できなかったためではないかと考えられる。一方で予想に反してネジキ集団の幼虫をクルミに移しても，ネジキを食べたときと同様に成虫まで成育した（図6; Ohshima, 2008）。

以上をまとめると，クルミホソガのクルミ集団とネジキ集団は，クルミとネジキの両方を利用できるのではなく，それぞれクルミもしくはネジキに特殊化していることが明らかとなった。しかしながら，ネジキ集団の幼虫だけは例外で，野外ではネジキしか利用していないにもかかわらず，なぜかクルミを食べても成長できることがわかった。

4.2. 仙台での日々II：交配実験と雑種の生存力

それでは，クルミ集団とネジキ集団との間では交配は起こるのだろうか？前年度から行っていた両集団間の交配実験を引き続き行い，反復数を増やした結果が図7である。実験では，雌がクルミ集団の場合と雌がネジキ集団の場合の集団間交配に加えて，クルミ集団どうしとネジキ集団どうしの交配も対照区として行った。その結果,雌がネジキ集団のときにやや交配頻度が落ちたが，統計的に有意な差は見られず，クルミ集団とネジキ集団との間には交配前隔離

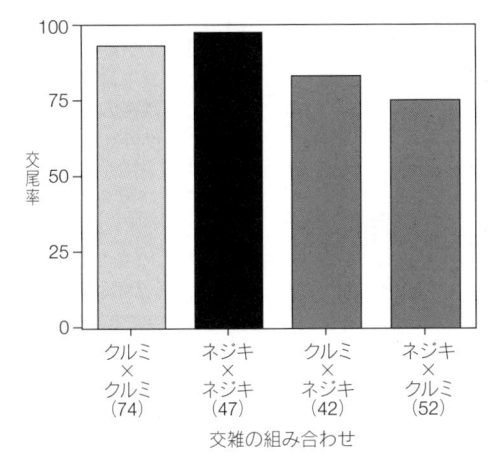

図7 クルミ集団とネジキ集団の間での交配実験の結果
交雑の組み合わせは，メス×オス，の順。いずれの組み合わせ間でも交尾率に有意な差は見られなかった。（　）内の数字は交配させたペア数。

が生じていないことが示唆された（Ohshima, 2008）。

　さて，クルミ集団とネジキ集団は交配できることがわかったわけだが，この交配から得られた雑種個体は正常に成育できるのだろうか？　ここでいよいよ前年度に確立した累代飼育法の登場である。クルミ集団が雌親の場合と，ネジキ集団が雌親の場合，さらにクルミ集団どうしおよびネジキ集団どうしの交配（対照区）から雑種第1代（F_1）をつくり，それらをクルミ上とネジキ上のそれぞれで育ててみることにした。しかし，ここで1つ問題が生じた。雌成虫の産卵選好性があまりにも厳密なため，クルミ集団の雌はクルミにしか卵を産んでくれない。もちろんネジキ集団の場合も同様である。これでは，例えばネジキ集団の雌とクルミ集団の雄とを交配させた場合，F_1世代をネジキ上では飼育できてもクルミ上では飼育できない。ということは，もしF_1世代が死亡した場合，交雑の組み合わせの影響なのか，餌とした植物の種類の影響なのかが区別できないことになる。そこで苦し紛れに思いついた方法は，クルミ集団の雌ならクルミの葉を容器に敷き詰めておき，その上にネジキの葉を置いて「間違い産卵を誘発する」というものである。もちろん蛾の方もなかなか間違ってはくれなかったが，双方の根気比べの末，少ないながらも何頭かの雌が間違ってくれたため，累代飼育実験は滞りなく完了した。

　その結果，F_1卵の孵化率はいずれの組み合わせでも集団内交配の場合と有意差はなく90％以上の卵が孵化した（図8; Ohshima, 2008）。これは，交雑させても卵の発生自体は正常に進むことを示している。幼虫の発育に関しては，F_1幼虫をクルミ上で育てた場合は，クルミ，ネジキいずれの集団を雌親にし

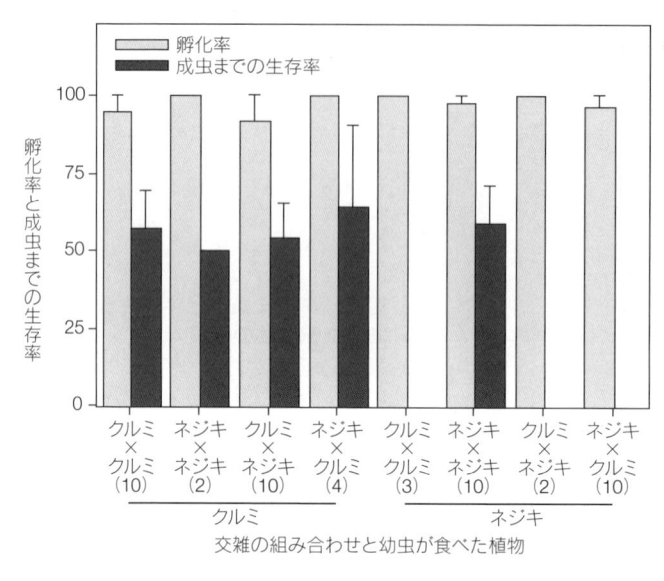

図8 クルミ集団とネジキ集団の間での雑種の孵化率と生存率 (Ohshima, 2008 より作成) 交雑の組み合わせは，メス×オス，の順で（ ）内は用いた家系の数。孵化率，生存率ともに平均値と標準偏差を示した。孵化率には，いずれの組み合わせ間でも有意な差は見られなかったが，成虫までの生存率には有意な差が見られた。

た場合でも，対照区である集団内交配と同程度に成虫まで育った。しかしながら，F_1 幼虫をネジキ上で育てた場合は，交雑の方向にかかわらずすべての幼虫が死亡した（図8; Ohshima, 2008）。1個体だけ3齢まで育った幼虫が見られた以外はすべて1齢の間に死亡し，その結果の明瞭さに驚いた記憶がある。

これらの実験から，クルミ集団とネジキ集団は交雑が可能であり，雑種の発生と成長も問題なく進むことがわかったといえる。しかしながら F_1 幼虫はネジキ上では成育することができず，唯一この点だけが両集団間の隔離障壁として見つかったことになる。

4.3. ホストレース

これまでの結果をまとめると，クルミ集団とネジキ集団には寄主植物への適応という点では明らかな違いがあるものの，両集団は実験室内では交雑可能であり，F_1 世代もクルミ上では正常に成育することができる。クルミ上で育った F_1 世代は交尾して産卵し，さらに F_1 どうしをかけ合わせた雑種第2代（F_2），および F_1 ともとの親種との間の戻し交雑世代 backcross も正常に生じたため，F_1 世代の妊性も正常といえる（Ohshima, unpublished data）。ということは，クルミ集団の雌個体とネジキ集団の雄個体の交雑が野外で起これば，F_1 世代がクルミ上で成育し，その結果ネジキ集団からクルミ集団へと遺伝子流入が生じるはずである。つまり，クルミホソガのクルミ集団とネジキ集団というのは，

完全に生殖的に隔離された集団ではない。

　次にクルミ集団とネジキ集団の最も顕著な違いである寄主適応力（幼虫の寄主利用能力と雌親の産卵選好性）について見ていこう。累代飼育実験において，雌親自身が幼虫時代にネジキを食べて育っていたとしても，F_1幼虫は例外なくネジキ上で死亡した。ということは，幼虫の寄主利用能力は母親の性質のみを引き継ぐ母性効果ではなく，遺伝的に決まっていることを示している。そして，幼虫の寄主利用能力はネジキ食が完全劣性であると考えられる（Ohshima, 2008）。一方，F_1世代の幼虫を飼育して得られたF_1成虫の産卵選好性を調べた実験から，雌成虫の産卵選好性も遺伝的に決まっており，さらに，幼虫の寄主利用能力とは異なる遺伝子座によって決定されていることが示唆された（Ohshima, unpublished data）。つまり，クルミ集団とネジキ集団の間で見られる違いは，産卵選好性遺伝子座と寄主利用能力遺伝子座の遺伝子が両集団間で分化していることに起因すると考えられる。

　しかしここで2つの疑問が湧いてくる。1つ目は，交雑が可能であるためこの2集団は別種とは言えないが，完全に均一な1つの種というわけでもない。こうした例は他の昆虫類でも見られるのだろうか？　2つ目は，クルミ集団とネジキ集団は完全には生殖的に隔離されていないのにどうやって両集団間で遺伝的な分化が維持されているのかという点である。つまり，なぜこの2つの集団は1つになってしまわないのだろうかという疑問である。

　1つ目の疑問から答えていくと，こうした寄主特異性が異なる集団というのは，実は植食性昆虫ではさまざまな種で報告されている。有名な例では，サンザシとリンゴの果実を加害するリンゴミバエ *Rhagoletis pomonella* (Walsh)（Feder, 1998）やクローバーとアルファルファを寄主とするエンドウヒゲナガアブラムシ *Acyrthosiphon pisum* (Harris)（Via, 1999; Via *et al.*, 2000）などが挙げられる。一般に，交雑は可能であるが寄主特異性のように生態的な特徴のみが異なる種内集団はエコタイプ ecotype と呼ばれている。その中でも，異なる寄主植物に適応し，遺伝的な分化がみとめられるが同所的に分布している植食性昆虫の種内集団のことをホストレース host race という（ホストレースに関する総説としては，Berlocher & Feder, 2002; Drés & Mallet, 2002 を参照）。先述のミバエやアブラムシの例もこのホストレースに相当し，リンゴミバエという種はリンゴレースとサンザシレースという2つのホストレースからなることになる。これまで紹介してきたクルミホソガの2集団もホストレースであると考えられる。では，なぜホストレースが存在しうるのだろうか？

植食性昆虫にとって，これまで餌として利用していなかった植物への進出は，同種他個体との餌資源の競合や天敵による寄生から逃れる機会を与えてくれる (Denno et al., 1995; Feder, 1995; Mulatu et al., 2004; Murphy, 2004)。よって新たな寄主植物への進出を担う突然変異は適応的であり，自然選択によって比較的速く進化していくはずである。一方，受精後隔離に見られるような発生異常を引き起こす突然変異は有害であり，自然選択が直接はたらいて進化するのではなく，集団が分化した後の副産物としてゆるやかに蓄積していくはずである (Turelli, et al., 2001; ただし Phadnis & Orr, 2009 も参照のこと)。事実，鱗翅目における種間もしくは集団間での交配後隔離の強さと遺伝距離の関係を調べた研究では，遺伝距離が大きくなるにつれて交配後隔離の強度も徐々に増していくことが示されている (Presgraves, 2002)。このような理由から，新しい寄主植物への適応だけが急速に進み，ホストレースが生じやすいのではないかと考えられる。

次に2つ目の疑問である，なぜホストレースどうしが混ざり合って1つの集団になってしまわないのかについて考えていきたい。ホストレースというのは寄主特異性が異なる集団であるから，この寄主特異性の違いが隔離障壁として何らかのはたらきをしている可能性がある。まずはこれまでに提唱されてきたホストレース間の隔離障壁に関する仮説を紹介しながら，各仮説に関連した研究例を見ていく。

交配前の隔離障壁として考えられる仮説の1つは，小型の植食性昆虫は成虫の期間でも寄主植物上に留まっていることが多いため，同じ寄主植物を利用している個体どうしの方がより交配が起こりやすいのではないかというものである (Bush, 1975; Berlocher & Feder, 2002)。この隔離障壁が機能するためには，成虫が自身の寄主植物を，自身の交配場所として正確に選ばないといけない。しかし，野外個体や網室に導入した個体を用いた実験結果は，この仮説を支持するもの (Feder et al., 1994（リンゴミバエ）; Hirai et al., 2006（テントウムシ科の数種）) から支持しないもの (Bakker et al., 2008（スガ科の数種）) までさまざまである。もう1つ，交配前の隔離障壁として考えられるのは，寄主植物が異なれば成虫の出現時期も異なるのではないかという仮説である。年1化性の種では，寄主植物の芽吹きや果実の熟す時期が1～2週間ずれるだけでも，成虫の発生時期のピークが明瞭に分かれることが知られている (Craig et al., 1993; Feder, 1998（いずれもミバエ科）)。交配後に起こる生殖的隔離としては，雑種個体の寄主適応力の低下が考えられる (Bush, 1975; Fry, 2003)。異なるホスト

レースは異なる寄主植物にそれぞれ特殊化しているため，たとえホストレース間の F_1 雑種の発生そのものには問題がなくても，F_1 幼虫はどちらの親の寄主植物に対しても中途半端な適応しか示すことができず，その結果雑種幼虫の成長が悪くなる例が知られている（Bierbaum & Bush, 1990（リンゴミバエ））。

では，クルミホソガではどうだろうか？　これまでクルミ集団と呼んできたホストレースをクルミレース，同様にネジキ集団をネジキレースとして話を進めていく。交配前隔離から見ていくと，クルミホソガは年多化性のため，両ホストレースが異なる寄主植物を利用していても，出現時期の違いによる生殖的隔離は生じないと考えられる。それでは，交尾場所に違いはあるだろうか？つまり，クルミレースは交尾場所としてクルミ上を，ネジキレースはネジキ上を選ぶのだろうか？　簡単な実験を行ってみたが，交尾場所には明瞭な選好性は見られなかった（Ohshima, 2010）。残る隔離障壁は雑種の生存力の低下であるが，これは先に述べたようにネジキレースからクルミレースへは遺伝子流入が可能である。つまり，クルミレースとネジキレースの間に見られる寄主適応力の違いがどうして維持されているのかについては，はっきりとした答えは得られていない。実は，先に紹介したリンゴミバエのホストレースでも，サンザシレースはサンザシ上で，リンゴレースはリンゴ上で交配する傾向があるが，毎世代6％程度の遺伝子流入が生じていると推定されている（Feder *et al.*, 1994）。このようにホストレースというのは，遺伝的な交流を続けながらも寄主適応力の違いを維持している不思議な状態といえる（クルミホソガのホストレース間における遺伝子流入の詳細に関しては，Ohshima & Yoshizawa [2010, 2011] を参照）。

5. 寄主転換のプロセスとメカニズム
5.1. 複合形質の進化という視点から

前章までは，クルミホソガにおけるホストレース形成に焦点をあて，クルミレースとネジキレースのそれぞれがいかにうまくクルミとネジキに適応しているかについて述べてきた。ではクルミとネジキのどちらが新しい寄主植物で，どのようなプロセスを経て新たな餌植物を利用できるようになったのだろうか？

このように新たな植物へ進出することを寄主転換 host shift と呼ぶ。クルミホソガに限らず，昆虫は進化の過程でさまざまな植物を利用してきたわけで，これは寄主転換が繰り返し起きてきたことを意味する。寄主転換が起こるには，これまで利用してきた寄主植物に対する特異性を，新しい寄主植物に対応した

ものへと変える必要がある。幼虫の寄主利用能力が変わっただけでは寄主転換は起こらないし，雌成虫の産卵選好性が変わっただけでもだめである。つまり，幼虫の形質と雌成虫の形質の両方に新しい植物を利用できるような突然変異が生じる必要がある。しかし，そのような好都合な突然変異というものはそう頻繁に起こるものではなく，そのうえどの遺伝子にどのように起こるかわからない。寄主転換という現象が昆虫の進化の中で繰り返し起きてきたことは間違いないのだが，何か遺伝的なトリックでもあるのだろうか？

1つの可能性として，寄主利用能力と産卵選好性が同じ遺伝子で決まっている場合が考えられる。これなら1回の突然変異で寄主転換を起こせるはずである。しかし，寄主利用能力と産卵選好性の遺伝基盤を調べたこれまでの研究では，両者は独立の遺伝基盤をもつ，つまり寄主利用能力遺伝子と産卵選好性遺伝子は異なるという結果が得られており（Sezer & Butlin, 1998a, b（ウンカ科の1種）; Forister, 2005（シジミチョウ科の数種）; Hora et al., 2005（スガ科の数種）; Nygren et al., 2006（シータテハ）），今回紹介してきたクルミホソガでもこの結果が支持されている。やはり幼虫の形質と成虫の形質の両方が進化しないことには寄主転換は起こらないようだ。このように生物の進化においては，複数の形質が進化して初めて適応的となる例が多く知られている。例えば，食虫植物は虫を捕まえるための「特殊な形をした葉」，「消化液」，「吸収器官」のすべてを獲得して初めて食虫植物になれる。本稿では，このような例を複合形質と呼ぶことにする。植食性昆虫の寄主転換は，複合形質の進化を解明するうえで1つのモデルケースになるかもしれない。

5.2. どちらのホストレースが祖先的か？：分子系統学の導入

さて，クルミホソガのクルミレースとネジキレースはどちらが祖先的な状態なのだろうか。この問題を解決するには，両ホストレースの系統関係をクルミホソガの近縁種も含めて推定し，寄主植物の変遷を系統樹上に再現する必要がある。クルミレースとネジキレースは，互いに形態的な差異がなく交配できるほど近縁であるが，このようなときは分子系統解析が力を発揮する。

話は修士課程1年の冬に戻る。当時は自由に使える研究費などなく（今でもあまりないが……），アイデアはあっても試薬代がかさむ遺伝子実験は当分お預けかなと思っていた。それでも，交配実験や産卵選好性実験で得られた結果をまとめて研究室のセミナーで話してみた。すると，助手をされていた吉澤和徳先生よりクルミホソガの分子系統解析をやってみないかと言っていただい

た。というわけで、またしても幸運が訪れ、吉澤先生の試薬を分けていただき、一から作業を教えていただきながら遺伝子実験に取り組むことができた。

　クルミホソガ *Acrocercops transecta* には A. *leucophaea* Meyrick と A. *defigurata* Meyrick という2近縁種がおり、これら2種はネパールとインド北部に生息している。A. *defigurata* はクルミのみを寄主としているが、A. *leucophaea* はクルミホソガ同様、クルミとネジキの両方を寄主としている (Ohshima, unpublished data)。ミトコンドリア DNA の COI, ND5, 12 S rDNA 領域を用いた分子系統解析の結果は、これら3種のうち A. *defigurata* が初めに分岐し、その後 A. *leucophaea* とクルミホソガが分化したことを示していた。さらに、クルミホソガと A. *leucophaea* においてクルミとネジキの間での寄主転換が独立に生じたことが示唆されたが、クルミホソガのどちらのホストレースが祖先的であるかはこの段階ではわからなかった (Ohshima & Yoshizawa, 2006)。その後、サンプルを増やして解析を行ったところ、クルミホソガにおける寄主転換はクルミからネジキへと一度だけ生じたことが示唆された（図9; Ohshima, 2008)。

5.3. クルミからネジキへの寄主転換

　それではネジキレースがどのようにして生じたのか、これまでの結果をまとめながら考えていきたい。4節で述べた移植実験の結果から、クルミレースの幼虫はネジキを食べると成長できずに死んでしまう。したがって、祖先集団であるクルミレース内にネジキへの産卵選好性が突然変異であらわれ、その個体の子孫がネジキ上に産卵されても、この子孫はネジキ上では生存できないため、この突然変異は即座に排除されたと考えられる。反対に、幼虫がネジキを食べる能力が先に進化していれば、この子孫はネジキ上で生存できるため、寄主転換も起こりえたと考えられる。しかし、このプロセスで寄主転換が起こるためには、ネジキを食べられる突然変異がクルミレース内であらかじめ生じ、かつその突然変異がクルミレース内で維持されなければならない。つまり、ネジキとクルミの両方を食べられる個体が生じないといけないことになる。興味深いことに、移植実験の結果はネジキレースが普段利用していないクルミを食べても成長できることを示しており、この予測と一致している。したがって寄主転換のシナリオとしては、第一にクルミレース内でネジキ食が潜在的に起源し、第二にそうした突然変異個体にネジキに産卵選好性を示す個体が生じたと推測できる (Ohshima, 2008)。

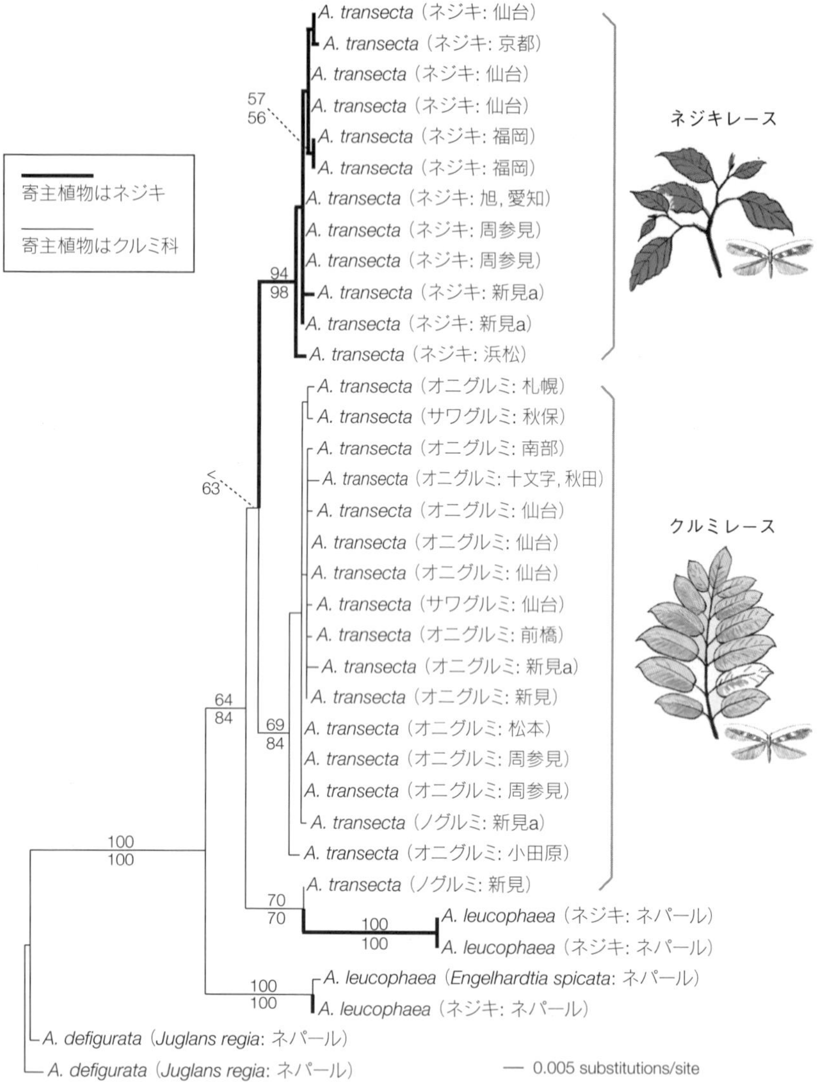

94　第3章　リーフマイナーの食性の進化を探る：野生生物を用いた実験系確立ストーリー

```
                          ┌ A. transecta（ネジキ：仙台）
                        ┌─┤
                        │ └ A. transecta（ネジキ：京都）
                        │  A. transecta（ネジキ：仙台）
                     57 │┌ A. transecta（ネジキ：仙台）
                     56 ││
                        ├┤ A. transecta（ネジキ：福岡）            ネジキレース
                        │└ A. transecta（ネジキ：福岡）
                        │  A. transecta（ネジキ：旭，愛知）
                   94   │  A. transecta（ネジキ：周参見）
                   98   │  A. transecta（ネジキ：周参見）
                        ├─ A. transecta（ネジキ：新見a）
                        ├─ A. transecta（ネジキ：新見a）
                        └─ A. transecta（ネジキ：浜松）
寄主植物はネジキ                ┌ A. transecta（オニグルミ：札幌）
                              ├ A. transecta（サワグルミ：秋保）
寄主植物はクルミ科              ├ A. transecta（オニグルミ：南部）
                              ├ A. transecta（オニグルミ：十文字，秋田）
                              ├ A. transecta（オニグルミ：仙台）
              <               ├ A. transecta（オニグルミ：仙台）
              63              ├ A. transecta（オニグルミ：仙台）    クルミレース
                              ├ A. transecta（サワグルミ：仙台）
                              ├ A. transecta（オニグルミ：前橋）
                              ├ A. transecta（オニグルミ：新見a）
                              ├ A. transecta（オニグルミ：新見）
           64     69          ├ A. transecta（オニグルミ：松本）
           84     84          ├ A. transecta（オニグルミ：周参見）
                              ├ A. transecta（オニグルミ：周参見）
                              ├ A. transecta（ノグルミ：新見a）
                              └ A. transecta（オニグルミ：小田原）
                                A. transecta（ノグルミ：新見）
      100              70    ┌ A. leucophaea（ネジキ：ネパール）
      100              70  100
                           100 └ A. leucophaea（ネジキ：ネパール）
                      100  ┌ A. leucophaea（Engelhardtia spicata：ネパール）
                      100  └ A. leucophaea（ネジキ：ネパール）
   ┌ A. defigurata（Juglans regia：ネパール）
   └ A. defigurata（Juglans regia：ネパール）    ── 0.005 substitutions/site
```

図9　クルミホソガの分子系統（Ohshima, 2008 より作成）
ミトコンドリアDNAのCOIおよびND5遺伝子を用い，最尤法によって推定した系統樹。系統樹上の数字はブートストラップ確率（上：最尤法，下：最節約法）。括弧内は寄主植物と採集地。仙台，周参見，新見aのクルミレースとネジキレースは，各地点で両ホストレースが同所的に生息している場所で採集したが，3地点とも両ホストレースは明瞭に区別された。Engelhardtia spicata と Juglans regia はそれぞれクルミ科の植物。系統樹の枝の太さは，最節約復元で推定された共通祖先の寄主植物を表す。

このシナリオでは，派生的な寄主植物と祖先的な寄主植物の両方を食べられる状態が寄主転換において重要な役目を果たすことになる。では，このような状態は他の植食性昆虫でも見られるのだろうか？　他の研究例を調べてみると，祖先的な集団に派生的な寄主植物を与えても成育できないが，派生的な集団に祖先的な寄主植物を与えた場合は成虫まで成育できる例がいくつか見られた（Ikonen et al., 2003（ハムシ科の一種）; Vanbergen et al., 2003（シャクガ科の一種）; Gross et al., 2004（ハムシ科の一種）; Gassmann et al., 2006（ハムシ科の一種））。よって，新旧両方の寄主植物を食べられる，という中間状態が寄主転換における「橋渡し」の役割をしている可能性がある（Janz & Nylin, 2008）。

6. 展望

　ここまで，クルミホソガのホストレースと寄主転換について得られた結果をもとに議論してきたわけだが，不思議なことはまだまだたくさん残っている。例えば，「クルミとネジキの両方を食べられる」という状態が重要らしいことはわかってきたが，そもそもこの状態はどのようにして成り立っているのだろう？　「クルミとネジキの両方を食べられる遺伝子」があるのだろうか，それとも「クルミを食べられる遺伝子」と「ネジキを食べられる遺伝子」の両方を合わせ持っているのだろうか？　こうした問題を本質的に解決するには，分子生物学的な手法を駆使して，幼虫の寄主利用能力や雌成虫の産卵選好性を決めている遺伝子そのものを特定する必要がある。植食性昆虫は全生物種の1/4以上を占める非常に多様なグループである。この驚異的な多様性は，異なる寄主植物への適応とそれに伴う分化によって生じてきたはずである。そして，こうしたかかわり合いの中では，幼虫の寄主利用能力や雌成虫の産卵選好性を決めている遺伝子は，重要なはたらきをしてきたに違いない。クルミホソガの実験系を用いて，植食性昆虫の多様化の謎に迫っていきたいと考えている。

　さて，たまたま出会ったクルミホソガという小さな蛾の研究は，寄主転換をモデルケースとした「複合形質の進化の遺伝基盤」の解明へと進もうとしている。寄主転換に限らず，野外で目にする生き物にはまだまだ不思議なことがあふれている。こうした不思議な生きざまはそれ自体興味深いが，その不思議な生きざまを支えている遺伝基盤にも興味が湧いてくる。しかし，そうした遺伝基盤を研究するには，少なくとも実験室内で累代飼育ができないといけない。そして，そのために必要な「飼育法」や「栽培法」を確立できるのは，野外で地道に生き物を観察している分類学者や生態学者であろう。今後，さまざまな

野生生物で飼育法や栽培法が確立され，その材料を「橋渡し」としてミクロとマクロの生物学を統合したような研究が展開していくことを期待したい。

謝辞

ここに紹介した研究を行うにあたり，溝田浩二氏をはじめとする宮城教育大学環境教育実践研究センターおよび生物学教室の皆様と，仙台市青葉の森管理センターの皆様には多大なご協力をいただいた。久万田敏夫氏にはクルミホソガに限らずホソガ科蛾類全般についてご教示いただいた。秋元信一，大原昌宏，吉澤和徳の各氏には研究全般について常に的確なアドバイスをいただいた。また，藤井知美，藤山直之，長谷部光泰，大島真澄の各氏には本稿に貴重なご助言をいただいた。これらの方々に厚くお礼申し上げる。

参考文献

Abrahamson, W. G., M. D. Eubanks, C. P. Blair & A. V. Whiipple. 2001. Gall flies, inquilines, and goldenrods: a model for host-race formation and sympatric speciation. *American Zoologist* **41**: 928-938.

秋元信一 1992. 種とはなにか 柴谷篤弘・長野敬・養老孟司（編集）講座進化7（生態学からみた進化），p. 79-124. 東京大学出版会.

Bakker, A. C., P. Roessingh & S. B. J. Menken. 2008. Sympatric speciation in *Yponomeuta*: no evidence for host plant fidelity. *Entomologia Experimentalis et Applicata* **128**: 240-247.

Bernays, E. A. & R. F. Champan. 1994. Host-Plant selection by phytophagous insects. Chapman & Hall, New York.

Berlocher, S. H. & J. L. Feder. 2002. Sympatric speciation in phytophagous insects: moving beyond controversy? *Annual Review of Entomology* **47**: 773-815.

Bierbaum, T. D. & G. L. Bush. 1990. Genetic differentiation in the viability of sibling species of *Rhagoletis* fruit flies on host plants, and the influence of reduced hybrid viability on reproductive isolation. *Entomologia Experimentalis et Applicata* **103**: 513-527.

Bush, G. L. 1969. Sympatric host race formation and speciation in frugivorous flies of the genus *Rhagoletis* (Diptera, Tephritidae). *Evolution* **23**: 237-251.

Bush, G. L. 1975. Sympatric speciation in phytophagous parasitic insects. *In*: Price, P. W (ed.) Evolutionary strategies of parasitic insects and mites, p. 187-206. Plenum Press, New York.

Coyne, J. A. & H. A. Orr. 2004. Speciation. Sinauer Associations, Massachusetts.

Craig, T. P., J. K. Itami, W. G. Abrahamson & J. D. Horner. 1993. Behavioral evidence for host-race formation in *Eurosta solidaginis*. *Evolution* **47**: 1696-1710.

Denno, E. F., M. S. McClure & J. R. Ott. 1995. Interspecific interactions in phytophagous insects: competition reexamined and resurrected. *Annual Review of Entomology* **40**:

297-331.
Dieckmann, U., M. Doebeli, J. A. J. Metz & D. Tautz. 2004. Introduction. *In*: Dieckmann, U., M. Doebeli, J. A. J. Metz & D. Tautz (eds.) Adaptive speciation, p. 1-16. University of California Press, California.
Drés, M. & J. Mallet. 2002. Host races in plant-feeding insects and their importance in sympatric speciation. *Philosophical Transaction of the Royal Society of London B* **357**: 471-492.
Feder, J. L. 1995. The effects of parasitoids on sympatric host races of *Rhagoletis pomonella* (Diptera: Tephritidae). *Ecology* **76**: 801-813.
Feder, J. L. 1998. The apple maggot fly, *Rhagoletis pomonella*: flies in the face of conventional wisdom about speciation? *In*: Howard, D. J. & S. H. Berlocher (eds.) Endless forms: species and speciation, p. 130-144. Oxford University Press, New York.
Feder, J. L., S. Opp, B. Wlazlo, K. Reynolds, W. Go & S. Spisak. 1994. Host fidelity is an effective pre-mating barrier between sympatric races of the apple maggot fly. *Proceedings of the National Academy of Sciences of the United States of America* **91**: 7990-7994.
Feder, J. L., S. H. Berlocher, J. B. Roethele, H. Dambroski, J. J. Smith, W. L. Perry, V. Gavrilovic, K. E. Filchak, J. Rull & M. Aluja. 2003. Allopatric genetic origins for sympatric host-plant shifts and race formation in *Rhagoletis. Proceedings of the National Academy of Sciences of the United States of America* **100**: 10314-10319.
Felsenstein, J. 1981. Skepticism towards Santa Rosalia, or why are there so few kinds of animals? *Evolution* **35**: 124-138.
Forister, M. L. 2005. Independent inheritance of preference and performance in hybrids between host races of *Mitoura* butterflies (Lepidoptera: Lycaenidae). *Evolution* **59**: 1149-1155.
Fry, J. D. 2003. Multilocus models of sympatric speciation: Bush versus Rice versus Felsenstein. *Evolution* **57**: 1735-1746.
Futuyma, D. J. 2008. Sympatric speciation: norm or exception? *In*: Tilmon, K. J (ed.) The evolutionary biology of herbivores insects: specialization, speciation, and radiation, p. 136-148. University of California Press, California.
Futuyma, D. J. & G. C. Mayer. 1980. Non-alloparic speciation in animals. *Systematic Zoology* **29**: 254-271.
Futuyma, D. J. & C. Mitter. 1996. Insect-plant interactions: the evolution of component communities. *Philosophical Transaction of the Royal Society of London B* **351**: 1361-1366.
Gassmann, A. J., A. Levy, T. Tran & D. J. Futuyma. 2006. Adaptation of an insect to a novel host plant: a phylogenetic approach. *Functional Ecology* **20**: 478-485.
Gratton, C. & S. C. Welter. 1998. Oviposition preference and larval performance of *Liriomyza helianthi* (Diptera: Agromyzidae) on normal and novel host plants. *Environmental Entomology* **27**: 926-935.s
Gross J., N. E. Fatouros & M. Hilker. 2004. The significance of bottom-up effects for host plant specialization in *Chrysomela* leaf beetles. *Oikos* **105**: 368-376.
Harrison, R. G. 1998. Linking evolutionary pattern and process: the relevance of species

concepts for the study of speciation. *In*: Howard, D. J. & S. H. Berlocher (eds.) Endless forms: species and speciation, p. 19-31. Oxford University Press, New York.

Hirai Y., H. Kobayashi, T. Koizumi & H. Katakura. 2006. Field-cage experiments on host fidelity in a pair of sympatric phytophagous ladybird beetles. *Entomologia Experimentalis et Applicata* **118**: 129-135.

Hora, K. J., P. Roessingh & S. B. J. Menken. 2005. Inheritance and plasticity of adult host acceptance in *Yponomeuta* species: implications for host shifts in specialist herbivores. *Entomologia Experimentalis et Applicata* **115**: 271-281.

Ikonen, A., M. Sipura, S. Miettinen & J. Tahvanainen. 2003. Evidence for host race formation in the leaf beetle *Galerucella lineola*. *Entomologia Experimentalis et Applicata* **108**: 179-185.

Ivie, G. W., D. L. Bull, R. C. Beier, N. W. Pryor & E. H. Oertli. 1983. Metabolic detoxification: mechanism of insect resistance to plant psoralens. *Science* **221**: 374-376.

Janz, N. & S. Nylin. 1998. Butterflies and plants: a phylogenetic study. *Evolution* **52**: 486-502.

Janz, N. & S. Nylin. 2008. The oscillation hypothesis of host-plant range and speciation. *In*: Tilmon, K. J (ed.) The evolutionary biology of herbivorous insects: specialization, speciation, and radiation, p. 203-215. University of California Press, California.

片倉晴雄 1996. 動物における種分化の機構 岩槻邦男・馬渡峻輔（編集）生物の多様性（バイオディバーシティ・シリーズ 1), p. 190-216. 裳華房.

Konno, K., S. Okada & C. Hirayama. 2001. Selective secretion of free glycine, a neutralizer against a plant defense chemical, in the digestive juice of the privet moth larvae. *Journal of Insect Physiology* **47**: 1451-1457.

Kumata, T., H. Kuroko & V. P. Ermolaev. 1988a. Japanese species of the *Acrocercops-group* (Lepidoptera: Gracillariidae), part I. *Insecta Matsumurana new series* **38**: 1-111.

Kumata, T., H. Kuroko & V. P. Ermolaev. 1988b. Japanese species of the *Acrocercops*-group (Lepidoptera: Gracillariidae), part II. *Insecta Matsumurana new series* **40**: 1-133.

黒子浩 1982. ホソガ科 井上寛・杉繁郎・黒子浩・森内茂・川辺湛（編）日本産蛾類大図鑑 I p. 176-202. 講談社.

Matsubayashi K, I. Ohshima & P. Nosil. 2010. Ecological speciation in Phytophagous Insects. *Entomologia Expelimentalis et Applicata* **134**: 1-27.

Mayr, E. 1942. Systematics and the origin of species. Columbia University Press, New York.

Menken, S. B. J., W. M. Herrebout & J. T. Wiebes. 1992. Small ermine moths (*Yponomeuta*): their host relations and evolution. *Annual Review of Entomology* **37**: 41-66.

Meyrick, E. 1931. Exotic Microlepidoptera 4, pp. 169.

Mulatu, B., S. W. Applebaum & M. Coll. 2004. A recently acquired host plant provides an oligophagous insect herbivore with enemy-free space. *Oikos* **107**: 231-238.

Murphy, S. M. 2004. Enemy-free space maintains swallowtail butterfly host shift. *Proceedings of the National Academy of Sciences of the United States of America* **101**: 18048-18052.

Nygren, G. H., S. Nylin & C. Stefanescu. 2006. Genetics of host plant use and life history in

the comma butterfly across Europe: varying modes of inheritance as a potential reproductive barrier. *Journal of Evolutionary Biology* **19**: 1882-1893.
Ohsaki, N. & Y. Sato. 1994. Food plant choice of *Pieris* butterflies as a trade-off between parasitoid avoidance and quality of plants. *Ecology* **75**: 59-68.
Ohshima, I. 2005. Techniques for continuous rearing and assessing host preference of a leaf-mining moth, *Acrocercops transecta* (Lepidoptera: Gracillariidae). *Entomological Science* **8**: 227-228.
Ohshima, I. 2008. Host race formation in the leaf-mining moth *Acrocercops transecta* (Lepidoptera: Gracillariidae). *Biological Journal of the Linnean Society* **93**: 135-145.
Ohshima, I. 2010. Host-associated pre-mating reproductive isolation between host races of *Acrocercops transecta*: mating site preferences and effect of host presence on mating. *Ecological Entomology* **35**: 253-257.
Ohshima, I. & K. Yoshizawa. 2006. Multiple host shifts between distantly related plants, Juglandaceae and Ericaceae, in the leaf-mining moth *Acrocercops leucophaea* complex (Lepidoptera: Gracillariidae). *Molecular Phylogenetics and Evolution* **38**: 231-240.
Ohshima, I. & K. Yoshizawa. 2010. Differential introgression causes genealogical discordance in host races of *Acrocercops transecta* (Insecta: Lepidoptera). *Molecular Ecology* **19**: 2106-2119.
Ohshima, I. & K. Yoshizawa. 2011. The utility of indels in population genetics: the Tpi intron for host race genealogy of *Acrocercops transecta* (Insecta: Lepidoptera). *Molecular Phylogenetics and Evolution* **59**: 469-476.
Phadnis, N. & H. A. Orr. 2009. A single gene causes both male sterility and segregation distortion in *Drosophila* hybrids. *Science* **323**: 376-379.
Presgraves, D. C. 2002. Patterns of postzygotic isolation in Lepidoptera. *Evolution* **56**: 1168-1183.
Roessingh, P., K. H. Hora, S. Y. Fung, A. Peltenburg & S. B. J. Menken. 2000. Host acceptance behaviour of the small ermine moth *Yponomeuta cagnagellus*: larvae and adults use different stimuli. *Chemoecology* **10**: 41-47.
Rundle, H. D. & P. Nosil. 2005. Ecological speciation. *Ecology Letters* **8**: 336-352.
Schluter, D. 2009. Evidence for ecological speciation and its alternative. *Science* **323**: 737-741.
Sezer M. & R. K. Butlin. 1998a. The genetic basis of host plant adaptation in the brown planthopper (*Nilaparvata lugens*). *Heredity* **80**: 499-508.
Sezer M. & R. K. Butlin. 1998b. The genetic basis of oviposition preference differences between sympatric host race of the brown planthopper (*Nilaparvata lugens*). *Proceedings of the Royal Society of London B* **265**: 2399-2405.
Smiley, J. 1978. Plant chemistry and the evolution of host specificity: new evidence from *Heliconius* and *Passiflora*. *Science* **201**: 745-747.
Turelli, M., N. H. Barton & J. A. Coyne. 2001. Theory and speciation. *Trends in Ecology and Evolution* **16**: 330-343.
Vanbergen, A. J., B. Raymond, I. S. K. Pearce, A. Watt, R. S. Hails & S. E. Hartley. 2003. Host shifting by *Operophtera brumata* into novel environments leads to population differentiation in life-history traits. *Ecological Entomology* **28**: 604-612.

Via, S. 1999. Reproductive isolation between sympatric races of pea aphids. I. Gene flow restriction and habitat choice. *Evolution* **53**: 1446-1457.

Via, S., A. C. Bouck & S. Skillman. 2000. Reproductive isolation between divergent races of pea aphids on two hosts. II. Selection against migrants and hybrids in the parental environments. *Evolution* **54**: 1626-1637.

第4章　虫えいをめぐる昆虫群集

杉浦真治（森林総合研究所）
山崎一夫（大阪市立環境科学研究所）

「発見」

大きな発見だけでなく，ささやかな発見でも，自分自身の中で「初めて知った新しい事実」を「発見」と呼ぼう。発見した瞬間はドキドキわくわくする。そんな感覚を繰り返し感じることができるのが，ナチュラルヒストリーであり，その研究だと思う。

初夏，木々が芽吹き，新しい葉を展開するころ，その芽や葉に少し変わった形の構造物を見つけることができる。それが虫えいと呼ばれるものだ（「ゴール」とも呼ぶ。BOX 1 参照）。虫えいを採集し，室内で大切に保管していると，やがて中からいろいろな虫が出てくる。思っていた通りの虫が出てくることもあれば，え，と思うような虫が出てくることがある。そんな小さな驚きからはじめる研究を大切にしたい。虫えいという小さな空間をめぐる多様な生物群集に関する研究について，私たちの経験をもとに紹介したい。

BOX 1 虫えいとは？

「虫えい」は，虫瘤（むしこぶ）やゴール gall とも呼ばれる。ある種の生物（虫えい形成者 galler）によって，植物上のさまざまな器官で形成される構造物である（Mani, 1964; Meyer, 1987; 湯川・桝田, 1996）。虫えい形成者にとっては，良質な食物として，また天敵（捕食者など）からの隠れ場所として利用される。一方，虫えい形成は，植物に負の影響を与えている。虫えい形成者の多くは，昆虫類（双翅目，甲虫目，鱗翅目，膜翅目，半翅目，総翅目）であり，他には，ダニ類（フシダニ），線虫類，菌類，バクテリア類，マイコプラズマ類，ウィルスが知られている（Mani, 1964; 湯川・桝田, 1996）。菌類などが形成する虫えいを菌えいと呼ぶこともあるが，ここでは虫えいと統一した。形成生物によって，虫えい形成にかかわるメカニズムは大きく異なる。化石証拠から，植物上での虫えい形成は，少なくとも3億年前にはすでに進化していたと考えられている（Labandeira & Phillips, 1996）。

図 1 『日本原色虫えい図鑑』（湯川・桝田, 1996）
虫えいを調べるナチュラリストにとってのバイブル。

1. 図鑑から

　採集したり観察したりした生物の名前を調べるのは，ナチュラリストの第一歩である．市販されている図鑑は，その手助けをしてくれるわけだが，初学者にとってその影響ははかり知れないだろう．『日本原色虫えい図鑑』（湯川・桝田 1996：図1）は，極めてユニークな図鑑の1つだ．本来，図鑑とは，昆虫や植物，キノコといった特定の分類群ごとにまとまっている．ところが，『虫えい図鑑』は，植物上にさまざまな生物によって誘導される植物由来の構造物についての図鑑だ．これは，植物，昆虫，菌などの分類群を含んでおり，「生物種間関係の図鑑」といえるだろう．『虫えい図鑑』には，植物上に形成されるさまざまな色，形の虫えいがカラープレートとして掲載され，それぞれの虫えいについて，寄主植物や形成生物の種名，形成生物の生活史について解説されている．農作物につくためよく調べられている虫えいもあれば，生活史はおろか形成生物の種類さえもわかっていない虫えいも掲載されている．解明されている部分と未解明な部分の両方が記載されていることは，ナチュラリストの知的好奇心をひきつける．

2. 観察，採集，飼育

　初夏は虫えいの季節である．木々が新しい枝葉を展開する時に，虫えいは形成されるからである．虫えいは，種ごとに特定の種または属の植物に形成される．そのため，虫えいの同定には，植物図鑑が必須である．野外でさまざまな虫えいを採集しては，植物図鑑と虫えい図鑑を使って，次々と名前を調べていく．珍しい虫えいもあれば，どこにでも多い虫えいもある．虫えいを割って中

を調べると、白い昆虫の幼虫が見つかることが多い。プラスチックケースに空気穴をあけ、中に湿ったティッシュとともに虫えいを入れて、数日間保管しておくと、中からさまざまな昆虫の成虫が羽化してくる。ところが、同じ種類の虫えいのはずなのに、虫えいによって出現してくる昆虫が違う。虫えいに限らず、昆虫の飼育をしていると必ず経験するのが、飼育していたはずの虫の幼虫からまったく別の虫が羽化してくることで、その多くが寄生蜂である。虫えいでも同様で、形成者に寄生する寄生蜂が非常によく羽化してくるのだ。例えば、ソヨゴ（モチノキ科）の芽に虫えいを形成するソヨゴタマバエ（双翅目：タマバエ科）には6種類の寄生蜂が寄生している（Sugiura et al., 2006）。一般に虫えい形成者に寄生する寄生蜂は多い。約300種の虫えい形成昆虫の記録によると、平均して虫えい形成1種あたり約4種類の寄生蜂が寄生しているくらいだ（Hawkins, 1994）。このように、虫えいから寄生蜂が羽化してくることはよく知られている。しかし、虫えいから出現してくるのは、形成昆虫や寄生蜂だけではない。甲虫やガ、ハエなど、さまざまな昆虫が出てくるのだ。

3. 研究のきっかけ：虫えいを利用する昆虫の発見と驚き

　初夏、ケヤキ（ニレ科）の葉には、ボコボコと目立つこぶ状の虫えいがたくさん見られる。アブラムシがつくった虫えいだ。ケヤキヒトスジワタムシ（半翅目：アブラムシ科）の幹母（越冬あけの雌成虫）が新葉にとりつき虫えいを誘導し、内部でその幼虫が虫えいを吸汁している（湯川・桝田，1996）。この虫えいを採集し、室内で虫えいを割ったところ、中から白いウジ状の幼虫や小さな甲虫らしい蛹が見つかった（図2）。しばらく保管していると、ヤドリノミゾウムシ（鞘翅目：ゾウムシ科）の成虫が羽化してきた（図2）。名前の「ヤドリ（宿り）」から、すでに何かに寄生する（宿る）という生態は知られていたようだ。さっそく、いろいろな場所からケヤキの虫えいを集めて、中を解剖したりして調べた（Yamazaki & Sugiura, 2001；表1）。内部をよく観察すると、ヤドリノミゾウムシの幼虫や蛹が見つかる虫えいでは、虫えいの外壁に産卵された痕が見られること、そして虫えいの内壁はゾウムシ幼虫による摂食痕が見られることがわかった。また、ヤドリノミゾウムシが寄生した虫えいでは、形成者であるアブラムシはしばしば死んでいた。どうもヤドリノミゾウムシの寄生は、形成者の重要な死亡要因となっているようだ（表1）。
　虫えい形成者であるアブラムシとはまったく姿形も違うゾウムシが虫えいに

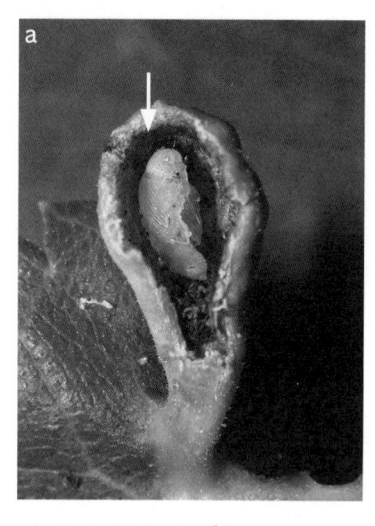

図2　ヤドリノミゾウムシの生態
(Yamazaki & Sugiura, 2001)
a：ケヤキの葉上に形成されたケヤキヒトスジワタムシの虫えい内のヤドリノミゾウムシの蛹（矢印）。
b：ヤドリノミゾウムシの成虫（スケールは1mm）

表1　ヤドリノミゾウムシによる虫えい利用(Yamazaki & Sugiura, 2001)

	調査場所					
	大阪 千早	大阪 生駒	滋賀 大津	京都 上賀茂	京都 貴船	京都 芦生
ゾウムシによる利用（%）	13.1	1.2	5.5	28.1	11.3	17.9
アブラムシの死亡要因としてゾウムシ類によるものの割合（%）	76.7	2.7	16.0	36.2	18.3	40.3
調査虫えい数	251	251	146	285	284	279

押し入り生活する。ゾウムシのような植食性昆虫が，アブラムシのつくった虫えいを摂食する。こんなおもしろい生態をもつ昆虫がいることに衝撃を受けた。文献を調べると，ほかにもこういう例が知られていた。例えば，クロフマエモンコブガ（鱗翅目：ヤガ科）は，イスノキの葉にアブラムシ類によって形成される虫えいの外壁に産卵し，幼虫は内部に潜り込んで虫えい組織を摂食する（Itô & Hattori, 1982; Itô, 1989）。これを発見した著者らは，虫えい形成をアブラムシによる「労働」の結果と考えて，クロフマエモンコブガによる生態を「労働寄生 kleptoparasitism」と呼んでいた（Itô & Hattori, 1982）。カッコウが里親である他の鳥（例えばウグイス）に托卵するのと似ているかもしれない。

　このような他種がつくった虫えいを利用するような生態は，いかに維持されているのか，またどのように進化してきたのか，そんな疑問がふつふつと湧いてくるのを感じた。

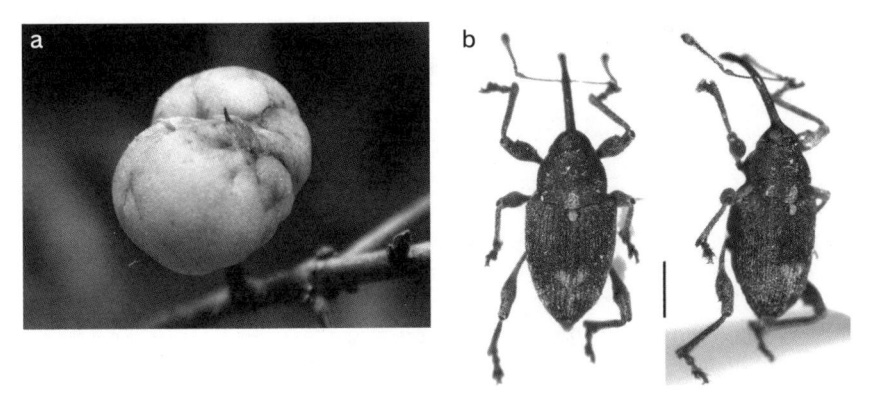

図3　ミヤマシギゾウムシの生態
a：コナラの芽に形成されたナラメリンゴタマバチによる虫えい。b：ミヤマシギゾウムシの成虫（スケールは1mm）

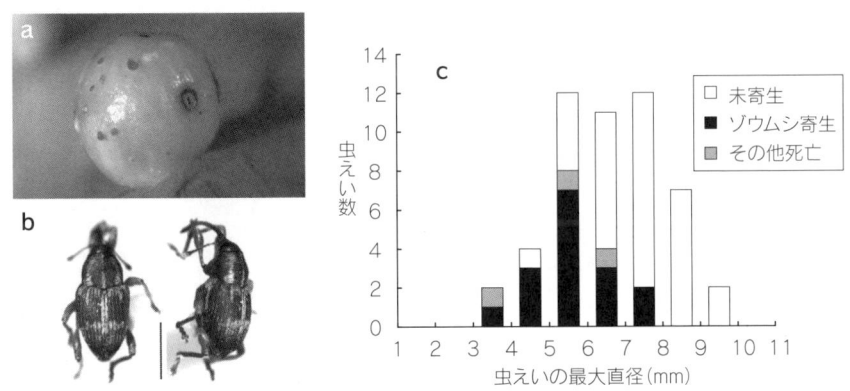

図4　シロオビチビシギゾウムシの生態 (Sugiura *et al.*, 2002)
a：オノエヤナギの葉上に形成されたハコブハバチの一種による虫えい。b：シロオビチビシギゾウムシの成虫（スケールは1mm）。c：虫えいのサイズとシロオビチビシギゾウムシによる寄生との関係

4. 虫えい食昆虫の生態

　ミヤマシギゾウムシも，ナラメリンゴタマバチ（膜翅目：タマバチ科）によってコナラ属の芽によってつくられた虫えいを食べることが知られているようだ（桝田，1956：図3）。きっと他のゾウムシでも虫えいを利用する種類がいるに違いない。私たちは，とにかくいろいろな虫えいを採集して調べることにした。その結果，オノエヤナギ（ヤナギ科）の葉にハコブハバチの一種 *Pontania* sp.（膜翅目：ハバチ科）によって形成される虫えいからシロオビチビシギゾウムシを見つけた (Sugiura *et al.*, 2002; 図4)。文字通りの「柳（ヤナギ）

図5　タニウツギクロツヤサルゾウムシの生態 (Sugiura et al., 2004)
a：タニウツギ。b：ウツギメタマバエによる虫えい。c：タニウツギクロツヤサルゾウムシの成虫。d：虫えいに産みつけられた卵　e：虫えいの断面（内部にタマバエの蛹とゾウムシの幼虫が確認できる）

の下に二匹目のどじょう（ゾウムシ）」がいたのだ。この種も，虫えいの外壁に産卵して，幼虫が虫えいの内部を摂食していた。虫えい形成者であるハバチの幼虫は必ず殺されていた。一般にハバチによって形成される虫えいは，成虫の産卵刺激により誘導されるが，幼虫の摂食刺激によってさらに成長する。そのためシロオビチビシギゾウムシによる寄生を受けた虫えいは，正常な虫えいと比べてサイズがひと回り小さかった（図4-c）。

さらに，タニウツギ（スイカズラ科）の芽にウツギメタマバエ（双翅目：タマバエ科）によって形成される虫えいから，タニウツギクロツヤサルゾウムシを発見した（Sugiura et al., 2004；図5）。タニウツギの芽にできた虫えいの上をうろうろするタニウツギクロツヤサルゾウムシの成虫を見つけて（図5-c），きっとこの種は虫えいを利用しているに違いないと思い，虫えい内からゾウムシ幼虫を見つけることに成功した。タニウツギは少し標高の高い山だと普通に生育する低木で，虫えいの数も多い。これは，虫えいを食べるゾウムシの生態を詳しく調べる良い機会だ。

そこで，京都府，滋賀県，兵庫県の3か所で，それぞれ標高約940 m，840 m，760 mの尾根沿いにたくさんタニウツギが生えている場所を訪れた。それぞれの場所から，たくさんの虫えいを採集して持ち帰り，カッターやピンセットを使って虫えいを解剖した。双眼実体顕微鏡のもとで，タニウツギクロツヤサルゾウムシの卵，幼虫などを探し，寄主であるウツギメタマバエの状態

表2　タニウツギクロツヤサルゾウムシによる虫えい利用 (Sugiura et al., 2004)

	調査場所		
	滋賀 比良山	京都 杉峠	兵庫 高丸山
ゾウムシによる利用（％）	93.5	90.2	94.5
平均ゾウムシ卵数／虫えい	1.21	1.28	1.43
調査虫えい数	93	61	110

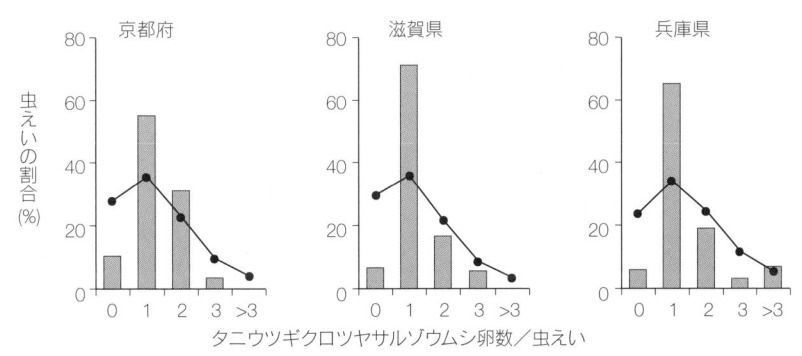

図6　タニウツギクロツヤサルゾウムシによる虫えいあたり産卵数 (Sugiura et al., 2004)
実測値（棒グラフ）とポアソン分布から計算した期待値（折れ線グラフ）は有意に異なった。つまり卵はランダムに産みつけられておらず，1卵を産みつける傾向が強かった。

も調べた。

　結果，いずれの場所でも，90％以上の虫えいからタニウツギクロツヤサルゾウムシの卵，幼虫，または摂食痕を見いだすことができた（表2）。これは非常に高い割合だ。ヤドリノミゾウムシでは30％を超えることはなかったし（Yamazaki & Sugiura, 2001；表1），チビシギゾウムシでも60％程度だった（Sugiura et al., 2002）。また，タニウツギクロツヤサルゾウムシの卵数は，通常，虫えいあたり1卵だった（表2，図6）。まれに2，3卵の時もあったが，虫えいサイズと卵数との関係はなかった。どうもタニウツギクロツヤサルゾウムシの成虫は，虫えいごとに1卵しか産まず，すでに他の卵が産みつけられている場合は，その虫えいを避けて他の虫えいに産卵しているようだ。

　ゾウムシに比べて，虫えいのサイズは大きいので，餌は十分にある。それではなぜ重複産卵を避けるのだろうか。虫えいを解剖していると，その原因の一端がわかった。重複産卵が起こった時，片方のゾウムシ幼虫が死んでいたのだ。ゾウムシの幼虫は大あごが比較的発達しているので，虫えい内で出会った幼虫

が争い相手を殺してしまったのかもしれない。虫えいを解剖せずにそのまま保管していると，多くの虫えいからはやはり1頭のタニウツギクロツヤサルゾウムシが脱出してきた。つまり，重複産卵が起こると，虫えい内で出会った幼虫どうしに争いが起こるため，成虫は重複産卵を避けるようになったのだろう。成虫は，産卵を受けていない虫えいを探していくうちに，最終的に90％を超える虫えいが利用されてしまったのだ。虫えいは，ゾウムシにとって餌資源としては大きいが，出会いを避けるにはあまりにも小さな空間である。このように，虫えい内での幼虫間の争いは，虫えい利用者にとっては重要な死亡要因となるだろう。

では，そんな生息空間として小さい虫えい内では，形成者はどうなっていたのか。殺されてしまっていたのではないか。ところが，形成者であるウツギメタマバエの幼虫や蛹は，タニウツギクロツヤサルゾウムシによる影響はほとんど受けていなかった。ウツギメタマバエは，虫えい内に共生菌を飼っており，その菌を壁にした部屋をつくり，その中で蛹化していたのだ。通常，タニウツギクロツヤサルゾウムシの幼虫は，この壁を突破できないようだった。ウツギメタマバエは，しかし，少なくとも3種の寄生蜂による高頻度（約80％）の寄生を受けていた。直径2cmほどの虫えいをめぐって，種間関係は思った以上に複雑だ。

5. 虫えい食に特殊化したゾウムシ類

ここで，他種のつくった虫えいを食べるゾウムシ類について整理しておこう。ゾウムシ科は非常に多くの種を含む植食性の甲虫のグループだが，虫えいを利用する種は，ノミゾウムシ亜科，シギゾウムシ亜科，クモゾウムシ亜科，ハナゾウムシ亜科，イネゾウムシ亜科，アナアキゾウムシ亜科，サルゾウムシ亜科などで見つかっている（杉浦・山崎, 2004; Sugiura & Yamazaki, 2009：表3）。虫えいを利用するような種は，どのような食性から進化してきたのか，私たちが調査を行ってきた3亜科についてそれぞれ推測してみたい。

ヤドリノミゾウムシが所属するノミゾウムシ亜科のほとんどの種は，幼虫は潜葉習性をもつ。潜葉習性をもつ昆虫はリーフマイナー leaf miner と呼ばれる（第3章参照）。例えば，アカアシノミゾウムシは，ケヤキの葉に産卵し，幼虫は葉に潜って内部組織を摂食する。ヤドリノミゾウムシは，潜葉習性をもつ祖先種から，アブラムシの虫えいを利用するように進化してきた可能性が高い。

表3 他種の作った虫えいを食べるゾウムシ類 (Sugiura & Yamazaki, 2009)

亜科	種類	虫えい形成者のグループ	寄主植物の属 （　）内は科名
ノミゾウムシ	ヤドリノミゾウムシ	アブラムシ	ケヤキ（ニレ）
シギゾウムシ	ミヤマシギゾウムシ	タマバチ	コナラ（ブナ）
	ヤドリチビシギゾウムシ	ハバチ	ヤナギ（ヤナギ）
	シロオビチビシギゾウムシ	ハバチ	ヤナギ（ヤナギ）
	ジュウジチビシギゾウムシ	タマバチ	コナラ（ブナ）
	Curculio crux	ハバチ	ヤナギ（ヤナギ）
	Curculio salicivorus	ハバチ	ヤナギ（ヤナギ）
	Curculio villosus	タマバチ	コナラ（ブナ）
クモゾウムシ	*Philides anthonomoides*	タマムシ	*Amphilophium*（ノウゼンカズラ）
ハナゾウムシ	*Anthonomus sycophanta*	ハバチ	ヤナギ（ヤナギ）
イネゾウムシ	*Dortomus luridus*	ハバチ	ヤナギ（ヤナギ）
アナアキゾウムシ	*Pissodes* sp.	さび病菌	マツ（マツ）
サルゾウムシ	タニウツギクロツヤサルゾウムシ	タマバエ	タニウツギ（スイカズラ）

　さらに，本州のヤドリノミゾウムシは，前述のようにケヤキの虫えいの内壁を食べていたが (Yamazaki & Sugiura, 2001; 図2)，北海道のヤドリノミゾウムシは，なんと，ハルニレの虫えい内のアブラムシそのものをもっぱら食べているらしい (Tomisawa & Akimoto, 2004)。本州のヤドリノミゾウムシでもアブラムシがしばしば死んでいたので，虫えいだけでなく，アブラムシも一部食べているのかもしれない。このように，ノミゾウムシ類の場合，潜葉習性から虫えい食，そしてアブラムシ食へと進化していった道筋が考えられる。

　一方，シギゾウムシ亜科ではどうだろうか。前述のシロオビチビシギゾウムシとミヤマシギゾウムシに加えて，ヤドリチビシギゾウムシ，ジュウジチビシギゾウムシなどが，他種のつくる虫えいを利用することが知られている（杉浦・山崎，2004; Sugiura & Yamazaki, 2009；表3）。シギゾウムシ類の多くは，種子食である。そのため，種子食から虫えい食へと進化してきたようだ。考えてみれば，虫えいは樹木の果実や種子に似ていなくもない。実際，分子系統解析から，ヤナギ上のハバチの虫えいを食べるチビシギシゾウムシの一種 *Curculio salicivorus* は，コナラ属のドングリを食べるシギゾウムシ類から進化してきた可能性が示唆されている（Hughes & Vogler, 2004）。

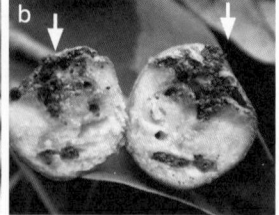

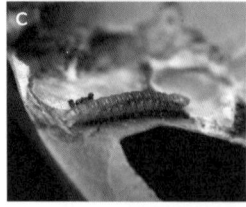

図 7 セシロヒメハマキの生態(Sugiura et al., 2006)
a：ソヨゴの芽に形成されたソヨゴタマバエの虫えいとセシロヒメハマキによる食害痕（矢印）。**b**：虫えいの内部とセシロヒメハマキによる食害痕（矢印）。**c**：ソヨゴの葉を食べていたセシロヒメハマキの幼虫。**d**：セシロヒメハマキの成虫（スケールは5mm）

　タニウツギクロツヤサルゾウムシを含むサルゾウムシ亜科では，多くの種の幼虫は植物の芽や花芽を利用している。クロツヤサルゾウムシ属の幼虫の生態はこれまでほとんどわかっていなかったが，私たちの発見がきっかけとなって，いくつかの種類で解明が進んでいるようだ（伊藤ら，2007）。タニウツギクロツヤサルゾウムシの虫えい食以外にも，タニウツギ属の花芽や種子を食べる種などが発見されている（伊藤ら，2007; Yoshitake et al., 2008）。このように，クロツヤサルゾウムシ類は，花芽や芽などの植物器官を利用するものから虫えいを利用する種が進化してきたと考えられる。

6. ガ類の虫えい食

　しかし，他種がつくる虫えいを食べるのは，ゾウムシ類だけではなかった。ヤドリノミゾウムシをケヤキの虫えいから見つけて以来，さまざまな虫えいを採集しては解剖することが続いた。虫えいから出てくるのは，ガ類の幼虫が最も多かったのだ。
　ソヨゴタマバエによってソヨゴの芽に形成する虫えいから，セシロヒメハマキ（鱗翅目：ハマキガ科）の幼虫を見いだした（Sugiura et al., 2006；図7）。虫えい内部には複数個体のソヨゴタマバエの幼虫がいるが，セシロヒメハマキはその虫えい内部の組織を摂食していた（図7）。しかも，セシロヒメハマキの幼虫は，ソヨゴタマバエの虫えいだけでなく，ソヨゴの葉を綴って食べていた（図7-c）。セシロヒメハマキの幼虫は，虫えい以外にも葉を食べるようだ。いや，

表4　他種のつくった虫えいを食べるガ類 (Sugiura & Yamazaki, 2009)

科	種類	虫えい形成者のグループ	寄主植物の属 （　）内は科名
ニセマイコガ	キイロマイコガ	ハマキガ	ヨモギ（キク）
カザリバガ	マダラトガリホソガ	タマバチ	コナラ（ブナ）
Momphidae	*Batrachedra striolata*	ハバチ	ヤナギ（ヤナギ）
キバガ	*Hypatima* sp.	タマバチ	コナラ（ブナ）
ヒゲナガキバガ	ゴマフシロキバガ	タマバチ	コナラ（ブナ）
スカシバ	ヒメコスカシバ	バクテリア	フジ（マメ）
ハマキガ	セシロヒメハマキ	タマバエ	モチノキ（モチノキ）
マルハキバガ	シロスジカバマルハキバガ	さび病菌	エンジュ（マメ）
ヒロズコガ	*Erechthias mystacinella*	さび病菌	アカシア（マメ）
ホソガ	*Acrocercops eumetalla*	さび病菌	アカシア（マメ）
メイガ	フタシロテンホソマダラメイガ	アブラムシ	ウルシ（ウルシ）
シャクガ	ニトベエダシャク	フシダニ	クマシデ（カバノキ）
ヤガ	ネスジキノカワガ	タマバチ	コナラ（ブナ）
シャチホコガ	セグロシャチホコ	ハバチ	イスノキ（マンサク）
トリバガ	イッシキブドウトリバ	タマバエ	ノブドウ（ブドウ）

＊：複数種記録されている場合は代表的な種をあげた。

むしろ通常葉を食べているが，たまに虫えいを食べると言った方が良いかもしれない。

　さらに，ソヨゴタマバエ以外にも，虫えいから多くのガの幼虫を見つけた。それは，ニセマイコガ科，カザリバガ科，キバガ科，ヒゲナガキバガ科，スカシバガ科，ハマキガ科，メイガ科，シャクガ科，ヤガ科，トリバガ科など多くの科にわたった（Sugiura & Yamazaki, 2009；表4）。ガ類は，非常に多くの科を含む植食性昆虫を代表するグループである。幼虫は，葉，芽，枝，果実，種子などさまざまな植物器官を，直接食べたり，巻いて食べたり，潜って食べる。その多様さを考えると，その中に虫えいを食べるものが出現したのは当然かもしれない。

7. ガ類とゾウムシ類の違い

　これまでの研究と私たちの調査から，ガ類では少なくとも17科で虫えい食性が記録されている（Sugiura & Yamazaki, 2009；表4）。その多くは，葉など正

表5　虫えい食が形成者に与える影響

虫えい食者	形成者の生存に与える影響		影響を与える率(%)*
	強い種	ほとんどない種	
ゾウムシ類	11	1	91.7
ガ類	18	22	45.0

＊：割合は統計的に有意に異なった。

常な植物器官も摂食するタイプであり，完全に虫えい食に特殊化したと考えられる種はごくわずかであった（例えばクロフマエモンコブガ；Itô & Hattori, 1982）。これは，ガ類幼虫は腹脚を使った移動能力が比較的高いことと関連がありそうだ。つまり，幼虫の高い移動能力によって通常の組織から，良質な餌である虫えい組織も摂食するようになった可能性が高い（Sugiura & Yamazaki, 2009）。また，虫えいを食べることで虫えい形成者の生存に及ぼす影響についてはどうだろうか。虫えいをつくるハバチ類，アブラムシ類で，強い影響を受けやすく，タマバチ類とタマバエ類で影響を受けにくい傾向が強いようだ。これは，ガ類の場合，虫えい食がほぼ条件的なもので，虫えい形成者が侵入者に対して物理的に防御しているかどうかにかかっているからであろう。例えば，アブラムシ類やハバチ類では虫えい壁以外に特に物理的障壁を持たないが，タマバチ類やタマバエ類では，虫えい内では比較的強固な幼虫室をつくることで侵入者から身を守っている場合がある（Abe, 1997; Sugiura *et al.*, 2006）。

一方，ゾウムシ類では，複数の亜科で虫えい食を行う種が知られている（Sugiura & Yamazaki, 2009；表3）。ほとんどすべての種は，虫えい食に特殊化しており，他の植物器官からは見つからない。これは，ゾウムシ類の幼虫は脚が退化して移動能力が極めて低く，成虫による産卵場所選択が幼虫の餌資源を決定することと関係があるだろう（Sugiura & Yamazaki, 2009）。多くのゾウムシ成虫が，植物の特定器官に吻を使って孔を穿ち，その中に卵を産み込む。その行動が，前適応となって，移動能力の小さい幼虫にとって，多量でかつ良質な資源である虫えいを産卵場所として利用するようになったと考えられる。また，ガ類と比べて，虫えい食を行うことで形成者に非常に強い影響を与えることが多い（Sugiura & Yamazaki, 2009；表5）。前述したタニウツギクロツヤサルゾウムシを除けば，形成者を殺してしまうのが普通だ。これはゾウムシ類の幼虫は移動能力が小さいため，資源の競争者となりうる形成者を排除するようになったのかもしれない。実際，チビシギゾウムシ類の *Curculio crux* や *C. salicivorus* の成虫は，産卵前に形成者であるハバチの卵を捕食してしまうと

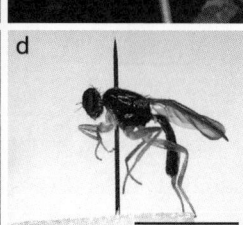

図8 キアシハネオレバエの生態 (Sugiura & Yamazaki, 2006; Yamazaki & Sugiura, 2008)
a：ヤブウツギの芽に形成されたウツギメタマバエの虫えい。**b**：フジの枝に形成された癌腫病菌（バクテリア）による虫えい。**c**：ヤブウツギの虫えい内部を摂食するキアシハネオレバエの幼虫（矢印）。**d**：キアシハネオレバエの成虫（スケールは5 mm）

いう（Kopelke, 1994）。

　このように，虫えい食を行うようになったガ類とゾウムシ類では，本来の食性や形態的な制約によって異なった食性進化の道筋をたどっており，形成者との関係もまた異なっていると考えられる。

8. その他の虫えい食

　ゾウムシやガのほかにも，私たちはいろいろな分類群で虫えい食性を見つけた。虫えいを外から吸って食べるカメムシ類，アブラムシ類も虫えい食にあたる（Yamazaki & Sugiura, 2005）。これらのグループは，もともと枝や葉，果実などを吸汁しているうちに，虫えいも利用するようになったのだろう。ハエ類の中にも，ミバエ科で虫えいに産卵する種が知られているが（Miyatake *et al.*, 2000; Kopelke, 2003），私たちはハネオレバエ科で虫えい食の種を見つけた（Sugiura & Yamazaki, 2006）。キアシハネオレバエの幼虫は，タニウツギやヤブウツギ（スイカズラ科）のタマバエによる虫えいや，フジ（マメ科）の癌腫病（バクテリア）による虫えいの内部を摂食していた（Sugiura & Yamazaki, 2006; Yamazaki & Sugiura, 2008；図8）。ミバエ科，ハネオレバエ科の幼虫は，さまざまな植物器官を食べ，中には農作物の害虫になる種も含まれるが，その中から虫えいを利用する種が現れたようだ。

　一方，本来は虫えいを形成していたが，その形成能力を捨てて，近縁種のつくった虫えいを利用するようになったグループもいる（BOX 2参照）。タマバチ

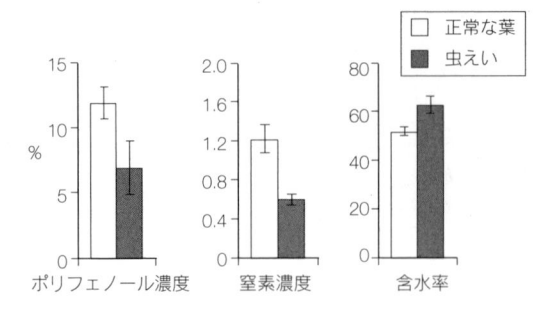

図9 虫えいと正常な植物器官との化学的特性の比較
(Sugiura et al., 2006)
□は正常な葉，■は虫えいのある葉を示す。ソヨゴタマバエによる虫えいは，ソヨゴの葉と比べて，防御物質（ポリフェノール）と窒素濃度は低く，含水率は高かった。エラーバーは標準誤差を示す。

類（Stone et al., 2002），タマバエ類（Kolesik, 2002），アザミウマ類（Crespi et al., 1997），アブラムシ類（Akimoto, 1981; Miller & Crespi, 2003），キジラミ類（Yang et al., 2001）がそれだ。例えば，ヤドリタマバチ類は，コナラ属樹木にタマバチ類によって形成される虫えいを利用するが，形成者のタマバチ類を通常殺さない（そのため同居蜂と呼ばれる。湯川・桝田，1996）。また，虫えい形成能力を失ったこれらのグループは，通常，自らに近縁な種が形成する虫えいを利用するが，まったく異なったグループによる虫えいを利用することもある。例えば，タマバチの一種 *Rhoophilus loewi* は，タマバチ類ではなくガ類の虫えいを利用する（van Noort et al., 2007）。

9. 虫えいの栄養条件

なぜ虫えいを利用する植食性昆虫が現れたのか。虫えいは，通常の芽や葉に比べてはるかに少ない資源である。見つけるのが大変だ。しかし栄養的には優れているのかもしれない。一般に，虫えい形成者は，天敵からの隠れ場所以外に，良質な餌として虫えいを利用していると考えられている（Price et al., 1987; 湯川・桝田，1996）。つまり，虫えい形成者にとって美味しいものなら，他の植食性昆虫にとっても魅力的なわけだ。

虫えいの組織と，正常な植物器官とで，栄養の質（窒素濃度）や防御物質（タンニンなどのポリフェノール）が比較されてきた（Hartley, 1998; Nyman & Julkunen-Tiitto, 2000）。例えば，ソヨゴタマバエの虫えいを分析した結果，虫えい組織は正常な器官に比べ含水率は高く，窒素濃度と防御物質は低い傾向があった（Sugiura et al., 2006；図9）。つまり，植食性昆虫の成長にとって重要な窒素濃度では虫えいはそれほど優れていないが，防御物質が少なく水分が多いという意味では，安全で食べやすい資源なのかもしれない。また，虫えいの外

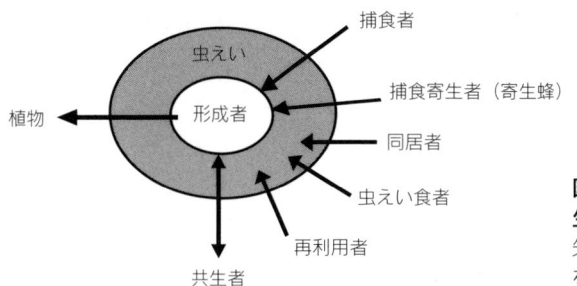

図10 虫えいをめぐる生物群集
矢印の方向は利用の方向性を示す

表6 虫えいをめぐる生物群集 (湯川・桝田, 1996)

ギルド Guild	生物
虫えい形成者[*1] Galler	昆虫類（タマバエ類，アブラムシ類など），菌類など
捕食者 Predator	鳥類（カラ類など），昆虫類（ヒラタアブ類など）
捕食寄生者 Parasitoid	寄生蜂（ヒメコバチ類，オナガコバチ類など）
同居者 Inquiline	ヤドリタマバチ類，ヤドリタマバエ類など
虫えい食者 Cecidophage	ゾウムシ類[*2]，ガ類[*3]など
再利用者 Successori (Secondary user)	昆虫類（アリ類など），クモ類など
共生者 Symbiont	Botryosphaeria 属菌

[*1]：BOX 1参照
[*2]：表3参照
[*3]：表4参照

壁と内部の組織との間でも防御物質の量は異なるようで，形成者が食べる虫えい内部の組織の方が，外壁よりも防御物質の量が少ないことが報告されている (Nyman & Julkunen-Tiitto, 2000; Ikai & Hijii, 2007)。どうも，虫えい形成昆虫が，植物の防御物質をコントロールしているらしい (Nyman & Julkunen-Tiitto, 2000)。

以上のように，虫えいは，形成者や他の植食性昆虫にとって，それほど栄養はないかもしれないが，安全で，消化の良いみずみずしい食べ物といえよう。

10. 虫えいをめぐる多様な生物群集

図10と表6に虫えいをめぐる一般的な生物群集の構成をまとめてみた。虫えい形成者や捕食寄生者（寄生蜂），同居者，虫えい食者については前述した通りである (BOX 2も参照)。いずれも，虫えい形成者にとってはありがたくない存在だ。これに捕食者を加えたものが天敵と呼ばれる。虫えい形成者を食べる捕食者として，捕食性昆虫や鳥類が知られている。例えば，ミバエの一種

Eurosta solidaginis はセイタカアワダチソウの茎に球形の虫えいを形成するが，比較的小型の虫えいでは寄生蜂や捕食性のハナノミの一種 *Mordellistena convicta* に，大型の虫えいではアメリカコガラやセジロコゲラによって捕食される (Craig *et al*., 2007)。これらの捕食者は，虫えい形成者にとって強い淘汰圧となり，虫えいサイズに影響を与えるようだ (Craig *et al*., 2007)。このような天敵による捕食圧にさらされて，虫えいの形は多様に進化してきたと考えられている (Stone & Schönrogge, 2003)。実際，タマバチ類の中には，1個体の幼虫にとっては分不相応なほどの大きさの虫えいを形成する種がいて，これは，寄生蜂だけでなく，虫えい食者などの虫えい侵入者への防衛と考えられている (Abe, 1997)。また，天敵は虫えい形成者の社会行動を進化させてきた。虫えい形成アブラムシ類の一部では，兵隊を生産するが，これは，捕食者や虫えい食昆虫との攻防のために進化してきた可能性がある (Itô, 1989)。さらに，虫えい食昆虫によって破壊された虫えい壁を修復するアブラムシ類さえも発見されている (Kurosu *et al*., 2003)。

　虫えいは，形成者が脱出したり羽化したりした後にも利用される。そのような空の虫えいは，植物上の微小空間を提供し，さまざまな無脊椎動物の利用場所となり (湯川・桝田, 1996; Yamazaki & Sugiura, 2008)，例えば隠れ家としてや越冬場所として利用される。これらの生物は，再利用者 successori または二次利用者 secondary user と呼ばれている (湯川・桝田, 1996; Fukui, 2001)。

　虫えい形成者の中には，虫えい内部に共生菌 (共生者) を持ち込んで摂食しているものがある。ハリオタマバエ属 (タマバエ科) では，成虫が

BOX 2　同居者と虫えい食者

　他種の形成する虫えいを食べる種には，①もともと虫えいを形成していたグループから進化してきたタイプ，②虫えいを形成しない植食性から進化してきたタイプがある。Mani (1964) は①を同居者 inquiline，②を虫えい食者 cecidophage と定義した。ただしその後の多くの研究では，この両者は区別せず同じ同居者 inquiline とひとくくりにされてきた。しかし近年，改めて両者を区別し，その進化的道筋の違いに注目が集まりつつある (Sugiura & Yamazaki, 2009)。また，虫えい食者には，植物の正常器官 (たとえば葉) と虫えいの両方を利用するグループ (条件的虫えい食者 facultative cecidophage) と，虫えい食にのみ特殊化したグループ (絶対的虫えい食者 obligate cecidophage) の2つに区分することができる (Mani, 1964)。

Botryosphaeria 属菌の胞子（分生子）を卵と一緒に植物組織内に埋め込み，孵化した幼虫はアンブロシアゴール ambrosia gall と呼ばれる虫えいを形成し，その中にはびこる菌糸体を食べる（Bissett & Borkent, 1988）。菌の分生子は，ハリオタマバエ類の雌成虫によって，新たな植物組織（生活場所）へと運搬してもらう。

このように，虫えいをめぐって多様な生物群集が形成されているが，その多様性はどのように決まっているのだろうか。虫えいサイズが大きくなると，虫えいに関連する節足動物群集の種数は一般に増加するようだ（Sota, 1988; Yamazaki & Sugiura, 2008）。また，虫えい食者と同居者の多様性は，草本や低木よりも高木に形成される虫えいで高い傾向がある（Sanvar & Hawkins, 2000）。これは，草本や低木よりも，高木で植食性昆虫の多様性が一般に高いことと関係しているだろう（Lawton, 1983）。

おわりに

虫えいを食べるゾウムシ類の発見から，同様な生態を持つガ類やその他の昆虫，そして虫えいをめぐる多様な生物群集について紹介してきた。また，他種の虫えいを食べる習性の進化の道筋についても推測してみた。これは広く植食性昆虫の食性進化を考えるうえで重要な視点となりうる。しかし，虫えい食性がどのような背景で進化してきたかは，分子系統学的手法から明らかにしていく必要があるだろう（例えば Hughes & Vogler, 2004）。

植物と植食性昆虫とその天敵からなる三者系は，陸上生物群集の種の多様性の大半を占めていると推定されている（Price, 2002）。虫えい形成者は，多様種が利用する空間（虫えい）を生み出すという意味で，エコシステムエンジニア ecosystem engineer であると考えられている（Jones et al., 1994）。つまり，虫えいをめぐる昆虫群集を明らかにしていくことは，陸上生物群集の多様性がいかに生み出されているかを明らかにする第一歩となりうる。このように，虫えいをめぐる生態学は，近年の新しい概念や仮説をもとに，研究を行うに適した分野だと思われる。

多くの論文が学問的背景の説明からはじめるのに対し，本稿ではその体裁をとらなかった。これは，虫えいを観察することから，事実の発見にともなって多様な関心がひろがることを示したかったからである。本稿が野外の生物を観察するきっかけになると嬉しい。

引用文献

Abe, Y. 1997. Well-developed gall tissues protecting the gall wasp, *Andricus mukaigawae* (Mukaigawa) (Hymenoptera: Cynipidae) against the gall inhabiting moth, *Oedematopoda* sp. (Lepidoptera: Stathmopodidae). *Applied Entomology and Zoology* **32**: 135-141.

Akimoto, S. 1981. Gall formation by *Eriosoma fundatrices* and gall parasitism in *Eriosoma yangi* (Homoptera, Pemphigidae). *Kontyû* **49**: 426-436.

Bissett, J. & A. Borkent. 1988. Ambrosia galls: the significance of fungal nutrition in the evolution of the Cecidomyiidae (Diptera). *In*: Pirozynski, K. A. & D. L. Hawksworth (eds.), Coevolution of fungi with plants and animals, p. 203-225. Academic Press, London.

Craig, T. P., J. K. Itami & J. D. Horner. 2007. Geographic variation in the evolution and coevolution of a tritrophic interaction. *Evolution* **61**: 1137-1152.

Crespi, B. J., D. A. C. Camean & T. W. Chapman. 1997. Ecology and evolution of galling thrips and their allies. *Annual Review of Entomology* **42**: 51-71.

Fukui, A. 2001. Indirect interactions mediated by leaf shelters in animal-plant communities. *Population Ecology* **43**: 31-40.

Hartley, S. E. 1998. The chemical composition of plant galls: are levels of nutrients and secondary compounds controlled by the gall-former? *Oecologia* **113**: 492-501.

Hawkins, B. A. 1994. Pattern and process in host-parasitoid interactions. New York: Cambridge University Press.

Hughes, J. & A. P. Vogler. 2004. Ecomorphological adaptation of acorn weevils to their oviposition site. *Evolution* **58**: 1971-1983.

Ikai, N. & N. Hijii. 2007. Manipulation of tannins in oaks by galling cynipids. *Journal of Forest Research* **12**: 316-319.

伊藤元己・神保宇嗣・吉武啓 2007. DNAバーコーディング：新たな生物多様性研究手法. 遺伝 **61**: 42-47.

Itô, Y. 1989. The evolutionary biology of sterile soldiers in aphids. *Trends in Ecology and Evolution* **4**: 69-73.

Itô, Y. & I. Hattori. 1982. A kleptoparasitic moth, *Nola innocua*, attacking aphid galls. *Ecolgical Entomology* **7**: 475-478.

Jones, C. G., J. H. Lawton & M. Shachak. 1994. Organisms as ecosystem engineers. *Oikos* **69**: 373-386.

Kolesik, P. 2002. Gall midges (Diptera: Cecidomyiidae) of Australian cypress-pines, *Callitris* spp. (Cupressaceae), with descriptions of three new genera and three new species. *Australian Journal of Entomology* **39**: 244-255.

Kopelke, J. P. 1994. The parasite complex (parasitic inquilines and parasitoids) of *Pontania* galls (Insecta: Hymenoptera: Tenthredinidae). *Senckenbergiana Biologica* **73**: 83-133.

Kopelke, J. P. 2003. Natural enemies of gall-forming sawflies on willows (*Salix* spp.) (Hymenoptera: Tenthredinidae: *Euura*, *Phyllocolpa*, *Pontania*). *Entomologia Generalis* **26**: 277-312.

Kurosu, U., S. Aoki & T. Fukatsu. 2003. Self-sacrificing gall repair by aphid nymphs. *Proceedings of the Royal Society of London (Supplement) Biology Letters* **270**: S12-S14.
Labandeira, C. C. & T. L. Phillips. 1996. A Carboniferous insect gall: Insight into early ecologic history of the Holometabola. *Proceedings of the National Academy of Sciences USA* **93**: 8470-8474.
Lawton, J. H. 1983. Plant architecture and the diversity of phytophagous insects. *Annual Review of Entomology* **28**: 23-39.
Mani, M. S. 1964. Ecology of plant galls. The Hague: Dr. W. Junk.
桝田長 1956. 日本産タマバチ科の生態（第1報）. 昆蟲 **24**: 39-50.
Meyer, J. 1987. Plant galls and gall inducers. Berlin: Gebruder Borntraeger.
Miller, D. G. & B. Crespi. 2003. The evolution of inquilinism, host-plant use and mitochondrial substitution rates in *Tamalia* gall aphids. *Journal of Evolutionary Biology* **16**: 731-743.
Miyatake, T., H. Kuba & J. Yukawa. 2000. Seasonal occurrence of *Bactrocera scutellata* (Diptera: Tephritidae), a cecidophage of stem galls produced by *Lasioptera* sp. (Diptera: Cecidomyiidae) on wild gourds (Cucurbitaceae). *Annals of the Entomological Society of America* **93**: 1274-1279.
Nyman, T. & R. Julkunen-Tiitto. 2000. Manipulation of the phenolic chemistry of willows by gall-inducing sawflies. *Proceedings of the National Academy of Sciences, USA* **97**: 13184-13187.
Price, P. W., G. W. Fernandes & G. L. Waring. 1987. Adaptive nature of insect galls. *Environmental Entomology* **16**: 15-24.
Price, P. W. 2002. Resource-driven terrestrial interaction webs. *Ecological Research* **17**: 241-247.
Sanver, D. & B. A. Hawkins. 2000. Galls as habitats: the inquiline communities of insect galls. *Basic and Applied Ecology* **1**: 3-11.
Sota, T. 1988. Ecology of a gall-forming thrips, *Ponticulothrips diospyrosi*: Colony development and gall-associated arthropod community (Thysanoptera: Phaleothripidae). *Applied Entomology and Zoology* **23**: 345-352.
Stone, G. N., K. Schönrogge, R. J. Atkinson, D. Bellido & J. Pujade-Villar. 2002. The population biology of oak gall wasps (Hymenoptera: Cynipidae). *Annual Review of Entomology* **47**: 633-668.
Stone, G. N. & K. Schönrogge 2003. The adaptive significance of insect gall morphology. *Trends in Ecology and Evolution* **18**: 512-522.
杉浦真治・山崎一夫 2004. 虫えい食に特殊化したゾウムシ類 昆虫と自然. **39**(5): 34-38.
Sugiura, S. & K. Yamazaki. 2006. First record of a psilid fly feeding on cecidomyiid galls. *The Canadian Entomologist* **138**: 235-237.
Sugiura, S. & K. Yamazaki. 2009. Gall-attacking behavior in phytophagous insects, with emphasis on Coleoptera and Lepidoptera. *Terrestrial Arthropod Reviews* **2**: 41-61.
Sugiura, S., K. Yamazaki & T. Hishi. 2002. A cecidophagous weevil, *Curculio albovittatus* (Coleoptera: Curculionidae), in the gall of *Pontania* sp. (Hymenoptera: Tenthredinidae). *Entomological Science* **5**: 193-196.
Sugiura, S., K. Yamazaki & Y. Fukasawa. 2004. Weevil parasitism of ambrosia galls. *Annals of the Entomological Society of America* **97**: 184-193.

Sugiura, S., K. Yamazaki & T. Osono. 2006. Consequences of gall tissues as a food resource for a tortricid moth attacking cecidomyiid galls. *The Canadian Entomologist* **138**: 390-398.

Tomisawa, R. & S. Akimoto. 2004. Host range and host preference of a flea weevil, *Orchestes hustachei*, parasitizing aphid galls. *Entomological Science* **7**: 21-30.

van Noort, S., G. N. Stone, V. B. Whitehead & J.-L. Nieves-Aldrey. 2007. Biology of *Rhoophilus loewi* (Hymenoptera: Cynipoidea: Cynipidae), with implications for the evolution of inquilinism in gall wasps. *Biological Journal of the Linnean Society* **90**: 153-172.

Yamazaki, K. & S. Sugiura. 2001. Bionomics of the gall-parasitic flea weevil *Rhynchaenus hustachei* (Coleoptera: Curculionidae). *Entomological Science* **4**: 239-242.

Yamazaki, K. & S. Sugiura. 2005. Hemiptera as cecidophages. *Entomological News* **116**: 121-126.

Yamazaki, K. & S. Sugiura. 2008. Arthropods associated with bacterium galls on wisteria. *Applied Entomology and Zoology* **43**: 191-196.

Yang, M. M., C. Mitter & D. R. Miller. 2001. First incidence of inquilinism in gall-forming psyllids, with a description of the new inquiline species (Insecta, Hemiptera, Psylloidea, Psyllidae, Spondyliaspidinae). *Zoologica Scripta* **30**: 97-113.

Yoshitake, H., T. Kato, U. Jinbo & M. Ito. 2008. A new *Wagnerinus* (Coleoptera: Curculionidae) from northern Japan: description including a DNA barcode. *Zootaxa* **1740**: 14-27.

湯川淳一・桝田長 1996. 日本原色虫えい図鑑. 全国農村教育協会.

第3部

共生する生物の関係を紐解く

ふだん意識されることは少ないが，身の回りに共生はありふれている。現在の生態系の成り立ち，そして生物多様性のありようを理解するうえで，このような生きものどうしのギブアンドテイクのつながりという視点は，欠くことのできない要素である。特に共生系の多様性の全貌や，個々の共生関係が維持される仕組みについては未知の部分が多く，新発見のフロンティアだと言えよう。第3部では，サンゴ礁から森，果ては昆虫の体内に至るまで，さまざまなスケールで繰り広げられる共生の姿をつぶさに明らかにした研究の現場を見てゆこう。

第5章　タイの熱帯季節林における大型の果実食鳥類サイチョウ類による種子散布

北村俊平（立教大学理学部生命理学科・日本学術振興会 特別研究員）

1. サイチョウとの出会い

　タイの首都バンコクから東北へ175 km，イサーン地方の玄関口に広がるカオヤイ国立公園の朝はオオサイチョウ Buceros bicornis のモーニングコールではじまる（口絵2）。雄の「ゴオック，ゴオック」とよく響く声に雌が「コック，コック」と答える。雄雌が鳴き交わすうちに鳴き声の間隔がだんだん短くなり，最後には「ゴオッーワッ，ゴオッーワッ」と濁った太い鳴き声に変化して終わる。その後，オオサイチョウのペアはねぐらから森へと飛び立っていく。

　私は大学院生時代，タイのカオヤイ国立公園に広がる熱帯季節林で，果実と散布者の相互作用，特に大型の果実食鳥類サイチョウ類による種子散布の研究を行った。果実と散布者の相互作用とは，動物に消化されにくい種子と消化可能な果肉をもつ果実と，それを採食して種子の運び手となる動物（散布者 disperser）との相利関係のことである。果実は動物に種子を散布される利益，動物は栄養面での利益を得る。1980年代以降，競争，捕食，共生といった生物間相互作用の研究が盛んになり，果実と散布者の相互作用を扱う種子散布系の研究もこの時期に急速に進展した（Estrada & Fleming, 1986; Fleming & Estrada, 1993）。

　私はもともと動物行動学に興味があり，大学進学時には哺乳類か鳥類を対象とした研究を行いたいと考えていた。大学の講義で紹介されるアフリカ熱帯や東南アジア熱帯で進行中の生物間相互作用の研究は魅力的だったが，すぐに熱帯林を訪れる機会が自分に訪れるとは考えていなかった。転機となったのは生物系への配属が決まった大学3年生の夏，1996年7月だった。たまたま調査ボランティアの1人として，マレーシアのサラワク州ランビル国立公園の熱帯林を訪れる機会を得たのである。

　きっかけは大学の同級生，畑田彩さん（現・京都外語大学）からの「マレーシア行かない？」という電話だった。ちょうど新聞でマレーシアのサラワク州

ランビル国立公園で観察された一斉開花現象についての紹介記事が掲載された頃だった。畑田さんはランビル国立公園で開催された第1回西太平洋アジア国際野外生物学コース（後述）に参加していた。記事を読み，研究を主導していた京都大学生態学研究センターに電話したところ，たまたま調査ボランティアを募集しようとしていたらしい。こんなチャンスはめったにないと思い，「行きたい」と即答した。2日後，琵琶湖の湖畔にあった生態学研究センターを訪れ，調査ボランティアとして派遣されることが正式に決まった。実は畑田さんは他にも何人かに電話したが，突然，熱帯林での1か月間の海外調査に誘われて，即答したのは私だけだったらしい。

　当時のランビル国立公園は1996年3月に始まった一斉開花に関連した研究活動が一段落した頃で，私たちの仕事は，一斉開花後に結実した果実を採集し，その果実を利用する動物を記録することだった。ランビルに滞在していた大学院生の百瀬邦安さん，現地イヴァン族のジュゴックさんとインガンさん，畑田さんと一緒に森を歩き，果実を探す日々が続いた。樹高50 mを超える木々，太い幹からぶら下がる幹生果，3 cmはありそうな巨大なアリ*Camponotus gigas*が歩き回る林床。そこには日本の森とはまったく違う世界が広がっていた。最初こそランビルの森の生物多様性に圧倒されるばかりだったが，毎日，森に出かけているうちに，「熱帯林での研究も面白そうだな」と感じつつあった。1か月間の研究生活を体験し，自分より少し年上の大学院生たちから直接話を聞く機会があったことで，熱帯林での研究というものが具体的になりだしたのはこの時の経験だった。このちょっぴり早めの夏休みが終わる頃，のちに私の指導教官となる京都大学生態学研究センターの湯本貴和さん（現・総合地球環境学研究所）が日本から調査に舞い戻ってきた。聞けば，熱帯林で鳥や哺乳類，特にサラワク州のシンボルでもあるサイチョウ類の研究をやりたい学生を探しているらしい。翌年からの卒業研究で何を対象とした研究を開始するか決めあぐねていた私は「サイチョウの研究やらない？」，「いいですねえ～」と交わした会話がきっかけとなり，熱帯林での研究の世界に飛び込むことになった。

　タイのカオヤイ国立公園を初めて訪れたのは，それから約1年後，京都大学生態学研究センターが中心となって開催していた西太平洋アジア国際野外生物学コースに参加した時である。これは西太平洋アジア地域の多様な自然をフィールドに現地で研究を行っている研究者を講師とし，さまざまな国の学生と交流することを目的としたコース実習である。対象は大学の学部生と大学院修士課程の学生で，1995年は前述のマレーシアのランビル国立公園，1996年はロ

シアのバイカル湖で開催されていた。実習の参加費は 200 ドルと低額に抑えられており，実費（旅費と滞在費）の大部分を占める日本から現地までの航空チケット代さえどうにかできれば，海外の研究拠点で実物を見ながら，そこで研究を行っている研究者本人による講義と実習を体験することができる貴重な機会だった。その刺激的な内容については，過去の実習に参加した大学の同級生たちから聞いていたこともあり，次に熱帯林で開催されることがあれば，是非とも参加したいと考えていた。

1997 年 8 月，私が参加した第 3 回国際野外生物学コースには，サイチョウ類の生物学に関連したコースがあり，そこで初めてタイ国マヒドン大学のピライ・プーンスワット博士に出会った。プーンスワット博士は 1980 年代初頭からカオヤイ国立公園に生息する 4 種のサイチョウ類を対象とした研究を継続し，世界のサイチョウ類研究をリードする存在だった。そのためサイチョウ類の研究を開始するにあたり，是非とも会っておきたい人の 1 人だった。

カオヤイ国立公園での実習は，「森林生態系における種子散布者としてのサイチョウ類の役割」というテーマで行われた。さまざまな結実木を訪れる動物の観察，サイチョウ類のねぐらや営巣木周辺の実生調査など，朝から晩まで続くハードな実習だったが，カオヤイの森に生息する大型の哺乳類・鳥類の豊かさは魅力的だった。前年に訪れたマレーシアのランビル国立公園では，毎朝，日の出直後に地上 35 m のツリータワーから動物を観察していたが，サイチョウ類やテナガザル類といった大型動物の姿はもちろん鳴き声すら聞くことができなかった。一方，カオヤイでは，毎朝，宿舎の近くでシロテテナガザル *Hylobates lar* のデュエットコールが響き渡り，森での実習中にもサイチョウ類，ブタオザル *Macaca nemestrina* やサンバー *Cervus unicolor* といった動物を普通に見ることができた。ある日の夜には，森から道路に出てきたアジアゾウ *Elephas maximus* の群れにも遭遇した。たった 10 日間の滞在ではあったが，ここが動物による種子散布の研究を行うには絶好の調査地であることを確信した。実習で扱ったサイチョウ類による種子散布という研究テーマに同じく興味をもったプーンスワット博士と再会を誓って，私はバンコクを後にした。

タイでの実習を終えて帰国したのは大学院入試の前々日というかなり無謀なスケジュールをこなしながらも，どうにか大学院に滑り込み，修士課程の 15 か月間と博士課程の 18 か月間，のべ 33 か月間をカオヤイの森で過ごす機会に恵まれた。日本からの調査チームのメンバーは，湯本貴和さん，丸橋珠樹さん（武蔵大学），野間直彦さん（滋賀県立大学）。いずれも屋久島の照葉樹林で植物と

動物の相互作用の研究を継続していただけではなく，アジア・アフリカ熱帯での調査経験も豊富だった。チーム全体としてはアジア熱帯における果実と散布者の相互作用系の全体像を明らかにすることを目標とした。イメージしていたのは1980年代にアフリカのガボンの熱帯林で行われた研究で，当時としては画期的な多変量解析を用いて果実の形質を散布者との関係から類型化し，その対応関係を群集レベルで報告した論文である（Gautier-Hion et al., 1985）。それぞれの興味と問題意識にしたがって，湯本さんは全体の統括とアジアゾウの種子散布，丸橋さんはブタオザルの採食生態と社会行動，野間さんは植物の繁殖フェノロジーと実生動態に研究テーマを定めた。私は前年度の実習で扱った内容を発展させる形で，サイチョウ類による果実食と種子散布を大学院での研究テーマとして取り組むことに決めた。

2. サイチョウとは？

　私が研究を始めた当初，「タイでサイチョウの種子散布の研究をする」と切り出すと，所属していた京都大学生態学研究センター内でさえ，「蝶々？」，「どんな植物？」と聞き返されるほどで，日本ではそれほどなじみのある鳥ではない。サイチョウ類とはサイチョウ科に属する鳥類の総称で，サイチョウ亜科 Bucerotinae の13属52種とジサイチョウ亜科 Bucorvinae の1属2種からなる（Kemp, 2001）。サイチョウ亜科に属する52種のうち，21種はアフリカ，30種はアジア熱帯，残り1種がニューギニア，ソロモン諸島に生息する。

　漢字では，「犀鳥」と書き，その名の通りくちばしの上にあるサイの角を思わせる角質突起（カスク）が特徴的な鳥である（口絵2）。英語でも，「hornbill」とカスクを意図した名前が付いているが，タイでは，「ノック・ンガッ」（ンガッンガッ鳴く鳥の意）と鳴き声に着目した名前が付いている。しかし，どうしてこのようなカスクがサイチョウ類にできたのか，また，その機能についてもよくわかっていない。

　ほとんどのサイチョウ類のカスクの内部は気室に満ち，軽い。唯一の例外が東南アジアに生息するオナガサイチョウ Buceros vigil である。この種だけが詰まったカスクをもつ理由は，空中で飛んでいる個体どうしが頭を激突させる一騎討ち行動にあるらしい（Kinnaird et al., 2003）。頭と頭を衝突させる時には，石と石とをぶつけ合ったような「カーン」という甲高い音が森じゅうに鳴り響く。タイでは，オナガサイチョウのことを「ノック・ンガッ・チョン・ヒン」

と呼び，直訳すると「石をぶつけるサイチョウ」の意である。ただし，それほど頻繁に見られる行動ではなく，私はタイ南部のオナガサイチョウが生息する地域で3年近く野外調査を行っていたが，その場面を目にしたことはない。

　サイチョウ類のもう1つの大きな特徴は，その繁殖様式である。サイチョウ類は雌が産卵前にくちばしが出るだけの隙間を残して巣穴に閉じこもり，雛を育てる。その間，雄が雌にすべての餌を運ぶ。樹洞を営巣場所として利用する鳥類のほとんどは，巣穴の入り口を塞ぐことはなく，育雛中はもちろん抱卵中でも雌雄が巣に出入りするのが普通である。この特異な繁殖生態は，古くから研究者の興味を惹いていたらしい。かのチャールズ・ダーウィンも著書の中でサイチョウ類の繁殖活動を詳細に引用している（Darwin, 1871）。

　もともと，サイチョウ類はアジア熱帯に広く分布していたが，森林伐採や狩猟などの人間活動の影響により，多くの地域で絶滅または個体数が急速に減少している（Kinnaird & O'Brien, 2007）。サイチョウ類のカスクや尾羽は装飾品として利用される。ボルネオの伝統的な民族舞踊であるサイチョウダンスには，装飾品としてツノサイチョウ *Buceros rhinoceros* またはオナガサイチョウの尾羽が欠かせない。1つのダンスチームが必要とするツノサイチョウの尾羽は400枚に及び，これはツノサイチョウ40羽分に相当する（Bennett et al., 1997）。オナガサイチョウのカスクは，英語では「Hornbill ivory」，中国では「Ho-ting」，日本では「ほうでん」と呼ばれ，古くから工芸品としての利用が知られている（Cammann, 1951）。また，営巣木から雛を採集し，ペットとして販売することもある。タイ南部では，最も高く売れるシロクロサイチョウ *Aceros comatus* の雛は，1羽あたり数万円で取引される。これは現地住民の平均月収の数倍に匹敵し，現在でも密猟が絶えない。

　サイチョウ類は営巣場所に大径木（胸高直径60 cm以上）の樹洞を利用するが，キツツキ類とは異なり，自分で穴を掘ることはできない。そのため商業伐採や違法伐採により潜在的な営巣木となる大径木が伐採された森では繁殖することができない。このように人間活動の影響を直接的・間接的に受けやすい動物であるがゆえに，アジア熱帯に生息するサイチョウ類31種のうち，IUCNのレッドリストに掲載されている種は，絶滅危惧IA類2種，絶滅危惧IB類2種，絶滅危惧II類5種，準絶滅危惧11種の20種に及ぶ（Kinnaird & O'Brien, 2007）。

　サイチョウ類は熱帯林のさまざまな果実を餌として利用し，広い行動圏を持つことから古くから種子散布者としての重要性が指摘されていた（Kemp,

2001)。しかし，私が1997年に卒業研究の一環として熱帯林における動物による種子散布研究の現状をレビューした時には，サイチョウ類による種子散布を取り扱った研究は皆無だった。「面白そうな動物なのに，どうして誰も研究していないのだろうか？」と不思議に思ったが，これは調べたタイミングの問題だった。実はアメリカのカリフォルニア大学デービス校を中心としたグループが，1992年からアフリカのカメルーンに生息するサイチョウ類による種子散布の研究を行っていた。その成果が次々と論文発表されたのは1998年以降，私がカオヤイでの研究を開始してからだった。さらにインド東北部のアルナーチャル・プラデーシュ州でも，1997年からアパラジタ・ダッタさんが，「同所的に生息するサイチョウ類と結実フェノロジーの関係」という私とほぼ同じテーマで博士課程の研究を開始していた（Datta, 2001）。サイチョウ類による種子散布に着目していたのは，私たちだけではなかったのである。そんなこととはつゆ知らず，サイチョウ類の風変わりな姿と熱帯林での生活に魅了された私はカオヤイ国立公園での研究をスタートした。

3. タイ・カオヤイ国立公園

　カオヤイ（Khao Yai，タイ語で大きな山の意）は，1962年にタイで最初の国立公園として設立された保護区で，タイの東北部に位置する（101°05'〜50'E，14°05'〜15'N，図1）。公園面積は2,168 km^{2}で，東京都とほぼ同じである。タイの首都バンコクから車で2〜3時間と手軽な距離にあり，年間数十万人の観光客が訪れる一大観光地である。標高は246 mから最高点1,351 mにおよび，標高600〜800 mあたりは比較的なだらかな台地となっている。2005年には，カオヤイを含む周辺の4つの国立公園と1つの野生生物保護区 Dong Phayayen - Khao Yai Forest Complex がユネスコ世界自然遺産として登録された（Lynam et al., 2006）。

　カオヤイの月平均気温は21℃（12〜1月）から32℃（4〜5月）で，最も寒い12〜1月にかけては最低気温が10℃以下になることもある。年平均降水量は2,360 mmで，その大部分は南西季節風の吹く5〜9月に降る。10月中旬，北から渡ってきたコウライウグイス *Oriolus chinensis* の「ギャーギャー」という地鳴きが聞こえるようになると乾季の訪れは近い。例年，乾季は11月から3月までの5か月間にわたり，この間はほとんど雨が降らない。この時期には一時的に落葉する樹木も多く，林床は乾いた落ち葉に覆われる。雨季には林床

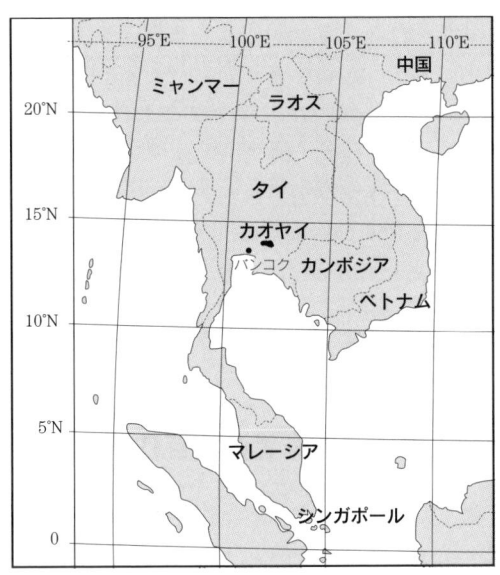

図1 カオヤイ国立公園の位置

をウヨウヨしているヤマビルはあっという間に姿を消し，乾季にはほこりのように小さなダニに悩まされることになる。

公園管理事務所や観光客用の宿舎がある標高700m付近の熱帯季節林の優占種は，ミズキ科の *Mastixia pentandra*, クスノキ科の *Cinnamomum subavenium*, フタバガキ科の *Dipterocarpus gracilis*, フトモモ科の *Cleistocalyx nervosum*, ニレ科の *Gironniera nervosa*, ホルトノキ科の *Elaeocarpus robustus*, クスノキ科の *Cryptocarya* sp., ホルトノキ科の *Sloanea sigun*, ハイノキ科のアオバノキ *Symplocos cochinchinensis*, アカネ科の *Nauclea orientalis* で（Kitamura et al., 2005），樹高40mを超えるフタバガキ科やフトモモ科の巨木がある以外は，日本の照葉樹林とも共通する植物が多い森である。

カオヤイでは，タイで記録されている哺乳類の25％にあたる71種，鳥類の37％にあたる340種が報告されている（Lynam et al., 2006）。アジアゾウ，ガウル *Bos gaurus*, サンバーなどに代表される大型の草食動物だけではなく，トラ *Panthera tigris*, ゴールデンキャット *Catopuma temminckii*, ウンピョウ *Neofelis nebulosa* といった森林生態系の食物網の頂点に位置する肉食動物が現存し，本来のアジア熱帯で見られる大型動物のほとんどの要素を包含している。タイでも，第二次世界大戦後，急速に森林開発が進み，カオヤイのように植物と動物がともに進化してきた環境がよく保たれている場所は稀有である。

カオヤイにはタイに分布する 13 種のサイチョウ類のうち 4 種，オオサイチョウ，シワコブサイチョウ *Rhyticeros undulatus*，ビルマサイチョウ *Anorrhinus austeni*，キタカササギサイチョウ *Anthracoceros albirostris* が生息する（表1）。ここではプーンスワット博士と彼女が率いるタイ国サイチョウプロジェクト Thailand Hornbill Project により，これら 4 種のサイチョウ類の基礎研究が 20 年以上継続されていた。動物による種子散布の研究には，対象とする動物の食性・行動圏などの情報は必要不可欠であり，カオヤイはサイチョウ類の種子散布の研究を行うには絶好の環境だった。しかし，一歩森に足を踏み入れて調査を開始すると，わからないことだらけの日々が待ち受けていた。

4．何が何を食べるのか？：果実と散布者の相互作用を記載する

植物は自分で動くことができないため，種子を動物に運んでもらっているものが多い。私たち人間が食べている果物も，もともとは種子を運んでくれる鳥や哺乳類を呼び寄せるために進化してきたものを人為的に改良したのである。特に熱帯林では，動物に種子散布を依存している植物が多く，それらの果実を餌として利用する果実食動物も多い。アジア熱帯においても森林性の鳥類や哺乳類のほとんどが果実を餌として利用しており，果実食を主としている種は森林性鳥類の 26 科中 13 科，哺乳類の 26 科中 12 科におよぶ（Corlett, 1998）。

果実と散布者の関係を研究するうえで，それぞれの植物種にとってどの動物が散布者になるのかを知ることは，最も基本的で不可欠な情報である。新熱帯やアフリカ熱帯では果実と散布者の関係が互いの特性にどのように作用するのかを知ろうとする研究が進展していた。一方，アジア熱帯では，日本の長期生態研究拠点であるマレーシアのネグリセンビラン州パソ森林保護区やサラワク州ランビル国立公園を中心にさまざまな研究が行われていたが，これらの森はすでに大型動物相を欠いていた。いずれも過去には 6〜7 種のサイチョウ類が同所的に生息していたが，現在は人間活動の影響を受けにくい小型のサイチョウ類ですら見ることは難しい（Shanahan & Debski, 2002; Francis & Wells, 2003）。カオヤイでの研究はこれらの調査拠点の情報を補完する意味でも重要性は高いと考えられた。

果実と散布者の組み合わせを網羅的に理解するには，動物が果実を採食する場面を直接観察して得た情報を蓄積・整理する方法が堅実である。しかし，カ

表 1　カオヤイ国立公園の主要な果実食動物 10 科 25 種のリスト

和名	学名	体重（kg）
ヒヨドリ科		
ズグロヒヨドリ	*Pycnonotus atriceps*	<0.05
キビタイヒヨドリ	*P. finlaysoni*	<0.05
エボシヒヨドリ	*P. melanicterus*	<0.05
コウラウン	*P. jocosus*	<0.05
メジロヒヨドリ	*Iole propinqua*	<0.05
キバネヒヨドリ	*Hemixos flavala*	<0.05
ノドジロカンムリヒヨドリ	*Criniger pallidus*	<0.05
ハト科		
ヤマミカドバト	*Ducula badia*	0.5-0.6
サイチョウ科		
キタカササギサイチョウ	*Anthracoceros albirostris*	0.7-0.8
ビルマサイチョウ	*Anorrhinus austeni*	0.8-0.9
シワコブサイチョウ	*Rhyticeros undulatus*	2.0-2.5
オオサイチョウ	*Buceros bicornis*	2.2-3.0
リス科		
フィンレイソンリス	*Callosciurus finlaysoni*	0.3
クロオオリス	*Ratufa bicolor*	1.4
ジャコウネコ科		
パームシベット	*Paradoxurus hermaphroditus*	2-5
ハクビシン	*Paguma larvata*	3-5
ビントロング	*Arctictis binturong*	9-20
テナガザル科		
シロテテナガザル	*Hylobates lar*	4-7
ボウシテナガザル	*H. pileatus*	4-7
オナガザル科		
ブタオザル	*Macaca nemestrina*	4-9
クマ科		
マレーグマ	*Urus malayanus*	27-65
ツキノワグマ	*U. tibetanus*	100
シカ科		
ホエジカ	*Muntiacus muntjak*	20-28
スイロク	*Cervus unicolor*	185-260
ゾウ科		
アジアゾウ	*Elephas maximus*	4000

各科内では，体重の軽い順番に記載している

オヤイの森で少なくとも数百種の植物種を対象にそのような情報を十分に得るのは途方もない調査に思えた。実際，温帯と比べて果実種・果実食動物ともに圧倒的に種数が豊富な熱帯林では，果実食動物を種子散布者としての特性に基づいた機能群に類別し，各機能群の相対的な重要性を評価する方法が用いられていた（Gautier-Hion *et al*., 1985; Dennis & Westcott, 2006）。カオヤイでも同じ

方法を用いて，生息する主要な果実食動物25種を10機能群に類別し（表1），機能群（科）ごとに利用する果実を整理することにした。

それぞれの機能群が利用する果実種リストを作成するために，①結実木を観察して，その果実を食べる動物を記録する方法（removal study）と②動物が排泄した糞内容を分析する方法（fecal analysis）の2つを用いた。前者は主に植物に主眼を置く研究者が用いる方法である。私も森で多くの動物が訪れている結実個体を見つけた時には，朝6時から夕方6時まで12時間連続で観察する手法を用いた。

さまざまな果実食動物を見るならクワ科イチジク属 Ficus spp. がおすすめである。特にカオヤイでは他種の果実があまり結実していない乾季の初め（11～12月頃）に結実したイチジクには，朝から晩までさまざまな動物が訪れる。ハシブトアオバト Treron curvirostra やヤマミカドバト Ducula badia の大群がやってくるとあたりはそれらの羽音と食べ損ねたイチジクの落下音でお祭り騒ぎになる。しかし，1日中観察を続けてもまったく動物が訪れない植物もあり，当たり外れが大きい調査だった。観察中はハンモックに寝転び，じっと林冠を眺めているので，普段はなかなか見ることのできない動物に出会うことも多い。ハンモックの真下をジャワマメジカ Tragulus kanchil が通過していくのは楽しいが，アジアゾウの群れが近づいてくる時には危ないのでさっさと撤収しなければならない。傍から見ると寝転がっているだけに見えるが，常に周囲に気を配る必要がある調査だった。

カオヤイのサイチョウ類とテナガザル類が利用する果実については，先行研究からかなりの情報が蓄積されていた。また，共同研究者の丸橋珠樹さんが世界で初めて野生のブタオザル群の人づけに成功し，その果実食と種子散布の情報が得られつつあった。サイチョウ類以外の鳥類については，毎日，森を歩き，果実を食べている記録を少しずつ増やしていった。その他の大型の哺乳類については，糞内容分析を行った。アジアゾウについては，頻繁に利用する塩場周辺での糞採集を定期的に行った。塩場とは，土壌や湧水中にミネラル類を多く含む場所である。動物たちの天然のミネラル源となっており，森の中に散在する。植物はナトリウムをあまり含まないため，植食性の動物は食物以外から積極的にナトリウムを摂取しなければならず，こういった場所を頻繁に訪れる（Matsubayashi et al., 2007）。確実に利用する場所がわからないジャコウネコ類，クマ類，シカ類については，森の中でほのかに感じた匂いを手掛かりにして糞を探し，利用する果実や種子食害についての情報を収集した。

営巣木やねぐらの位置が明らかになっていたサイチョウ類については，その周辺に種子トラップを設置し，散布した種子を定期的に回収した。他のアジア熱帯と比べるとカオヤイのサイチョウ類の密度は高い部類に含まれるが（Kinnaird & O'Brien, 2007），営巣木はせいぜい 1 km² に 1 本である。十分なサンプル数を稼ぐには，必然的に広い範囲を歩きまわる必要があった。カオヤイに来てから最初の 1 か月は，サイチョウプロジェクトのスタッフに森を案内してもらい，森の中に点在する営巣木の位置を覚えていった。サイチョウ類が営巣木として利用するのはフタバガキ科の *Dipterocarpus gracilis* やフトモモ科の *Cleistocalyx nervosum* といった巨木でよく目立つが，最初のころは何度も森で道に迷った。アジアゾウの群れが通過した直後や巨大なイチジクが根返りした後では風景が一変するからである。そんなときにはコンパスと鉈を頼りに自分で道を切り開くしかない。

　こうして動物の糞や種子トラップから集めた種子は，果肉や仮種皮（アリル）が消化されていることがほとんどで，そこから種を同定するのはなかなか難しい。そこで森の中で糞を探す作業と並行して，種子の参考標本を作成した。さながらカオヤイの種子図鑑を作るようなものである。森で果実を目にすれば採集し，宿舎に持ち帰った。ここで大事なのは，「見つけたら即採集する」ということである。その日の仕事を優先したばかりに，帰りに立ち寄った時には果実を食べられていたことが何度もあった。毎年結実する種ならまだよいが，下手をすると数年に一度しか結実しない種もある。動物が食べるのが先か，私が採集するのが先か，森で熟した果実を採集するには，常に動物との激しい競争を勝ち抜く必要があった。

　運よく果実を見つけても，サイチョウ類が利用する果実の多くは 30 m を超す高木で，欲しい果実がすぐに手に入るわけではなかった。風の強い日にたまたま折れた枝を拾うこともあるが，よい果実標本を採集するには木に登るしかない。サイチョウプロジェクトのスタッフはザイルを用いた木登り術に熟達していたが，それでも何時間もかかる場合がある。ところがブタオザルの調査を行っていた丸橋さんは，ときどき素晴らしい標本を持ち帰ることがあった。聞けば，「サルに採ってもらったのさ」との返事。その話を聞いたサイチョウプロジェクトのスタッフがタイの南部には植物標本用に花や果実がついた枝を採集するように訓練されたブタオザルがいることを教えてくれた。まさに『Botanical Monkey』（Corner, 1992）に描かれていた世界である。その後，私がこれらのボタニカル・モンキーたちによる植物採集を見る機会を得たのは

2004年で，あまりの手際のよさに感動した。

　苦労して採集した果実は，大きさ，重さ，色，種子の形態や重さ，果実あたりに含まれる種子の個数など，動物による果実選択に影響する変数を計測した。これらの一連の作業を繰り返すことで，それぞれの果実や種子の特徴を覚えていった。しかし，採集した植物の同定が一苦労だった。学部生の頃に受講した生物学実習を担当していた京都大学総合人間学部の加藤真さんから，「動物の研究をするなら，植物の知識も必要だよ」と言われたことがきっかけで植物にも目を向けるようにはしていた。しかし，日本の植物にそれほど詳しいわけでもなく，カオヤイでは一から植物を覚える必要があった。

　タイの植物については，1958年からタイの王立森林局のスタッフが中心となり，タイ全土の植物相を明らかにすることを目的としたプロジェクトが精力的に進められていた。私がカオヤイで調査を始めた1998年までに「Flora of Thailand」シリーズとして，5巻18冊が出版されていたが，これらの既刊本で同定できた分類群は限られていた。例えば，サイチョウ類が利用する果実種が多く含まれているバンレイシ科，クスノキ科，センダン科，クワ科などは，2009年現在も改定作業が続いている。そのため採集した植物を宿舎に持ち帰ってもすぐには同定できない種が多く，仮番号のついた標本が宿舎には山積みになっていった。その後，2000年になって『Tree Flora of Northern Thailand』という図鑑が出版されたのとカオヤイのテナガザルチームが管理する30 haの長期生態研究拠点の採集標本の同定が進んだおかげで，博士課程2年目が終わるころにはようやく論文公表に足るだけの種の同定を終えることができた。

　不思議な果実も多かった。例えば，コミカンソウ科カンコノキ属 *Glochidion* の樹木はカオヤイの道端でごく普通に見られる樹木である。年に複数回結実する種もあり，結実時期にはヒヨドリ類をはじめとする小型鳥類が頻繁に訪れる。カンコノキ属の果実には通常6個以上の種子が含まれているが，何度採集しても食害を受けて中身が空っぽの種子が目についた。当時はたまたま激しく種子食害を被った個体から採集してしまったのだろうと気にも留めていなかったが，その後，加藤真さんらによってカンコノキ属とその送粉者であるハナホソガ類の絶対送粉共生系が報告された（Kato *et al.*, 2003）。なるほどイチジクのように送粉者に種子が食べられるので，種子食害が多かったのかと1人納得した。

　先行研究では，果実と散布者の組み合わせに見られる規則性として，果実や種子の大きさによる制限を指摘している研究が多かった。すなわち，動物が果

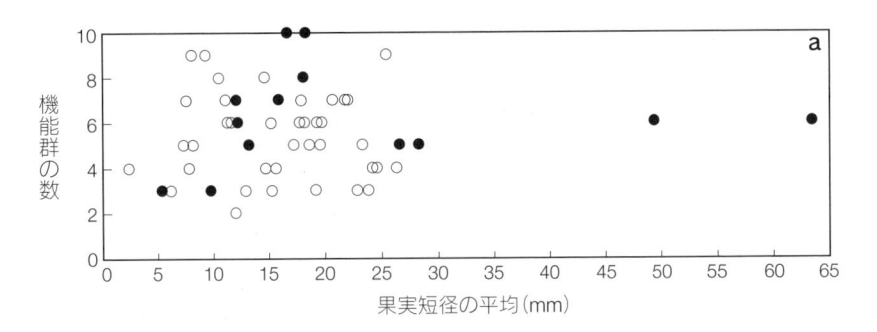

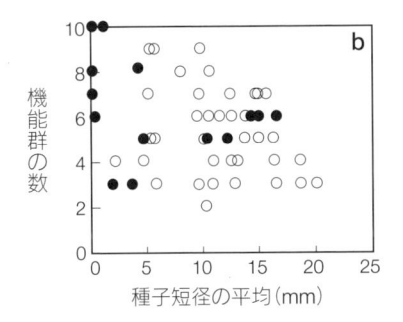

図2 結実木における果実消費観察を10時間以上行った植物53種とそれらを利用する散布者グループの関係
(Kitamura et al. 2002の図を改変)
○は果実あたりの種子が1つの種、●は果実あたりの種子が複数ある種を示す。
a:散布者の機能群数と果実の平均直径
b:散布者の機能群数と種子の平均直径

実を丸呑みにして採食する場合には口幅よりも大きい果実は採食されにくいという物理的な制限である(Wheelwright, 1985)。そこで、果実と散布者の組み合わせに果実と種子の大きさがどのように関係するのかを分析することにした。33か月間の調査で採集・測定した果実は、65科259種に及んだ。そのうち結実木での総観察時間が10時間を超え、ある程度潜在的な散布者相を把握することができたと思われた53種について、果実・種子の短径とそれらを利用する散布者の機能群の数を示した(図2)。

結果は予想通りだった。小型の果実、あるいは小さい種子を多く含んだ大型の柔らかい果実、例えばイチジク属は広範な種類の散布者に利用されていた。しかし、大型の種子をもつ果実は、少数の機能群によってのみ利用され、種子の短径とそれを利用する散布者の機能群数との間には負の相関がみとめられた(Spearman rank correlation, $r = -0.27, p < 0.05$)。ヒヨドリ類などの小型の種子散布者は、大型の種子を持つ果実を散布できない。そのためサイチョウ類を含む大型動物が大型種子を持つ植物の種子散布者として相対的に重要であることをアジア熱帯で明らかにした最初の研究となった(Kitamura et al., 2002)。

アジア熱帯でも果実と散布者の相互作用を網羅しようと試みた先行研究はあ

ったが，いずれもすでに大型の散布者が現存しない森での研究だった。また，アジア熱帯の動物による果実食と種子散布に関連した研究については，1998年にホンコン大学の Richard Corlett 博士が「Frugivory and seed dispersal by vertebrates in the Oriental (Indomalayan) Region」という優れた総説を書いていたが (Corlett, 1998)，そこにもカオヤイと対比可能な研究は見つからなかった。そのような背景のためか，カオヤイの果実と散布者の相互作用をまとめた論文は，記載的な色合いが強いにもかかわらず，貴重な事例研究としてよく引用されている。森の中で見つけた果実は拾って帰り，その果実を食べる動物が知られていなければ観察する，という地道な調査を徹底的に行うことで，アジア熱帯では比類するもののない果実と散布者の相互作用系の情報を手にすることができたのである。今から思えば，計画性のかけらもない力任せの調査だったが，体力と森を歩く時間だけはたっぷりとあった時だからこそできた調査だったのではないかと思う。

5. 大型種子をもつ樹木センダン科 *Aglaia spectabilis* の種子散布

5.1. アグライアとは？

修士課程の15か月間の調査から，カオヤイの森における果実と散布者の組み合わせについては，ある程度，網羅的に示すことができそうだと当りが付いてきた。そのため，博士課程では当初の研究目的であるサイチョウ類の種子散布者としての重要性を明らかにすることに重点をおくことにした。

調査対象としたのは，カオヤイで最大級の種子をもち，またサイチョウ類の繁殖期（2〜5月）における主要な食物でもあるセンダン科の *Aglaia spectabilis* (Miq.) Jain & Bennet（以下，アグライア）である。アグライアはアジア熱帯に広く分布する樹種で，タイ全土から採集記録がある (Pannell, 1992)。カオヤイでは多少の年変動はあるが，サイチョウ類の繁殖期後半にあたる毎年5〜6月に結実していた。そのため博士課程から調査を始めても複数シーズンのデータを確実に得ることができると考えていた。

実はカオヤイで調査を始める以前から，この属には興味を持っていた。この属のモノグラフ『A taxonomic monograph of the genus *Aglaia* Lour. (Meliaceae)』(Pannell, 1992) の表紙には，特徴的な果実とクロサイチョウ *Anthracoceros malayanus* が描かれていたからである。センダン科 *Aglaia* 属は

アジア熱帯に分布し、非裂開果 indehiscent fruit をもつ *Aglaia* 節 90 種と裂開果 dehiscent fruit をもつ *Amoora* 節 17 種がある（Pannell, 1992）。*Aglaia* 節の果実は糖分に富んだアリルをもち、主に哺乳類が利用する。一方、*Amoora* 節の果実は脂肪分に富んだアリルをもち、主に鳥類が利用する。特に *Amoora* 節の大型種子をもつ種では、サイチョウ類やミカドバト類 *Ducula* spp. などの大型鳥類が有力な種子散布者とされていたが（Pannell, 1992）、いずれも短期間の観察に基づいた定性的な情報に限られていた。

植物の種子が何らかの媒体によって散布される性質を備えているのは、子孫が生き残る確率が高まる方向へ自然選択がはたらいた結果である。したがって、散布の有効性 effectiveness は子孫の生存率の観点から定義され、評価される必要がある。ある植物の個体にとって、ある特定の種子散布者の有効性は、その植物個体の適応度への貢献度と定義することができる（Schupp, 1993）。Schupp（1993）のシステムでは、

$$\text{有効性 effectiveness} = \text{量 quantity} \times \text{質 quality}$$

と表現される。ここで量とは散布される種子数であり、質とは散布された種子が繁殖個体へと成長する確率である。量の要素は①結実木への訪問頻度と②訪問あたりの消費果実数、質の要素は③動物の口内や腸内での種子への影響と④散布された種子が生き残り、繁殖個体へとなる確率として定義される。①、②、③は、結実木での果実消費の観察や動物に利用された果実の種子発芽実験などを通して評価が可能である。しかし、④を明らかにするには、動物によって種子が散布される場所を特定し、さらに散布された種子の運命を長期間にわたって追跡する必要があり、非常に困難である。

そのため結実木からの散布距離の推定、散布地での種子食害の程度や実生の生存率などを評価することで、その代替的な指標としている研究がほとんどである。アグライアでも①、②、③について調査を行い、サイチョウ類による種子散布の有効性を明らかにすることを目標とした。

5.2. アグライアを探し、数える

まずは調査対象とするアグライアの結実木を選定することから始めた。カオヤイでは、アグライアは珍しい樹種ではなく、胸高直径 10 cm 以上の個体を対象とした毎木調査でも、個体数上位の 20 種に含まれる（Kitamura et al., 2005）。しかし、結実個体に限ると 1 ha に 1 個体あればよい方である。さらに

長期間にわたり観察を行うことができるだけの結実数（数百個）があり，かつ，その林冠の大部分を見渡すことができる個体となると，わずか5個体しか見つけることができなかった。そのため論文として投稿した際には，レフリーからサンプル数が少ないことを厳しく指摘されたが，ないものはどうしようもなかったのである。

次に問題となったのはアグライアの種子生産量の推定だった。1本の木に何個の果実（種子）が実るのか？という単純な問いではあるが，樹高が30 mを超えるアグライアの種子生産量を推定するのは容易なことではない。アグライアの果実は茶色で，直径6〜8 cmの裂開果である。果実内部は1〜3室に分かれており，各室に朱色のアリルに包まれた巨大なアズキ色の種子（$31 \times 20 \times 17$ mm, 7.2 g, $n = 45$）を1個含む。成熟すると各室に縦の割れ目が生じ，その隙間から朱色のアリルが顔をのぞかせる美しい果実である（図3-a, b）。

林冠で果実を利用する動物はこのアリル種子（アリル及び種子）のみを利用する。残された果皮部分は自然に落下する。そのため，結実木の林冠下に種子トラップを設置し，果皮とアリル種子を計数することで，大まかな果実生産量と林冠で動物が持ち去ったアリル種子の割合を同時に推定できると考えていた。しかし，ここで問題になったのはアジアゾウである。予備調査中に通過したアジアゾウが種子トラップをぺちゃんこにしたのである。アジアゾウが通過する頻度はそれほど高くはない。しかし，少ないサンプル数をこれ以上減らすことは避けたかった。動物が豊富な森ゆえの贅沢な悩みではあるが，種子トラップの設置はあきらめ，代わりに林床に落下した果皮を計数してみた。調べてみると，果皮が腐るまでには1週間以上かかり，それを好んで食べる動物もいなかった。定期的に調査対象木を訪れ，林床に落下した果皮をすべて計数することで，果実生産量を推定することにした。その結果，調査対象としたアグライア1個体あたりの果実生産量は714 ± 195個（平均 ± 標準偏差）で，これに1果実に含まれる平均種子数2.7個を掛け合わせて推定した観察木1個体あたりの種子生産量は1929 ± 527個（平均 ± 標準偏差）であることがわかった。

5.3. 林冠でのアグライアの果実消費者を明らかにする

次は林冠で果実を利用する動物の観察である。先行研究の多くは，動物の活動が活発な朝夕の時間帯に集中して観察を行っていた。しかし，朝夕に調査時間を限ると昼間に訪れる動物の影響を過小評価してしまう可能性が高い。実際，

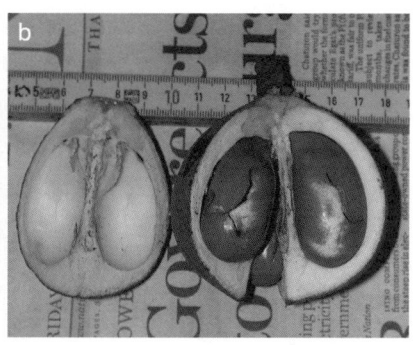

図3　センダン科 *Aglaia spectabilis* の果実
a：果実が裂開し，アリルが見えている様子，b：果皮をはいだところ。アリルに完全に包まれている様子がわかる。

　カオヤイでは昼間にリス類がアグライアのアリル種子を食べるのを頻繁に見かけた。そのため目視調査が可能な朝6時から夕方6時までの12時間の連続観察を体力の続く限り毎日行うことにした。最も，先行研究に匹敵するだけの観察時間（数百時間）を1人で稼ぐには，調査効率のよい観察時間を選んでいる余裕はなかったのである。そのためアグライアの結実シーズンには，日中のほとんどの時間を森で過ごした。毎朝，5時に起床して，弁当をもって森へ向かった。その日の観察対象木の近辺に設置してあるブラインドに潜むと高さ1mほどにつりさげたハンモックに寝転び，動物が訪れるのをひたすら待つ。

　たいてい朝一番にやってくるのはシワコブサイチョウである。遠くから戦闘機のような羽音が近づいてくると眠気も一気に醒める。「キェッ，キェッ，ケェッ」と甲高い鳴き声で，飛んでくるのはキタカササギサイチョウの家族。さらに騒がしいのはビルマサイチョウの群れ。10羽ほどが騒々しく採食している様子は見ていて退屈しない。いちばん大きなオオサイチョウは枝から枝へ小刻みにジャンプを繰り返しながら，熟した果実を探す。サイチョウ類は大きなくちばしをピンセットのように利用して，裂開した隙間にくちばしの先端を差し込み，アリル種子を1個ずつ丁寧につまみあげる。サイチョウ類は長いくちばしのわりに舌が短いため，くちばしの先につまんだものを飲み込む際には，軽く空中に放りあげる。この動作のおかげで，サイチョウ類が利用するアリル種子の数を正確に計数することができる。

　アグライアの結実期はサイチョウ類の雛の巣立ち直前にあたり，訪れるサイチョウ類は雄個体が目立つ。のど袋に詰め込むだけ詰め込むとあわただしく飛

び去っていく。そのため結実木に滞在する時間は比較的短く（通常10分以下），サイチョウ類が結実木でアリル種子を利用後，種子を吐き戻したのは，わずか2例だった。その時の腸内滞留時間（動物が果実を飲み込み，種子を排泄または吐き戻すまでの時間）は，約1時間だったので，サイチョウ類が飲み込んだ種子のほとんどは飛び去った先に散布されていると考えられた。

　フィンレイソンリスやクロオオリスなどのリス類も頻繁にアグライアを訪れる（表2）。フィンレイソンリスは，ニホンリスほどの大きさのリスで，林冠を素早く動き回る。熟した果実を見つけると両手を使って上手に隙間を広げ，アリル種子を取り出す。お気に入りの場所に移動して，アリルを半分ほど味わい，残りは捨ててしまう。時にはアリル種子をくわえたまま，近接する木に移動して食べることもある。ムササビほどの大きさのクロオオリスもアリルを半分ほど食べると残りはそのまま捨ててしまうことが多い。これらのリス類が落とした種子を確認してみると，アリルとともに種子の一部がかじられているものの，胚には物理的なダメージはないように見えた。実際，宿舎に種子を持ち帰り，蒔いてみるとほとんどが発芽した。リス類は種子を遠くに散布する可能性は低いものの，種子食害を行っているわけでもないことがわかった。

　結局，のべ61日間300時間におよぶ観察中に訪れた動物はサイチョウ類4種とリス類2種の6種に限られた（表2）。これはカオヤイの豊富な散布者相からすると驚くほど少ない種数である。不思議なことに，シロテテナガザルやブタオザルといった霊長類はアグライアを食べない。観察個体の近くで結実していたイチジクを食べるためにシロテテナガザルの家族やブタオザルの群れが通過したこともあったが，一度としてアグライアを口に運ぶ姿は見ることはなかった。アグライアの幹や枝を傷つけると，白くネバネバした乳液が滴る。アリルにも同じ乳液が含まれているが，これがまずいらしい。サイチョウ類はアリル種子を丸のみするので，この乳液を舌で味わうことはないのだろう。強力なあごで何でもバリバリと食べるクロオオリスでさえ，この乳液は苦手らしい。アリル種子をいくつか食べ終わるたびに口のまわりをしきりに枝にこすりつけていた。ちなみに文献データベースなどで，属名の*Aglaia*を検索すると，ヒットする文献のほとんどはこの乳液に含まれる化学成分やその薬効に着目した研究である。

　アグライアを訪れた動物の採食行動を詳細に観察した結果，1回の滞在中に利用するアリル種子の数は，オオサイチョウで5個，シワコブサイチョウで3個，ビルマサイチョウやキタカササギサイチョウで1個，クロオオリスで15個，

表2 アグライアを利用した果実食動物の訪問回数，滞在時間，消費した種子数，推定消費率

	訪問回数	滞在時間（分）			消費した種子数			推定消費率（％）
		中央値	25%	75%	中央値	25%	75%	
鳥類								
オオサイチョウ	85	10	6	19	5	3	7	26.8
シワコブサイチョウ	14	9	4	11	3	4	6	3.3
ビルマサイチョウ	17	1	—	—	1	—	—	0.9
キタカササギサイチョウ	111	3	3	6	1	1	2	9.9
哺乳類								
クロオリス	66	60	48	82	15	9	22	51.7
フィレイソンリス	93	11	6	24	1	1	2	6.7

フィレイソンリスで1個だった（表2）．これに各動物種の訪問頻度をかけあわせることで，各動物種が利用した種子数の割合を推定することができた．アグライアが生産した種子の約4割がサイチョウ類によって利用され，残りの6割はリス類によって利用されていることがわかった（Kitamura et al., 2004）．種子散布者としての量的な有効性を考えると，トップはクロオリスの51.7％，大差をつけられてオオサイチョウの26.8％，キタカササギサイチョウの9.9％と続いた．サイチョウ類もアグライアの主要な種子散布者ではあるが，アグライアにとって最も量的に有効な種子散布者はクロオリス!?という私にとってはあまりうれしくない結果になった．確かにリス類によって捨てられた種子には発芽能力があり，それが実生となって成長していく可能性はある．しかし，クロオリスが本当に植物にとって有効な種子散布者なのだろうか？ それを明らかにするために林冠を見続ける調査から，林床を見続ける調査に移行した．

5.4. 林床でのアグライアの果実消費者を明らかにする

林床における果実消費は，種子散布や食害に関連した重要な過程である．温帯や新熱帯の齧歯類による貯食行動や親木から落下した種子や他の動物が散布した種子を二次的に散布する二次散布の有効性はよく知られていた（Forget et al., 2005）．しかし，東南アジアで齧歯類による貯食行動が記録されたのはごく最近である（Yasuda et al., 2000）．カオヤイでも2000年から新しくチームに加わった滋賀県立大学の鈴木俊介さんが赤外線センサー付きの自動撮影装置を利用して，林床性の小型哺乳類や鳥類による果実食の実態を明らかにしつつあった（Suzuki, 2007）．アグライアでも自動撮影装置とアリル種子に識別タグをつける方法を組み合わせることで，直接観察が難しい林床でのアリル種子の動物

による持ち去りとその運命を定量的に明らかにすることを試みた。

　アリル種子に20cm程度の水糸（工事現場で見かけるナイロン製の糸）を結びつけ，もう一方の先に毎木調査用の番号札（20×50×0.15mm，0.2g）をつけることで，アリル種子を個体識別した。アグライアの結実時期には，毎日雨が降るので，私のにおいはそれほど残らないだろうと予想していたが，水糸も識別タグも動物が見たことのないナイロン製品である。識別タグの有無がアリル種子の持ち去りに影響する可能性もある。そこで結実木の林冠下に識別タグを付けたアリル種子と何もつけていないアリル種子を並べ，それらの消失速度を比較した。幸い，識別タグの有無にかかわらず，2日以内にすべての種子が持ち去られたことから，本格的に調査を開始した。

　調査対象には，林冠での果実消費の調査を行っていた5個体のうち，結実数が多かった2個体を用いた。自動撮影装置の前に識別タグをつけたアリル種子を10個並べ，毎日，その種子の有無を確認した。持ち去られた種子があれば，識別タグを目印に周辺をくまなく探す調査を2か月間にわたって継続した。のべ321個のアリル種子を設置し，累積撮影日数は130日，撮影された写真は1,297枚にのぼった。ほとんどの場合，アリル種子は設置後3日以内に消失したことから，非常に好まれる食べ物であることがうかがえた。

　林床でアリル種子を利用したのは，マレーヤマアラシ *Hystrix brachyura*，アカスンダトゲネズミ *Maxomys surifer*（図4），フィンレイソンリスの3種の齧歯類だった（表3）。撮影された写真と識別タグの情報から，アリル種子をその場で食べ，種子片と識別タグを残していくのはマレーヤマアラシとフィンレイソンリス，アリル種子をくわえて持ち去るのはアカスンダトゲネズミだと判明した。しかし，アカスンダトゲネズミに持ち去られた種子がなかなか見つからない。自分ならどこに移動するだろうか？とネズミの気持ちになって考えながら，周辺を徹底的に探した。その結果，落ち葉の下，木の根元，などに分散貯蔵されている種子を発見した（表3）。アリル種子を置いた場所から分散貯蔵された場所までの距離は16±9m（平均±標準偏差）で，最大35mに及んだ。これはアカスンダトゲネズミによる分散貯蔵行動という重要な発見ではあったが，その他の大部分の種子は依然として見つからないままだった。

　この段階で，種子の運命を追跡できていた割合は64％だった。先行研究と比べても遜色ない発見率だったが，アカスンダトゲネズミに持ち去られた種子に限ると半分以下の47％しか発見できていなかった。このネズミは木にも登るが，基本的には地上性である。となると，残りの種子は地表からは見えない

図4 カオヤイの優占種アカスンダトゲネズミの成体

表3 林床でアグライアの種子を持ち去った動物と持ち去った個数

種子を持ち去った動物	貯食		食害	不明	総計
	分散貯蔵	巣穴貯蔵			
マレーヤマアラシ	0	0	138	2	140
アカスンダトゲネズミ	12	54	24	25	115
フィンレイゾンリス	0	0	3	0	3
不明	1	0	24	38	63
総計	13	54	189	65	321

ところ，すなわち，地中の貯蔵庫に持ち込まれた可能性が高いのでは？と考えられた．さっそく調査対象木の周辺でアカスンダトゲネズミが利用している可能性が高い場所に予備の自動撮影装置を設置した．どうやってそんな場所の見当をつけるのか？と不思議に思われるかもしれないが，ここで共同研究者の鈴木俊介さんの調査を手伝っていたことが役に立った．鈴木さんはカオヤイの林床に生息する小型哺乳類の個体群動態を解明するための捕獲調査を定期的に行っていた．アカスンダトゲネズミの捕獲個体を放逐すると木の根元や林床にある小さな穴から地中へと消え去ることが多い．何度も捕獲調査を繰り返しているうちにアカスンダトゲネズミが頻繁に利用する出入口には，落ち葉の集積が少ないなどの痕跡があることに気がついた．調査対象木の周辺にも同じような場所がいくつか見つかった．予想は的中した．1週間後，現像したフィルムには識別タグつきのアリル種子をくわえたアカスンダトゲネズミが撮影されていたのである．

　アグライアの結実シーズンが終わった6月中旬のある日，地面を掘って，アカスンダトゲネズミが持ち去った種子を探すことにした．小さなスコップを使って，出入口から少しずつ掘り進める．どのくらい掘ればよいのかさっぱり見当がつかなかったが，最初の場所では，地表20cmで数個の種子と識別タグ

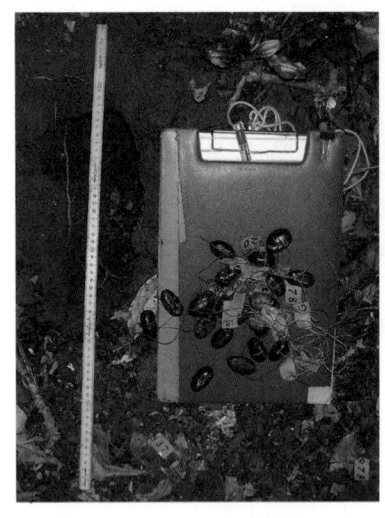

図5 アカスンダトゲネズミの貯蔵庫を掘り返した様子
アリルがすべて消費された種子と識別タグが大量に見つかった。

を発見した。「このくらいなら大した仕事量ではないか」と思ったが、最も多い22個の識別タグが見つかった貯蔵庫は、肩まで土中に入れた腕を伸ばしてようやく種子に手が届くほど深かった（図5）。いずれの貯蔵庫でも、半分食べられた状態の種子と食べ残された識別タグがほとんどだった。腐りやすいアリルを先に食べてしまうらしい。結局、4か所の貯蔵庫から54個のタグ付き種子を発見した。いずれも地表から20 cm以上掘った深さで、仮にアカスンダトゲネズミが食べ忘れたとしてもアグライアが発芽後に芽を出すには深すぎる場所ばかりだった。これらの巣穴貯蔵されていた種子を加えると、最終的には80％の種子の運命を追跡することに成功した（表3）。残りの20％もその多くは私が掘り当てることのできなかったアカスンダトゲネズミの貯蔵庫に眠っていたのではないかと考えている。結果的に321個の種子のうち、運命を追跡することができた種子はどれ1つとして実生として定着したものはなかった。そのためアグライアの結実木周辺に落下した種子やリス類が捨てた種子がその場で実生として定着する確率はかなり低いと考えられた。

5.5. 地面に種子を置いてみる：サイチョウ類の種子散布を模倣する

森を歩いていると、周囲にアグライアの結実木が見当たらないのに、アグライアの種子がぽつんと落ちていることがある。ここまで述べてきたように、アグライアの種子を散布する可能性があるのはサイチョウ類とリス類だけである。付近にアグライアの結実個体がなく、種子に傷が付いていない場合、サイ

チョウ類がその種子を散布した可能性が高い。

　アグライアのアリル種子を食べたサイチョウ類を追跡するのは本当に無理だろうか？と結実木から飛んでいくサイチョウ類を追いかけたこともあった。学部生の頃は，「持久走同好会」というランニングサークルの一員だったこともあり，長距離走には自信があった。しかし，森の中ではあっという間に見失うことがほとんどで（当たり前だが），サイチョウ類がアグライアの種子を吐き戻す瞬間を目撃できたのはわずか数例だった。吐き戻されたばかりの種子はさわると生温かく，すぐにそれとわかるものだったが，あまりに非効率的だった。そこで走って追いかけるのはあきらめ，サイチョウ類がつくり出す種子散布範囲 seed shadow を模倣して，林床にアグライアの種子を置いてみることにした。

　調査地には，胸高直径 10 cm 以上のすべての植物の個体識別とその位置がデータベース化されていた 200 m × 200 m の 4 ha プロットを用いた。ここでは前述の鈴木さんが 2000 年 7 月から 4 年間にわたり果実生産の経年変化と小型哺乳類の個体群動態の関係を調べていた（Suzuki, 2007）。アカスンダトゲネズミが優占種で，調査プロット全域で捕獲されていたことから，調査地として申し分ない場所だった。サイチョウ類に吐き戻された種子をまねて，丁寧にアリルを取り除いたアグライア種子を 20 m 間隔で 1 個ずつ並べ，計 100 個の種子の運命を追跡した。最初の 1 週間で持ち去られた種子はほとんどなく，1 か月を過ぎても 88 個の種子が残っていた。その後，動物による食害や乾燥により死亡した種子も増えたが，32 個は実生として定着し，そのうちの 18 個体は少なくとも 1 年間生存した（Kitamura et al., unpublished）。前述したアグライアの結実木周辺での急速な種子の持ち去り速度と食害率と比較すると私がサイチョウ類の種子散布を模倣した実験の生存率は驚くほど高かった。

　カオヤイのアカスンダトゲネズミの行動圏は 1 ha 程度であり，寿命は最大 2 年である（Suzuki et al., unpublished）。推測の域を出ないが，その行動圏内にアグライアの結実個体が 1 本でもある場合は，毎年落下する大量の種子を餌として利用することで，アグライア種子の探索像をもつ。しかし，アグライアの結実木の出現頻度から考えると，行動圏内にアグライアの結実個体が存在しない場合も多い。その場合，サイチョウ類がアグライアの種子を散布してもアカスンダトゲネズミが餌として認識せず，見逃す可能性が高いのではないだろうか？　4 ha プロット内のアグライアの当年生実生から繁殖個体まで約 1,000 個体すべての位置関係を調べたところ，当年生実生の半径 50 m 以内にアグライアの結実個体がない，すなわちサイチョウ類に散布された可能性が高い個体

が数多く見つかった (Kitamura et al., unpublished)。また，これとは別にサイチョウ類が営巣木やねぐらに散布した種子から発芽した実生を追跡した調査では，アグライアの実生が少なくとも4年間は生存していた。これらの結果からも，アグライアにとってサイチョウ類による種子散布はかなり有効に作用しているのではないかと考えている。

おわりに

　一般に動物による種子散布系は，複数の植物種と複数の動物種の間にみとめられるゆるやかな結びつきの拡散的共進化の産物とされている。しかし，アグライアの種子散布系はサイチョウ類という非常に限られた動物によってのみ有効な種子散布が行われている点がユニークである。アグライアが分布するインド北西部 (Datta & Rawat, 2008)，タイ西部のホイカーケン野生生物保護区，タイ南部のブードー・スンガイパディ国立公園でも，潜在的な種子散布者としてサイチョウ類が報告されている。そのため私がカオヤイで観察した現象はアグライアの分布域ではかなり普遍的に見られる関係ではないかと考えている。

　近年，DNAなどの遺伝情報に基づいて *Aglaia* 属の系統関係を再構築し，その分散過程を明らかにしようとする試みがなされている (Muellner et al., 2008)。この研究によると，*Aglaia* 属の起源は始新世後期にさかのぼる。漸新世から中新世にかけて *Aglaia* 属の分布拡大と多様化が進んだ過程では，長距離散布が大きな役割を果たしたらしい。特にアグライアを含む大型種子をもつ種 (*Aglaia cucullata, A. malaccensis, A. macrocarpa, A. rubijinosa, A. spectabilis*) では，海を越えるような長距離散布を行う可能性のある動物はサイチョウ類やミカドバト類といった大型の果実食鳥類に限られる。現在，サイチョウプロジェクトの研究チームが遺伝情報に基づいてサイチョウ類の系統樹を再構築し，サイチョウ類の分散過程を復元しよう試みている。アグライアの分散過程が種子散布者であるサイチョウ類の分散過程にどの程度依存しているのかを歴史的側面から検討できる面白いシステムになるかもしれない。

　カオヤイに滞在した33か月間に多くの果実と散布者のつながりを見ることができたが，心残りも多い。これまで述べてきたようにアグライアでは長期間にわたる結実木での果実消費，落下した種子の運命の追跡，実生の分布パターンなどさまざまな側面からのアプローチを行ったが，依然として不明な点も多い。私がカオヤイで行った研究で必要なものといえば，双眼鏡と野帳，あとは

体力と時間くらいだったが，それだけでは解明できないことも多い。近年，動物による種子散布の研究では散布された種子や定着した実生の遺伝情報から親個体を特定した研究が増えている（Hardesty et al., 2006; Garcia et al., 2007）。日本でもこういった技術を動物による種子散布の研究に応用した例が増えつつある（Abe et al., 2006; Terakawa et al., 2009）。近い将来，どの動物，さらにはどの個体が運んだ種子が実生として定着しているのか，すなわち本当に有効に働いている種子散布者が何なのか？という問題にも直接迫ることができるようになるのではないだろうか。

　私たちカオヤイチームによる調査は2004年で終了し，その後はそれぞれが別の場所で新しい研究を開始している。私も慣れ親しんだカオヤイの森を離れ，タイ南部に残る数少ない低地フタバガキ林で新しい調査プロジェクトを開始した。しかし，私たちの研究はカオヤイの森に新たな研究のタネを散布することができたようである。2005年にバンコクで開催された国際シンポジウムに参加した時のことだ。タイの大学院生から，「あなたがやり残したカオヤイの小型鳥類の果実食と種子散布の研究に取り組んでいる」と話しかけられた。小型鳥類の糞内容分析から食性を明らかにするのに四苦八苦しているが，私が残した採餌記録や種子標本が役立っていると言われた。カオヤイでは，タイの大学院生の研究テーマとして動物による種子散布の研究がいくつか進行しているときいた。近い将来，そういった研究が花開き，実を結んでいくことで，カオヤイ発の新たな発見へとつながっていくのではないかと期待している。

引用文献

Abe, H., R. Matsuki, S. Ueno, M. Nashimoto & M. Hasegawa. 2006. Dispersal of *Camellia japonica* seeds by *Apodemus speciosus* revealed by maternity analysis of plants and behavioral observation of animal vectors. *Ecological Research* **21**: 732-740.
Bennett, E. L., A. J. Nyaoi & J. Sompud. 1997. Hornbills *Buceros* spp. and culture in northern Borneo: can they continue to co-exist? *Biological Conservation* **82**: 41-46.
Cammann, S. 1951. Chinese carvings in hornbill ivory. *Sarawak Museum Journal* **5**: 393-399.
Corlett, R. T. 1998. Frugivory and seed dispersal by vertebrates in the Oriental (Indomalayan) Region. *Biological Reviews* **73**: 413-448.
Corner, E. J. H. 1992. Botanical monkeys. The Pentland Press.［邦訳：大場秀章（訳）1996. ボタニカル・モンキー——植物の先生サルに助けられる．八坂書房］
Darwin, C. R. 1871. The Descent of man, and selection in relation to sex. Penguin USA.［邦訳：長谷川真理子（訳）2002. 人間の進化と性淘汰Ⅰ・Ⅱ　文一総合出版］
Datta, A. 2001. An ecological study of sympatric hornbills and fruiting patterns in a tropical forest in Arunachal Pradesh. PhD thesis, Saurashtra University, Rajkot.

Datta, A. & G. S. Rawat. 2008. Dispersal modes and spatial patterns of tree species in a tropical forest in Arunachal Pradesh, northeast India. *Tropical Conservation Science* **1**: 163-185.

Dennis, A. J. & D. A. Westcott. 2006. Reducing complexity when studying seed dispersal at community scales: a functional classification of vertebrate seed dispersers in tropical forests. *Oecologia* **149**: 620-634.

Estrada, A. & T. H. Fleming. 1986. Frugivores and seed dispersal. Dr W Junk Publishers, Dordrecht, Netherland.

Fleming, T. H. & A. Estrada. 1993. Frugivory and seed dispersal: Ecological and Evolutionary Aspects. Kluwer Academic Publishers, Dordrech.

Forget, P. M., J. E. Lambert, P. E. Hulme & S. B. Vander Wall. 2005. Seed fate: predation, dispersal and seedling establishment. CAB International, Wallingford.

Francis, C. M. & D. R. Wells. 2003. The Birds Community at Pasoh: Composition and Population Dynamics. *In*: T. Okuda, N. Manokaran, Y. Matsumoto, K. Niiyama, S. C. Thomas & P. S. Ashton (eds.), Pasoh: ecology of a lowland rain forest in Southeast Asia, p.375-393. Springer-Verlag, Tokyo, Japan.

Garcia, C., P. Jordano & J. A. Godoy. 2007. Contemporary pollen and seed dispersal in a *Prunus mahaleb* population: patterns in distance and direction. *Molecular Ecology* **16**: 1947-1955.

Gautier-Hion, A., J. M. Duplantier, R. Quris, F. Feer, C. Sourd, J. P. Decoux, G. Dubost, L. Emmons, C. Erard, P. Hecketsweiler, A. Moungazi, C. Roussilhon & J. M. Thiollay. 1985. Fruit characters as a basis of fruit choice and seed dispersal in a tropical forest vertebrate community. *Oecologia* **65**: 324-337.

Hardesty, B. D., S. P. Hubbell & E. Bermingham. 2006. Genetic evidence of frequent long-distance recruitment in a vertebrate-dispersed tree. *Ecology Letters* **9**: 516-525.

Kato, M., A. Takimura & A. Kawakita. 2003. An obligate pollination mutualism and reciprocal diversification in the tree genus *Glochidion* (Euphorbiaceae). *Proceedings of the National Academy of Sciences of the United States of America* **100**: 5264-5267.

Kemp, A. C. 2001. Family Bucerotidae (Hornbills). *In*: J. del Hoyo, A. Elliott & J. Sargatal (eds.), Handbook of the Birds of the World. Vol. 6. Mousebirds to Hornbills, p.436-520. Lynx Edicions, Barcelona.

Kinnaird, M. F., Y. Y. Hadiprakarsa & P. Thiensongrusamee. 2003. Aerial jousting by helmeted hornbills *Rhinoplax vigil*: observations from Indonesia and Thailand. *Ibis* **145**: 506-508.

Kinnaird, M. F. & T. G. O'Brien. 2007. The ecology and conservation of Asian hornbills: farmers of the forest. University Of Chicago Press, Chicago.

Kitamura, S., T. Yumoto, P. Poonswad, P. Chuailua, K. Plongmai, T. Maruhashi & N. Noma. 2002. Interactions between fleshy fruits and frugivores in a tropical seasonal forest in Thailand. *Oecologia* **133**: 559-572.

Kitamura, S., S. Suzuki, T. Yumoto, P. Poonswad, P. Chuailua, K. Plongmai, N. Noma, T. Maruhashi & C. Suckasam. 2004. Dispersal of *Aglaia spectabilis*, a large-seeded tree species in a moist evergreen forest in Thailand. *Journal of Tropical Ecology* **20**: 421-427.

Kitamura, S., S. Suzuki, T. Yumoto, P. Chuailua, K. Plongmai, P. Poonswad, N. Noma, T.

Maruhashi & C. Suckasam. 2005. A botanical inventory of a tropical seasonal forest in Khao Yai National Park, Thailand: implications for fruit-frugivore interactions. *Biodiversity and Conservation* **14**: 1241-1262.

Lynam, A. J., P. D. Round & W. Y. Brockelman. 2006. Status of birds and large mammals in Thailand's Dong Phayayen - Khao Yai forest complex. Biodiversity Research and Training (BRT) Program and Wildlife Conservation Society, Bangkok, Thailand.

Matsubayashi, H., P. Lagan, N. Majalap, J. Tangah, J. R. A. Sukor & K. Kitayama. 2007. Importance of natural licks for the mammals in Bornean inland tropical rain forests. *Ecological Research* **22**: 742-748.

Muellner, A. N., C. M. Pannell, A. Coleman & M. W. Chase. 2008. The origin and evolution of Indomalesian, Australasian and Pacific island biotas: insights from Aglaieae (Meliaceae, Sapindales). *Journal of Biogeography* **35**: 1769-1789.

Pannell, C. M. 1992. A taxonomic monograph of the genus *Aglaia* Lour. (Meliaceae). HMSO, London.

Schupp, E. W. 1993. Quantity, quality and the effectiveness of seed dispersal by animals. *Vegetatio* **108**: 15-29.

Shanahan, M. & I. Debski. 2002. Vertebrate of Lambir Hills National Park, Sarawak, Malaysia. *Malayan Nature Journal* **56**: 103-118.

Suzuki, S. 2007. Fruit utilization patterns of terrestrial frugivores and the population dynamics of small mammal community in a seasonal tropical forest in Khao Yai National Park, Thailand. PhD Thesis, University of Shiga Prefecture, Hikone, Japan (in Japanese).

Terakawa, M., Y. Isagi, K. Matsui & T. Yumoto. 2009. Microsatellite analysis of the maternal origin of *Myrica rubra* seeds in the feces of Japanese macaques. *Ecological Research* **24**: (in press).

Wheelwright, N. T. 1985. Fruit size, gape width, and the diets of fruit-eating birds. *Ecology* **66**: 808-818.

Yasuda, M., M. Miura & N. A. Hussein. 2000. Evidence for food hoarding behaviour in terrestrial rodents in Pasoh forest reserve, a Malaysian lowland rain forest. *Journal of Tropical Forest Science* **12**: 164-173.

第6章　魚による農業：サンゴ礁における
スズメダイとイトグサとの栽培共生

畑　啓生（愛媛大学大学院理工学研究科）

　飛行機の小窓から眼下に広がる翡翠色の海と，点在する緑濃い島影。飛行機がサンゴ礁の島に降り立ち，タラップに踏み出すと，湿った暖かな空気に全身が包まれ，南国に来たことを実感する。

　アダンの茂る薄暗い海岸林から，人一人がやっと通れるトンネルのような道をくぐって白く輝く浜に降りる。踏みしめる砂は高く澄んだ音を鳴らし，よく見るとサンゴの骨格とホシスナの殻でできているようだ。海に入ると，そこは温かく透明で，日の光に満ち，さまざまなサンゴが枝を広げ，塊となり，それぞれの色に光を反射している。色とりどりのスズメダイたちが群れ，思わず手を伸ばすとサンゴの枝の間に姿をくらます。振り返ると，ベラやヒメジが通ってきた足跡をつつきながら後を付けてきている。ブダイやニザダイの群れがあちこちつつきながらやってくる。魚群が乱れた。生い茂った海藻に惹かれスズメダイのなわばりに入って追い出されたのだろう。群れが通り過ぎると，スズメダイは今度はまっすぐにこちらを向き，なわばりの真上でじっと止まっている。こちらを海藻の畑への侵入者ではないかと警戒しているようだ。

　本章では，このなわばりを持つスズメダイ類に注目して，「農業する魚」と言われるこれらのスズメダイの驚くべき生態と，それがサンゴ礁の生物多様性や，その維持に果たす役割について紹介したい。

1. サンゴ礁へ

　サンゴ礁は多種多様な生物たちがともに暮らす海である。現生の34の動物門のおよそ半数は海だけに生息しているが，地球上の表面積の0.1%（約62万 km^2）に満たないサンゴ礁には，うち30門もの生物が生息しており（Paulay, 1997），種のレベルの多様性では，海の生物の1/4から1/3はサンゴ礁に住むと見積もられている（Knowlton et al., 2010）。サンゴ礁は，そこにすむイシサンゴ類や，サンゴモ類，有孔虫などが，石灰質の骨格を形成し，それが積み重

なってできたものだ。現在のサンゴ礁は，数千年の間にこれらの造礁生物たちの骨格が降り積もって形成されている。このサンゴ礁ではなぜ多様な生物たちがともに暮らすことができるのだろうか。その多種共存機構の1つとして，生物自身が，他の生物種のすみ場所を創り出し，またその生物が他の生物のすみ場所を創り出すという連鎖関係が重要だとする考え方がある（西平，1992,1996）。例えば，造礁生物たちがサンゴ礁を創り出し，その上に生息するサンゴ類にはさまざまな生物たちが穿孔し，さらにそれらが創り出した穴は，その生物の死後に他の生物の生息場所となるのだ。

私は学部4回生の時に，漠然と生物多様性について研究していきたいと考えた。フィールドはサンゴ礁で。さまざまな生物種が共存する，その仕組みに興味があったとともに，その頃始めたダイビングで沖縄県慶良間諸島のサンゴ礁の美しさを見てしまったからであった。サンゴ礁での研究を目指した私は，上述の住み込み連鎖仮説が提唱されている『足場の生態学』（西平，1996）に影響を受け，サンゴ礁で多種共存の謎に挑まれていた西平守孝先生（当時東北大学理学研究科）の下で研究を始める機会を得た。

2. なわばり性スズメダイの多種共存に果たす役割

サンゴ礁の海底には，スズメダイのなわばりが点在している。スズメダイ科魚類は，体長せいぜい10 cmほどの小魚であるが，サンゴ礁で最も繁栄する魚類の一群であり，およそ3,000種がサンゴ礁に生息している（Choat, 1991）。スズメダイ類のうちおよそ60種は藻食性で，雌雄ともに自らの摂餌の場となるなわばりを個体ごとに防衛する（Choat, 1991）。サンゴ礁は，陸上生態系や他の水域生態系に比べ，藻食者が著しく卓越しており，ブダイ類やニザダイ類，アイゴ類は群れをなして藻類をかじり尽くし，夜間にはウニ類が巣穴から這い出して藻類を削り取る（Cyr & Pace, 1993; Hixon, 1997）。スズメダイ類は，これら強力なグレイザー（喫食者，刈り取り者）を追い出し，なわばり内に藻類を繁茂させているのだ。そのような藻類の畑を藻園と呼ぶ。この藻園は，スズメダイを除去するとただちにグレイザーたちに食べ尽くされ，失われてしまう。このように，スズメダイがなわばりを守ることで，その場は他の環境と異なる一定の環境に条件付けされ，その結果生い茂った藻類群落は，さまざまな生物種にすみ場所を提供しているようだ。スズメダイの藻園が，日の光が十分に届く浅海では海底の70%をも占める（Ceccarelli et al., 2001）ことを考えると，

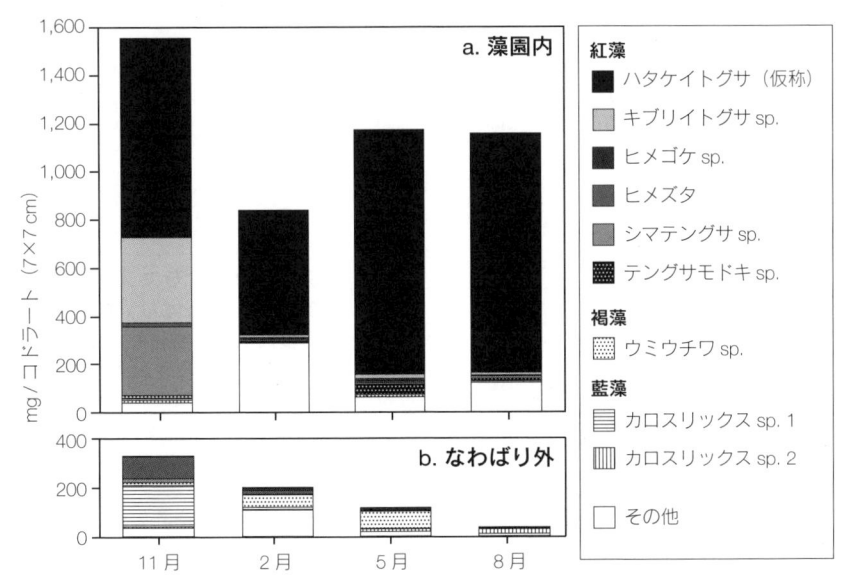

図1　クロソラスズメダイの藻園内となわばり外の藻類の湿重量
7×7 cm^2 のコドラート内から採集した 16〜20 サンプルの平均。

これらのスズメダイ類はサンゴ礁生態系の多種共存を支える住み込み連鎖過程の，大切な1つの要石であろう（西平，1996）。

2. 1. スズメダイがつくる森，そこにすむ有孔虫

わずか数 cm の高さの藻類群落も，サンゴモ類が基質表面を被覆するなわばり外の藻類群落に比べれば，微小な底生動物たちにとっては森となる。サンゴ礁にはホシスナなどの底生有孔虫類が高密度で生息しており，死後にその石灰質の殻が打ち上げられて砂浜を形成するほどである。有孔虫は数ミリほどの大きさの単細胞の原生動物であり，藻類の上を這い回ったり，葉上に固着したりするなど，藻類と密接なかかわりを持って生活している（Kitazato, 1994; Fujita & Hallock, 1999）。スズメダイがなわばりを守り，藻類を繁茂させることで，なわばり内の有孔虫群集はどのような影響を受けるのだろうか。このことを明らかにするため，私は，沖縄のサンゴ礁で最も盛んになわばり防衛を行い顕著な藻園をもつクロソラスズメダイ *Stegastes nigricans* (Lacepède) に着目し，その藻園内外に生育する藻類群落と，そこに生息する有孔虫類の群集構造を比較した。その結果，季節を問わず，藻園内でなわばり外よりも藻類の現存量が高く

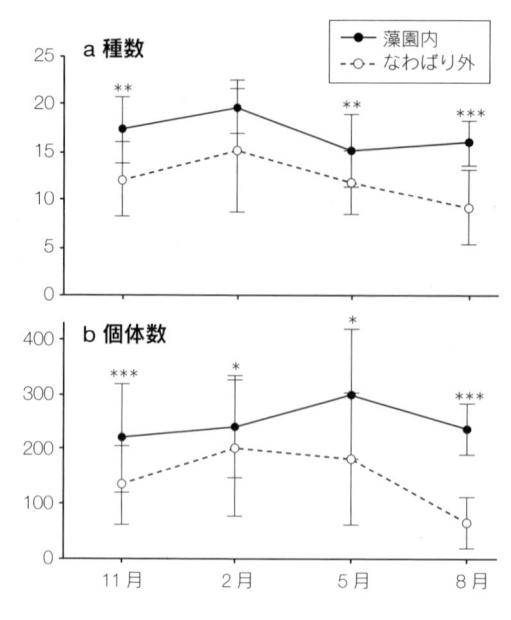

図2 クロソラスズメダイの藻園内となわばり外の有孔虫の種数 (a) と個体数 (b)
値は7×7cmのコドラート内から採集した16〜20サンプルの平均で，エラーバーは±標準偏差。各月で，藻園内となわばり外の間でMann-WhitneyのU検定による比較を行った。＊はp＜0.05，＊＊はp＜0.01，＊＊＊はp＜0.001を示す。

（図1），そして種数，個体数とも多くの底生有孔虫類が生息していた（図2; Hata & Nishihira, 2002）。クロソラスズメダイの藻園は，丈がおよそ1cmほどで，発達した匍匐茎から繊細な直立枝を伸ばす，シバのような構造をした紅藻のイトグサ類が繁茂し，芝生のような構造を創り出していた（図1, 3）。そしてその藻園は，構造の複雑さと，それがトラップする堆積物によって，なわばり外と比べて容量の大きい，異質性に富んだ生息場所となり，多種多様な有孔虫群集がその中にすみ込んでいたのだ（図3）。

　なわばり内外から採集した藻類群落を顕微鏡下でより分け，1種ずつ湿重量を測定し，また藻類の中に潜む数千個体に及ぶ微小な有孔虫類をより分け，カウントしていく。この地道な作業は，特に修士論文の提出が迫るにつれてたいへんにせっぱ詰まり，起きている時間の大半を顕微鏡を覗いて過ごすことになった。たまに街に出るとあちこちの構造を有孔虫の殻や海綿の骨片に分類してしまうほどであったが，自然観察は野外はもちろん顕微鏡下でさえも楽しいものだと身をもって教えて下さった先生方や先輩方に支えられた。

3. クロソラスズメダイの「単作」の藻園

　さて，この研究を進めるうちに，奇妙な現象に気付いた。沖縄のサンゴ礁で

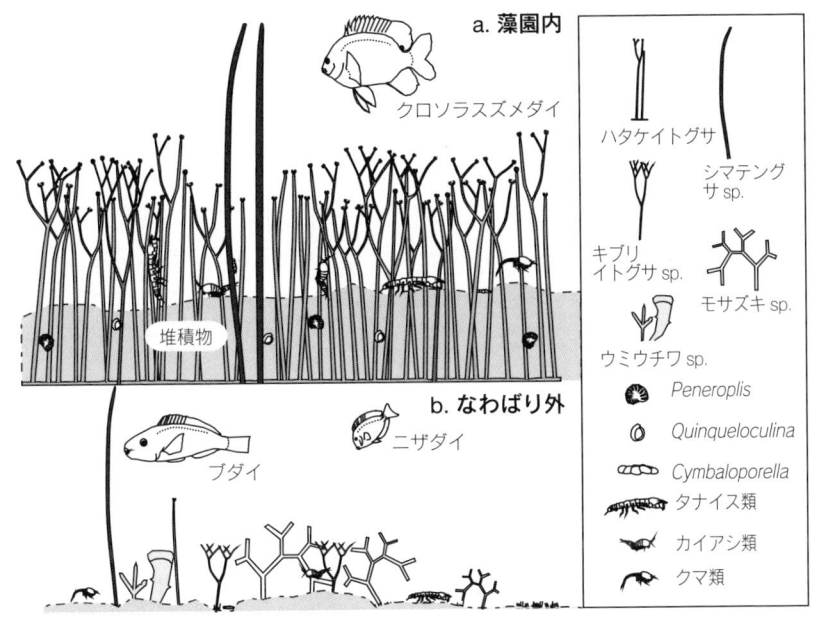

図3 クロソラスズメダイの藻園となわばり外の，藻類群落と有孔虫類をはじめとする底生動物群集の模式図

見られるクロソラスズメダイの藻園では，1種の藻類が強く優占して多様性が低かったのだ（図1，Hata et al., 2002）。このような単作の藻園は極めて珍しい。なぜなら，多くのスズメダイの藻園では多種多様な藻類種が生育することが知られているためである。それらは，適度な攪乱によって高い生物多様性が保たれるという中規模攪乱説で説明される（Connell, 1978; Hixon & Brostoff, 1983; 1996）。すなわち，なわばり外は強力なグレイザーである藻食者の摂食が過剰な攪乱となり，グレイジングに耐性のある藻類種や，かじり跡にすぐ侵入するパイオニア種のみが生残できるが，スズメダイの藻園は，グレイザーから防衛されてさまざまな藻類種が生育でき，またスズメダイによって適度に収穫されるため藻類間の競争が緩和され特定の藻類が優占することもない。一方で単作の藻園は他には東太平洋バハ・カリフォルニア半島南端の岩礁域に生息するジャイアント・ダムセルフィッシュ *Microspathodon dorsalis* (Gill) で報告されているだけであった（Montgomery, 1980）。この *M. dorsalis* は，スズメダイ科のなかでも最大級の大きさで全長40 cm近くまでになり，およそ$0.5 m^2$という狭い藻園に非選択的な強い摂食圧をかけ，その藻園には最も再生産速度の高い

イトグサ1種のみが生残しているらしい (Montgomery, 1980)。この藻園では，スズメダイによる強力な摂餌圧により，なわばり外に比べても藻類の現存量が低いのだ。しかし，沖縄のクロソラスズメダイの藻園は同様に1種の藻類，ハタケイトグサ（仮称）が強く優占しているが，その藻類の現存量はなわばり外に比して著しく高く（図1），そのような摂餌圧にさらされているとは考えられない。クロソラスズメダイは，この特異な単作の畑のような藻園を維持するために，何か特殊な管理をしているはずだ。それは除藻ではないだろうか。京都大学に戻り博士後期課程に進学した私は，次なるテーマを模索していたのだが，修士論文をまとめるにあたって湧いてきたこの最大の疑問について，真っ先に調べてみようと思った。

3.1. 除藻の発見

沖縄本島の中ほどの西岸に突出する本部半島の先端に，周囲約7 kmほどの瀬底島が寄り添うようにしてある。本部町から橋を渡って島に入り，サトウキビの葉の濃い緑と，その下に覗く赤土の赤銅色，そしてサンゴ礁の翡翠色の鮮やかな組み合わせに目眩を感じながら海沿いを走ると，ほどなく琉球大学熱帯生物圏研究センター瀬底実験所に着く。自転車のカゴに水中マスクやシュノーケル，足ヒレ，ノート，サンプル瓶を詰め込んで，島の南にあるこの実験所から調査地の西の浜に向かう。島の中央，小高い丘を登ると古い齋場があり，その前に無数の気根を垂れ下げたガジュマルの古木が木陰を作っている。その下を通る時には吹き出たが汗が一瞬冷やされ，今日も調査の無事を祈る気持ちになる。島の端を縁取る海岸林と，その向こうに輝く翡翠色の礁池（ラグーン），その端は白く波打った礁嶺が水面に顔を出し，黒々とした外洋へと続く。沖にふたつ，真っ白な砂浜の上に浮かんでいるような島々，水納島や伊江島を見ながら，サトウキビ畑の間の道を一目散に下ると，調査地のクンリ浜に着く。クンリ浜はサンゴ礁の発達した浜で，平坦な礁原が汀線からおよそ250 mにわたって発達し，そこから外洋の深みへ落ち込む礁斜面へと続く（図4）。礁原の沖側は，干潮時には干出する礁嶺と呼ばれる高まりをもち，陸側には水深1.5 m程度の礁池が広がる (Yamanouchi, 1993)。クロソラスズメダイは，この浅く穏やかな礁地に点在するサンゴ岩上に，雌雄とも各個体が1つずつ藻園をもち，広い岩上では多個体の藻園が隣接しあったコロニーを形成して生息している。

この頃には，この浜のどこにどのくらいクロソラスズメダイがいるか手に取るようにわかっていた。なかでも，毎日通いやすく，多くの個体が見られるコ

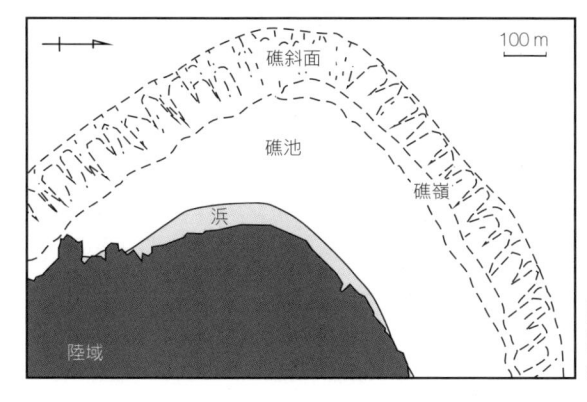

図4 沖縄県国頭郡本部町，瀬底島西岸クンリ浜の模式図

ロニーを選び，藻園の場所や体サイズ，ヒレや体表の特徴からクロソラスズメダイ各個体を識別して，観察を開始した。観察初日，ついに目の前でその決定的瞬間が繰り広げられた。観察していた個体が藻園内から藻類をついばみ，口にくわえてなわばり外へ運び捨てたのだ。7個体を，2001年9月と10月に計27時間にわたって観察した結果，この除藻行動の頻度はおよそ20分間に1回であることがわかった。この少ない頻度のために今までの短時間の観察では見逃していたのだ。

しかしどのような藻類が捨てられるのか，なぜ藻食性のスズメダイが藻園内の藻類をわざわざ捨てねばならないのだろうか。このことを明らかにするため，スズメダイによって捨てられる藻類を回収した。このスズメダイの藻園は海底から立ち上がりのある岩上に多く，スズメダイによってなわばり外に捨てられた藻類は海底に落ちるまでわずかな間水中を漂う。それを目の細かいすくい網を手に待ちかまえ，88サンプルまで集めることができた。それらを分析し，藻園内の藻類の種組成と比較したところ，クロソラスズメダイは選択的に除藻を行っていることが明らかになった（図5）。除藻される藻類には藻園内で優占するイトグサ類はまったく入っておらず，厚い皮層を持つシマテングサや石灰化するモサズキなどが多く含まれていた（図5-a）。同様な方法でフンも29サンプル採集し，同じ場所から採集した10個体のクロソラスズメダイの腸管後端に含まれる藻類サンプルとあわせ，胃内容の藻類サンプルと比較すると，イトグサ類は胃内容では多くを占めるが，フンや腸管後端には含まれず，被消化率が極めて高いことがわかった。一方で，除藻されるシマテングサやモサズキは未消化のまま排出されており，被消化率が極めて低いことが明らかになった（図5-d）。スズメダイ類は，咀嚼器官をもたず，胃内に分泌される酸に頼っ

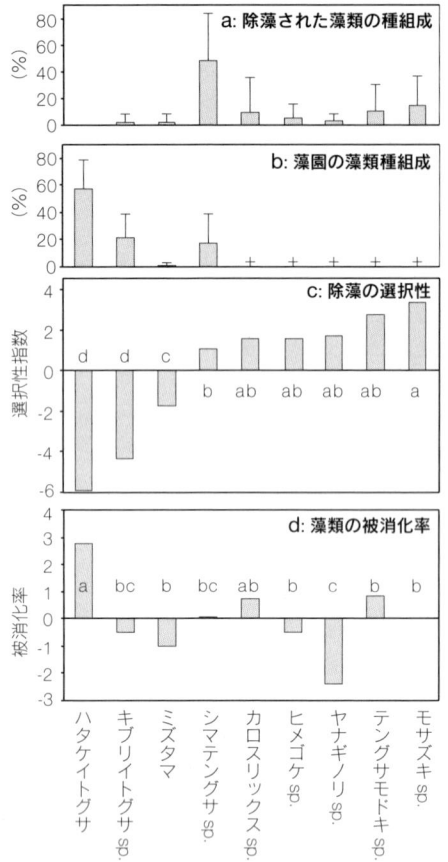

図5 クロソラスズメダイによって藻園から除藻された藻類の種組成 (a) と，藻園の藻類の種組成 (b)，除藻の選択性 (c)，藻類の被消化率 (d)

除藻の選択性指数は，a と b とを Johnson (1980) の方法を用いて比較し，算出した。藻類の被消化率はクロソラスズメダイの胃内容の藻類種組成と，フンと腸とに含まれる藻類種組成とを Johnson 法を用いて比較し算出した。c と d では，それぞれ異なるアルファベット記号が，選択性あるいは消化率が有意に異なることを示す (Waller-Duncan の多重比較，$p < 0.05$)。

て藻類の消化吸収を行っているため，利用できる藻類種が限られている (Lobel, 1981; Galetto & Bellwood, 1994)。そのためクロソラスズメダイは，消化しにくい藻類を選択的に藻園から捨てる除藻を行い，消化しやすい藻類を積極的に利用していたのだ (Hata & Kato, 2002)。当時（博士後期課程）の指導教官加藤真先生（京都大学人間・環境学研究科）の，この時の一言，「それは栽培共生だね。」によって，その後の研究の方向性が決まった。

3.2. 除藻の効果

クロソラスズメダイが藻園内の除藻を行っていることが明らかになった。しかしこの除藻が，本当にイトグサが優占する藻園を形作っているのだろうか。

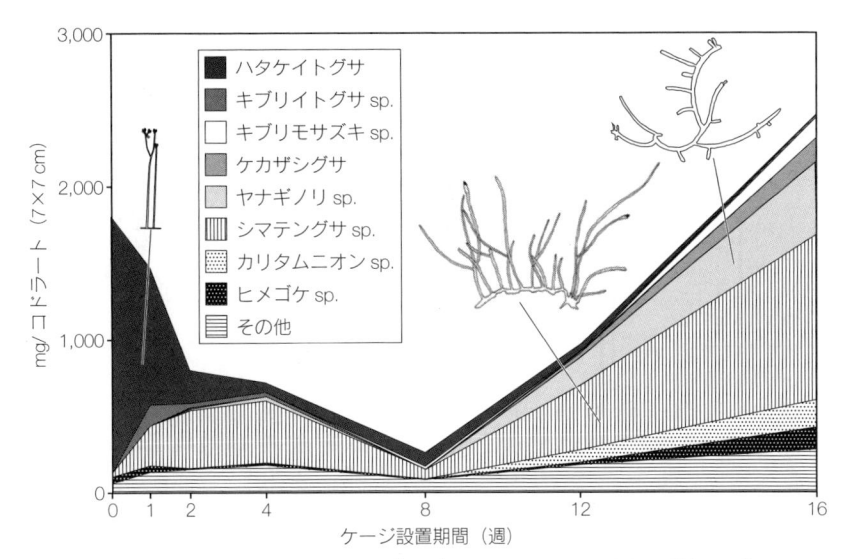

図6 藻園内に設置したクロソラスズメダイ囲い出しケージ内の藻類遷移
値はケージ内に設置した 7×7 cm² のコドラート内から採集した 5〜6 サンプルの平均。

 そこで私は，このスズメダイの藻園内に実験ケージを設置して，スズメダイを囲い出し除藻できなくすると，藻園内のイトグサ類がどうなるかを追跡した。この時は原付きバイクの荷台にカゴをくくりつけ，実験ケージや，それを設置するための水中ドリルや空気ボンベを運んだ。実験の結果，ケージ内のハタケイトグサは2週間のうちに激減して，除藻されるべきテングサモドキやモサズキ，ヤナギノリの一種にとって代わられた（図6）。このことから，スズメダイによる除藻によって，競争的に優位な藻類種が取り除かれることで，ハタケイトグサの単作が成立していることが明らかになった（Hata & Kato, 2003）。

4. DNA から明かされるサンゴ礁の知られざる種多様性と種特異性

 クロソラスズメダイの藻園内に繁茂するハタケイトグサは，イトグサ類の中でも特異な，良く発達した匍匐茎を持つなどの形態的特徴から，*Womersleyella setacea* (Hollenberg) R. E. Norris として同定していた。ところが地中海では，この *W. setacea* が外来種として移入し，その匍匐茎から盛んに栄養繁殖を行って，一面の海底を覆う芝生状群落を形成し大繁茂しているという

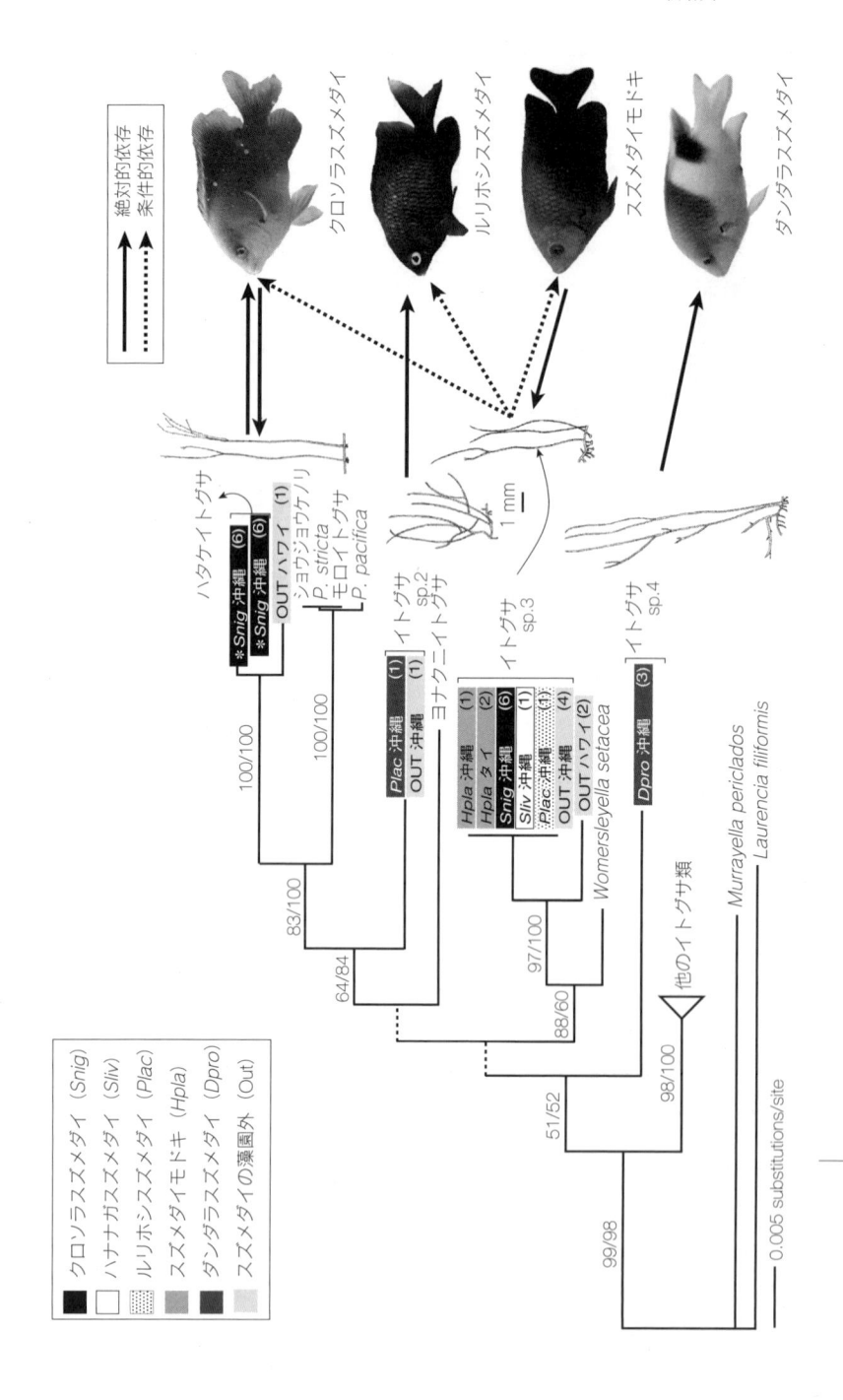

160　第6章　魚による農業：サンゴ礁におけるスズメダイとイトグサの栽培共生

(Airoldi & Virgilio, 1998; Rindi et al., 1999)。沖縄のサンゴ礁でクロソラスズメダイの藻園内に生育するハタケイトグサが，これと本当に同じ種なのだろうか。このことを確かめるため，分子データを用いることにした。幸い DNA データバンクに，W. setacea の 18 S rDNA 領域の塩基配列が登録されていたので，沖縄のクロソラスズメダイの藻園内のハタケイトグサの同領域の塩基配列を解読し，その相違を調べた。その結果，期待は裏切られ，配列は大きく異なり，クロソラスズメダイの藻園のハタケイトグサは W. setacea とは別種であることが明らかになった。しかしこの結果によって，サンゴ礁の生物多様性の底深さを垣間見た気がした。調べてみるとサンゴ礁では多くの生物群において，形態が単純であったり可塑性が高かったり，また生時の観察が困難であるなどの理由により，隠蔽種が多く含まれているらしいことがわかってきた (Knowlton, 1993)。スズメダイの藻園内に当たり前のように生えていたイトグサ類は，実は正体もろくにわかっていなかったのだ。

そこで，イトグサ類の知られざる種多様性を明らかにして，スズメダイとイトグサとの種特異性の有無や，その程度を明らかにするため，琉球列島各地で，さまざまなスズメダイ種のなわばり内外からイトグサ類の採集を行った。その結果，クロソラスズメダイの藻園内に繁茂するハタケイトグサは，クロソラスズメダイの藻園内には必ず繁茂するが，なわばり外には一切生息していないことがわかった (図 7, 8)。クロソラスズメダイは，藻園内のみで摂餌し，藻園に優占するこのイトグサ種を主食として利用している。一方でハタケイトグサも，なわばり外では激しい摂食圧にさらされて食い尽くされ，また先のケージ実験で明らかになったように，クロソラスズメダイによる除藻がないと，他の藻類種との競争に敗れて，生育することができない (Hata & Kato, 2003)。このように両者は，ヒトと栽培植物とのように，互いに互いの生存を依存する絶対栽培共生と言うべき関係にあることが明らかになった（コラム 1：Hata & Kato, 2006）。

また，スズメダイモドキ Hemiglyphidodon plagiometopon (Bleeker) の藻園にも，そこに必ず繁茂するイトグサ種が見つかったが，このイトグサ種は他の

図 7　スズメダイ類の藻園内外から採集したイトグサ類の分子系統樹とスズメダイとの種特異性
イトグサ類の系統樹は核領域 18 S rDNA 約 1,600 塩基対に基づき，最尤法により構築した。樹上の値は最節約法のブートストラップ値/ベイズ法の事後確率。＊はそのイトグサが藻園で優占（湿重量で >50% を占める）していたことを示す。矢印は依存関係を示し，── は依存が絶対的。‐‐‐ は条件的であることを示す。

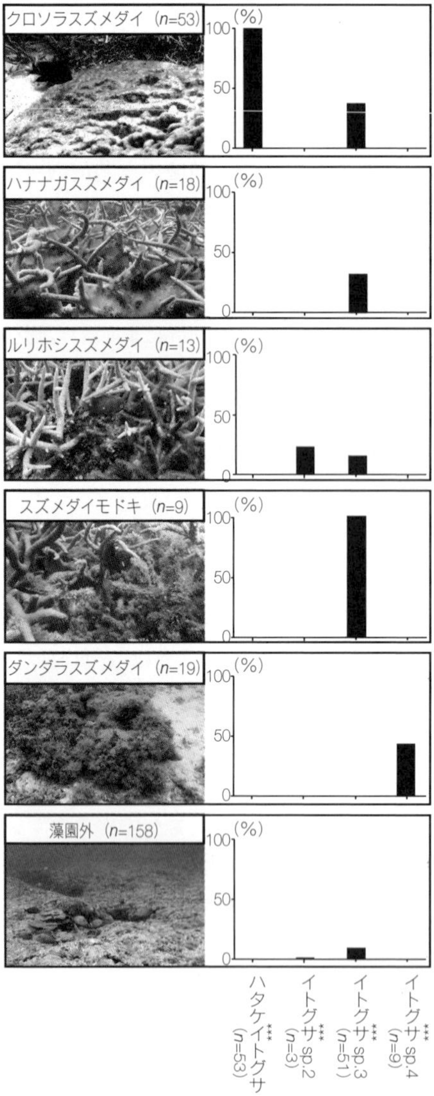
クロソラスズメダイ（n=53）
ハナナガスズメダイ（n=18）
ルリホシスズメダイ（n=13）
スズメダイモドキ（n=9）
ダンダラスズメダイ（n=19）
藻園外（n=158）
(%)
100
50
0
ハタケイトグサ*** (n=53)
イトグサ sp.2*** (n=3)
イトグサ sp.3*** (n=51)
イトグサ sp.4*** (n=9)

図8　イトグサ類の各種スズメダイ類の藻園への出現率
各イトグサ種の出現率は，スズメダイの種間で有意に異なっていた（Fisher's exact probability test; ***, $p < 0.001$）。

スズメダイ種の藻園内や，時にはなわばり外にさえも出現した（Hata & Kato, 2006）。このようなイトグサ種は，農業でいうところの半栽培（中尾, 1976; 松井, 1989）の状態に相当すると言えるのではないだろうか。すなわち，なわばり外にも生育できる藻類を，スズメダイモドキが藻園内に繁茂させて摂食しているのだ。他方，枝状サンゴ下部の骨格上によく見られるハナナガスズメダイ

Stegastes lividus (Forster) の藻園は，一見よく管理されて特異な糸状藻類群落が成立しているが，種特異的なイトグサは生育していなかった。また，アイスズメダイ *Stegastes obreptus* (Whitley) は一見して広いさまざまな藻類が入り交じった藻園を開けた海底に持つが，そのような藻園には種特異的なイトグサは生育していなかった。

　こうして，スズメダイ種とイトグサ種との間には，1対1の絶対栽培共生や，条件的栽培共生（すなわち半栽培）と言えるさまざまな関係性が成立していることが明らかになった。これにより，なわばり性スズメダイ類による藻類栽培が存在すること，また水域生態系で生産者である藻類と，それを利用する藻食者との間においても高い種特異性が見られる例が明らかになりつつある。海洋生態系においては，他にテッポウエビやヨコエビなど小型の無脊椎動物の中に，化学防衛する藻類を用いて巣をつくり隠れ家とし，かつそれを餌として収穫するものが知られており（Cruz-Rivera & Paul, 2000; Hay, 2009），それら藻食者と藻類との間には高い種特異性があることが明らかになりつつあり，条件的栽培共生関係や，絶対栽培共生関係が新たに見つかる可能性がある。

5. クロソラスズメダイとイトグサとの栽培共生

　クロソラスズメダイは，藻食者の追い払いと除藻を行い，ハタケイトグサ単作の藻園を維持し，それを収穫しており，またハタケイトグサも，クロソラスズメダイの管理の下では繁茂するがクロソラスズメダイなしではもはや生きられない。このようにクロソラスズメダイとハタケイトグサとは，ヒトと栽培植物のように，防衛や管理という奉仕と光合成産物の報酬を交換し，互いに依存しあう栽培共生の関係にあったのだ。光合成を行う褐虫藻を体内にすみこませる造礁サンゴやシャコガイ類のような光合成共生は海洋生態系において広く知られているが（加藤，2009），環境中に自ら農園をつくり出し，パートナーを栽培するものしては，ヒト以外ではキノコアリ（キノコアリ族）やキノコシロアリ（キノコシロアリ亜科），養菌キクイムシ（ナガキクイムシ亜科とキクイムシ亜科の10族）による菌類栽培が主に知られていた（Mueller *et al.*, 2005; Vega & Blackwell, 2005）。これらの昆虫類は，植物体を中心とする有機物を集積し，そこに特定の菌類を播種し，増殖させてそれを食べる。そしてそれら菌類は，大半の種がこれら昆虫類の管理のもとでのみ生育している（Mueller *et al.*, 2005）。このような昆虫類によるキノコ栽培は，従属栄養生物である菌類を

パートナーとしており，昆虫は基質を提供してやる必要がある。こうしてこれらの昆虫類は，陸上に多量にストックされた植物体とそれ由来の有機物の分解を促進し，腐食連鎖の起点となるのだ。他方，スズメダイは光合成を行う独立栄養生物をパートナーとし，自らつくり出したそのなわばりに繁茂させ，生態系における一次生産を促進して，その生産物を利用する。このような植物・藻類栽培は，ヒト以外ではいままでに知られておらず，陸上の草食獣や潮間帯の藻食性カサガイ類で，一定の行動圏で摂餌を繰り返すことで，その場を一定の状況に条件付け，その環境に適応した限られた種類の植物や藻類を繁茂させる植生改変が知られるのみであった (Steneck, 1982; Paige & Whitham, 1987; 高槻, 1993)。例えば，シカの採食圧が強いところでは，草丈の高い草木は食べ尽くされ，シバ *Zoysia japonica* 群落が形成されることがある (高槻, 1993)。このシバ群落は，草食獣にかじられることで過剰補償を示し，現存量は低いが成長量が極めて高く，面積あたり多くのシカを養うことができる (高槻, 2005)。しかしこの場合，シバの方はその生存を必ずしもシカに依存せず，シカと無関係の自由生活を主としている。また，このシバ群落は冬期に生産量が激減し，時にシカの大量死を引き起こす (高槻, 1999)。同様にカサガイのなわばり内に生育するサンゴモ類も，カサガイと無関係の自由生活をも行う遍在種とされている (Pueschel & Miller, 1996)。このように，これらの植物・藻類と植・藻食者とは，長期にわたって互いに依存しあい形成される栽培関係とは言えない。

これに対し，サンゴ礁の浅海のクロソラスズメダイは，その藻園内にしか生育していないハタケイトグサを栽培している。ハタケイトグサ群落は1年を通して現存量を維持し，スズメダイに長期間安定な餌資源を提供し (Letourneur *et al.*, 1997; Hata *et al.*, 2002)，さらにその藻園は，世代を超えて継承されていくのだ (Lee & Barlow, 2001)。

6. なわばり性スズメダイ類の共存 ―「単作」と「混作」の藻園―

クロソラスズメダイはハタケイトグサ1種が強く優占した藻園をもつが，スズメダイ類の多くはさまざまな藻類が入り交じった藻園を維持している。アイスズメダイは，クロソラスズメダイと同属で，体サイズも同程度で隣接した場所で藻園をもつ。しかしアイスズメダイの藻類は一見して広い「混作」である。このような「単作」と「混作」の違いにはどのような意味があるのだろうか。これを明らかにするため，クロソラスズメダイとアイスズメダイとの間で，藻

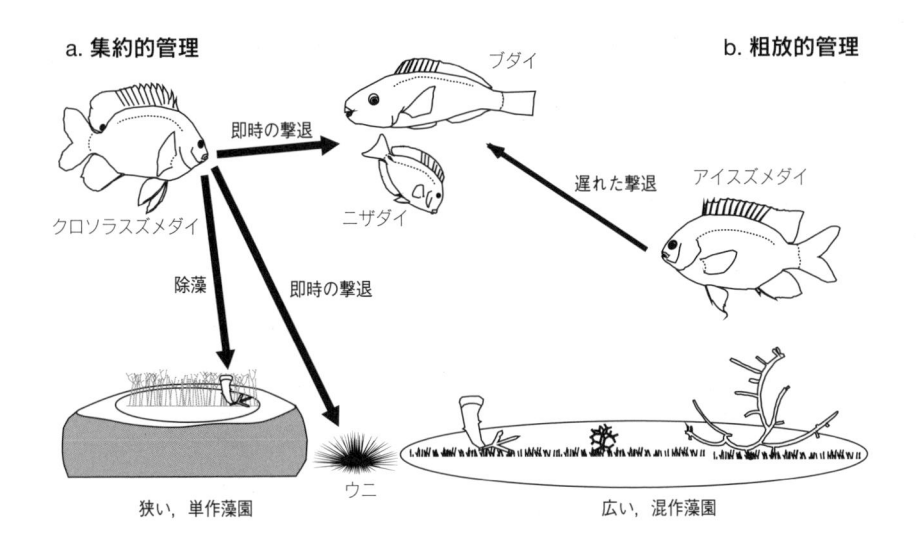

図9 クロソラスズメダイの集約的な藻園管理と，アイスズメダイの粗放的な藻園管理

園の構造やその管理行動を比較した。クロソラスズメダイは，藻類を狙ってなわばりに侵入しようとする藻食魚やウニ類，および同種他個体を徹底的に追い払い，さらに藻園で除藻を行う。このような集約的な管理によって，クロソラスズメダイはハタケイトグサ1種の単作の，単位面積あたり現存量の高い，極めて狭い藻園を維持していることがわかった（図9）。一方，アイスズメダイは除藻を行わず，またなわばりが広いためになわばりに侵入した藻食者への追撃は遅延してしまうことが多かった。このようにアイスズメダイの粗放的な管理によって維持される藻園は，面積は広いものの消化率の低いさまざまな藻類が入り交じった，単位面積あたり現存量の低いものとなっていた（Hata & Kato, 2004）。

　サンゴ礁には多種のなわばり性スズメダイ類が，なわばりとなる場所を巡って競争を繰り広げながら共存している（Robertson, 1996; Ceccarelli et al., 2007）。この藻園管理の多様性は，さまざまなスズメダイが共存できる重要な仕組みを反映しているのではないだろうか。琉球列島には上記の2種に加え，ハナナガスズメダイやスズメダイモドキ，ダンダラスズメダイ，ルリホシスズメダイの6種のスズメダイ類が顕著な藻園をもつ。藻園管理の利益と支出のバランスは，利用できる藻類種の分布やその生理生態特性，競争相手や捕食者の組成や密度，

温度や栄養塩濃度など環境条件等，さまざまな要因で決まっているはずだ (Barlow, 2006; Piperno, 2006)。これらのなわばり性スズメダイ類は，それぞれの藻類利用様式で利益と支出の差が最大となる条件の微環境に特化して共存しているのではないだろうか。実際，海底から立ち上がりのあるひらけた岩礁上面など，日当たりが良くて藻類の生育に適しているが，魚類のグレイザーが接近しやすく，普通はサンゴモに覆われているような場所で，クロソラスズメダイが，それらのグレイザーから防衛し，除藻など集約的な管理を行うことで単作藻園を維持しており，広い面積を利用可能だが，魚類だけでなく強力なグレイザーであるウニも容易に進入できる海底面では，アイスズメダイやダンダラスズメダイが多様な藻類が入り交じった広い藻園を維持しており，そこからさまざまな餌を利用しているようだ。また，絡み合うように伸びた枝サンゴの下部では，グレイザーの侵入が制限されており，ハナナガスズメダイがさまざまな藻類からなる藻園を維持しているのが観察できる。

7. なわばり性スズメダイの新たな役割

なわばり性スズメダイは，そのなわばり内に藻類を繁茂させ一次生産を促し，サンゴ礁生態系に利用可能な有機物量を増加させている (Klumpp et al., 1987; Russ, 1987; Ferreira et al., 1998)。藻園の生産量は，サンゴ礁の底生藻類の全生産量の半分をも占めるという試算もあるほどだ (Ceccarelli et al., 2001)。これらのスズメダイ類は，その藻園の生産物を生態系の消費者や分解者たちに受け渡すという重要な役割を担っているだろう。また藻園の一次生産物は，時にはなわばりに群れをなして侵入する藻食者たちにとっても重要な資源となっている (Russ, 1987)。

またなわばり性スズメダイ類のなかには，イトグサ類と種特異性の高い関係を結んでいるものがあることが明らかとなった。この関係性はサンゴ礁生態系の生物多様性の根底を支える役割を担っているのかもしれない。陸上生態系では，藻類と藻食者との間に高い種特異性があり，それが，陸上における生物の多様性の大半を担う両者の多様化を促進した原動力と考えられているのである (Rausher, 2001; Janz et al., 2006)。水域生態系では，藻類と藻食者との間に種特異性はほとんど知られていなかったが，今後分子データを用いた藻類の詳細な分類や (Knowlton, 2000)，水中ビデオカメラ等を用いた藻食者の行動観察により (Bellwood et al., 2006)，新たな種特異的関係性が明らかにされ，水域生態系

においても藻類と藻食者とのネットワークが描かれていくだろう。

8. 新たなる謎

　サンゴ礁において，スズメダイによる「農業」が発見された。しかし，スズメダイは藻類の播種や移植は行わない。どのように両者の関係は世代を超えて維持されたのか，どのような過程でイトグサは選択され，なわばり外では生存できないほどにスズメダイの藻園に特殊化していったのか。スズメダイに栽培されるイトグサ類は，その生活環のなかに2度の胞子による分散過程（果胞子と四分胞子による分散）を発達させている。イトグサ胞子の海流分散による高い分散能力が，播種なしでも絶え間ない胞子の供給を補償しているのではないだろうか。同様に，多くのキノコシロアリも播種や移植による菌株の垂直伝播を行わず，菌園から生じたキノコ体から放出され風に運ばれ散らばった胞子を利用して菌園を拓く（Aanen et al., 2002; Korb & Aanen, 2003）。また，クロソラスズメダイの藻園は世代を越えて継承されている。すなわち，雄のなわばり内に生み付けられた卵から孵化した浮遊稚魚は，一度外洋に出て分散した後，サンゴ礁に加入し，成魚のなわばりの片隅に定着する（Lee & Barlow, 2001）。そして成長とともにそのなわばりを乗っ取る。こうして藻園は世代を越えて維持されるのだ。その中で，クロソラスズメダイはイトグサの収穫と，イトグサ以外の藻類の除藻を繰り返す。これらが，再生産速度が高く，有用な株の生育を促進し，その選択としてはたらいているのではないだろうか。

　サンゴ礁域は世界中の熱帯，亜熱帯の浅海に広がり，どのサンゴ礁でも藻園を持つスズメダイを見ることができる。クロソラスズメダイも，西はアフリカ東岸や紅海より，東は太平洋中部のフランス領ポリネシアの島々まで分布している（Allen & Emery, 1985）。今までの調査で，西インド洋のモーリシャスや，紅海のエジプト，そしてオーストラリアでも，クロソラスズメダイの藻園のみから琉球列島と同じハタケイトグサが見つかっており，他の海域のクロソラスズメダイの藻園からも，それと極めて近縁なイトグサ種が続々と見つかってきた（Hata et al., 2010）。スズメダイとイトグサとの種特異性は，インド－太平洋を通じて広く維持されているようだ。さらに，東太平洋やカリブ海のスズメダイの藻園内にも，イトグサ類が生育しており，スズメダイによって重要な餌資源として利用されている（Montgomery, 1980; Robertson & Polunin, 1981）。一体この地球のサンゴ礁の，どのような場所で，どのスズメダイ種が，どのよう

な藻類種を，どのように栽培しているのか，スズメダイと藻類との関係性は，互いの進化にどのような影響を与えあってきたのか。また，それらのスズメダイたちはどのように競いあいながらも共に暮らし，各地のサンゴ礁の一次生産を支え，底生動物に住み場所を与えているのか。

スズメダイとイトグサとの栽培共生系の全貌，そしてその進化史については，多くが謎のままである。この謎を解いていくことは，サンゴ礁生態系の成り立ちへの理解を深め，その生物多様性の真の姿に迫ることになろう。サンゴ礁の魅力は増すばかりで，興味は尽きることがない。

引用文献

Aanen, D. K., P. Eggleton, C. Rouland-Lefevre, T. Guldberg-Froslev, S. Rosendahl & J. J. Boomsma. 2002. The evolution of fungus-growing termites and their mutualistic fungal symbionts. *Proceedings of the National Academy of Sciences of the United States of America* **99**: 14887-14892.

Airoldi, L. & M. Virgilio. 1998. Responses of turf-forming algae to spatial variations in the deposition of sediments. *Marine Ecology Progress Series* **165**: 271-282.

Allen, G. R. & A. R. Emery. 1985. A review of the pomacentrid fishes of the genus *Stegastes* from the Indo-Pacific, with descriptions of two new species. *Indo-Pacific Fishes* **3**: 1-31.

Barlow, K. R. 2006. A formal model for predicting agriculture among the Fremont. *In*: Kennett, D. J. & B. Winterhalder (eds.) Behavioral ecology and the transition to agriculture, p. 87-102. University of California Press, California.

Bellwood, D. R., T. P. Hughes & A. S. Hoey. 2006. Sleeping functional group drives coral-reef recovery. *Current Biology* **16**: 2434-2439.

Ceccarelli, D. M. 2007. Modification of benthic communities by territorial damselfish: a multi-species comparison. *Coral Reefs* **26**: 853-866.

Ceccarelli, D. M., G. P. Jones & L. J. McCook. 2001. Territorial damselfishes as determinants of the structure of benthic communities on coral reefs. *Oceanography and Marine Biology an Annual Review* **39**: 355-389.

Choat, J. H. 1991. The biology of herbivorous fishes on coral reefs. *In*: P. F. Sale (ed.) The ecology of fishes on coral reefs, p. 120-155. Academic Press, London.

Connell, J. H. 1978. Diversity in tropical rain forests and coral reefs. *Science* **199**: 1302-1310.

Cruz-Rivera E. & V. J. Paul. 2000. Coral reef benthic cyanobacteria as food and refuge: diversity, chemistry and complex interactions. *Proceedings 9th International Coral Reef Symposium* **1**: 515-520.

Cyr, H. & M. L. Pace. 1993. Magnitude and patterns of herbivory in aquatic and terrestrial ecosystems. *Nature* **361**: 148-150.

Ferreira, C. E., J. E. Gonçalves, R. Coutinho & A. C. Peret. 1998. Herbivory by the dusky damselfish *Stegastes fuscus* (Cuvier, 1830) in a tropical rocky shore: effects on the benthic community. *Journal of Experimental Marine Biology and Ecology* **229**: 241-264.

Fujita, K. & P. Hallock. 1999. A comparison of phytal substrate preferences of *Archaias angulatus* and *Sorites orbiculus* in mixed macroalgal-seagrass beds in Florida Bay. *Journal of Foraminiferal Research* **29**: 143-151.

Galetto, M. J. & D. R. Bellwood. 1994. Digestion of algae by *Stegastes nigricans* and *Amphiprion akindynos* (Pisces: Pomacentridae), with an evaluation of methods used in digestibility studies. *Journal of Fish Biology* **44**: 415-428.

Hata, H. & M. Kato. 2002. Weeding by the herbivorous damselfish *Stegastes nigricans* in nearly monocultural algae farms. *Marine Ecology Progress Series* **237**: 227-231.

Hata, H. & M. Kato. 2003. Demise of monocultural algal farms by exclusion of territorial damselfish. *Marine Ecology Progress Series* **263**: 159-167.

Hata, H. & M. Kato. 2004. Monoculture and mixed-species algal farms on a coral reef are maintained through intensive and extensive management by damselfishes. *Journal of Experimental Marine Biology and Ecology* **313**: 285-296.

Hata, H. & M. Kato. 2006. A novel obligate cultivation mutualism between damselfish and *Polysiphonia* algae. *Biology Letters* **2**: 593-596.

Hata H. & M. Nishihira. 2002. Territorial damselfish enhances multi-species co-existence of foraminifera mediated by biotic habitat structuring. *Journal of Experimental Marine Biology and Ecology* **270**: 215-240.

Hata, H., M. Nishihira & S. Kamura. 2002. Effects of habitat-conditioning by the damselfish *Stegastes nigricans* (Lacepède) on community structure of benthic algae. *Journal of Experimental Marine Biology and Ecology* **280**: 95-116.

Hata, H., K. Watanabe & M. Kato. 2010. Geographic variation in the damselfish-red alga cultivation mutualism in the Indo-West Pacific. *BMC Evolutionary Biology* **10**: 185.

Hay, M. E. 2009. Marine chemical ecology: chemical signals and cues structure marine populations, communities, and ecosystems. *Annual Review of Marine Science* **1**: 193-212.

Hixon, M. A. 1997. Effects of reef fishes on corals and algae. *In*: Birkeland, C. (ed) Life and death of coral reefs, p. 230-248. Chapman and Hall, New York.

Hixon, M. A. & W. N. Brostoff. 1983. Damselfish as keystone species in reverse: intermediate disturbance and diversity of reef algae. *Science* **220**: 511-513.

Hixon, M. A. & W. N. Brostoff. 1996. Succession and herbivory: effects of differential fish grazing on Hawaiian coral-reef algae. *Ecological Monographs* **66**: 67-90.

Janz, N., S. Nylin & N. Wahlberg. 2006. Diversity begets diversity: host expansions and the diversification of plant-feeding insects. *BMC Evolutionary Biology* **6**: 4.

Johnson, D. H. 1980. The comparison of usage and availability measurements for evaluating resource preference. *Ecology* **61**: 65-71.

加藤真　2009. 共生の視点から見た陸上生態系と海洋生態系. 塚本勝巳（編）海と生命：「海の生命観」を求めて, p. 278-296. 東海大学出版会.

Kitazato, H. 1994. Foraminiferal microhabitats in four marine environments around Japan. *Marine Micropaleontology* **24**: 29-41.

Klumpp, D. W., D. McKinnon & P. Daniel. 1987. Damselfish territories: zones of high

productivity on coral reefs. *Marine Ecology Progress Series* **40**: 41-51.
Knowlton, N. 1993. Sibling species in the sea. *Annual Review of Ecology and Systematics* **24**: 189-216.
Knowlton, N. 2000. Molecular genetic analyses of species boundaries in the sea. *Hydrobiologia* **420**: 73-90.
Knowlton, N., R. E. Brainard, R. Fisher, M. Moews, L. Plaisance & M. J. Caley. 2010. Coral reef biodiversity. *In*: A. D. McIntyre (ed.) Life in the world's oceans: diversity, distribution, and abundance, p. 65-77. Blackwell Publishing.
Korb, J. & D. K. Aanen. 2003. The evolution of uniparental transmission of fungal symbionts in fungus-growing termites (Macrotermitinae). *Behavioral Ecology and Sociobiology* **53**: 65-71.
Lee J. S. F. & G. W. Barlow. 2001. Recruiting juvenile damselfish: the process of recruiting into adult colonies in the damselfish Stegastes nigricans. *Acta Ethologica* **4**: 23-29.
Letourneur, Y., R. Galzin & M. Harmelin-Vivien. 1997. Temporal variations in the diet of the damselfish *Stegastes nigricans* (Lacepède) on a Réunion fringing reef. *Journal of Experimental Marine Biology and Ecology* **217**: 1-18.
Lobel, P. S. 1981. Trophic biology of herbivorous reef fishes: alimentary pH and digestive capabilities. *Journal of Fish Biology* **19**: 365-397.
松井健 1989. セミ・ドメスティケイション. 海鳴社.
Montgomery, W. L. 1980. The impact of non-selective grazing by the giant blue damselfish, *Microspathodon dorsalis*, on algal communities in the Gulf of California, Mexico. *Bulletin of Marine Science* **30**: 290-303.
Mueller, U. G., N. M. Gerardo, D. K. Aanen, D. L. Six & T. R. Schultz. 2005. The evolution of agriculture in insects. *Annual Review of Ecology Evolution and Systematics* **36**: 563-595.
中尾佐助 1976. 栽培植物の世界. 中央公論社.
西平守孝 1992. 生物による生息場所の創出と多種共存. 東正彦・安部琢哉 (共編), 地球共生系とは何か, p. 86-100. 平凡社.
西平守孝 1996. 足場の生態学. 平凡社.
Paige, K. N. & T. G. Whitham. 1987. Overcompensation in response to mammalian herbivory: the advantage of being eaten. *American Naturalist* **129**: 407-416.
Paulay, G. 1997. Diversity and distribution of reef organisms. *In*: Birkeland, C. (ed.) Life and death of coral reefs, p. 198-229. Chapman and Hall, New York.
Piperno, D. R. 2006. The origins of plant cultivation and domestication in the neotropics: a behavioral ecological perspective. *In*: Kennett, D. J. & B. Winterhalder (eds.) Behavioral ecology and the transition to agriculture, p. 137-166. University of California Press, California.
Pueschel, C. M. & T. J. Miller. 1996. Reconsidering prey specializations in an algal-limpet grazing mutualism: epithallial cell development in *Clathromorphum circumscriptum* (Rhodophyta, Corallinales). *Journal of Phycology* **32**: 28-36.
Rausher, M. D. 2001. Co-evolution and plant resistance to natural enemies. *Nature* **411**: 857-864.
Rindi, G., M. D. Guiry & F. Cinelli. 1999. Morphology and reproduction of the adventive Mediterranean rhodophyte *Polysiphonia setacea*. *Hydrobiologia* **398/399**: 91-100.

Robertson, D. R. 1996. Interspecific competition controls abundance and habitat use of territorial Caribbean damselfishes. *Ecology* **77**: 885-899.

Robertson, D. R. & N. V. C. Polunin. 1981. Coexistence: symbiotic sharing of feeding territories and algal food by some coral reef fishes from the western Indian Ocean. *Marine Biology* **62**: 185-195.

Russ, G. R. 1987. Is rate of removal of algae by grazers reduced inside territories of tropical damselfishes? *Journal of Experimental Marine Biology and Ecology* **110**: 1-17.

Steneck, R. S. 1982. A limpet-coralline alga association: adaptations and defenses between a selective herbivore and its prey. *Ecology* **63**: 507-522.

高槻成紀　1993. 有蹄類の食性と植物による対被食適応. 鷲谷いづみ・大串隆之（共編）動物と植物の利用しあう関係, p. 104-128. 平凡社.

高槻成紀　1999. 生物多様性の保全を考える－有蹄類の採食と群落の多様性を例に－. 哺乳類科学 **39**: 65-74.

高槻成紀　2005. シカの食性と採食行動. 哺乳類科学 **45**: 85-90.

Vega, F. E. & M. Blackwell. 2005. Insect-fungal associations: ecology and evolution. Oxford University Press, New York. [邦訳：梶尾恒・佐藤大樹・升屋勇人（訳）2007. 昆虫と菌類の関係－その進化と生態－. 共立出版.]

Yamanouchi, H. 1993. Sandy sediments on the coral reef and beach of northwest Sesoko Island, Okinawa. *Galaxea* **11**: 107-133.

コラム1 栽培共生とは

畑 啓生（愛媛大学大学院理工学研究科）

　栽培共生（cultivation mutualismまたはfarming mutualism）とは，ヒトと栽培植物のように，持続的で安定的な食う-食われるという関係を結んだ動物と植物（藻類を含む）との間に，互いに相手を利するような相利共生が生じたものである。ヒトはおよそ一万年前より，少なくとも9か所の起源地で独立に栽培を始めたと考えられるが（中尾, 1966; Diamond, 2002），高度に栽培化されたイネやコムギのような植物は，もはやヒトの管理下でのみ繁茂し，ヒトの関与なしには生きていけない。一方ヒトも，これら栽培植物なしでは多くが生存できない（表1）。

　ヒトが利用する植物には，これら高度に栽培化され繁殖や分散を絶対的にヒトの手に依存する栽培植物から，ヒトとのかかわりが生じる以前よりヒトの居住地近くに繁茂していて，それが持続的に収穫されるようになった半栽培（セミ・ドメスティケイション）の段階にある植物まで，多岐にわたる（中尾, 1976; 松井, 1989）。生物間の共生関係という視点から考えると，ヒトと栽培植物とは，互いに生存を依存しあう絶対共生にあたると考えられる。一方，ヒトと半栽培植物とは，例えば北米のワイルド・ライス *Zizania aquatica* L. が例として挙げられるが，湿原に自生するワイルド・ライスをヒトが持続的に採集し，これを主食として利用してきた（松井, 1989）。このような関係は，ヒトの側が一方的に強く依存するのみで依存度がパートナーの間で非対称であるため，条件的共生にあたると考えられる。スズメダイとイトグサとの関係においては，クロソラスズメダイは，1種のハタケイトグサのみを藻園に繁茂させそれを主に食べる，一方ハタケイトグサもこのスズメダイの藻園にのみ生育し，除藻や防衛という魚による関与がなくなればたちまち消失してしまう。そのため両者は絶対栽培共生にあると考えられる。

　潮間帯のカサガイ類でも，その狭い行動圏内に特定の藻類が繁茂した藻園を持ち，それを収穫し生育するものがある。カサガイは他の藻食者からの防衛や，一定のグレイジング圧をかけ続けるという条件付けによって特定の藻類を繁茂させるが，それら藻類はカサガイの藻園以外にも生育する藻類であるため，こ

表1　絶対栽培共生と条件的栽培共生

	絶対栽培共生	条件的栽培共生
a. ヒトと栽培植物との関係		
ヒトによる働きかけ	播種や移植による生殖管理 耕起, 灌漑など耕地の準備 除草 害虫, 害獣, 病気からの防除 永続的な収穫	脱粒性のあるワイルド・ライスの穂を結び合わせるなど 永続的な収穫
ヒトが得る利益	食料, 生活必需品として強く依存	食料, 生活必需品として強く依存
対象植物が得る利益	繁殖の依存 分散の依存 生息場所の依存	生息場所の拡大
野生型の有無	あり（栽培の起源が約1万年であり, 進化的な時間が短いため？倍数化や染色体の構造変化などを経て人為的に作り出された品種もある）	あり。ヒトによる管理なしでも生育
栽培化の段階	栽培	半栽培
栽培化症候	散布能力の喪失, 利用部位の拡大, 多年生から一年生への変化, 芒や保護組織の退化, 種子休眠性の欠失など	栽培植物と野生植物との間の多様な形質を示す
例	イネ, コムギ	ワイルド・ライス, ノラアズキ
b. スズメダイとイトグサとの関係		
スズメダイによる働きかけ	除藻 藻類の生育に適したなわばりの準備 藻食者からの防衛	藻類の生育に適したなわばりの準備 藻食者からの防衛
スズメダイが得る利益	主要な餌資源	主要な餌資源
イトグサが得る利益	生息場所の依存	生息場所の拡大
野生型の有無	なし	あり
例	クロソラスズメダイとハタケイトグサ	スズメダイモドキとその藻園に繁茂するイトグサsp.3

れらの関係は条件的栽培共生と言えよう。

　生物界にはほかに, 菌類を栽培するものとして, 昆虫類のキノコアリ, キノコシロアリ, 養菌キクイムシ, そして塩性湿地に生息するウズラタマキビ属の1種 *Littoraria irrorata* (Say) が知られる (Silliman & Newell, 2003)。また, 社会

性アメーバ,キイロタマホコリカビ *Dictyostelium discoideum* Raper によるバクテリアの栽培が新たに発見された (Brock *et al.*, 2011)。昆虫類によるキノコ栽培においては,一部の祖先的なキノコアリを除いてパートナーの巣外で自由生活する菌類が見つかっておらず,絶対栽培共生というべき関係にあると言える。一方,タマキビや社会性アメーバでは,自らの移動に伴いパートナーを新たな基質へと運ぶ移植を行うが,パートナーの方はそれらの関与なしでも遍在しているため,これらの関係は条件的栽培共生と言うことができるだろう。ただし,ヒトと栽培植物の場合,播種や移植が伴うかどうかを栽培と半栽培との違いとすることもある (松井, 1989)。

引用文献

Brock, D. A., T. E. Douglas, D. C. Queller & J. E. Strassmann. 2011. Primitive agriculture in a social amoeba. *Nature* **469**: 393-396.

Diamond, J. 2002. Evolution, consequences and future of plant and animal domestication. *Nature* **418**: 700-707.

松井健　1989. セミ・ドメスティケイション. 海鳴社.

中尾佐助　1966. 栽培植物と農耕の起源. 岩波新書.

Silliman, B. & S. Newell. 2003. Fungal farming in a snail. *Proceedings of the National Academy of Sciences of the United States of America* **100**: 15643-15648.

第7章　花の匂いが結ぶ植物と送粉者のパートナーシップ

岡本朋子（京都大学大学院 人間・環境学研究科）

1. 花の匂いについて

　夜道を歩く。するとどこからともなく甘い匂いが漂ってくる。辺りを見渡すと暗闇に咲く花が目にとまる。それは初春であれば薄桃色のジンチョウゲ *Daphne odora*，秋であれば橙色のキンモクセイ *Osmanthus fragrans* var. *aurantiacus* かもしれない。これらはどちらも中国が原産の植物で，種小名の"odora"と"fragrans"は，ラテン語でそれぞれ"芳香のある，よい匂い"という意味である。ジンチョウゲは15世紀ごろ，キンモクセイは17世紀ごろに花の匂いを賞するために日本に持ち込まれたといわれている。

　では突然ではあるが，この2種の匂いを思い出し，それを誰かに伝えるために表現してみてほしい。キンモクセイの匂いはかつて頻繁に使用された"トイレの芳香剤"という表現ができるかもしれない。ではジンチョウゲはどうだろう？　シンプルに言うなら「甘く，鼻をつくほど強い」だろうか。けれど，これではどのような匂いか的確に想像できないだろう。この表現にどんな言葉を飾れば，匂いは適切に伝わるのかと，私はいつも悩んでしまう。バラ *Rosa* やラベンダー *Lavandula angustifolia* やバニラ *Vanilla planifolia* といった誰もが知る匂いを除いて，その匂いを正確に他者に伝え，イメージさせることはとても難しい。しかし匂いの正体を知るとそれも納得できてしまう。というのは，"匂い"は分子量が30〜300程度の揮発性の高い化学物質が10〜100以上集まった混合物だからである（Knudsen *et al.*, 2006）。例えばコーヒーの芳しい匂いの中には優に100を超える物質が含まれ，ラベンダーの花の匂いには40以上の物質が含まれている（Wang *et al.*, 1983; An *et al.*, 2001）。また，それらの物質は等量ずつ含まれているわけではなく，さまざまな割合で存在し，その組成比の違いやそれぞれの濃度の違いで匂いの感じはずいぶんと異なる。

　有名な例はインドールという物質で，濃度が高い場合には「fecal（糞便のよう）」と表されるが，濃度が低い場合には一転して「floral（花のよう）」に

なり，実際にインドールは動物の糞と花の両方から検出され，香料としても使用されている（Dobson, 2006）。「この花からはインドールが放出されています」と言われた場合に想像すべきは，糞の匂いか花の匂いか，非常に悩ましいところである。

電話の発明で有名な聴覚研究者アレクサンダー・グレアム・ベル Alexander Graham Bell は 1914 年のナショナルジオグラフィック誌に "If you are ambitious to found a new science, measure a smell.（もし新たな科学の発見を切望するなら，匂いを測れ）" と述べた（Bell, 1914）。物質を分離，精製するクロマトグラフィーの技術が提唱されたのが 1903 年，当時はまだ色素のような重い物質しか扱えなかった時代だ。ここ 50 年の間で揮発性物質の化学分析技術は著しく向上し，匂いを量的・質的に測れるようになったことで，生物間相互作用における匂いの役割は徐々に解明されつつある。植物が植食者に食べられた時に放出する匂いは，植食者の天敵を呼び寄せ，間接的な防御に役立っていることが解明された（Dicke, 1999）。また，ダーウィンの時代から信じられてきた，花の匂いがもつ送粉者の誘引効果については，近年物質レベルでようやく解明されつつある（Terry et al., 2007; Chen et al., 2009）。ここでは化学分析に関して（ど）素人だった私が修士課程から博士課程にかけて行った研究の一部を例に，花の匂いに対してどのように研究に取り組んできたかについて紹介していきたい。

2. 花の匂いとの出会い

私が元々花の匂いに興味があったのかというと決してそうではない。むしろ高校生の頃は化学が大の苦手だったし，鼻が利くせいか，香水やアロマオイルの強い匂いの類いは鼻が痛くなってしまい得意でなかった。また昆虫も苦手で，春先に縄張りを主張してホバリングする雄のキムネクマバチ *Xylocopa appendiculata circumvolans* を見ては，針がないことなども知らずに心底脅えていた。

ところが，学部 3 年生の時，生態学の授業でラン科植物の送粉システムの映像を観たことがきっかけで，昆虫を引き寄せる花の匂いに強く興味を持つようになった。恥ずかしながら，それまではランといえば，花屋の店先で他の花々とは明らかに一線を画した扱いを受ける高級な植物，という認識しかなく，すべてがコチョウラン *Phalaenopsis* のように大きく派手な花を咲かせると思い込

んでいた。しかし，その授業の映像でとりあげられていたランは，*Drakaea glyptodon* という種で，お世辞にも華やかとはいえないものだった。花弁は緑色でひょろりとしており，ランの花の中で最も華やかと思っていた唇弁の部分が，濃紫色の塊状になっている。*Drakaea* 属のランはオーストラリアに生育し，その多くが"ハンマーオーキッド（「オーキッド」はランを指す）"と呼ばれるが（口絵9参照），ハンマーの由縁は送粉者であるコツチバチ科のハチがやって来ることで明らかになる。その映像は以下のようなものだった。

　開花中のハンマーオーキッドに，どこからともなく雄のコツチバチがやって来て，唇弁に必死にしがみつく。そのまま雄は飛び立とうとするが，唇弁は植物体から外れないため，唇弁を抱えたまま暴れ回ることになる。唇弁の基部は柔軟な構造になっており，コツチバチが暴れることで，まるで釘を打ち付けるハンマーのように上下に大きく振れる。最も高く振れたところには花粉を携えた蕊柱が待ちかまえており，唇弁を抱えたコツチバチの背中に付着するしくみになっている。あとは過ちに気づいたコツチバチが飛び立ち，他の花に訪れれば，同じしくみで背中に付いた花粉が柱頭に付着し，受粉が完了する。ここで不思議なのは，なぜ雄のコツチバチが，蜜も出さないハンマーオーキッドの花に執着するのかということだ。驚いたことに彼らはハンマーオーキッドの唇弁を自身の運命の相手と勘違いしているらしい。

　コツチバチの雌は翅がないまま性成熟をする（幼形成熟）ため，広範囲に動きまわって交配相手を見つけることができない。そのため，見つけてもらいやすいように，植物の茎によじ上り，そこで雄を誘引する性フェロモンを放出して，雄に自分の存在をアピールする。フェロモンをキャッチした雄は，雌を探し当て，その体を掴んで飛び立つのだ。つまり，ハンマーオーキッドは，唇弁の色と形を雌に似せて，まるで雌が茎にしがみついているかのように見せかけ，さらに花からコツチバチのフェロモンと同じ物質を放出することで，視覚と嗅覚の両方で雄を騙しているのだ。このように報酬なしに送粉者を騙して受粉を行う送粉様式を騙し送粉 Deceptive pollination という（Jersáková *et al.*, 2006）。

　その映像を見てからというもの，植物を見る目がすっかり変わってしまった。美しい花を咲かせ人々の心を魅了する一方で，人目ならぬ人鼻を忍んでとんでもないことをやってのけているのではないか？と，植物に対して疑いの目を向けるようになった。このような気持ちはどんどん膨らんでいき，気がつくと植物が作り出す目に見えない花の匂いの世界に夢中になってしまっていた。

3. カンコノキ属植物との出会いと大学院への進学

　2003年，送粉共生系に魅せられた私は，大学院でどこの研究室に進学するか悩んでいた。花の匂いを研究するであれば，化学分析を基礎からしっかりと学べる研究室に行く必要がある。けれど私自身は化学分析だけでなく，植物と送粉者の関係を紐解くフィールドワークを基礎とした研究もしたいと考えていた。当時は学術的に何がおもしろいとか，研究の将来性などを深く考えていたわけではなく，ただ自分自身がわくわくできる送粉共生系を扱いたいと考えていた。そんな系を自力で見つける術もなかった私は，植物と昆虫の送粉共生に関するナチュラルヒストリーの知識が充実した研究室に進学すれば何か見つかるのではないかと期待していた。さてどうしたものかと悩んでいた時，「Proceedings of the National Academy of Sciences (PNAS)」という雑誌にコミカンソウ科 Phyllanthaceae のカンコノキ属 *Glochidion* 植物の送粉様式に関するとても興味深い論文が掲載された（Kato *et al.*, 2003）。この論文では日本に生育するカンコノキ属5種のうちの3種を対象に綿密な野外観察と実験によって送粉様式を明らかにしていた。

　カンコノキ属は，アジアからオセアニアにかけての熱帯，亜熱帯域を中心に300種以上が分布しており，すべての種が雌花と雄花を1つの個体の中で別々に咲かせる雌雄異花同株の木本植物である。このうち，亜熱帯から温帯の日本まで北上したのは5種で，すなわちカンコノキ属の北限種である。沖縄本島以北に分布し，日本の固有種であるカンコノキ *G. obovatum* を除いた4種は琉球列島以南でしか見ることができないため，見たことがあるという方は少ないのではないだろうか。また，和名中のカンコは，実の形を唐菓子の1つである扁平な形をした"餲餬"に例えたものとする説などがあるが（前川, 1994），餲餬は現代の日本では目にすることがないため，名前からその姿を想像するのは容易ではないだろう。加えて，被子植物の中でもカンコノキの花は特筆に値するほど地味である。葉腋に数個から十数個つく花は花弁を失っており，黄緑色で1cmにも満たない。雄花は6枚の萼片を備えており，開花時には外側に向かって開くため，一見して開花しているかどうかがわかるが，雌花の萼片は，先のすぼまった柱頭を覆い隠すように閉じているため，開花中の姿はまるで蕾のようである（図1-a）。このような理由からか，日本でのカンコノキの知名度はさほど高くない。また，あまりにも地味な花の形態からか，雑多な小型の昆虫（ハナアブやアリ）が送粉すると報告されたこともある（Waldren *et al.*, 1995）。

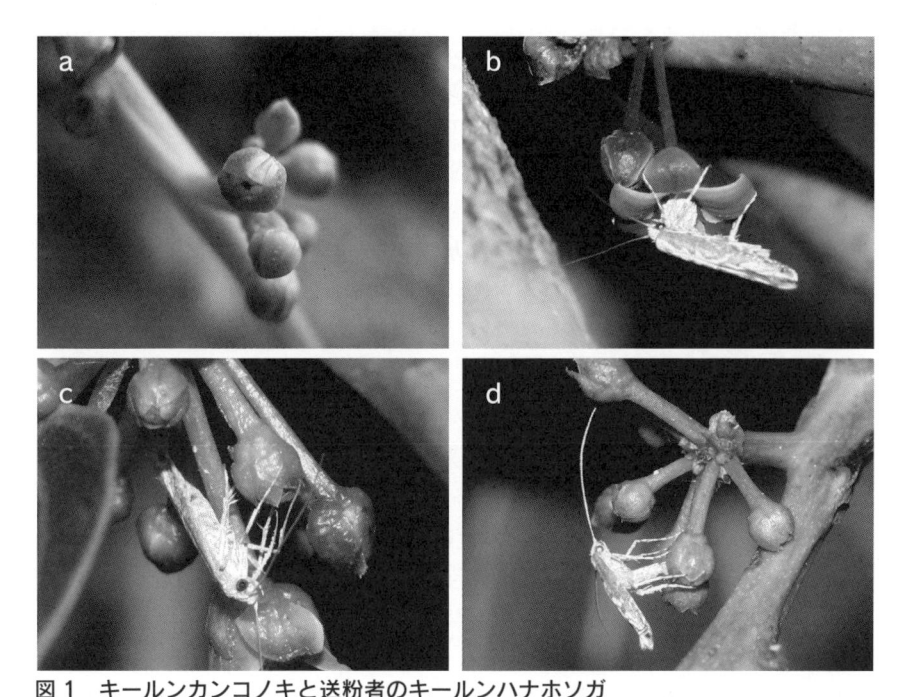

図1 キールンカンコノキと送粉者のキールンハナホソガ
a：開花中の雌花。癒合した花柱の先端が開いており，開花中であることがわかる。b：キールンハナホソガの雌が雄花で花粉を集めているところ。口吻を花粉にこすりつけている。c：花粉の隙間に口吻を差し込み，授粉しているところ。花粉がたくさんついた口吻が太く見えている。d：授粉した雌花に産卵をしているところ。腹部を折り曲げて，産卵管を花に刺している。

　この論文によって明らかにしていたカンコノキ属の送粉様式は，驚くべき巧妙なしくみで成り立っていた。先に少しだけ種明かしをしてしまうと，カンコノキはホソガ科のハナホソガ属に属する体長が1 cm弱の小さな蛾によって花粉が運ばれる。このように，"ハナホソガによって花粉が雄花から雌花へ届けられる"という一連の流れは，それだけを記述するとありふれたものに感じてしまうが，詳細を記すと，この送粉共生系がいかに驚くべきものであるかがわかる。

　ハナホソガははじめに雄花へ訪れ，自らの口吻を使って懸命に花粉を集める。この時，口吻を何度も伸ばしたり巻いたりして，花粉をまんべんなく付着させる。その後雌花を訪れ，雄花で集めた花粉を花柱の内側にこすりつけ，授粉を行う。さらに自分で授粉させた花に卵を1つだけ産みつけて，また別の雌花を訪れ授粉と産卵を行うことを繰り返すのだ（図1-d）。雌花に産みつけられたハ

ナホソガの卵はやがて孵化し，成長するカンコノキ属の胚珠だけを食べて成虫になる．すなわち，ここでカンコノキ属から支払われるハナホソガの送粉の報酬は，幼虫が成長するための餌である胚珠の一部だ．幼虫は種子を食べ尽くさずに一部を残すため，植物もきちんと種を残すことができる．さらに驚いたことに，1種のカンコノキ属植物には，特定の1種のハナホソガしか訪れないらしい．つまり，カンコノキとハナホソガの両者が，繁殖して子孫を残すためには，お互いに頼り合わなければならないのだ．このように植物と送粉者が繁殖を依存し合った系を絶対送粉共生系 Obligate pollination mutualism という．

この論文に花の匂いの記述はなかったが，あまりにもうまくできすぎた送粉様式と，夜に繰り広げられるハナホソガの複雑な行動には，先述したハンマーオーキッドのように"匂い"の存在を感じずにはおれなかった．ハナホソガは夜の闇の中でどのようにして1種のカンコノキを見つけ出し，雄花と雌花を見分けて利用しているのか？　実はカンコノキからは強烈な匂いが放たれていて，ハナホソガを誘い寄せ，雄花へ雌花へと巧みに操っているのではないだろうか？　と，どんどん妄想がふくらんだ．

妄想に現実味を与えたいと思い，匂いに関する情報を求めて試しに植物図鑑をめくってみた．蛾が花を訪れるスイカズラ *Lonicera japonica* などは夜間に強い匂いが放出されると記述されることが多く，また先述したように，花の匂いが特徴的な植物は，学名の中に"匂い"を意味する言葉が使われることもある．しかし，残念なことにカンコノキ属の花の匂いに関する記述はまったくなかった．次は学術論文をあたってみたが，やはり花の匂いに関するものは見当たらない．こうなったら自分の鼻で確かめるしかない，と先の論文の著者である加藤真先生に連絡を取ってみると，なんとフィールドワークに同行させていただけることになったのだ．

向かったのはウラジロカンコノキ *Glochidion acuminatum* がちょうど花期の全盛を迎える5月の奄美大島だった．到着後初めて対面するウラジロカンコノキの花に，期待いっぱいに顔を近づけ息を吸い込んでみたものの，残念なことに，特に際立った匂いがするわけではなかった．観察を続け，日が暮れ始め辺りが薄暗くなる頃になると，梅雨によって水分をたくさん含んだ空気は急激に冷やされ，山はあっという間に霧で覆われてしまった．それと同時に，突然甘く爽やかな匂いが立ちこめはじめた．その様子はまるで森から現われた目に見えぬものの怪に出会ったようだった．今でもその様子は記憶にはっきりと焼き付いている．それほどまでに匂いの現れ方が印象的だったのだ．夜になると突

然匂いを放つウラジロカンコノキを目（鼻？）のあたりにして，ハナホソガは匂いを用いてカンコノキを訪れているに違いないという妄想が，少しだけ現実味を帯びてきた。私は加藤真先生の研究室に進学し，カンコノキ属植物の花の匂いの研究を行うことに決めた。

4. 仮説をたててみる

奄美大島でカンコノキの花の匂いとのドラマチックな出会いをした後，ひとまずいくつかの仮説をたてて，それらを1つずつ検証していく方針で研究を始めることにした。同所的に生育するカンコノキは，それぞれが特定の1種のハナホソガと厳密なパートナーシップを持っていることが当時の研究で明らかになっていた（Kawakita & Kato, 2006）。ハナホソガが特定の1種のカンコノキを訪れるためには，なんらかの情報を使って寄主となるカンコノキと寄主ではないカンコノキとを区別しなければならないはずである。ハナホソガは夜間にカンコノキの授粉を行うことを考えると，花の色や形といった視覚情報よりもむしろ嗅覚情報である花の匂いを用いている可能性が高いと予測される。この予測が合っていれば，ハナホソガは花の匂いだけで寄主のカンコノキを訪れられるだけでなく，他種との区別までできるはずである。

そこで，まず，①花の匂いを提示すれば，視覚情報を遮った状態でも，ハナホソガは寄主植物を訪れることができる。②同様に，花の匂いによって寄主とそうでない植物を区別することができる。という2つの仮説を立てて実験を行い，その結果をふまえて，さらに③ハナホソガの寄主認識が花の匂いによって行われているなら，カンコノキの花の匂いは種間で異なるはずである。という仮説をたてて検証を試みることにした。

5. 花の匂いに対するハナホソガの反応 — Y字管実験 —

5.1. Y字管実験とは

まず1つめと2つめの仮説を検証するために，カンコノキの花の匂いに対するハナホソガの反応を見てみることにした。沖縄県の石垣島には少なくとも3種のカンコノキが同所的に生育している。ハナホソガにとって，2種のカンコノキを識別する状況が多くあることを条件とすると，葉が重なり合うほど近接して生育するヒラミカンコノキ *Glochidion rubrum* とキールンカンコノキ

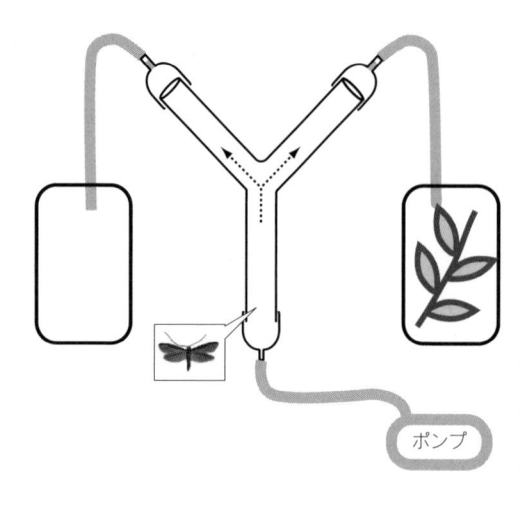

図2　Y字管実験の模式図
Y字の腕の部分にそれぞれ匂いの元になるものをつなぎ，軸の方から空気を吸引する．図中の矢印はハナホソガが移動する方向．

Glochidion lanceolatum が適切であると考え，この2種を用いて実験を行うことにした．ここで行った実験は，2種の匂いを提示して，ハナホソガにどちらかを選んでもらうといういたってシンプルなものだ．この実験に必要なものは，生きたハナホソガと，提示すべき匂いのサンプル，そしてハナホソガに匂いを提示するための装置（Y字管）である（図2）．Y字管はその名の通り，アルファベットのYの字の形をしたもので，ガラスでできている．上に伸びた2本の腕 branch の先端部に，提示したい匂いを置き，Y字の下方 stem からハナホソガを投入する．そして空気を上から下へと送気することで，ハナホソガに向かって2種の匂いが提示されるしくみだ．空気を一方から一方へと送気するシステムをオルファクトメーター olfactometer と呼ぶため，Y字管はしばしば Y-tube olfactometer と記される．

5.2. Y字管実験の手順

実験自体は非常にシンプルであるが，初めてということもあり，作業は手探りで進めていった．まず実験をするにあたって，ハナホソガのサイズを考慮してY字管を設計することから始まった．基本的にY字管は国内での既製品がほとんどないため，全体のサイズや太さ，Y字の2本の腕の分岐点の角度などを細かく設定しなければならなかった．Y字管実験は，これまでに陸から海までさまざまな生物で行われ，論文も数多く出版されているので，それらを参考に作成することにした．ハナホソガほどの大きさの昆虫を用いた実験では，腕と軸の長さがそれぞれ 10〜15 cm，腕と腕の間の角度が 100〜120 度，管の内

径が2cm程度のY字管がよく用いられたため，似たようなものを設計した。

Y字管が準備できれば次は実験に用いる昆虫の準備である。これも用いる昆虫によって準備の仕方はさまざまだが，幸いハナホソガは，成熟寸前のカンコノキの実を採集してケースに入れておけば，実から終齢幼虫が出てきてケース内で蛹化してくれる。蛹化期間は種によって異なるが，今回実験で用いたキールンカンコノキのハナホソガでは，室温で2週間前後であった。交尾行動がハナホソガの化学物質感受性と行動にどれだけ影響があるのかが明らかでなかったため，羽化した個体は雄と雌を隔離し，できるだけすぐに実験を行った。ちなみに，ハナホソガの雄と雌の識別は，顕微鏡がなくても肉眼で行える。雄には腹部の先端にバルバvalvaという翼状の突起が存在し，交尾の際に雌をしっかりと掴む把握器の役割をしている。よって，腹部の先端をよく観察し，丸みを帯びていれば雄，先に向かって滑らかに細くなっていれば雌である。

十分な量のハナホソガが準備できたので，次はいよいよY字管を使っての実験だ。温度や湿度など，実験の条件によって昆虫がうまく動いてくれないこともあるので，予備的に数回条件を変えて実験を行った。例えばハナホソガの場合，室内の温度が低い場合全く動いてくれないので，常に温度は28℃以上を保つ必要があった。また，夜間の実験では光によって攪乱が起こりやすくなる傾向が見られたため，できるだけ暗く光の差し込まない部屋で行う必要もあった。もちろんY字の右と左で明るさに差が出てはいけないので，結局はカーテンを締めきった部屋で夜な夜な実験をすることにした。

ここまで準備が整えば，あとは実験をするのみである。あらかじめエアポンプの流量を毎分20 mlに設定しておき，ハナホソガをY字管に投入した。すると，すぐにハナホソガは触角をぐるぐると回したり，左右を交互に上下運動させたりしはじめた。その後多くが30秒もたたないうちにY字管の中を風上に向かって歩きはじめ，そのままY字管のどちらかの腕に移動をした。腕の先に到達するとそれ以上は進めないので，混乱したように管の中をうろうろするが，やがて立ち止まる。この時，その場で最低30秒以上留まればハナホソガはそちらを選択したとみなした。ただし，すべての個体がうまく反応するわけではなく，Y字管の腕の中をうろうろし続けて分岐点のあたりまで戻ってしまったり，スタート地点に戻ったり，またスタート地点から全く動かない個体などもいる。その場合は10分間観察を続け，それでもどちらも選択しなかった場合は，反応なしの個体として記録した。一度実験に用いた個体は二度と実験には使用せずにそれぞれに番号を付け，ハナホソガの性別と実験結果を記し

た後に，種同定用の乾燥標本として保存した。

5.3. 寄主植物の花の匂いに対するハナホソガの反応

まず1つめにあげた"視覚情報を遮った状態でも，花の匂いがあればハナホソガは寄主植物を訪れることができるはずである"という仮説に対しては，2段階の実験を行って検証することにした。初めにキールンカンコノキのハナホソガに対して，Y字管の一方に何も入れず空気のみ，もう一方にキールンカンコノキの花と葉がついた枝をそれぞれ提示した。ただしこの実験では，たとえハナホソガがキールンカンコノキの匂いを選んだとしても，匂いのしない方を選ばなかっただけで，匂いがあれば寄主植物のものでなくてもよいという可能性が残ってしまう。そこで，続いては，一方にキールンカンコノキの花と葉がついた枝を，もう一方には，花がついていない葉と枝だけの匂いをハナホソガに提示した。

空気のみとキールンカンコノキの匂いを提示した1つめの実験では，ハナホソガ83個体中68個体と，有意にキールンカンコノキの匂いを選ぶことがわかった（二項検定 $p<0.001$）。続く2つめの実験では，62個体中49個体と，有意に花のついた枝を選ぶことが明らかになった（二項検定 $p<0.001$）。

2つめにあげた"花の匂いによって寄主とそうでない植物を区別することができる"という仮説に対しては，寄主であるキールンカンコノキと，同所的に生育する寄主ではないヒラミカンコノキの匂いを提示することで検証を行った。実験の結果，ハナホソガ76個体中59個体と，寄主であるキールンカンコノキの匂いを選ぶことが明らかになった（二項検定 $p<0.001$；図3）。

やはり，夜の森で嗅いだカンコノキの花の匂いには，送粉者である1種のハナホソガを花へ導くための重要な役割があったのだ。それまで妄想にすぎなかった私の考えは，このY字管実験を通じてようやく現実となった。同時に，カンコノキの花の匂いの研究を続けられるという安堵感を得ることができた。

5.4. Y字管実験以外のバイオアッセイ

Y字管実験は大掛かりな実験装置や難しい知識を必要とせず，予備実験を行って実験条件の設定さえ行えれば，どこでも簡単に行える。現在花の匂いだけでなく，嗅覚シグナルと動物の行動について疑問を持っている方は，知識や技術が相当必要な化学分析にまず挑戦するのではなく，是非このような簡単な行動実験から始めてみてほしい。

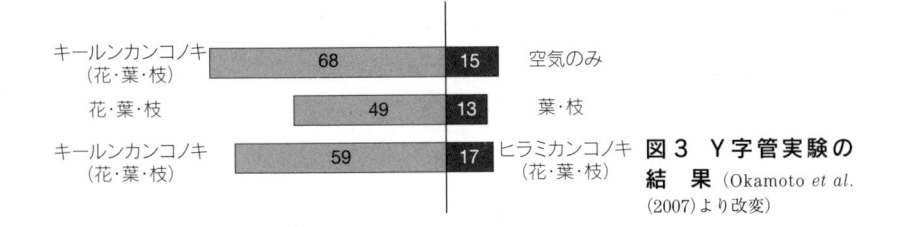

キールンカンコノキ (花・葉・枝)	68	15	空気のみ
花・葉・枝	49	13	葉・枝
キールンカンコノキ (花・葉・枝)	59	17	ヒラミカンコノキ (花・葉・枝)

図3　Y字管実験の結果（Okamoto et al. (2007)より改変）

　昆虫の嗅覚に関する実験は，このようなY字管実験以外にもさまざまなものがある。例えば，Y字の分岐をつくらず，化学物質を含んだ空気を一方向に送り，風下に置かれた昆虫の反応を見る風洞実験 wind tunnel bioassay がある (Du et al., 1996; Fukushima et al., 2002 など)。提示した化学物質に誘引性があれば，昆虫は風上へ移動する。Y字管実験は2種の匂いを同時に提示するため，例えばその昆虫が一方の匂いに忌避性を示す場合，好きでも嫌いでもないもう一方を選んでしまうことになる。つまり，あたかも一方の物質に誘引性があるかのような結果になってしまうため，Y字管実験で提示する2つの物質は，あらかじめ忌避反応を示さないか調べておく必要がある。ただ単純に，ある物質に誘引性があるかどうかを調べたいなら，風洞実験でも十分な場合が多い。

　ある匂いに対する昆虫の誘引性を調べるものは，野外での誘引トラップを用いた実験もあげられる。誘引トラップはさまざまな形のものがあるが，基本的には匂いの元になるものを置き，そこに誘引されてきた昆虫を捕まえるしくみになっていればよい。捕虫する仕掛けは，粘性の高いとりもちにトラップするものや，特殊な容器に昆虫を落とし込むものなどさまざまである。(Svensson et al., 2004 など)。

　また，化学物質に対する行動ではなく，感知能力があるかどうかを調べることもある。これは，昆虫の触角に直接化学物質を吹きつけ，その電気的な反応を見る方法 (Electroantennography; EAG や Electroantennographic detection analysis; GC-EAD) があげられるが，昆虫の触角が示す微量の電気反応を検出するためには特殊な実験設備が必要になる。また，ある化学物質に対する感知能力の有無については明らかにできるが，その物質が引き起こす忌避や誘引等の行動については明らかにできないといった側面があるため，最近ではY字管実験などと組み合わせて行われることが多い (Brodmann et al., 2008; Svensson et al., 2010 など)。

6. 花の匂いのプロファイル作成

　Y字管実験によって，ハナホソガは寄主であるカンコノキの花の匂いを用いて寄主を選別していることが示された。続いては，ハナホソガが寄主認識に花の匂いを利用しているならば，花の匂いはカンコノキの種によって異なっているはずである，という3つ目の仮説を検証することにした。花の匂いを種間で比較するためには，とにかく花の匂いを捕集し，化学的に分析を行い，どのような物質が何種類集まり，またそれぞれの物質はどんな割合で含まれているのかといった，花の匂いの"プロファイル"を種ごとに作成することが必要である。そこで，とにかく花の匂いの捕集と分析を試みることにした（ここでは割愛するが，実は捕集と分析技術の習得にはかなり苦戦した）。

　花の匂いは分子量が軽く揮発性に富んだ化学物質が複数集まって構成されている。匂い物質として知られるほとんどが，その生合成過程の違いによってテルペノイド，ベンゼノイド，不飽和脂肪酸由来物質に分けられる。花を構成する花被片や葯などの細胞内（色素体など）で生成し，大気中に放出された物質は，空気中を漂うことで遠く離れた動物たちに届けられる。それはまるで遠くの相手に呼びかける声のような働きをすることから，匂いはしばしば植物の言葉に例えられる。

　花が発する化学物質を捕集するためには，破砕した花を溶媒に浸し，花自身が持っている化学物質を溶出させる方法や，花を袋やガラス容器などで覆ってその中に充満した化学物質を吸着剤に吸着させる方法（ダイナミックヘッドスペース法：第12章参照）などを用いる（Raguso & Pellmyr, 1998）。前者の場合は細胞内に有する化学物質も含めて網羅的に検出でき，後者の場合は細胞から放出された化学物質のみが検出の対象となるため，何を調べたいかによって手法を選ぶ必要がある。ハナホソガはカンコノキの花から放出された化学物質を触角で受け取ると考えられるため，花の匂いのプロファイルは，大気中に放出される物質を捕集する後者の方法が望ましい。そこで，ダイナミックヘッドスペース法で花の匂いを捕集し，それらをガスクロマトグラフ質量分析計（Gas chromatography-mass spectrometry; GC/MS）で定性的に分析する方法を用いることにした

　種間で花の匂いの比較を行うには，1種以上を対象に匂いのサンプリングをしなければならない。幸い日本には琉球列島を中心に5種のカンコノキが分布しているので，これらを対象にすることにした。カンコノキは木本植物のため，

野外で根ごと採って実験室下で栽培し，花を咲かせることは容易ではない。そのため，北は和歌山県から南は台湾まで，花の匂いの捕集に必要なポンプなどを背負って調査に出かけることになった。また，個体から花だけを摘み取って室内で捕集する方法もあるが，カンコノキで花だけを切ることが，どの程度匂いの質に影響を与えるかがわからなかったため，野外で直接捕集を行うことにした。カンコノキは林縁などの比較的明るいところに生育するため，調査地でも道路沿いなどでよく見かける。道路沿いはアクセスが容易であるが，花の匂いのサンプリングを行うと，車の排気ガスや，近所の牧場臭などが混入し悩まされることも多かった。また，捕集中に豪雨に見舞われ，吸着剤が濡れてダメになってしまうこともあった。このように野外での匂いの捕集は失敗に失敗を重ね試行錯誤の繰り返しを強いられた。けれど今ではこの経験が糧となって，どんな状況でも匂いが捕集できるという自信につながった。

捕集後のサンプルは研究室に持ち帰り，ガスクロマトグラフ質量分析計で定性的な分析を行った（詳しくは第12章参照）。その結果明らかになったカンコノキの匂いは以下のようなものだった。

カンコノキ属5種からは，合計42種の匂い物質が検出され，同定ができなかったものを除くとその多くがテルペノイドに属し，一部がベンゼノイドであった（Okamoto et al., 2007）。蛾によって花粉が運ばれる植物の多くは，リナロールやネロリドールなどの非環式テルペノイドと比較的単純なベンゼノイド（酢酸ベンジルやサリチル酸メチルなど）をもつものが多く，中には炭素数10のモノテルペンが90％以上を占める場合などもある。また，これらの匂いは，多くが心地よいpleasant，甘いsweetといったいわゆる"いい匂い"といった印象であり，また白い花弁を持つ多くの蛾媒花から放たれることから"White floral scent"と言われる（Knudsen & Tollsten, 1993）。カンコノキが放つ匂いも甘く心地いい匂いであったが，蛾媒のガンピ *Diplomorpha sikokiana*（ジンチョウゲ科）やクチナシ *Cyperus brevifolius*（アカネ科）などと比べると非常に爽やかな印象が強い。確かにプロファイル上でも，カンコノキは炭素数15のセスキテルペン類が多く，また環式のものが多くを占める点では，典型的な蛾媒花の匂いとは少し異なっているように感じる。しかしながら，多くの蛾媒花と共通する特徴もみられる。例えば，ヒラミカンコノキの花の匂いを昼と夜で捕集し，分析してみると，ハナホソガが活発に動き始める夕方～夜にかけて匂いの放出量が昼間に比べると劇的に多いことがわかる（岡本，未発表）。このように，送粉者の活動時間に合わせて花の匂いの放出が多くなるのは，比較的よく

知られている現象である（Loughrin et al., 1991; Miyake et al., 1998 など）。

7. 花の匂いを種間で比較する

　サンプルごとに匂いのプロファイルを作成することができたので，次はカンコノキの匂いが種ごとに違っているかどうかを評価することにした。花の匂いが種ごとに違うかどうか？と判断する場合，どこに基準をおいてどのように評価をするのか，という問題はこれまでに多くの研究者たちを悩ませてきた。例えば，ある生物に対する何らかの行動に注目した場合，それがたった1つの物質で制御されているならば，その物質の有無に注目することで，匂いの種間差が記述できるかもしれない。しかし，実際には行動を制御する物質が2つ以上存在するだけでなく，それらの割合によって行動が制御されることもあり，単純には比較できない場合が多い。

　ここで便利なのが，生物群集の類似性を評価する際に用いられる多変量解析の手法である。生物群集の比較には，群集の分類を行い，それらを座標に位置づける。これによって，群集に含まれるさまざまな情報を簡略化し，視覚的にとらえることができる。匂いと生物群集のデータは一見して共通性がないようにも思えるが，よくよく見ると"ある匂いのサンプルに存在する化合物の量や割合"といった匂いのデータは，"ある地点に存在する生物種の個体数や割合"という地点と種の2次元変量を含んだデータとよく似ていることに気付く。つまり，地点が匂いのサンプルに，生物種が匂い物質にあたる。生物群集の分類と座標づけの方法はこれまでに数多くが提唱されてきたが，ここでは正規性に基づかない匂いのデータを解析するのに適した方法の一例のみを示す。

　手順としてはまずサンプル間の匂いの違い（非類似度）を求め，その結果をわかりやすく表現するために，2次元の散布図に示した。まずサンプルの分類にあたっては，CNESS; Chord Normalized Expected Species Shared という手法を用いて行った。これはあるサンプルAとBからランダムに任意の m 個を取り出した場合に，それらが同じである確率に基づいたものである。このCNESSでは，個体数そのものや，個体数全体を100とした場合の割合のデータを使用することができるが，花の匂いを用いて解析する場合は，それぞれの物質が全体の中でどのくらいの割合で含まれているかといった，組成比（割合）のデータを用いた。これは，花の匂いの放出量は，サンプリング時の気温や湿度，花の大きさなどでばらつきが大きく出る可能性が高いためである。ここで

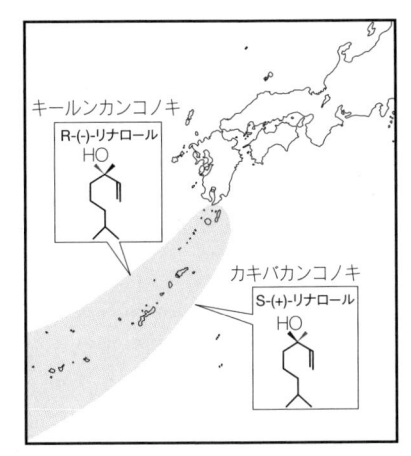

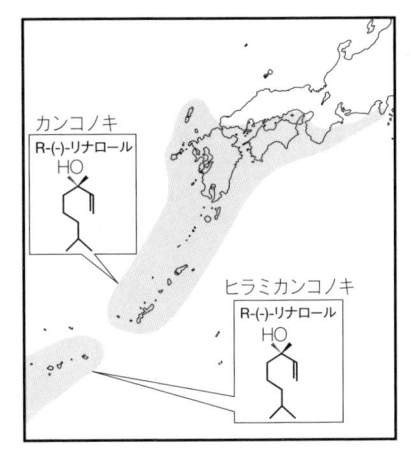

図4 同所的な近縁種2種と異所的な近縁種2種のリナロールについて
右：キールンカンコノキとカキバカンコノキは同所的に生育し，互いに異なったリナロールを放出している。左：カンコノキとヒラミカンコノキは異所的に生育し，同じリナロールを放出している。

行われていることを例えるなら，さまざまな色のボールが合計100個ずつ入ったいくつかの箱を準備し，そこから同時に1回を引くことと言える。ここでの箱はサンプルを示しており，箱の中のボールの色はサンプル中の匂い物質である。2つの箱から1回だけボールを取り出してその色が同じである確率は，それぞれの箱の中に一番多く入っている，すなわち優占している色（物質）が同じであるほど高くなる。CNESSの中のmの値は箱からボールをとり出す回数を示しているため，1ならばより優占している種や物質を引き当てる確率が高くなり，mを大きくするほど希少種や微量物質の影響を受けることになる。また，最大と最小のmの値と同じ程度に相関するmの値を用いることで，重みづけをしないこともできる（方法はTrueblood et al. (1994) を参照。CNESSを行うためのフリーウェアCOMPAH96（Gallagher, 1999）はhttp://alpha.es.umb.edu/faculty/edg/files/edgwebp.htmにてダウンロード可能）。結果は，サンプル間の非類似度（似ているほど値が小さくなり，似ていない場合により数値が大きくなる）によって表される。

　これによって得られたサンプル間の非類似度データは，見やすくするためにNMDS（非計量多次元尺度構成 Nonmetric Multidimensional Scaling）で二次元の散布図に落とし込んだ（図4）。図中の各点はサンプルを示している。CNESSは非類似度なので，点間の距離が近いほどそれらは似ており，遠いほ

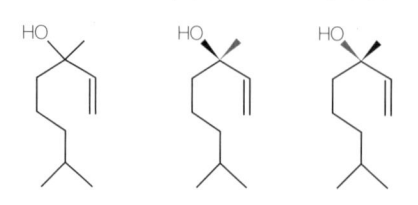

図5 リナロールの構造式
分子のつながりを2次元的に示したもの（右）と，破線-くさび形表記法でかいた(S)-(＋)-リナロールと(R)-(－)-リナロール（左）。黒い三角形で示した結合は空間的に手前に位置することを示し，破線は奥に位置することを示す。

ど似ていないということを示している。ではこの散布図内の点を種ごとに括ってみる。するとそれぞれの点は種ごとにきれいにまとまり，他種と重なり合わないことが一見してわかる。これは，カンコノキの花の匂いは種ごとに明確に区別できる特徴を持っているということを示している。やはりカンコノキは種ごとに匂いが明確に異なり，ハナホソガはそれによって寄主を識別しているのだろう。次に植物の近縁関係と花の匂いの類似性について興味深い現象が見られたので紹介させていただく。

カキバカンコノキ *Glochidion zeylanicum* とキールンカンコノキは，非常に近縁であり（Kawakita & Kato, 2006），両種が屋久島以南の琉球列島広く分布している。カキバカンコノキは森の中でも水に富んだところを好む傾向が見られるが，キールンカンコノキのハビタットと完全に分断されることはなく，しばしば隣り合って生育する。この近縁な2種の花の匂いを比べてみると，興味深い傾向がみられた。両種の花から盛んに放出されるリナロールは，$C_{10}H_{18}O$で表されるモノテルペンであるが，キラル分子であるため，2つの鏡像異性体（エナンチオマー）が存在する。キラル分子とは，「同じ形であるが，鏡に写った像（鏡像）と合わせられない異性体（鏡像異性体）を持つ分子」を指している。このように鏡像と重ね合わせられない性質自体のことをキラリティー(対掌性)といい，重ね合わせられない物同士の関係をキラルという。リナロールには(R)-(－)-リナロールと(S)-(＋)-リナロールが存在するため，「リナロール」とだけ示すとそれは2つのエナンチオマーが等量混ざったラセミ体を指すか，その原子のつながり方だけを二次元的に指すことになってしまう（図5）。空間的な原子の配置に注目した場合にのみ違いがみられるエナンチオマーどうしは，物理的・化学的性質はほとんど同じであるが，生化学的な性質はまったく異なる。なぜなら，エナンチオマーは反応する別の分子のキラリティーをはっきりと識別し，特定のエナンチオマーとだけしか反応しないからである。生物の多くは，一方のエナンチオマーだけを利用することが知られており，例えば

CNESS-NMDS

ヒラミカンコノキ

キールンカンコノキ

カンコノキ

Dimension 2

カキバカンコノキ

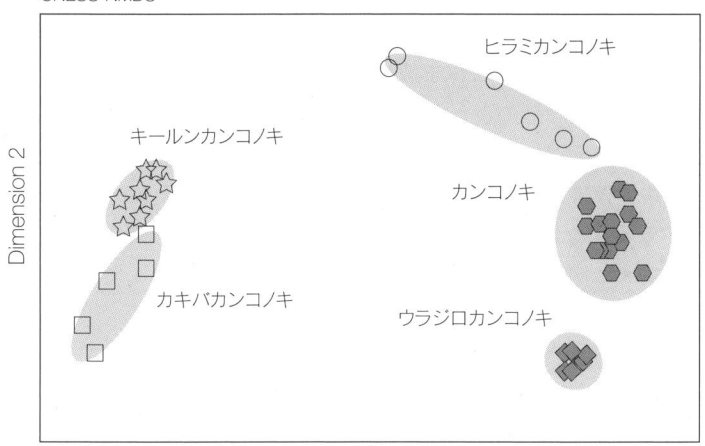

ウラジロカンコノキ

Dimension 1

図6 サンプル間の匂いの違い
匂いの違いをCNESS-NMDS法で2次元にプロットしたもの。花の匂いが種ごとにまとまることがわかる。

ムカシハナバチ属（ムカシハナバチ科）の *Colletes cunicularius* は，雌が雄を誘引する際の性フェロモンとして，(S)-(＋)-リナロールのみを用いることがわかっているし（Borg-Karlson *et al.*, 2003），人間に必須なアミノ酸や糖も体内で生産，利用されるのは一方のエナンチオマーのみである。

　前置きが長くなってしまったが，同所的に生育するキールンカンコノキとカキバカンコノキのリナロールを，鏡像異性体を分離できるカラムを用いて分析してみると，キールンカンコノキは (R)-(－)-リナロールのみ，カキバカンコノキは (S)-(＋)-リナロールのみを放出していることが明らかになった（図6-a）。一方で，キールンカンコノキとカキバカンコノキと同様に近縁な関係にあるカンコノキとヒラミカンコノキは，カンコノキは沖縄本島以北，ヒラミカンコノキは八重山諸島以南と分布域が重ならない。これら2種もリナロールを多く放出しているが，これらは鏡像異性体分析を行ってみても両方とも (R)-(－)-リナロールと違いが見られない（図6-b）。キールンカンコノキとカキバカンコノキのハナホソガは，花の形も生育場所も似ている両種に同時に出会うことが多々あると考えられる。もしも一方の花粉をもったハナホソガが間違って他種を訪れると，植物は雑種の種子を形成してしまうことになる。単純に考えて，ハナホソガが寄主を認識する際に用いる花の匂いが種によって異なれば，

匂いを利用するハナホソガの"うっかり"が起こりにくくなるだろう。多くの植物中に存在するリナロールは多くがR体過剰であり，カンコノキ属5種でもカキバカンコノキ以外はR体を放出している。S体のみを放出するカキバカンコノキは少し変わり者のようだ。もしかするとカキバカンコノキは同所的に生育する近縁なキールンカンコノキとの雑種形成を避ける上で，独自にS体の生合成経路を獲得したのかもしれない。今後リナロールのエナンチオマーを用いたY字管実験を行うことでキラリティーの違いがハナホソガの行動に与える影響を調べて行きたいと考えている。

おわりに

ここまでで，特殊な送粉共生系であるカンコノキとハナホソガの関係は，花の匂いという嗅覚シグナルが架け橋となって築き上げられていることを示せたと思う。しかし，この研究はまだスタートラインに立ったばかりで，まだまだ多くの興味深い現象が隠れている。例えば，ハナホソガが雄花で花粉を集めて雌花で送粉・産卵を行うことを考えると，寄主とそれ以外の植物だけでなく，利用するべき花の性までも区別して，まったく異なる行動メニューを示しているということだ。ではこのような花の性の区別はどのようにして行われているのだろうか？　現在進めている分析によると，カンコノキの花の匂いは雄と雌で匂いがまったく異なっており，ハナホソガは寄主植物か否かだけでなく，利用すべき花の性までも花の匂いで区別しているらしいことが示唆されてきている。雄花と雌花の花の匂いを合わせて種間で比較しても明確に種ごとに異なるため，カンコノキ属植物は種ごと，性ごとにユニークな匂いを放っているといえる。おそらくハナホソガは，カンコノキが発する嗅覚情報をさまざまな場面で利用し，一連の複雑な送粉行動を完了させているのではないだろうか？

学部3年生の頃に感じたわくわくする研究をしたい，という願望は叶えられたと思う。これからまだまだ新たな発見が潜んでいるかと思うと，今後の研究が楽しみで仕方がない。

謝辞

本研究は，京都大学人間・環境学研究科の加藤真先生のご指導の下，研究室の方々に多くの助言と励まし，支えをいただきながら行ってきました。この場を借りて御礼申し上げます。

参考文献

An, M., T. Haig & P. Hatfield. 2001. On-site field sampling and analysis of fragrance from living lavender (*Lavandula angustifolia* L.) flowers by solid-phase microextraction coupled to gas chromatography and ion-trap mass spectrometry. *Journal of Chromatography A* **917**: 245-250.

Bell, A. G. 1914. Discovery and invention. National Geographic June.

Borg-Karlson, A. K., J. Teng, I. Valterova., C. R. Unelius, T. Taghizadeh, T. Tolasch & W. Francke. 2003. (S)-(+)-linalool, a mate attractant pheromone component in the bee Colletes cunicularius. *Journal of Chemical Ecology* **29**:1-14

Brodmann J., R. Twele, W. Francke, L. Yi-bo, S. Xi-qiang & M. Ayasse. 2008. Orchid mimics honey bee alarm pheromone in order to attract hornets for pollination. *Current Biology* **18**: 740-744.

Chen, C., Q. Song, M. Proffit., J. M. Bessière, Z. Li, M. Hossaert-McKey. 2009. Private channel: a single unusual compound assures specific pollinator attraction in *Ficus semicordata*. *Functional Ecology* **23**: 941-950.

Dicke, M. 1999. Are herbivore-induced plant volatiles reliable indicators of herbivore identity to foraging carnivorous arthropods? *Entomologia Experimentalis et Applicata* **91**: 131-142

Dobson, H. E. M. 2006. Relationship between floral fragrance composition and type of pollinator. *In*: Dudareva N. & Pich- ersky E. (eds), Biology of Floral Scent, p. 147-198. CRC Press, Boca Ratons.

Du, Y. J., G. M. Poppy & W. Powell. 1996. Relative importance of semiochemicals from first and second trophic levels in host foraging behavior of *Aphidius ervi*. *Journal of Chemical Ecology* **22**: 1591-1605.

Fukushima, J., Y. Kainoh, H. Honda & J. Takabayashi. 2002. Learning of herbivore-induced and nonspecific plant volatiles by a parasitoid, *Cotesia kariyai*. *Journal of Chemical Ecology* **28**: 579-586.

Gallagher, E. D. 1999. COMPAH documentation. http://alpha.es.umb.edu/faculty/edg/files/edgwebp.htm

Jersáková J. & S. D. Johnson & P. Kindlmann. 2006. Mechanisms and evolution of deceptive pollination in orchids. *Biological Review* **81**: 219-235.

Kato, M., A. Takimura & A. Kawakita. 2003. An obligate pollination mutualism and reciprocal diversification in the tree genus *Glochidion* (Euphorbiaceae). *Proceedings of the National Academy of Sciences of the United States of America* **100**: 5264-5267.

Kawakita, A. & M. Kato. 2006. Assessment of the diversity and species specificity of the mutualistic association between *Epicephala* moths and *Glochidion* trees. *Molecular Ecology* **15**: 3567-3581.

Knudsen, J. T. & L. Tollsten. 1993. Trends in floral scent chemistry in pollination syndromes: floral scent composition in moth-pollinated taxa. *Botanical Journal of the Linnean Society*. **113**: 263-284.

Knudsen J. T., R. Eriksson, J. Gershenzon & B. Ståhl. 2006. Diversity and distribution of floral scent. *The Botanical Review* **72**: 1-120.

Loughrin, J. H., T. R. Hamilton-Kemp, R.A. Andersen & D. F. Hildebrand. 1991. Circadian rhythm of volatile emission from flowers of *Nicotiana sylvestris* and *N. suaveolens*. *Physiologia Plantarum* **83**: 492-496
前川文夫　1994. 植物の名前の話．八坂書房．
Miyake, T., R. Yamaoka & T. Yahara. 1998. Floral scents of hawkmoth-pollinated flowers in Japan. *Journal of Plant Research* **111**: 199-205.
Okamoto, T., A. Kawakita & M. Kato. 2007. Interspecific variation of floral scent composition in *Glochidion* and its association with host-specific pollinating seed parasite (*Epicephala*). *Journal of chemical ecology* **33**: 1065-1081.
Raguso, R. A. & O. Pellmyr. 1998. Dynamic headspace analysis of floral volatiles: a comparison of methods. *Oikos* **81**: 238-254.
Svensson, G.P., M. C. Larsson & J. Hedin. 2004. Attraction of the larval predator Elater ferrugineus to the sex pheromone of its prey, *Osmoderma eremita*, and its implication for conservation biology. *Journal of Chemical Ecology* **30**: 353-363
Svensson, G. P., T. Okamoto, A. Kawakita, R. Goto & M. Kato. 2010. Chemical ecology of obligate pollination mutualisms: testing the private channel hypothesis in the *Breynia-Epicephala* association. *New Phytologist* **186**: 995-1004.
Terry I., G. H. Walter, C. Moore, R. Roemer & C. Hull. 2007. Odor-mediated push-pull pollination in cycads. *Science* **318**: 70.
Trueblood, D. D., E. D. Gallagher & D. M. Gould. 1994. Three stages of seasonal succession on the Savin Hill Cove mudflat, Boston Harbor. *Limmnology and Oceanography* **39**: 1440-1454.
Waldren, S., J. Florence & A. J. Chepstow-Lusty. 1995. Rare and endemic vascular plants of the Pitcairn Islands, south-central Pacific Ocean: A conservation appraisal. *Biological Conservation* **74**: 83-98.
Wang, T. H., H. Shanfield & A. Zlatkis. 1983. Analysis of trace volatile organic compounds in coffee by headspace concentration and gas chromatography-mass spectrometry. *Chromatographia* **17**: 411-417.

第8章　サトイモ科植物と
　　　　　タロイモショウジョウバエの送粉共生

髙野（竹中）宏平（長崎大学熱帯医学研究所）

「★△×○※☆▲〜♪っ！！！ムキャー！！！」

　サルのように吼えた私は，感動と興奮のあまり，クワズイモの周りでガッツポーズを繰り返していた。

　2007年のゴールデンウィーク，琉球大学キャンパス。いつものように経時観察をしていた私は，クワズイモの花の上のハエ——彼らは日がな1日，花の上で過ごしている——の様子がいつもと違うことに気がついた。ニコンのファーブルフォトという，デジタルカメラを接続できる小型のフィールド顕微鏡があるのだが，新調したばかりのそのシステムをクワズイモの花に近づけて動画撮影を試みたときだった。そのとき，ディスプレイに映ったもの——それは，前脚を器用に使い，クワズイモの雄花部分から「何か」をこそぎ取って，せわしなく口に運ぶハエの姿だった。

　クワズイモはサトイモに近縁な植物である。サトイモの花といっても実際に思い浮かべることはできる人は少ないかもしれないが，サトイモのなかまも自然界では立派な花を咲かせる。サトイモ科植物の特定のグループには，生態学的にきわめて興味深い，タロイモショウジョウバエという特殊なハエが花に訪れ，花粉を媒介する。本章では，サトイモ科植物とタロイモショウジョウバエの送粉共生の自然史について，私がこれまで行ってきた研究を紹介し，その後になぜ私がハエの採餌に興奮したのかへと話を進めたい。

1. サトイモ科植物の多様性

　たくさんの花が茎または枝に集まってついたものを「花序」（果期には「果序」）とよぶが，サトイモ科植物の花序は，軸が多肉質となり，小さな花が表面に密集した肉穂花序を構成している（図1）。花序を基部から包み込んでいる覆いは花弁ではなく，仏炎苞とよばれる特殊な葉（苞葉）である。この仏炎苞に包まれた肉穂花序が，サトイモ科植物の花を特徴づけている（口絵3）。ちなみに

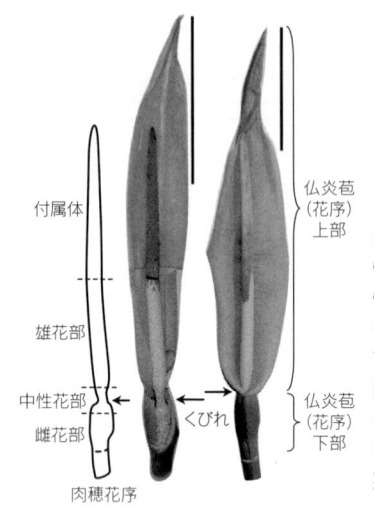

図1　クワズイモの花序の構成
(Takano et al., 2012 より許可を得て改変)

肉穂花序は上から付属体，雄花が並ぶ雄花部，中性花（クワズイモでは不稔の仮性雄蕊）が並ぶ中性花部，雌花が並ぶ雌花部で構成され，その周りを仏炎苞が取り囲む．仏炎苞は中性花部のあたりでくびれており，開花時には肉穂花序と仏炎苞の間に隙間が開いているが，花粉放出前後にはくびれが閉まり，雌花部を密閉する．開花後はこのくびれよりも上部は腐ってなくなり，下部だけが果実序として発達する．縦線は 10 cm を示す．

「仏炎苞」とは，苞が仏像の背景にある炎をかたどる飾りに似ていることからその名がついたものである．

歌謡曲「夏の思い出」でおなじみのミズバショウや，花屋で売られているカラーの花を思い浮かべて頂くと，やはり特徴的な肉穂花序と仏炎苞があり，典型的なサトイモ科植物であることがわかる．その他にも，ザゼンソウやテンナンショウ（マムシグサ）のなかま，そして冒頭に登場したクワズイモなどが日本に分布している．世界を広く見渡してみると，サトイモ科植物は熱帯を中心に世界中から約 107 属 3,700 種以上が知られており，観葉植物であるポトス，フィロデンドロンなどもサトイモ科である．その他にも，渓流沿いの岩に張りつく高さ 5 cm 程度のもの，つる性で木に登るもの，世界最大（直径 1.3 m，高さ 3 m）の花序をつけるスマトラオオコンニャク，4 m にもなるボルネオのクワズイモなど，サトイモ科植物の形態や生活史は実に多様である．

花序の構造を詳しく見ていくと，花序軸の上部に花がつかない場合，この部分を花序の付属体とよぶ（図1）．花序の表面に密集している個々の花には，ミズバショウのように花被片と雄しべ，雌しべがそろった両生花から，テンナンショウ属のように単純化が進んで花被片が消失し，単性花となって，雄花，雌花に分かれたものものまでさまざまな段階が見られる．また，種によっては生殖機能を失った中性花（退化花）が存在し，これにもいろいろな形態のものがある（邑田, 1996）．

サトイモ科植物はほとんどが昆虫媒である．また常に雌性先熟で，雌花が先

に開花し（雌性期），花粉を受け取った後に，雄花が開花し，花粉の放出が起こる（雄性期）(Mayo et al., 1997)．サトイモ科の花序は受粉のために1つの花のようにふるまうが，仏炎苞，花序の付属体，稔性のある花，中性花が分業してその機能を果たしている．そのために形態的にも非常に多様化しており，またにおいや熱を発したり，餌を提供したり光や空間を遮ったりして訪花昆虫を制御する仕組みには驚くべきものがある（邑田，1996）．タロイモショウジョウバエはサトイモ科植物の特定のグループの送粉を担っているのだが，本稿では，その驚くべき仕組みの一端を紹介する．

2. サトイモ科植物を利用する「タロイモショウジョウバエ」

ショウジョウバエと聞くと「生ゴミに飛んでくる小さなハエ」を思い浮かべる人も多いと思う．事実，多くのショウジョウバエは腐りかけの植物上の酵母菌を餌としており，幼虫も微生物によって分解されつつある植物遺体や酵母菌そのものを食べている．樹液あるいは毒キノコなどに集まるショウジョウバエもいる．ショウジョウバエ科には約60属3000種が含まれるが，そのうちタロイモショウジョウバエ属からは東洋区を中心に約70種が発見されている（図2；これ以降，タロイモショウジョウバエと断りなく標記した場合はタロイモショウジョウバエ属のハエのことを指す）．タロイモショウジョウバエ属のラテン名 Colocasiomyia は「タロイモの上を飛ぶハエ」という意味で，タロイモとは日本でいうところの里芋のことである．里芋はインド〜インドシナ半島地域の原産で，英語では taro，インドネシア語では talas，ハワイでは kolo などとよばれ，八頭や赤目をはじめ3000以上の栽培品種があるが，植物分類学上は1つの種（Colocasia esculenta (L.) Schott）に含まれる．タロイモ（里芋）栽培の歴史は古く，タロイモ文化圏とよばれる東南アジアや太平洋諸島の伝統的な食生活を支えている．

タロイモショウジョウバエはどの種も，サトイモ科・ヤシ科（単子葉植物）・モクレン科という，いずれも被子植物の中では原始的なグループの花から採集されている．系統解析によって，タロイモショウジョウバエ属はいくつかの種群に分類されているが，系統樹上の分岐パターンと，各種群のハエが利用している宿主植物の分類群の対応関係から，タロイモショウジョウバエは特にサトイモ科植物と密接に関連して進化してきたことが示唆されている（図3）(Sultana et al., 2006; Toda et al., 2011)．

198 第8章 サトイモ科植物とタロイモショウジョウバエの送粉共生

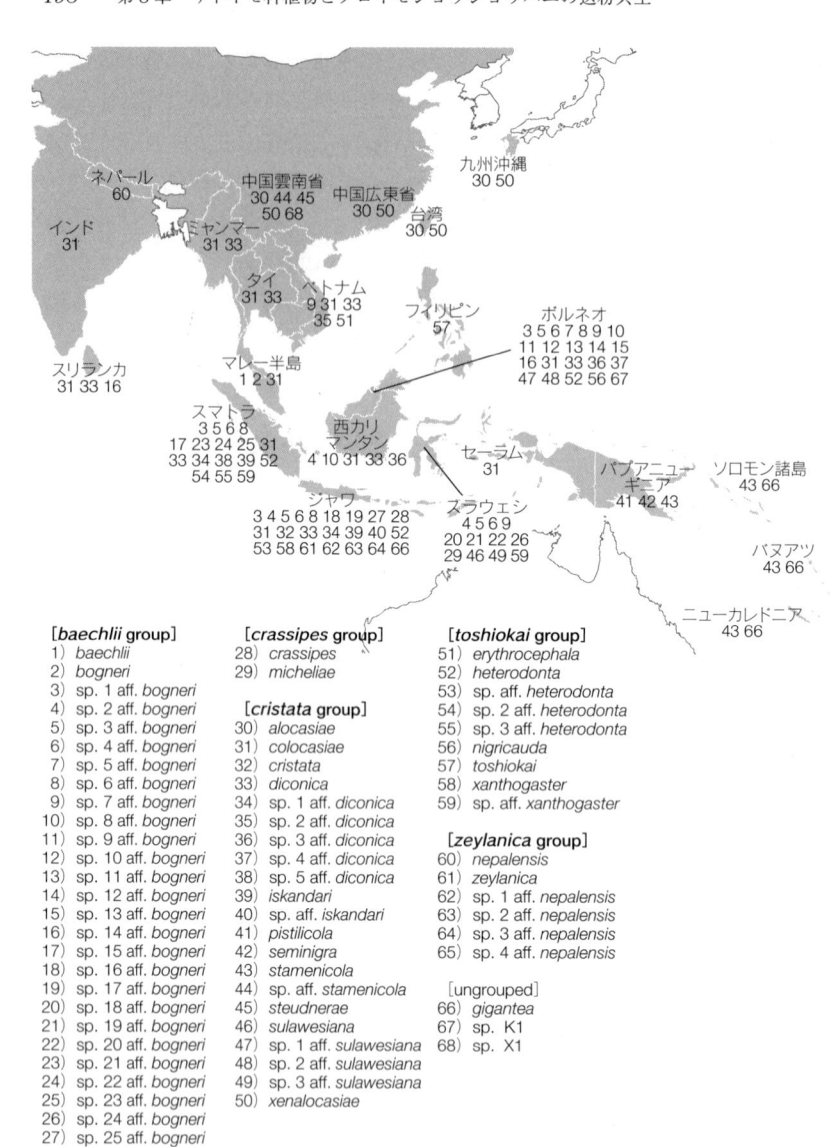

ネパール 60
中国雲南省 30 44 45 50 68
中国広東省 30 50
九州沖縄 30 50
インド 31
ミャンマー 31 33
台湾 30 50
タイ 31 33
ベトナム 9 31 33 35 51
フィリピン 57
ボルネオ 3 5 6 7 8 9 10 11 12 13 14 15 16 31 33 36 37 47 48 52 56 67
スリランカ 31 33 16
マレー半島 1 2 31
スマトラ 3 5 6 8 17 23 24 25 31 33 34 38 39 54 55 59
西カリマンタン 4 10 31 33 36
セーラム 31
パプアニューギニア 41 42 43
ソロモン諸島 43 66
ジャワ 3 4 5 6 8 18 19 27 28 31 32 33 34 39 40 52 53 58 61 62 63 64 66
スラウェシ 4 5 6 9 20 21 22 26 29 46 49 59
バヌアツ 43 66
ニューカレドニア 43 66

[*baechlii* group]
1) *baechlii*
2) *bogneri*
3) sp. 1 aff. *bogneri*
4) sp. 2 aff. *bogneri*
5) sp. 3 aff. *bogneri*
6) sp. 4 aff. *bogneri*
7) sp. 5 aff. *bogneri*
8) sp. 6 aff. *bogneri*
9) sp. 7 aff. *bogneri*
10) sp. 8 aff. *bogneri*
11) sp. 9 aff. *bogneri*
12) sp. 10 aff. *bogneri*
13) sp. 11 aff. *bogneri*
14) sp. 12 aff. *bogneri*
15) sp. 13 aff. *bogneri*
16) sp. 14 aff. *bogneri*
17) sp. 15 aff. *bogneri*
18) sp. 16 aff. *bogneri*
19) sp. 17 aff. *bogneri*
20) sp. 18 aff. *bogneri*
21) sp. 19 aff. *bogneri*
22) sp. 20 aff. *bogneri*
23) sp. 21 aff. *bogneri*
24) sp. 22 aff. *bogneri*
25) sp. 23 aff. *bogneri*
26) sp. 24 aff. *bogneri*
27) sp. 25 aff. *bogneri*

[*crassipes* group]
28) *crassipes*
29) *micheliae*

[*cristata* group]
30) *alocasiae*
31) *colocasiae*
32) *cristata*
33) *diconica*
34) sp. 1 aff. *diconica*
35) sp. 2 aff. *diconica*
36) sp. 3 aff. *diconica*
37) sp. 4 aff. *diconica*
38) sp. 5 aff. *diconica*
39) *iskandari*
40) sp. aff. *iskandari*
41) *pistilicola*
42) *seminigra*
43) *stamenicola*
44) sp. aff. *stamenicola*
45) *steudnerae*
46) *sulawesiana*
47) sp. 1 aff. *sulawesiana*
48) sp. 2 aff. *sulawesiana*
49) sp. 3 aff. *sulawesiana*
50) *xenalocasiae*

[*toshiokai* group]
51) *erythrocephala*
52) *heterodonta*
53) sp. aff. *heterodonta*
54) sp. 2 aff. *heterodonta*
55) sp. 3 aff. *heterodonta*
56) *nigricauda*
57) *toshiokai*
58) *xanthogaster*
59) sp. aff. *xanthogaster*

[*zeylanica* group]
60) *nepalensis*
61) *zeylanica*
62) sp. 1 aff. *nepalensis*
63) sp. 2 aff. *nepalensis*
64) sp. 3 aff. *nepalensis*
65) sp. 4 aff. *nepalensis*

[ungrouped]
66) *gigantea*
67) sp. K1
68) sp. X1

図2 タロイモショウジョウバエの分布図と種のチェックリスト
チェックリストと地図上の番号は対応している。

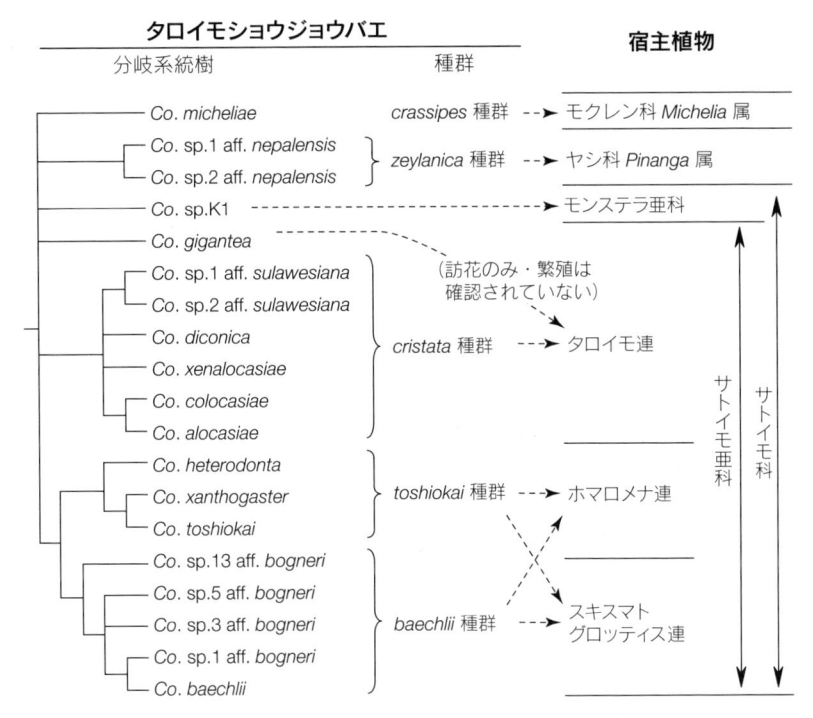

```
                        タロイモショウジョウバエ                        宿主植物
          分岐系統樹                    種群
      ┌── Co. micheliae              crassipes 種群  --▶ モクレン科 Michelia 属
      │   ┌── Co. sp.1 aff. nepalensis  ⎫
      │   └── Co. sp.2 aff. nepalensis  ⎬ zeylanica 種群 --▶ ヤシ科 Pinanga 属
      ├── Co. sp.K1 ------------------------------------▶ モンステラ亜科
      ├── Co. gigantea              (訪花のみ・繁殖は
      │   ┌── Co. sp.1 aff. sulawesiana  確認されていない)
      │   ├── Co. sp.2 aff. sulawesiana  ⎫
      │   ├── Co. diconica               ⎬ cristata 種群 --▶ タロイモ連
      │   ├── Co. xenalocasiae           ⎪
      │   ├── Co. colocasiae             ⎪
      │   └── Co. alocasiae              ⎭
      │   ┌── Co. heterodonta            ⎫
      │   ├── Co. xanthogaster           ⎬ toshiokai 種群 --▶ ホマロメナ連
      │   └── Co. toshiokai              ⎭
      │   ┌── Co. sp.13 aff. bogneri     ⎫
      │   ├── Co. sp.5 aff. bogneri      ⎪
      │   ├── Co. sp.3 aff. bogneri      ⎬ baechlii 種群 --▶ スキスマト
      │   ├── Co. sp.1 aff. bogneri      ⎪                     グロッティス連
      │   └── Co. baechlii               ⎭
```

図3　送粉者と植物の分類群の対応（Sultana et al., 2006 を改変）
タロイモショウジョウバエ属はいくつかの種群に分かれ，各種群は異なる分類群の植物を宿主としている．分岐系統樹は62の形態形質に基づく．

3. 昆虫－植物の種間関係の多様性

　私が大学院の博士課程に進み，サトイモ科植物とタロイモショウジョウバエの研究を始めた時には，日本およびインドネシアのサトイモ科植物で，タロイモショウジョウバエが有効な送粉者となっていることが知られていた（Yafuso, 1993; Mori & Okada, 2001）．また，送粉生態については詳しく調べられていなかったものの，タロイモショウジョウバエとサトイモ科植物の種間関係について，以下のことが明らかにされていた．①タロイモショウジョウバエは宿主植物の花序（果序）内で繁殖（交尾・産卵・幼虫発育）する．②1種の宿主植物を2種のショウジョウバエのペアが利用し，雄花部・雌花部といった局所空間ですみ分けている（以下，雄花部で繁殖する種を雄花繁殖型，雌花部で繁殖する種を雌花繁殖型とよぶ）．③各宿主植物や各地域で組み合わせの異なる2種のタロイモショウジョウバエがタロイモやクワズイモの花を利用する．

たとえば，沖縄ではクワズイモ Alocasia odora (Roxb.) K. Koch という宿主植物1種を Colocasiomyia alocasiae（雄花繁殖型）と C. xenalocasiae（雌花繁殖型）という2種のハエが同時に利用する（図4）(Honda-Yafuso, 1983)。ニューギニアではタロイモの花序で，C. stamenicola（雄花繁殖型）と C. pistilicola（雌花繁殖型）という別のペアが繁殖している (Carson & Okada, 1980)。一方，同じタロイモでもミャンマーでは C. colocasiae（雄花繁殖型）と C. diconica（雌花繁殖型）という別のペアが花序で共存している (Toda & Okada, 1983)。

しかし，当時の私の指導教官であった戸田正憲先生は，1999年にマレーシア・ボルネオ島のキナバル山に生育する複数種のサトイモ科植物の花序から，タロイモショウジョウバエがペアを持たず1種だけで訪花している系や，逆に3種以上・最大8種ものハエが1つの花序を同時に訪花している系を発見した。「2種がペアで花序を利用する」という従来のパターンとは大きく異なる事例が見つかったのである。このように，知られざるタロイモショウジョウバエの生態が相次いで発見されていくにつれて，タロイモショウジョウバエの宿主特異性や宿主利用形態の多様性の全体像を明らかにするという，魅力的な研究テーマが浮かび上がってきた。

私は博士課程の3年間に計8回，延べ8か月ほどマレーシア，インドネシア，中国で調査をすることができたが，この間に2科13属約34種の宿主植物の数百の花序から1万5,000匹を超えるタロイモショウジョウバエが採集された。その結果18新種が発見され，これによってタロイモショウジョウバエの既知種は68種まで増加した。

これらの調査はまさに興奮の連続だった。たとえば宿主植物の個体密度が低くて，ポツリポツリとしか花が咲いていなくても，必ずと言ってよいほどハエは訪花していた。また，クワズイモ属のある種がタロイモショウジョウバエの宿主植物であることが明らかになると，そこで見つかったハエも必ずと言ってよいほど新しい種であった。ときには1つのヤシの花序から9000匹近いタロイモショウジョウバエが捕れたこともあった。そして，2003年に戸田先生が雲南省で発見した1種を正式に記載し，学名をつけた。これは私が生物学をやってきて特にうれしかったことの1つである (Takenaka et al., 2006)。これだけの未記載種を扱えたのは，ショウジョウバエの分類学者兼生態学者である戸田先生に師事した強みでもある（実際ほとんどの未記載種の同定は彼によってなされ，現在も残りの未記載種の記載準備が進められている）。

各地での採集調査を進めていくと，タロイモショウジョウバエ属の cristata

種群のメンバーは特に宿主特異性が高く，ある地域では必ず1種の宿主しか訪花しないことが明らかになってきた（現在では，同一地域でも複数の宿主植物を訪花する種もいくつか見つかっている）。しかし，こうしてサトイモ科植物とタロイモショウジョウバエの送粉共生の種間関係が明らかになっていく一方で，昆虫がどのように花序を利用しているのかや，送粉過程の詳細については未知の部分が多く残されていた。そこで，cristata 種群（図3）に注目して，これらの詳細を調べていくことにした。

4. タロイモショウジョウバエの繁殖生態

cristata 種群では雄花繁殖型種と雌花繁殖型種が1つの花序をすみ分けて共存することが知られていたが（図4-a），生態調査の結果，ほかにもさまざまなパターンがあることが確認された（図4-b～f）。まさに調べれば調べるほど例外が出てくるという印象であった。たとえば沖縄では雄花繁殖型と雌花繁殖型のハエがクワズイモを利用していたが（図4-aの2種共存系），中国雲南省ではその2種に加えて雄花と雌花の中間を利用する未記載のハエが同じクワズイモで繁殖しているのが見つかった（図4-bの3種共存系）。ジャワのクワズイモ Alocasia alba Schott では，1種の雌花繁殖型のハエだけが繁殖していたし（図4-c），ボルネオのクワズイモ A. macrorrhizos (L.) G. Don では雄花繁殖型がおらず雌花利用型の2種が共存していた（図4-d）。タロイモの場合，ミャンマーでは雄花利用型と雌花利用型の2種が共存していることが報告されており，ボルネオでも同じ2種の組合せが発見されたが，ボルネオ・キナバル山の中腹（1,500 m 付近）では雄花利用型種だけが採取された。さらに，同じタロイモでもスマトラでは同時に6種ものタロイモショウジョウバエが採集されたが，スマトラでのタロイモショウジョウバエの繁殖生態は未調査である（図4-e）。また，最大8種が1つの花序から同時に採集されたのはタロイモショウジョウバエの baechlii 種群のなかまだが，これほどたくさんの種がどのように花序内で共存しているのかは，まだ明らかにされていない，非常に興味深い問題である。

5. タロイモショウジョウバエによる送粉：マレーシアでの発見

私は主にマレーシアのボルネオ島・インドネシアのジャワ島・中国雲南省で

	a: 雄花繁殖型と雌花繁殖型の2種共存系	b: aに中間型が加わった3種共存系	c: 雌花繁殖型の1種系	d: 雌花繁殖型の2種共存系

(図：雄花繁殖型種、中間型種、雌花繁殖型種、繁殖型不明種／付属体、雄花部、中性花部、雌花部、肉穂花序／蛹化・羽化、産卵・成長 等のラベル)

地域	沖縄〜中国広東省	中国雲南省	ジャワ	ボルネオ
宿主植物	*Alocasia odora*	*Alocasia odora*	*Alocasia alba*	*Alocasia macrorrhizos*
雄花繁殖型種	*C. alocasiae*	*C. alocasiae*		
中間型種		*C.* sp. aff. *stamenicola*		
雌花繁殖型種	*C. xenalocasiae*	*C. xenalocasiae*	*C. cristata*	*C.* sp.1 aff *sulawesiana*
				C. sp.2 aff *sulawesiana*

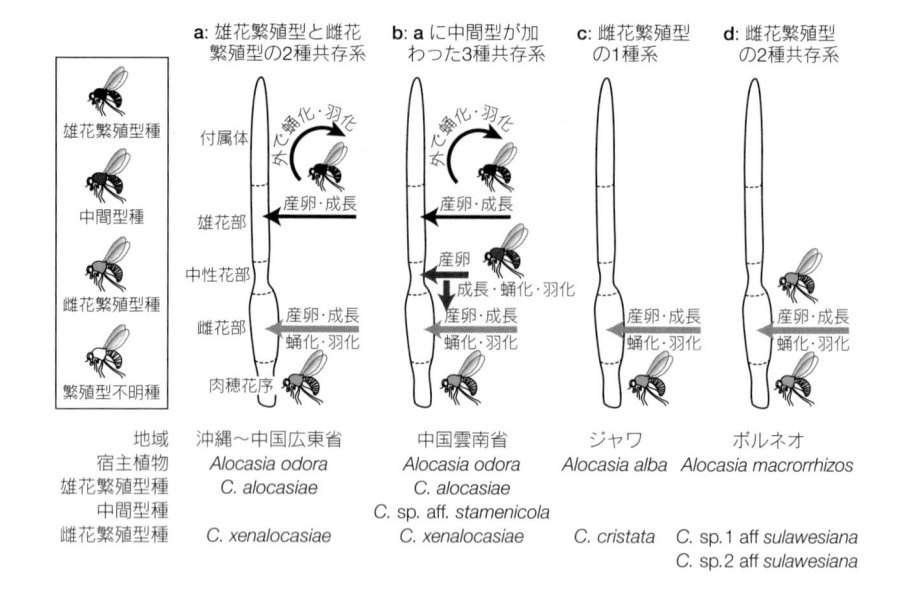

　送粉過程を調査した．基本的な送粉パターンはどの系でも共通しているので，ここではマレーシア・ボルネオ島サバ州コタキナバル市で観察した，2種のタロイモショウジョウバエ未記載種によるインドクワズイモ *Alocasia macrorrhizos* の送粉過程を紹介したい．

　コタキナバル市での調査は，1人で行う初めての本格的な生態調査で，いろいろと苦労が絶えなかった．データがまとまらない一方で帰国の日が近づいてくる．成果が出せるのか不安で，何度も目を覚ます夜が続いたことを覚えている．

　まず調査地の選定にあたっては，サバ大学から借りた原付二輪で市内を回り，手頃な群落を探したが，結局1999年に戸田先生がこの送粉共生系を発見した幹線沿いの空き地を調査地とした．しかし災難が私を襲う．調査開始から10日ほど経ち，観察が順調に進み始めた頃である．調査地に向かうと…私がピンクテープを掛けていた株だけがなぎ倒され，あるいは切り取られて近くの柵にだらりとぶら下がっているのである．いたずらやナンバリング個体の喪失は野外調査ではよくあることだ．しかし，この惨状には明確な悪意を感じた．私は片言のマレー語と英語を組み合わせて「なぜこんなことをする？　やめてくれ，殺さないでくれ．研究のためだから，さわらないでくれ」とのメッセージ残した．しかし翌日私が目にしたものは，さらに荒らされた調査地の姿だった．誰かが私の調査を嫌っている．後日サバ大学の学生から「近年は不法滞在者が増

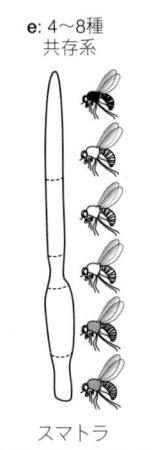

e: 4〜8種共存系　**f: 中間型の1種系**

雄花部
蛹化・羽化
成長
産卵
雌花部

スマトラ
Colocasia esculenta
C. colocasiae
繁殖型不明3種
C. diconica
C. sp.1 aff *diconica*

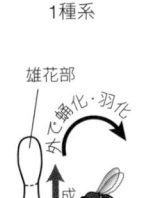

中国雲南省
Steudnera colocasiifolia
C. steudnerae

図4　宿主植物花序でのハエの繁殖部位と種の共存パターン
下部に代表的な具体例を示した。**a**は過去に知られていた典型パターンで，ほかにも *Colocasia esculenta* を宿主植物として東南アジア一帯からは *Colocasiomyia colocasiae*（雄花型）と *C. diconica*（雌花型）の共存ペア，パプアニューギニアからは *C. stamenicola*（雄花型）と *C. pistilicola*（雌花型）のペアが報告されている。4種以上の共存系 **e** における繁殖パターンは未解明。

え，空き地などで暮らしている人もおり，身元が明らかになるのを嫌うので，単身で空き地に立ち入るのは危険だ」と忠告された。日没後もヘッドランプをつけて藪に分け入る私の姿は確かに目立ったと思われる。一方で誰がこのようなことをしたのかは知る由もない。この一件によって，当初から十分ではなかったサンプル数がさらに減ってしまい，別の調査地を探さざるを得なくなった。しかし災い転じて福となり，新たに探し回ったおかげで，大きな株が密集するさらによい群落を見つけることができたのである。その土地の所有者ともコンタクトがとれ，調査の了解も得た。そんなこんなで再出発したときには，調査開始からすでに2週間が経とうとしていた。この事件以降，フィールドでは「自分にはわかるが目立たないマーキング」を心がけ，調査地を取り囲む社会的側面にも気を配るようになった。

　私はこうした失敗を経ながらも調査を進め，花茎に標識をつけ，開花スケジュールを観察し続けた。しかしである。つぼみはある日おもむろに開花し，気づいたときには，ハエはすでに訪花しているのである。そして開花したと思った1日か2日後にはハエはいなくなり，花粉放出後の花だけが残される。いつ送粉が起きているのか，漠としてつかめない。私は勉強不足の素人で，自分の考えも先行研究の把握も足りなかった。こういうときには，定時観察の前に，24時間観察をするべきだったし，タロイモショウジョウバエの訪花時間に関

して報告が存在するのにも気づいておくべきだった（Yafuso, 1993; Mori & Okada, 2001）。昼に観察できないということは，朝か夜に送粉イベントが起きているのだろう。それに気づいた私は，夜10時半まで観察を続けたが……何も起こらない。治安に不安があったので泊まり込むことはあきらめ，早朝に出かけることにした。6時半に行ってみる。翌日はもう少し早く行ってみる。翌々日は4時半に行ってみる……見られた！　ついに見られた。インドクワズイモの送粉は，日の出前後に起こっていたのである。その驚くべき詳細は以下のようなものだった。

インドクワズイモのつぼみは，開花前日の午後か夕方には芳香を出し始める。このとき触ってみると，それまでぴったりと閉じていた仏炎苞がゆるんでいるのがわかる（口絵3-14）。翌朝の日の出（6時）頃には芳香が最も強くなり，仏炎苞が開き始める。このとき，香りに誘引されたハエが次々と飛来して，この開くか開かないかの仏炎苞の隙間から，仏炎苞が作り出している空間（以下，チャンバーとよぶ）に入り込んでいく（口絵3-2）。インドクワズイモも雌性先熟なので（Ivancic et al., 2005），開花初期に訪花したハエによって受粉が起こるのだと考えられる。このとき付属体は熱を発し，最高で47℃にも達するが（Ivancic et al., 2005），これは匂いの放出や仏炎苞の開閉に関係すると考えられている（フランス領ギアナのサトイモ科植物では送粉甲虫にとって熱が直接的な報酬になっていると報告されたが（Seymour et al., 2003），タロイモショウジョウバエにとって熱が報酬になっているかは定かでない）。こうして入り込んだハエは，約24時間チャンバーの中で過ごす間に交尾し，花序上に並ぶ中性花や雌花の隙間に産卵する（口絵3-4，図4-d：この系では雌花部繁殖型が2種共存している）。

そして翌日の早朝，花粉が放出される。花粉の放出とともに，仏炎苞のくびれ部分が閉まり始め，それに追い立てられるかのようにチャンバーの下部からハエが這い出してくる（口絵3-5,16）。それまでチャンバーに魅惑されるように花序に張りついていたハエがあわてて這い出てくる様は，本当に不思議である。植物の出す何らかの化学物質が「出て行けシグナル」になっていると思うのだが，これは将来是非調べてみたいことの1つである。そうして這い出たハエは，大量の花粉を放出する雄花部分をのぼり（口絵3-5），最上部の付属体にたどり着く。これ以上のぼれないとなると，ハエは花粉まみれになった体を丁寧に身繕いし（花粉は飛行を邪魔するのだろう，しかし受粉には十分な花粉が体表に残されるのだと思われる），おもむろに飛び立ってゆくのだ。

こうして飛び立ったハエの飛行を追いかけるのは容易ではないが，いくつかの個体が，開花1日目の雌性期の花序へと直接訪花するのを観察できた。戸田先生はあらゆる場所でショウジョウバエを捕りまくっているが，タロイモショウジョウバエは宿主植物の花序以外では採集されたことがないというから，これらのハエは一生のほとんどを花から花へと渡り歩いて過ごしていると考えられる（しかし花がない期間にハエがどこで過ごしているかは情報がなく，今後の研究が必要である）。宿主特異性の高いタロイモショウジョウバエは，交尾と産卵を繰り返しながら花序を渡り歩いていくことで，宿主植物にとって非常に忠実な送粉者として機能すると考えられる。

そこで，タロイモショウジョウバエの送粉者としての重要性を推定するために，受粉実験を行った。花序に目の粗い袋掛けをして大きめの昆虫（ミツバチやハリナシバチなど）だけを排除し，タロイモショウジョウバエの出入りを可能にした処理区の果序は，袋掛けをしないコントロールの処理区の果序と同等の結実を示したのに対して，目の細かいストッキングで袋掛けをしてショウジョウバエを含めた送粉昆虫をすべて排除した処理区の果序はほとんど結実しなかった。これらの結果と送粉行動の観察結果とを合わせると，タロイモショウジョウバエは宿主植物側にとって唯一の有効かつ重要な送粉者であると考えられた。

これらの観察で私が驚いたのは，送粉が行われる時間の短さと，その短い時間に行われる送粉過程の見事さである。インドネシアのボゴール植物園で観察したジャワクワズイモや，Mori & Okada (2001) が報告しているスマトラの *Furtadoa sumatrensis* M. Hotta（サトイモ科 Homalomeneae 連）でもそうなのだが，花粉の放出が始まり，ハエが次の花へと移ってしまうまで，日の出をはさんだ30分くらいの，驚くほど短い間に終わってしまうのだ。夜から朝へと移りゆく空を背景に，大量の花粉を放出しながら仏炎苞を閉じる花序からハエがわらわらと這い出し，飛び立っていく。傍らでは別の花が熱と芳香を発しながら仏炎苞を開き，花粉まみれになったハエを受け入れていく。これらのサトイモ科植物が「来てほしいとき」に「来てほしい場所」にピンポイントで送粉者を誘導する様は本当に見事で，いつ見てもほのかな感動を覚える。そして，同様の送粉過程が，種が異なるサトイモ科植物とタロイモショウジョウバエの組み合せにおいて，マレーシアでも，インドネシアでも，そして中国や日本でも起きていることに，生物多様性を生み出す進化の妙を感じ，感動する。そして，こんなことは世界中で自分くらいしか見ていないんだろうな，と思うとそれがまたうれしかったりするのである。ここでは，こうした秘密をあなたにも

教えてしまったが。

　もしあなたが熱帯地域を旅行することがあり，サトイモ科植物の花を見つけたなら，その中をのぞいて見てほしい。そして運よく，たくさんの小さくて黒いハエを発見したなら，そしてそれが宿泊先の近くだったなら，是非早起きして観察してみてほしい。あなたの目の前で繰り広げられる送粉過程は，世界中でまだ誰も報告したことがない，新規の系であるかもしれない。

6. 雌花繁殖型の特殊性

　タロイモやクワズイモの花序は，開花後には仏炎苞と肉穂花序の上半分は取れてなくなるが，雌花部分とそれを取り囲む下半分の仏炎苞は果序として発達を続ける（口絵3-5〜11）。タロイモショウジョウバエの雄花繁殖型種は，腐っていく雄花部分を利用する典型的な腐植食であるが，雌花繁殖型種は，発達する果序を満たす浸出液の中で成長し，果序内の浸出液が引いてくるとその場で蛹化し，果序から成虫が直接羽化する。果序内での繁殖は進化上かなり高いハードルだったと思われる。なぜなら，花粉放出に前後して閉じられた仏炎苞の下部は密閉空間となり，しかもその後浸出液で満たされるために，通常の昆虫の生存には適さないからである。このため雌花繁殖型種の幼虫は，長い呼吸管，液体の中で泳ぎやすくするためと考えられる大きめの体表のトゲ，さらには果序の発達段階に合わせた生活史などさまざまな形質を進化させている（屋富祖，2001）。

　このような特殊適応を通じて果序内で繁殖ができるようになったことは進化上の大発明だっただろう。なぜなら，果序内で生存できるようになったことで捕食者（ハサミムシやハネカクシ）や寄生者（寄生蜂）から守られるだけでなく，その資源（すみ場所資源としての空間やエサ）を独占できるようになったと考えられるからである。

　サトイモ科の花は受粉しないと花序が早々に腐ってしまうので，雌花繁殖型のタロイモショウジョウバエ幼虫の成長にとっても，宿主植物の受粉と結実は必須である。タロイモショウジョウバエは能動的受粉こそしないものの，ハエが産卵のために雌花部分を動き回るだけで，高い結実率をもたらす（Yafuso, 1993; Mori & Okada, 2001; Takenaka et al., 2006; Takano et al., 2012）（しかし現在のところ雄花繁殖型種と雌花繁殖型種の送粉への貢献度を分離して計測することはできていない）。

表1 宿主植物とタロイモショウジョウバエの生活史の対応

果実序上部に隙間ができ，羽化成虫の脱出が容易な宿主植物では果実序の裂開を待たずにハエが羽化するが，果実序上部で仏炎苞がぴったりと閉じていて脱出が困難な宿主植物では，果実序の裂開と同調して羽化が起こる。特に A. macrorrhizos では約2～3か月もの期間ハエが羽化を遅らせている。

宿主植物	開花→果実序裂開までの期間	果実序からの脱出	タロイモショウジョウバエ	卵から羽化までの期間	主な繁殖部位
Colocasia esculenta (タロイモ属)	未調査	容易	*Colocasiomyia stamenicola*	約3週間	雄花部→脱出して蛹化
			Co. pistilicola	約4週間	雌花部
Alocasia alba (クワズイモ属)	約45日	容易	*Co. cristata*	約3週間	雌花部
A. odora	2～3か月	可能	*Co. alocasiae*	約2週間	雄花部→脱出して蛹化
			Co. xenalocasiae	約3週間	雌花部
C. gigantea	約3週間	困難	*Co.* sp.1 aff. *diconica*		雌花部
A. macrorrhizos	2～3か月	困難	*Co.* sp.1 aff. *sulawesiana*	果実序の裂開と同調	雌花部
			Co. sp.2 aff. *sulawesiana*		雌花部

{ : 共存ペア

7. 特殊化した送粉共生に向かう進化的背景

　一般的な送粉共生系で報酬として提供される花粉や花蜜などの物質は，系統的に離れた植物種間でも比較的均質な資源と考えられる。そのためこうした報酬を利用するハチやチョウなどの送粉者は，報酬さえあれば幅広い植物の花を利用する傾向があり，特定の宿主植物に対する特殊化は起きにくい。一方，花で繁殖する送粉者にとって花は交尾・産卵など繁殖において重要な場所となるので，送粉者と植物が相互作用を通じて互いに特殊化した関係が進化しやすいと考えられている（酒井，2002）。今回研究したタロイモショウジョウバエの *cristata* 種群のハエも，地域ごとに見れば1種の宿主でしか繁殖しない。その理由の1つは，宿主の花序で繁殖するためには，形態や生活史形質をそれぞれの宿主に特殊化させる必要があったことだと思われる（酒井，2002）。

　宿主植物の開花から結実までの平均期間と，雌花繁殖型種の羽化までの期間には，興味深い対応が見られる（表1）。果序を取り巻く仏炎苞の上部に穴があり，羽化後の新成虫が脱出できる宿主植物からは，タロイモショウジョウバエは果序の裂開前に羽化してくる。しかし，仏炎苞がぴったりと合わさって脱

出が困難なインドクワズイモでは，ハエは3か月も待って，果序の裂開に合わせて一斉に羽化するのだ。これは，それぞれの宿主植物の形態や生活史に合わせて，タロイモショウジョウバエが異なった生活史を進化させていることを示唆している。こうした宿主植物の果序の形態や結実期間の違いが，雌花繁殖型のタロイモショウジョウバエが特定の宿主に特殊化することを促進していると私は考えている。

　しかし，宿主特異性が高くなる理由はこれ以外にも考えられる。たとえば，雌花繁殖型種だけでなく雄花繁殖型種も宿主特異性が高いことは，タロイモショウジョウバエの雄と雌が同じ宿主植物の花序で出会うことで配偶の機会を高め，それによって決まった宿主植物に特殊化するような進化が起こりうることを示しているのかもしれない。

　一方，宿主植物にとっても，宿主特異的な，すなわち宿主への忠実度が高くて送粉効率のよいタロイモショウジョウバエは，重要な送粉者であると言える。しかもタロイモショウジョウバエの幼虫は種子を食害しないので，イチジクとイチジクコバチ，あるいはユッカとユッカガの間の絶対送粉共生のように，植物にとって重要な胚珠の一部を送粉者に報酬（幼虫の餌）として提供する必要がなく，宿主植物にとってもコストパフォーマンスの高い送粉共生システムだと言える。そのため，植物側も特定のタロイモショウジョウバエに特化した適応形質を進化させていると思われる。植物園や野外で複数種のサトイモ科植物が咲いているような環境でも，*cristata* 種群のハエが宿主を違えて訪花していることは，まったくと言ってよいほどない。サトイモ科植物が送粉者を誘引する主要なシグナルは匂いであると考えられるが (Miyake & Yafuso, 2003; Kumano & Yamaoka, 2006)，この匂い成分の組成が，種間で異なることで宿主特異的な送粉者を誘引していると考えられ，宿主植物間での匂い成分の比較も今後研究したいトピックの1つである。

8. 新たな報酬と前脚第二跗節の「トゲ」

　「タロイモショウジョウバエは何を食べているのか」と頻繁に聞かれる。幼虫は発達する果序の中を満たす浸出液の中を泳ぎ回りながら，盛んに口器を動かしているから，浸出液そのものか，そこで繁殖するバクテリア，あるいはその両方を食べていると思われる。浸出液が果実の発達に必要なのか，幼虫を養うために植物が報酬として提供しているのかは定かではなく，今後生化学的な

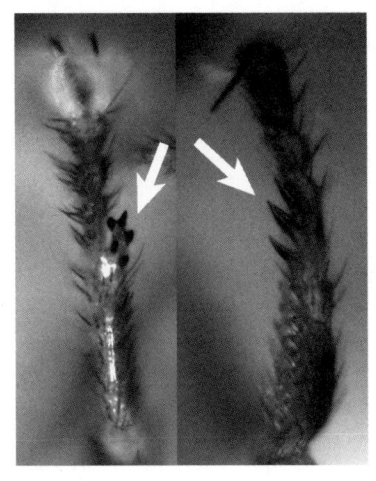

図5　タロイモショウジョウバエの一種 Colocasiomyia alocasiae の前脚第二跗節の歯状突起（トゲ：矢印部分）
右：右前脚の跗節部分を下方から見たところ，左：内側側方から見たところ

分析をしたいと考えている。成虫については，一生の大半を宿主植物の花序で過ごすのだから，花序で何かを食べているに違いない。しかし，タロイモショウジョウバエの消化管を解剖しても花粉が出てきたことはない（戸田・屋富祖，私信）。日本でクワズイモの送粉を最初に研究した屋富祖さんは，柱頭上の粘液か仏炎苞の内側表面に光って見える分泌物のようなものを採餌しているのではないかと推測していたが，博士研究の間にこれらを突き止めることはできなかった。しかし，学位取得から遅れること1年，思わぬ好機が訪れた。

タロイモショウジョウバエは前脚第二跗節に一群の歯状突起（トゲ）をもっており（Wheeler, 1969），このトゲは種群や種ごとに特徴的な形態を示す（Sultana et al., 2006; 図5）。こうした前脚のトゲは，ショウジョウバエ科の他の分類群でも知られているが，Sophophora 亜属の Drosophila obscura 種群や melanogaster 種群では雄だけに見られ，交尾中に雌を確保する際に利用される性節 sex comb だと考えられている（Grimaldi, 1990）。一方，タロイモショウジョウバエのトゲは雌雄両方にあり，何のために使われているかは，長い間わかっていなかった。

ここでようやく，冒頭部に話が戻る。クワズイモの雄花部分から「何か」をこそぎ取って，せわしなく口に運ぶハエの姿を見た私は，これらのトゲが何のために進化してきたかを瞬時に理解し，興奮し，このような発見ができた幸福感に満たされた。これらのトゲは，採餌のために使われており，それゆえに雌雄両方に存在するに違いない。タロイモショウジョウバエ万歳。観察を続けるうちに，前脚を利用した採餌行動は花粉放出前の特定の時間帯に，雄花部分の

表2　送粉者への報酬の多様性（河野・井上 (1992), Kearns & Inouye (1993), Endress (1994),

報酬の種類		利用形態/利用目的	送粉者
花から分泌される液状・ゼリー状の物質	花蜜 Floral nectar	主に成体（成虫）の餌	ほとんどすべての送粉者グループ タロイモショウジョウバエ
	花蜜以外の浸出液	成体（成虫）の餌	昆虫
	ゼリー状の多糖類 Jelly/gum	成体の餌	コウモリ コビトアレチネズミ属 スズメ目の鳥
雄花表面の固形物		成虫の餌	タロイモショウジョウバエ
報酬としての特殊な花組織 Food tissue		成体（成虫）の餌	昆虫（主に甲虫とハナバチ）・鳥・コウモリ
花粉 Pollen		成体（成虫）の餌 幼虫の餌	ダニ類・昆虫・鳥・コウモリ・有袋類・齧歯類
胚珠（種子） Ovule (seed)		産卵・幼虫の成育 (brood site)・幼虫の餌 ときに蛹化・羽化場所にもなる	ユッカガ類 イチジクコバチ科 ハナホソガ属
開花後分解しつつある花組織 Decompositing floral tissue		産卵・幼虫の成育 (brood site)・幼虫の餌 ときに蛹化・羽化場所にもなる	甲虫・ハエ タロイモショウジョウバエ
果実序の浸出液		幼虫の餌	タロイモショウジョウバエ
花油 Oil		幼虫の餌 巣材	ミツバチ科とケアシハナバチ科 14属の雌
樹脂 Resin		巣材・抗菌剤	シタバチ族・ハリナシバチ族・ハキリバチ族のハチの雌
芳香物質 Floral scent		性フェロモンの前駆体として利用されているのではないかと考えられている	シタバチ族の雄
空間としての花 Flower as space		異性に出会い交尾する場所 mating place　成虫の避難場所・夜間の睡眠場所　Shelter	アザミウマ・甲虫・ハエ・ハナバチ・ガ・ハナバチ タロイモショウジョウバエ
熱 Heat	植物自体の発熱 Thermogenesis	熱エネルギーが昆虫の代謝コストを下げることで直接的な報酬となる場合。特に夜間に有効	甲虫・ハナバチ・ハエ
	日射の吸収による温度上昇	日光の入射角を保つように花の向きを調整したり黒っぽい花を付けたりする	カ ハナバチ

▨：成体（成虫）の餌
■：幼虫の餌

8. 新たな報酬と前脚第二跗節の「トゲ」　211

Pellmyr (2002), Dafni (2005), Neff & Simpson (2005), Roulston (2005) より作成)

植物	報酬の化学組成/詳細	文献
さまざま	水・糖質・アミノ酸・脂質・ビタミン（報酬以外の成分として酵素［分泌液の調整］・タンパク質・アルカロイド・フェノール・その他を含む）	Baker & Baker, 1975, 1982, 1983; 本研究
Monstera 属・Anthurium 属・Arum 属・クワズイモ（サトイモ科）など	脂質・糖質・アミノ酸（報酬以外の成分としてフェノール樹脂・アルカロイド・抗酸化剤を含む）	Daumann, 1931; Ramirez & Gomez, 1978; Croat, 1980; Meeuse & Raskin, 1988; Kato & Inoue, 1994
Ensete 属・Musa 属（バショウ科）Massonia 属（ヒヤシンス科）Combretum 属（シクンシ科）	多糖類の重合体	Nur, 1976 Johnson et al., 2001 Sazima et al., 2001
クワズイモ	調査中	本研究
被子植物（特にバンレイシ科・サトイモ科などの古い科）	糖質・デンプン・タンパク質・脂質・その他	Baker & Hurd Jr, 1968; Bernhardt, 2000
さまざま	タンパク質・デンプン・アミノ酸・脂質・ビタミン・ミネラル・酵素・色素・その他	Grogan & Hunt, 1979; Roulston & Cane, 2000
ユッカ属（リュウゼツラン科）イチジク属（クワ科）コミカンソウ科	絶対送粉共生系として高度に特殊化送粉と引き換えに胚珠を犠牲にするジレンマがある	Pellmyr, 2003 Weiblen, 2002 Kato et al., 2003
さまざまな分類群（10 科）クワズイモ	植物体そのものまたは植物遺体上の菌類・微生物などコストは低くジレンマはない	酒井, 2002 本研究
クワズイモ属・サトイモ属	浸出液か液中の菌類・微生物を採餌？	本研究
全被子植物の約1% 10 科約 80 属約 2400 種	飽和遊離脂肪酸・中性脂肪	Buchmann, 1987; Steiner & Whitehead, 1991
Dalechampia 属（トウダイグサ科）・Clusia 属・Clusiella 属（オトギリソウ科）の数百種	テルペンの重合体	Ramirez & Gomez, 1978; Armbruster, 1984, 1997; Porto et al., 2000
625 種以上のラン科を含む新熱帯の7科	テルペン・アミノ化合物・芳香族成分	Dressler, 1982
Serapias 属（ラン科）イチリンソウ属（キンポウゲ科）クワズイモ	効率的な交配相手の発見風雨や捕食者からの避難・休憩	Faegri & Van der Pijl, 1979 Meeuse & Morris, 1984 本研究
Philodendron 属（サトイモ科）Victoria 属（スイレン科）		Thien et al., 2000; Seymour et al., 2003; Seymour & Matthews, 2006
チョウノスケソウ（バラ科）・フクジュソウ（キンポウゲ科）・ケシ科・Oncocyclus 属（アヤメ科）		Hocking & Sharplin, 1965; Kudo, 1995; Sapir et al., 2006

限られた範囲で見られるという印象をもった．その他にも，中性花の表面を吸汁するような採餌行動も確認された．沖縄のクワズイモは少なくとも2種類のエサを送粉者に与えていたのである．

9. この送粉共生系の学術的な意義

　この送粉共生系がもつ重要性として強調しておきたいのは，サトイモ科植物がタロイモショウジョウバエに提供する報酬の多様性である．植物が送粉者に提供する報酬の典型は花蜜と花粉だが，ほかにもさまざまなものが知られている（表2）．沖縄で観察したクワズイモの場合は，このうち中性花の浸出液（最近の分析で花蜜であると推定された），雄花表面の固形物（ともに成虫の餌），開花後分解しつつある花組織（産卵・幼虫の成育場所・幼虫の餌），果序の浸出液（幼虫の餌），空間（交尾・産卵・幼虫生育・蛹化・羽化そして成虫の睡眠場所）をタロイモショウジョウバエに提供している．宿主植物が，これほど多様な報酬を提供して送粉者の生活史全般を支えている送粉共生系は，ほかに知られていないのではないだろうか．さらに，沖縄のタロイモショウジョウバエを人工的に飼育した場合，クワズイモの花序を与えないと成熟卵が作られないというから（屋富祖，私信），卵巣成熟に必要な成分（栄養分・ホルモン関連物質あるいは匂い）がクワズイモから提供されていると思われる．

　さらにタロイモショウジョウバエ属のメンバーは特定の分類群の植物を利用し，絶対送粉共生とも言える一対一の厳密な共生関係から，1つの花序で複数の送粉者が共存したり（図3），1種のハエが複数の宿主植物を利用したりする緩やかな共生関係までさまざまなバリエーションを示す（Takenaka, 2006; Toda & Lakim, 2011）．これらのことから，タロイモショウジョウバエとサトイモ科植物の送粉共生は「絶対送粉共生が進化する（送粉者が特殊化する）条件」や「花の上で繁殖する送粉者による送粉共生系の多様性」を考えるうえで重要な示唆を与えるのではないかと考えている．

今後の展望

　今回は紹介しなかったが私たちはタロイモショウジョウバエの分子系統解析にも取り組んでいる（Takano et al., 2011）．この共生系における植物と送粉

者の共進化過程を考えるには，両者の系統関係をつき合わせて対応関係を見ることが欠かせない。しかし，10種あまりのタロイモ属と60～70種を数えるクワズイモ属の中で送粉システムが調査されているのはあわせて数種に過ぎず (Gibernau, 2003; Takenaka, 2006)，このグループの宿主特異性を考えると，未調査のサトイモ科植物からは，新種のタロイモショウジョウバエが次々と発見されるだろう。これらの系における送粉過程とタロイモショウジョウバエの繁殖特性の生態調査や宿主植物が提供する報酬物質や誘引物質の化学的分析まで考えると，するべきことはたくさんある。私はマラリア媒介蚊の研究，ウイルスの研究を経て，現在はサラワク州（マレーシア）の生物多様性の研究に従事しているが，時間の許す限りこの送粉共生系を見続けていきたいと考えている。自然が秘密を教えてくれるときは……本当に嬉しいものです。

引用文献

Armbruster, W. S. 1984. The role of resin in angiosperm pollination: ecological and chemical considerations. *American Journal of Botany* **71**: 1149-1160.

Armbruster, W. S. 1997. Exaptations link evolution of plant-herbivore and plant-pollinator interactions: A phylogenetic inquiry. *Ecology* **78**: 1661-1672.

Baker, H. G. & P. D. Hurd Jr. 1968. Intrafloral ecology. *Annual Review of Entomology* **13**: 385-414.

Baker, H. G. & I. Baker. 1975. Studies of nectar-constitution and pollinator-plant coevolution. Symposium V First International Congress of Systematic and Evolutionary Biology, Colorado August 1973. *In*: Gilbert, L. E. & P. H. Raven (eds.) Coevolution of Animals and Plants, p. 100-140. University of Texas Press, Austin and London.

Baker, H. G. & I. Baker. 1982. Chemical constituents of nectar in relation to pollination mechanisms and phylogeny. *In*: Nitecki, M. H. (ed.) Biochemical aspects of evolutionary biology. Proceedings of the 4th annual spring systematics symposium, pp. 131-171. University of Chicago Press, Chicago.

Baker, H. G. & I. Baker. 1983. A brief historical review of the chemistry of floral nectar. *In*: Bentley, B. & T. Elias (eds.) The biology of nectaries, p. 126-152. Coloumbia University Press, New York.

Bernhardt, P. 2000. Convergent evolution and adaptive radiation of beetle-pollinated angiosperms. *Plant Systematics and Evolution* **222**: 293-320.

Buchmann, S. L. 1987. The ecology of oil flowers and their bees. *Annual Review of Ecology and Systematics* **18**: 343-369.

Carson, H. L. & T. Okada. 1980. Drosophilidae associated with flowers in Papua New Guinea I. *Colocasia esculenta*. *Kontyû* **48**: 218-225.

Croat, T. B. 1980. Flowering behavior of the neotropical genus *Anthurium* (Araceae). *American Journal of Botany* **67**: 888-904.

Dafni, A. 2005. Rewards in flowers. Introduction. *In*: Dafni, A., P. G. Kevan & B. C. Husband (eds.) Practical Pollination Biology, p. 233-236. Enviroquest, Cambridge, Ontario, Canada.

Daumann, E. 1931. Nektarabscheidung in der Blütenregion einiger Araceen. *Planta* **12**: 38-48.

Dressler, R. L. 1982. Biology of the orchid bees (Euglossini). *Annual Review of Ecology and Systematics* **13**: 373-394.

Endress, P. K. 1994. Special differentiations associated with pollinator attraction. *In*: Diversity and Evolutionary Biology of Tropical Flowers, p. 148-188. Cambridge University Press, Cambridge.

Faegri, K. & L. van der Pijl. 1979. The principles of pollination ecology. Pergamon Press, Oxford.

Gibernau, M. 2003. Pollinators and visitors of aroid inflorescences. *Aroideana* **26**: 73-91.

Grogan, D. E. & J. H. Hunt. 1979. Pollen proteases: Their potential role in insect digestion. *Insect Biochemistry* **9**: 309-313.

Grimaldi, D. A. 1990. A phylogenetic, revised classification of genera in the Drosophilidae (Diptera). *Bulletin of the American Museum of Natural History* **197**: 1-139.

Hocking, B. & C. D. Sharplin. 1965. Flower basking by arctic insects. *Nature* **206**: 215.

Honda-Yafuso, M. 1983. Interspecific relationship between synhospitalic *Drosophilella* species (Diptera, Drosophilidae) inhabiting *Alocasia odora* on Okinawa Is., Japan. *Kontyû* **51**: 520-527.

Ivancic, A., O. Roupsard, J. Q. Garcia, V. Lebot, V. Pochyla & T. Okpul. 2005. Thermogenic flowering of the giant taro (*Alocasia macrorrhizos*, Araceae). *Canadian Journal of Botany* **83**: 647-655.

Johnson, S. D., A. Pauw & J. Midgley. 2001. Rodent pollination in the African lily *Massonia depressa* (Hyacinthaceae). *American Journal of Botany* **88**: 1768-1773.

Kato, M. & T. Inoue. 1994. Origin of insect pollination. *Nature* **368**: 195.

Kato, M., A. Takimura & A. Kawakita. 2003. An obligate pollination mutualism and reciprocal diversification in the tree genus *Glochidion* (Euphorbiaceae). *Proceedings of the National Academy of Sciences of the United States of America* **100**: 5264-5267.

河野昭一・井上健 1992. 送粉システムの進化 井上健・湯本貴和 (共編) シリーズ地球共生系3 昆虫を誘い寄せる戦略——植物の繁殖と共生, p. 9-42. 平凡社.

Kearns, C. A. & D. W. Inouye. 1993. Techniques for Pollination Biologists. University Press of Colorado, Niwot, Colorado.

Kudo, G. 1995. Ecological significance of flower heliotropism in the spring ephemeral *Adonis ramosa* (Ranunculaceae). *Oikos* **72**: 14-20.

Kumano, Y. & R. Yamaoka. 2006. Synchronization between temporal variation in heat generation, floral scents and pollinator arrival in the beetle-pollinated tropical Araceae *Homalomena propinqua*. *Plant Species Biology* **21**: 173-183.

Mayo, S. J., J. Bogner & P. C. Boyce. 1997. The Genera of Araceae. Royal Botanic Gardens, Kew.

Meeuse, B. & S. Morris. 1984. The sex life of flowers. Facts on File, New York.

Meeuse, B. J. D. & I. Raskin. 1988. Sexual reproduction in the arum lily family, with emphasis on thermogenicity. *Sexual Plant Reproduction* **1**: 3-15

Miyake, T. & M. Yafuso. 2003. Floral scents affect reproductive success in fly-pollinated *Alocasia odora* (Araceae). *American Journal of Botany* **90**: 370-376.
Mori, Y. & H. Okada. 2001. Reproductive biology and pollen flow of a rheophytic aroid, *Furtadoa sumatrensis* (Araceae) in the Malesian wet tropics. *Plant Systematics and Evolution* **227**: 37-47.
邑田仁　1996．サトイモ科．岩槻邦男・大場秀章・清水建美・堀田満・ギリアン＝プランス・ピーター＝レーヴン（監修），ミズバショウ　サトイモ（植物の世界 123），p. 67-68. 朝日新聞社．
Neff, J. L. & B. B. Simpson. 2005. Rewards in flowers. Other rewards: oils, resins, and gums. Resins. *In*: Dafni, A., P. G. Kevan & B. C. Husband (eds.) Practical Pollination Biology, pp. 314-328. Enviroquest, Cambridge, Ontario, Canada.
Nur, N. 1976. Studies on pollination in Musaceae. *Annals of Botany* **40**: 167-177.
Pellmyr, O. 2002. Pollination by animals. *In*: Herrera, C. & O. Pellmyr (eds.) Plant-Animal Interactions: An Evoltuionary Approach. Blackwell Science, Oxford.
Pellmyr, O. 2003. Yuccas, yucca moths, and coevolution: A review. *Annals of the Missouri Botanical Garden* **90**: 35-55.
Porto, A. L. M., S. M. F. Machado, C. M. A. de Oliveira, V. Bittrich, M. D. C. Amaral & A. J. Marsaioli. 2000. Polyisoprenylated benzophenones from Clusia floral resins. *Phytochemistry* **55**: 755-768.
Ramirez, W. B. & L. D. P. Gomez. 1978. Production of nectar and gums by flowers of *Monstera deliciosa* (Araceae) and of some species of *Clusia* (Guttiferae) collected by New World *Trigona* bees. *Brenesia* **14-15**: 407-412.
Roulston, T. A. 2005. Rewards in flowers-Pollen as a reward. *In*: Dafni, A., P. G. Kevan & B. C. Husband (eds.) Practical Pollination Biology, p. 236-260. Enviroquest, Cambridge, Ontario, Canada.
Roulston, T. H. & J. H. Cane. 2000. Pollen nutritional content and digestibility for animals. *Plant Systematics and Evolution* **222**: 187-209.
酒井章子　2002．熱帯林の多様な送粉共生系：花の上で繁殖する送粉者．日本生態学会誌 **52**: 177-187.
Sapir, Y., A. Shmida & G. Ne'eman. 2006. Morning floral heat as a reward to the pollinators of the *Oncocyclus* irises. *Oecologia* **147**: 53-59.
Sazima, M., S. Vogel, A. L. do Prado, D. M. de Oliveira, G. Franz & I. Sazima. 2001. The sweet jelly of *Combretum lanceolatum* flowers (Combretaceae) : A cornucopia resource for bird pollinators in the Pantanal, western Brazil. *Plant Systematics and Evolution* **227**: 195-208.
Seymour, R. S. & P. G. D. Matthews. 2006. The role of thermogenesis in the pollination biology of the Amazon waterlily *Victoria amazonica*. *Annals of Botany* **98**: 1129-1135.
Seymour, R. S., C. R. White & M. Gibernau. 2003. Heat reward for insect pollinators. *Nature* **426**: 243-244.
Steiner, K. E. & V. B. Whitehead. 1991. Oil flowers and oil bees: further evidence for pollinator adaptation. *Evolution* **45**: 1493-1501.
Sultana, F., Y.-G. Hu, M. J. Toda, K. Takenaka & M. Yafuso. 2006. Phylogeny and classification of *Colocasiomyia* (Diptera, Drosophilidae), and its evolution of pollination mutualism with aroid plants. *Systematic Entomology* **31**: 684-702.

Takano K. T., A. Suwito, J-j. Gao & J-t. Yin. 2011. Molecular phylogeny of the cristata species group of the genus *Colocasiomyia* (Diptera: Drosophilidae). *Low Temperature Science* **69**: 19-28.

Takano, K. T., R. Repin, D. M. B. Mohamed & M. J. Toda. 2012. Pollination mutualism between *Alocasia macrorrhizos* (Araceae) and two taxonomically undescribed *Colocasiomyia* species (Diptera: Drosophilidae) in Sabah, Borneo. *Plant Biology*. doi: 10.1111/j.1438-8677.2011.00541.x

Takenaka, K. 2006. Reproductive ecology of the genus *Colocasiomyia* (Diptera: Drosophilidae) and pollination mutualism with Araceae plants. PhD Dissertation, Hokkaido University, Sapporo.

Takenaka, K., J. T. Yin, S. Y. Wen & M. J. Toda. 2006. Pollination mutualism between a new species of the genus *Colocasiomyia* de Meijere (Diptera: Drosophilidae) and *Steudnera colocasiifolia* (Araceae) in Yunnan, China. *Entomological Science* **9**: 79-91.

Thien, L. B., H. Azuma & S. Kawano. 2000. New perspectives on the pollination biology of basal angiosperms. *International Journal of Plant Sciences* **161**: S225-S235.

Toda, M. J. & T. Okada. 1983. Ecological studies of floricolous *Drosophilella* in Burma with descriptions of three new species from Burma and the Philippines (Diptera, Drosophilidae). *Kontyû* **51**: 169-184.

Toda, M. J. & M. B. Lakim. 2011. Genus *Colocasiomyia* (Drosophilidae: Diptera) in Sabah, Bornean Malaysia: high species-diversity and use of host aroid inflorescences. *Entomological Science* **14**: 262-270.

Weiblen, G. D. 2002. How to be a fig wasp, *Annual Review of Entomology*, **47**: 299-330.

Wheeler, M. R. 1969. A note on the genus *Drosophilella* Duda (Diptera; Drosophilidae). *Pacific Science* **23**: 544-545.

Yafuso, M. 1993. Thermogenesis of *Alocasia odora* (Araceae) and the role of *Colocasiomyia* flies (Diptera, Drosophilidae) as cross-pollinators. *Environmental Entomology* **22**: 601-606.

屋富祖昌子 2001. 花にすむハエ. 篠永哲・嶌洪（共編）ハエ学—多様な生活と謎を探る, p. 62-87. 東海大学出版会.

第9章 キノコ類の隠れた種：
共生する植物との相性を紐解く

佐藤博俊（森林総合研究所関西支所・日本学術振興会特別研究員）

はじめに

　生物の種 species というものは，従来その形態の違いによって識別・記載されてきた。それでは，異なる種の生物は人間が識別できるような異なる形をしているのだろうか？　ヒトと同様に，視覚で繁殖のパートナーを識別する動物に関しては，色や形態で自分と同じ種と別の種を見分けられるのが一般的である。交配相手を間違えないことは，適応度の低い雑種を生み出さないためにも非常に重要なので，たとえ近縁種であっても急速に異なった形に進化すると考えられるからである。また，多くの被子植物は，植物自身には視覚はないが，種によって花の色や形が大きく異なっている。これは，花粉を運ぶ昆虫や鳥をうまく利用し，繁殖をより確実に行うためであると考えられる。送粉動物に同じ種の花を選んで訪花してもらえれば受粉効率は最大となり，逆に近縁種との不稔雑種を頻繁に産出してしまうような訪花のされ方をするのは適応的ではない。したがって，近縁種であっても訪花昆虫に識別してもらえるよう異なる花形態に急速に進化することは十分ありうるだろう。

　一方，マツタケやシイタケなど，いわゆるキノコ類に関しては，どうだろうか？　キノコ類には眼があるわけでもない。また，キノコ類の多くでは，胞子は風によって散布されている。一部のキノコ類では，動物によって胞子が散布されることも知られているものの，そのような場合でも，動物は視覚ではなく嗅覚によって引き寄せられていると考えられている。したがって，キノコ類の異なる種が，少なくともヒトが眼で識別できるように異なる形をしている必然性はどこにもない。実際，キノコ類は被子植物などのように複雑な形態をしている器官ももたず，単純な形をしている。しかも，キノコ類では菌糸や胞子といった数 μm 〜数十 μm 単位の構造物も観察しなければ，種の同定が難しいことが多い。仮に何らかの形態的な分化が起こっていたとしても，ヒトの眼では認識できない可能性も高い。

キノコ類のように種間で形態が適応的に分化する必然性がなく，肉眼で観察できる形質が少ない生物では，隠蔽種という概念が重要になってくる。隠蔽種とは，形態的には区別がつかないが，実際には互いに独立した種のことである。「種」をどのように定義するかについてはさまざまな考え方が提唱されているが，ここでは，互いに遺伝的交流がなく，生殖的に隔離されたものであるという生物学的種概念（Mayr, 1970; Paris et al., 1989）に基づいて話を進めたい。隠蔽種を識別するということは，互いに形態的に違いがなかったとしても，生物学的種という明確な基準にしたがって種を識別するということなので，分類学の上では重要な意味がある。さらに，互いに生殖的に隔離されているということは，交雑によって何らかの不利益が生じることを意味していることでもあるので，異なる隠蔽種の間では形態の差としてあらわれにくい何らかの適応的分化が見られる可能性がある。したがって，隠蔽種を識別するということは，生態学や進化学の観点からも重要な意味をもっている。しかしながら，キノコ類では人工的に交配実験を行うことが多くの群では容易ではないため，隠蔽種の研究は十分には進められていなかった。

私はキノコ類の隠蔽種を識別する試みを行ってきた。また，私はキノコ類の中でも植物と相利共生する外生菌根菌と呼ばれる種群に着目しており，外生菌根菌がどのような植物種と共生しているかということについて調べてきた。本章では，隠蔽種を効果的に識別するために私が施した工夫，ならびに隠蔽種を識別することによって見えてきた外生菌根菌とその共生植物との密接な関係について紹介したい。

1. キノコ類ってどういう生物？

マツタケ，シイタケやエノキタケといったいわゆるキノコ類は，市場に広く出回っており，日本人にとっては食材としてなじみの深いものである。また，日本では野生のキノコを取って食べる文化が古くから根付いているため，キノコが食用キノコなのか，毒キノコなのかということに対しては高い関心が寄せられることが多い。それでは，キノコ類とは，そもそもどういった生物なのだろうか？ キノコ類というと，どうしても食毒のイメージが先行してしまうかもしれないが，生物としてのキノコ類についてはよく知らない方もいるのではないかと思う。ここでは，私の具体的な研究の紹介に入っていく前に，生物学の観点から見たキノコ類について簡単に解説しておきたい。

キノコ類は分類学的に言えば，真菌類に属する生物である。生物を動物と植物の2つに分けたリンネの2界説の影響もあって，キノコ類を原始的な隠花植物の一部と思っている人もいるかもしれない。しかし，それは間違いである。真菌類は植物との共通点はそもそもあまりなく，最近の分子系統学的研究ではむしろ動物により近縁であることもわかっている（Stechmann & Cavalier-Smith, 2002）。また，キノコ類は真菌類の中でも，担子菌門や子嚢菌門とよばれる高等な菌類で構成されるグループに属する。俗に菌類はキノコ類とカビ類に分けられることが多いが，菌類のうち繁殖器官が大きなものをキノコ類，小さなものをカビ類として便宜上呼んでいるだけで，これらの言葉は分類学的な意味をもたない。

　キノコ類は繁殖器官であるキノコ（子実体）に注目されることが多いが，キノコを生じるのはキノコ類の一生のうちのほんのわずかの期間だけである。担子菌のキノコ類で説明すると，キノコ類は胞子という単相（n）の状態で散布される。胞子が地表などに落ちて発芽すると，まず一次菌糸と呼ばれる単相の菌糸を形成する。一次菌糸は成長すると，性の異なる他の一次菌糸と交配して，細胞中に2つの核（重相，n+n）をもった二次菌糸となる。二次菌糸は成長を続けると，やがて繁殖器官である子実体を形成し，子実体が成熟すると減数分裂が起こって，再び単相の胞子が形成される。このようにして，キノコ類の生活史は成り立っている。なお，キノコ類の中には，こういった有性生殖だけでなく，分生子と呼ばれる無性胞子による無性生殖も行う種群が知られている（キノコの生活史についてより詳しく知りたい方は，堀越・鈴木，1990を参考にするとよいだろう）。

　キノコ類は，植物のように単独で栄養を得ることはできないため，さまざまな方式で他生物由来の栄養を摂取している。たとえば，シイタケ，ブナシメジやツクリタケ（マッシュルーム）などのキノコ類は，生物の死骸や排泄物を分解することで栄養を得ている。また，セミタケなどの冬虫夏草類は，生きている生物に寄生して栄養を奪っている。一方，マツタケやホンシメジなどは，生きている植物と共生して栄養を交換している。どのような栄養摂取様式をとるかはキノコ類の種群によってだいたい決まっているが，一部のものでは中間的な様式をとるものも存在する。とりわけ，死骸や排泄物を分解する菌と寄生する菌との境界線はあいまいであることが多い。

　キノコ類はしばしば他の生物種と密接な共生関係を結んでいる生物群でもある。たとえば，マツタケやホンシメジといったキノコ類は，共生する植物に土

壌から吸収した水分，窒素やリンを提供している．植物はそれ単独でも土壌中の養分を吸収することができるが，キノコ類は非常に微細な菌糸を土壌中に張り巡らしており，植物よりもはるかに養分を吸収する能力に優れている．一方，植物は炭素を固定することができないキノコ類に対して光合成で得た炭素分を提供している（図1）．このような共生の形態は菌根共生と呼ばれる．また，キヌガサタケのような一部の腹菌類では，胞子を形成する粘液質の部位（グレバ）が悪臭を放っており，ハエ類を引き寄せている．これらのキノコ類は，グレバの部分を餌としてハエに与える代わりに，ハエに胞子を散布してもらうという形の相利共生関係を結んでいる（Tuno, 1998）．一方，オオシロアリタケ属の菌は，シロアリに菌糸を栽培してもらうというユニークな共生の形をとっている（Wilding et al., 1989）．キノコ類が他の生物と共生関係をもつことは一般的に見られる現象であり，共生関係の種類も多岐にわたっている．

このように，キノコ類は生活史，栄養の摂取様式，あるいは他生物との相互作用関係において独自の戦略をもっており，食毒の対象としてだけでなく，生物学の観点から見ても非常に興味深い生物群なのである．

2. 菌根共生するキノコ類

キノコ類と動植物との多様な共生関係の中で，私が着目してきたのが菌根共生するキノコ類である．菌根共生という概念は古くから知られており，生物の相利共生関係の代表例としてしばしば挙げられる．しかしながら，高等学校の生物の教科書においても菌根共生について触れられることがほとんどないため，その重要性の割に菌根共生は一般的にあまり知られていない概念である（実を言うと，私自身も大学に入るまで知らなかった）．菌根について詳しく知らない読者も多いと思うので，ここで菌根共生について解説する．

菌根とは菌類の菌糸が植物の根に侵入して両者が融合することによって形成される構造物のことであり，菌根を形成する菌類は菌根菌と呼ばれる（Smith & Read, 2008）．植物根に菌糸が侵入することによって，植物根はさまざまな形に異形化するため，菌根はしばしば特徴的な形態をもっている．菌根を介して菌根菌と宿主植物は相互に栄養物を交換し，たいていの場合，両者は相利共生関係を結んでいる（図1）．菌根共生は，砂漠，低地熱帯林，高緯度地域，あるいは高山に至るまで地球上のほとんどの陸上生態系で観察されている．また，陸上の維管束植物のほとんど（木本ではほぼすべて）が何らかの菌根を形成し

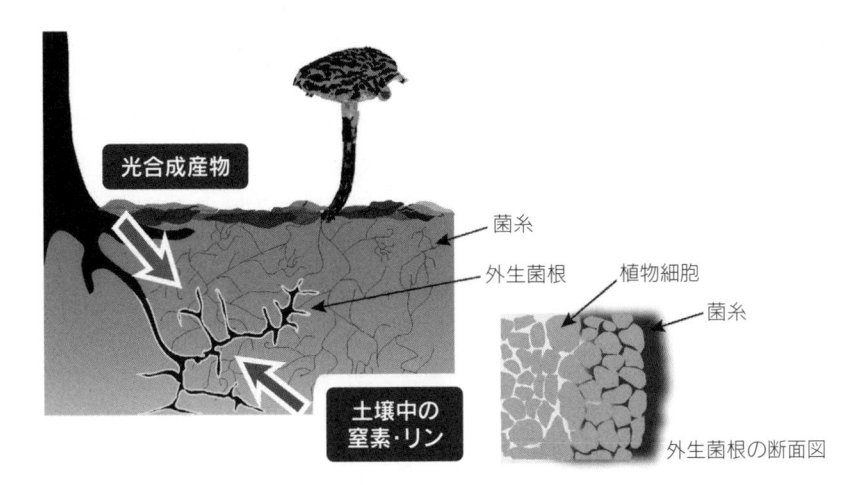

図1 菌根を介した外生菌根性のキノコ類とその宿主植物との相利共生関係
外生菌根性のキノコ類とその宿主植物が地下部で外生菌根を形成している様子を模式的に示した。図中の大きな矢印は，キノコ類から植物，あるいは植物からキノコ類への物質の移動を示している。

ていると考えられている（Allen, 1991）。中学・高校の生物の授業で「根毛」を習うが，野外の植物ではほとんどの根が菌根となって異形化しているため，実は野外において「根毛」という構造物はほとんど見られない。

菌根はその構造から，外生菌根，アーバスキュラー菌根，エリコイド菌根，内外生菌根，ラン型菌根，アルブトイド菌根，およびモノトロポイド菌根の7種類の菌根に分類されている（それぞれの菌根タイプの詳細についてはPeterson *et al.*, 2004 や Smith & Read, 2008 を見るとわかりやすい）。しかし，外生菌根以外の菌根をつくる菌には地上にキノコを出すものが少ないため，キノコ類において菌根といった場合には通常，外生菌根を指す。外生菌根を形成する菌（外生菌根菌）は，その多くがマツタケやホンシメジといったキノコ類を含む担子菌類に属する。一部には子嚢菌類や接合菌類に属する菌も見られる。一方，外生菌根を形成する植物種は，ブナ科，カバノキ科，フトモモ科，マツ科，フタバガキ科など，温帯林や熱帯林において優占種となる樹種で構成されている。外生菌根菌は，原始的な接合菌類のみで構成されるアーバスキュラー菌根と比べて，より起源の新しい菌根菌と考えられている（Lepage *et al.*, 1997; Smith & Read, 2008）。

外生菌根を介して宿主植物は光合成によって得られた炭素分を菌根菌に与えている。その一方で，外生菌根菌は土壌中に張り巡らした微細な菌糸から，水

分，窒素・リンなどの無機養分，あるいはアミノ酸やタンパク質など高次な化合物を吸収して宿主植物に与えている。このように両者はお互いの不足する栄養分を補う合う形で相利共生関係を結んでいる（Smith & Read, 2008）。また，宿主植物は外生菌根を形成することによって，乾燥ストレスや重金属ストレス，あるいは病原菌に対する耐性を獲得できることも知られている。外生菌根菌と宿主植物は互いに強く依存しあっており，どちらか一方が消えるともう一方も死んでしまう可能性が高い。外生菌根菌は胞子の発芽や菌糸の成長に宿主植物の存在が必須であることも多い。一方で，植物は外生菌根を形成することによって，それを形成していない植物よりも生育の初期段階において顕著に高い成長率を示す。このため，植物が生存競争で勝ち残るためには，多くの場合，菌根菌が必須である。このように，外生菌根性のキノコ類とその宿主植物は互いに依存関係が強いため，両者は密接な共進化関係にあったのではないかと考えられる。

　なお，ここでは，菌根共生について簡潔に説明したが，菌根共生についてより詳しく知りたい方は，Allen (1991)，Allen (1992)，Smith & Read (2008) などの教科書を参考にするとよいだろう。

3. 外生菌根菌の宿主特異性

　外生菌根菌と宿主植物との関係を考えるうえで興味深いことの1つが，外生菌根菌の宿主植物に対する特異性（宿主特異性）である。外生菌根菌がどういった樹種を共生相手に選ぶかということは，外生菌根菌がどういった植物種と共進化してきたかを理解するうえで重要な情報である。また，樹種間で外生菌根菌を共有するということは，菌根菌を介して樹種間で栄養の移動が起こりうるということなので，森林内での物質循環を知るという意味においても，外生菌根菌の宿主植物に対する特異性を知ることは重要である。そこで私は，この外生菌根菌の宿主特異性という概念に着目して研究を行ってきた。

　一般に，外生菌根菌は宿主である植物の種類をほとんど選ばないとされている（Molina et al., 1992; Smith & Read, 2008）。外生菌根菌の宿主特異性が低いことは，外生菌根菌と宿主植物の両方に対して利点があると考えられている（Molina et al., 1992, Bruns et al., 2002）。宿主特異性の低い外生菌根菌は宿主植物の分布に強く影響されないため，幅広い環境を利用できるという利点がある。外生菌根菌は多くが風によって胞子を分散させるため，宿主植物に対する特異

性が低ければ，より広い地域に進出することができるであろう．外生菌根菌の宿主特異性が低いことは，宿主植物にとっても利益があると考えられている．もし，森林内で宿主特異性の低い外生菌根菌が存在していれば，森林内の樹木は同種間，あるいは異種間で菌根菌の菌糸を介したネットワークでつながっている可能性が考えられる．このような菌根のネットワークによって樹木間で窒素や炭素などの移動が起こっており，こういった物質移動が光環境の悪い林床木の生存に大きな影響を及ぼしている可能性が指摘されている（Read, 1997）．

しかし，私は外生菌根菌の宿主特異性が低いという従来の解釈に対して，いくらか疑問を抱いていた．その理由の1つは，キノコ類における隠蔽種の問題である．キノコ類は種の識別に有効な形態形質に乏しいため，複数の種を混同してしまうことによって，本来は高い宿主特異性をもつ種の存在を見逃してしまっているかもしれない．実際，従来の研究では，形態で認識された種（形態種）ごと，あるいは解像度の低い分子マーカーで識別されたタイプごとに宿主特異性を評価していた（Molina *et al.*, 1992; Smith & Read, 2008）．そのため，隠蔽種の存在によって宿主特異性を過小評価しているという可能性は十分に考えられる．

さらに，もう1つの疑問が宿主樹種の同定の問題である．外生菌根菌の宿主樹種を同定するというのは意外と厄介な作業である．単純に考えて，キノコから菌糸をたどって菌根を探すと同時に，植物根（菌根）から植物体をたどれば宿主は特定できる．しかし，菌糸は非常に微細であるし，植物根をたどるにも，しばしば地下には複雑な根系が張り巡らされているので，野外でこれらをたどっていくのは現実的には非常に難しい．実際，先行研究の多くでは，ただ単純に子実体周辺の植生から宿主樹種を特定しているケースが多い（Molina *et al.*, 1992; Trappe 1962）．このようなことから，従来の研究では宿主樹種の同定が誤っているために，正確に宿主特性を評価できていないという可能性も考えられる．

このような問題に対して解決策となりうるのがDNA塩基配列情報を活用することである．近年，DNA塩基配列を決定することは，さまざまな生物群に対して一般的に行われており，比較的短時間・低コストで実験を行うことができるようになってきた．DNA塩基配列の情報を利用するにあたっては，形態だけを扱う際には苦心するキノコ類でも，他の生物と同様に解析ができるはずである．しかも，DNA情報はキノコ類の子実体からだけでなく，菌糸や菌根など，形態情報のきわめて乏しい器官からも取り出すことが理論上可能である．

したがって，DNA 塩基配列の情報を活用することによって，キノコ類において，これまで見えていなかった事実が明らかになることが期待される。

私の研究では，子実体の DNA データを活用することによって隠蔽種を識別し，さらに菌根の DNA データを活用することによって宿主樹種を同定するという試みを行ってきた。外生菌根菌の隠蔽種を識別して，その宿主特異性を明らかにするために，私がどのような工夫をしたか，その結果どのような結果が導き出されたかということについて，以降の項目で触れていきたい。

4. 1つの形態種内にどの程度の隠蔽種が見られるのか

外生菌根性のキノコ類の1つの形態種の中に，いったいどれだけの隠蔽種が含まれているのだろうか？ 私が最初に取り組んだのは，この疑問に答えることであった。隠蔽種を区別するために，最も直接的な方法は人工交配実験であろう。しかし，キノコ類では，しばしば人工交配実験をするのが難しく，なかでも野生状態で生きた生物種と共生している外生菌根性のキノコ類では特に難しい。そこで，私が考えたのが，核 DNA とミトコンドリア DNA の情報を比較することによって生殖的隔離を検出するという手法である。核 DNA とミトコンドリア DNA は互いに独立した遺伝様式をもっているので，両者の情報は独立した情報として扱うことができる。このため，両者の情報を比較検討することによって，生殖的隔離の有無を検出することができる。この原理の詳細については本章末のコラムを参照されたい。この研究では，さまざまな地域から採集した子実体サンプルから核 DNA の塩基配列情報とミトコンドリア DNA の塩基配列情報を解読し，それぞれの情報に基づいて別々に分子系統樹を構築した。さらに，それぞれの分子系統樹上で明確に識別することのできる遺伝的なまとまり（クレード）を比較することによって外生菌根性のキノコ類の隠蔽種の網羅的探索を行った。

4.1. 研究材料のオニイグチ属菌について

この研究において研究材料として用いたのは，外生菌根性のオニイグチ属 *Strobilomyces* (Boletaceae) である (Singer, 1986)。国内ではこの属にオニイグチ，オニイグチモドキ，コオニイグチ，トライグチの4つの種が知られている（長沢，1987）。口絵6で示した通り，これら4種のうち，トライグチは鮮やかな黄色の子実体をもっていて容易に識別できるのに対して，そのほかの3種はい

ずれも黒もしくは黒褐色の子実体をもっており，互いに識別することが困難な場合も多い。このため，DNAを用いてオニイグチ属を詳細に分類していくことで，いくつかの隠蔽種を発見できることが期待された。研究材料としてオニイグチ属菌を選んだ理由の1つは，この属が隠蔽種の解析をするのにちょうど適した程度の種多様性をもっているのではないかと考えたからである。キノコ類では，形態情報が特に乏しい分類群を解析した場合，1つの形態種から収拾がつかないほどの隠蔽種が見出されてしまう可能性も十分にありうるし，そもそも形態種の定義で混乱してしまう可能性も大いに考えられる。その点，肉眼で識別できる形質や胞子の形状が比較的わかりやすいオニイグチ属菌は解析の材料として適切であると判断した。もう1つの理由は，研究を始める前に野外でキノコ採集をしていた際，オニイグチ属の形態種が不自然に幅広い分布をもち，さまざまな植生に見られることに気づいたからである。つまり，オニイグチ属菌は隠蔽種を識別することによって，種ごとに異なる宿主樹種構成をもっていることが期待できる分類群だったのである。このような理由から，数ある外生菌根菌の中から研究材料としてオニイグチ属菌を選んだ。

4.2. オニイグチ属菌での隠蔽種探索

　オニイグチ属にどれだけの隠蔽種が存在するかを確かめるためには，なるべく幅広い地域からオニイグチ属菌の子実体サンプルを収集する必要がある。私の研究では，国内および日本近辺のオニイグチ属菌の種をできるだけ網羅するため，国内と台湾の計15の地点からオニイグチ属菌の子実体を採集した。

　隠蔽種を探索するためには，採集してきた子実体に対して核のDNA情報とミトコンドリアのDNA情報の比較を行う必要がある。この研究では解析対象として，核DNAの方ではリボソームRNA遺伝子の非コード領域（*ITS2*）とRNAポリメラーゼIIのコード領域（*rpb1*）を選んだ。核 *rpb1* および *ITS2* の塩基配列から分子系統樹を構築したところ，形態的に顕著なトライグチを除く3つの形態種はいずれも多系統群であることがわかった（図2）。同時に，オニイグチは7つ，オニイグチモドキとコオニイグチの複合体は4つのクレードに分かれ，いずれの形態種にも該当しないと思われる未知種を含めると，オニイグチ属は全部で14のクレードに分けられた。これらのクレードは互いに大きな遺伝的な隔たりをもっており，それぞれのクレードは高いブートストラップ値，事後確率で支持された。一方，ミトコンドリア *atp6*（atp6遺伝子）の塩基配列に基づいて構築した分子系統樹では，核遺伝子のものと比べると，解

像度が悪かった。これは，この遺伝子の変異量が ITS2 と比べて少なかったためと考えられる。しかしながら，核の系統樹でみとめられたクレードはすべて，支持率が低いながらもミトコンドリアの系統樹でもみとめられ（図2），両者の結果は矛盾するものではなかった。このように，遺伝様式の異なる核 DNAとミトコンドリア DNA の両方で一致してみとめられたそれぞれのクレードは，遺伝的に独立した単位である可能性が高く，クレード間では遺伝子流動がまったく起こっていないことが強く示唆された。以後，これらのクレードを隠蔽種の候補として，それぞれを DNA タイプと呼ぶことにする。

5. 検出された DNA タイプは本当に生物学的種に対応するのか？

　DNA 塩基配列の情報から，オニイグチ属の隠蔽種に対応すると考えられる DNA タイプを識別することができた。しかし，これらの DNA タイプが本当に独立した生物学的種に対応しているかについては，ここまでに示された情報だけでは十分ではない。なぜなら，ここまでの研究では同じ地域から少数サンプルしか採集・解析しておらず，遺伝子流動を計測するのに必要なヘテロ，ホモ接合体の頻度を調べていなかったからである。十分な検証を行うためには，章末コラムでも説明する通り，同所的な集団から十分なオニイグチ属菌の個体数を確保するとともに，核遺伝子に対してヘテロ接合体とホモ接合体の区別ができる共優性遺伝マーカーを用いた多型解析を行う必要がある。

　そこで私は，オニイグチ属の複数の DNA タイプが共存している吉田山集団（京都市左京区）において，共優性遺伝マーカーを用いて集団内の遺伝子流動を調べた。調査地とした吉田山は半径数キロメートル程度の小規模の里山で，オニイグチ属は風による胞子散布を行っていると考えられることから，この集団内で互いの距離が離れすぎているために交配が行われないということは考えにくい。したがって，この集団内において，異なる DNA タイプの間では遺伝子流動がなく，同じ DNA タイプ内では自由に遺伝子流動があるということを

図2　核 *rpb1* とミトコンドリア *atp6* の DNA 塩基配列の情報に基づいてベイズ法により得られた 50% 多数決合意樹（Sato & Murakami, 2008 より改変）
分枝上の数値は，上の値がベイズ法による事後確率（0.5 以上のみ）を示し，下の括弧内の値が最節約法に基づくブートストラップ値（50% 以上のみ）を示している。系統樹の横の数字は，各クレード（DNA タイプ）の番号をあらわす。

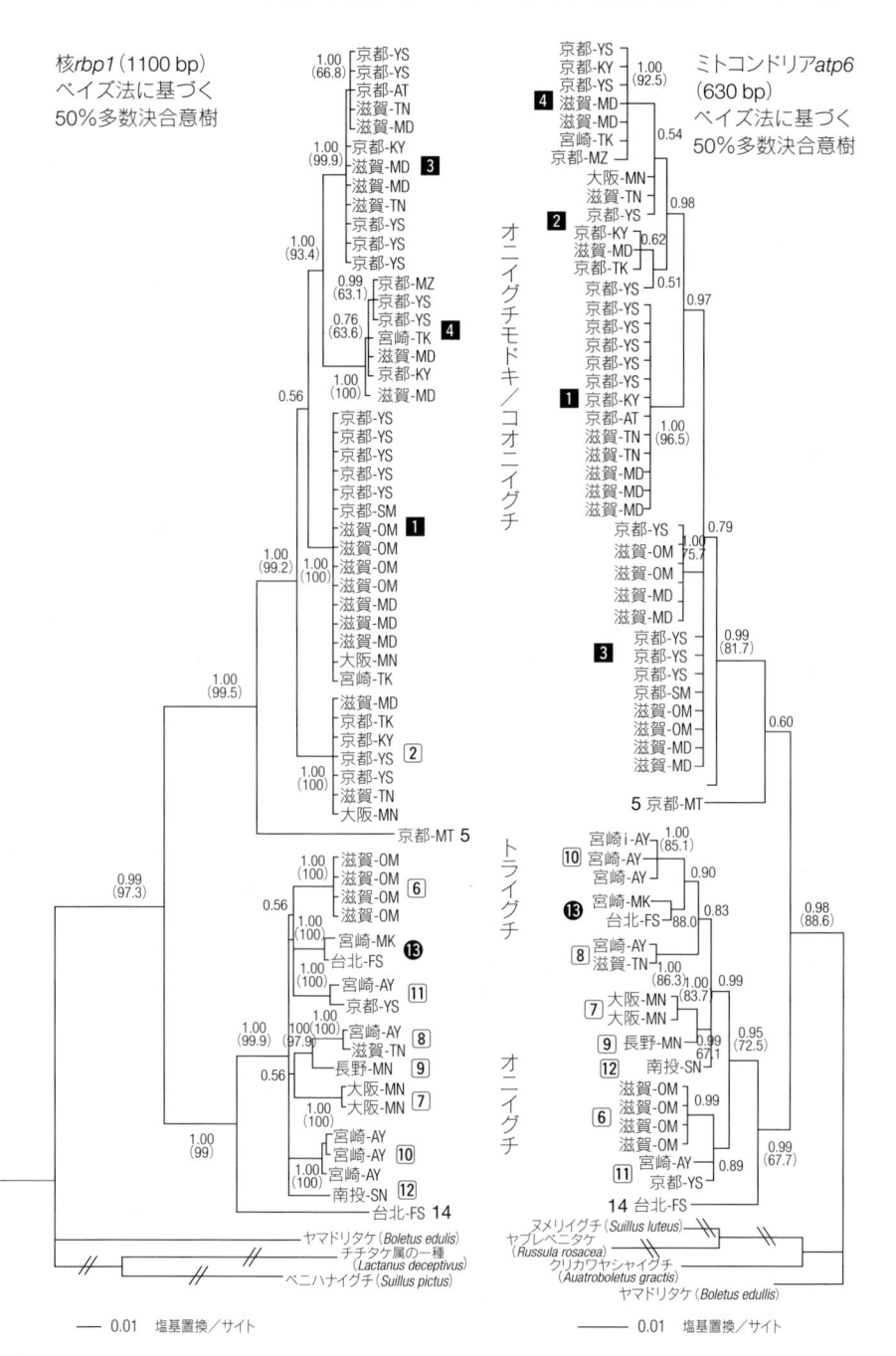

5. 検出されたDNAタイプは本当に生物学的種に対応するのか？　227

示すことができれば，それぞれの DNA タイプは異なる生物学的種（隠蔽種）に対応するということが言えるだろう．私は，このような原理を利用して，オニイグチ属の DNA タイプ，すなわち隠蔽種の候補の間で生殖的隔離があるかどうか検討した．

5.1. 子実体サンプルの採集

オニイグチ属菌の集団遺伝学的解析を行うために，まず，オニイグチ属菌の子実体のサンプル採集を行った．子実体は同じ個体から重複して採集することを避けるため，最低でも 10 m 間隔を置いて採集した．この研究では，このようにして採集した子実体サンプルを個体とみなして解析を行った．この研究において最も苦心したのは，一見複雑な DNA 解析ではなく，実はこの子実体のサンプル採集であった．この研究では，1 つ目の研究と違って，集団遺伝学的な解析を行うのが目的であるため，1 つの集団からまとまった数の菌個体を集めてくることが必須である．しかしキノコ類では，繁殖器官である子実体は 1 年のごく短い時期にしか観察できず，しかもそれぞれの菌個体が毎年必ず子実体を発生させるわけではない．そのため，集団遺伝学的な解析ができるほどの数の子実体を集めてくるのは，短期間で完結させるのは容易ではなかった．私は十分な数のオニイグチ属菌の子実体サンプルを確保するため，子実体が例年発生しはじめる梅雨時期から頻繁に現地に下見に行って発生状況を確認した．しかし，このように念入りな準備をしても，子実体の発生は天候に左右されやすく，なり年のようなものもあったので，短期間でサンプル採集を終わらせることはできなかった．結局，数年間，吉田山にはりついて子実体を採集することで，ようやく私は集団解析を行うために十分な量のサンプルを集めることができた．

5.2. DNA タイプ（隠蔽種の候補）の決定

子実体の採集が終われば，あとは DNA 解析を行うだけである．最初に行った DNA の解析は，ミトコンドリア DNA の塩基配列情報に基づいて，オニイグチ属の DNA タイプ（隠蔽種の候補）を決定することである．この研究では，DNA タイプを決定した後に，核遺伝子の共優性遺伝マーカーを用いた解析を行うことになる．そこで，DNA タイプの決定にはミトコンドリア DNA の情報のみを用いた．吉田山集団で採集したすべての子実体サンプルに対して，先の研究でも用いたミトコンドリア *apt6* の DNA 塩基配列を決定した．また，

先述した通り，この遺伝子の情報だけでは DNA タイプを明確に識別できなかったので，新たに PCR プライマーを設計し，ミトコンドリア DNA の cox3（チトクロム酸化酵素遺伝子）についても DNA 塩基配列を決定した。これらミトコンドリア DNA の塩基配列情報から，吉田山集団には遺伝的に明確に識別される DNA タイプが 6 つ存在していることがわかった。また，これらの DNA タイプはいずれも上述の解析で識別された DNA タイプと完全に一致するものであり，新たな隠蔽種の候補は発見されなかった。6 つの DNA タイプのうち，3 つ（DNA タイプ 1, 3, 4）についてはサンプル数が十分に確保できたので，これらについて核遺伝子の解析を行った。

5.3. CAPS マーカーによる遺伝子流動の測定

　ミトコンドリア DNA の情報に基づいて DNA タイプを決定したのちに，共優性遺伝マーカーである CAPS : Cleaved Amplified Polymorphic Sequences マーカーを用いた多型解析を行った。この分子マーカーは，PCR によって増幅させた核遺伝子の DNA 断片を制限酵素で処理し，それを電気泳動することによって，切断断片長の多型を解析する手法である。この分子マーカーは，適切な制限酵素を選択すれば，1 塩基の変異，すなわち SNP : Single Nucleotide Polymorphism を検出することもできる。この研究では，*rpb1*，RNA ポリメラーゼ II 遺伝子の二番目に大きいサブユニット（*rpb2*），およびグリセルアルデヒド 3 リン酸脱水素酵素遺伝子（*Gapdh*）という 3 つの核シングルコピー遺伝子に対して CAPS マーカーを用いた解析を行った。

　CAPS マーカーを適用する前には，用いる制限酵素の種類を決定する必要がある。制限酵素は特定の塩基配列を認識し，決まった位置で DNA を切断する酵素であるが，種類によって認識配列が異なるため，観察したい変異（SNP）を識別できる制限酵素でなければ，意味がないからである。この場合に解析したいのは，異なる DNA タイプ間に見られる変異と DNA タイプ内に見られる変異である。そういった変異を識別できる制限酵素を探索するため，それぞれの DNA タイプから最低 8 サンプルを選出し，それらについて核の *rpb1*（1045〜1054 bp），*rpb2*（716 bp），および *Gapdh*（981 bp）の部分配列の塩基配列を解読した。*rpb1* にはわずかに挿入・欠失が見出されたが，アガロースゲルで電気泳動する際に検出できない程度の短いものだったので，解析の際には特に考慮はしなかった。得られた *rpb1*，*rpb2* および *Gapdh* の DNA 塩基配列に基づいて，3 つの DNA タイプ間で見られる SNP と，それに対応した識別塩

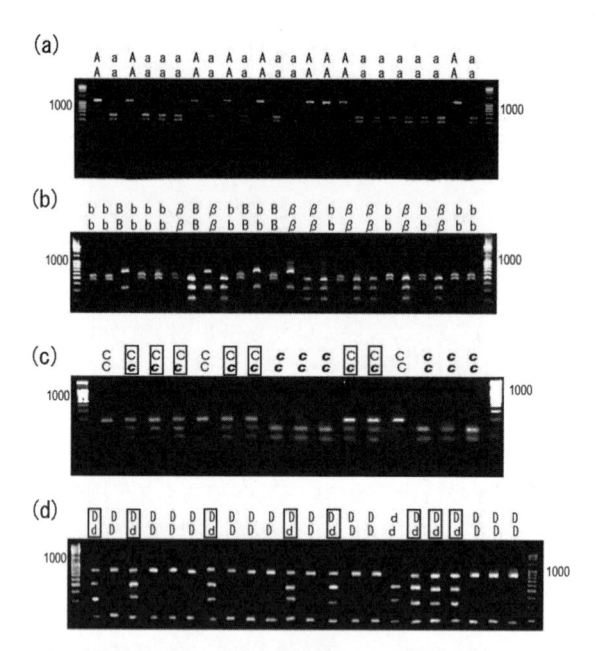

図3 **PCR 増幅した DNA 断片を各制限酵素で処理した後，アガロースゲルに電気泳動して得られたバンドパターン**（Sato & Murakami, 2008 より改変）
解析に用いた核遺伝子と制限酵素の組み合わせは，(a) *rpb1* を Cla1 で制限酵素処理したもの，(b) *Gapdh* を Hpa1 で制限酵素処理したもの，(c) *rpb1* を Aci1 で制限酵素処理したもの，(d) *Gapdh* を TspR1 で制限酵素処理したものである。(a) と (b) は種間変異，(c) と (d) は種内変異をそれぞれあらわしている。写真上部のアルファベットはそれぞれのバンドパターンの遺伝子型を示しており，四角で囲ったものはヘテロ接合体をあらわしている。

基配列をもつ制限酵素の探索を行った。同様にして，それぞれの DNA タイプ内で見られる SNP と，それに対応した識別塩基配列をもつ制限酵素の探索も行った。探索の結果，異なる DNA タイプ間の SNP は Aat2, Cla1, および Hpa1 という制限酵素によって識別可能で，DNA タイプ内の SNP は Aci1, Pst1, Bbs1, TspR1, Tth111I, および Ava2 という制限酵素によって識別可能であることがわかった。

核遺伝子を PCR 増幅した産物に対して，これらの制限酵素による処理を行い，DNA 断片を電気泳動した。切断断片長の多型を解析した結果，3 つの DNA タイプの間では，いずれの核遺伝子においても，ヘテロ接合体が 1 つも検出されず，DNA タイプごとで異なるホモ接合体に固定していることが明らかになった（図3）。このように複数の核遺伝子で DNA タイプ間の分化が示さ

れたことから，これらの DNA タイプ間では，遺伝子流動がまったく起こっておらず，互いに生殖的に隔離されていることが示された．

一方，DNA タイプ内では，3 つの DNA タイプのいずれの核遺伝子においても，ホモ接合体とヘテロ接合体が多数存在していた．観測された遺伝子型について，近交係数 F_{IS} を計算した．近交係数 F_{IS} はゼロに近いほど，集団内で任意交配をしていることを示す指標である．この値がゼロより小さい場合は任意交配で期待されるよりも異型交配をしている頻度が高く，逆にこの値がゼロより大きければ（1 に近ければ）同系交配をしている頻度が高いことをあらわしている．計算の結果，DNA タイプ 3 の $rpb1$ と $Gapdh$，DNA タイプ 1 の $Gapdh$ では，ゼロに極めて近い値を示した（図 4）．また，DNA タイプ 4 の $rpb2$ と DNA タイプ 1 の $Gapdh$ ではゼロより小さい数値を示した（図 4）．この結果から，同じ DNA タイプをもつ集団内では，同系交配している可能性はきわめて低いということが示された．さらに，観測された遺伝子型の頻度がランダム交配の下で期待される頻度（ハーディ・ワインベルク平衡）からずれていないかどうかを x 二乗検定で検定した．その結果，3 つの DNA タイプのいずれの遺伝子において，観察された遺伝子型の頻度はハーディ・ワインベルク平衡を仮定した場合の期待値に近い値をもっていることが示され，DNA タイプ内では任意交配が起こっていることが示された（図 4）．

以上の結果から，吉田山集団に見られたオニイグチ属の 3 つの DNA タイプはそれぞれ異なる生物学的種に対応することが示された．分子系統樹上で見られたほかの DNA タイプについては厳密に検討できたわけではないが，これらも同様に異なる生物学的種である可能性が高い．

6. 宿主特異性の解明

外生菌根菌の生物学的種を識別できるようになったことによって，それぞれの種の真の宿主特異性を明らかにする道が開けた．次に取り組んだのは，「どのようにして菌根菌の宿主樹種を同定するか？」という課題である．これは，例えば植物の送粉昆虫を見つけることに比べると，非常に難しい課題である．野外において，子実体から菌糸をたどって菌根を探し，菌根から根をたどっていくことによって植物本体までたどりつくという方法は，一見単純だが，現実的にはまず不可能である．そこで私が考え出したのが，菌根に含まれる DNA の情報を調べることによって，宿主樹種を同定するという方法である．菌根は

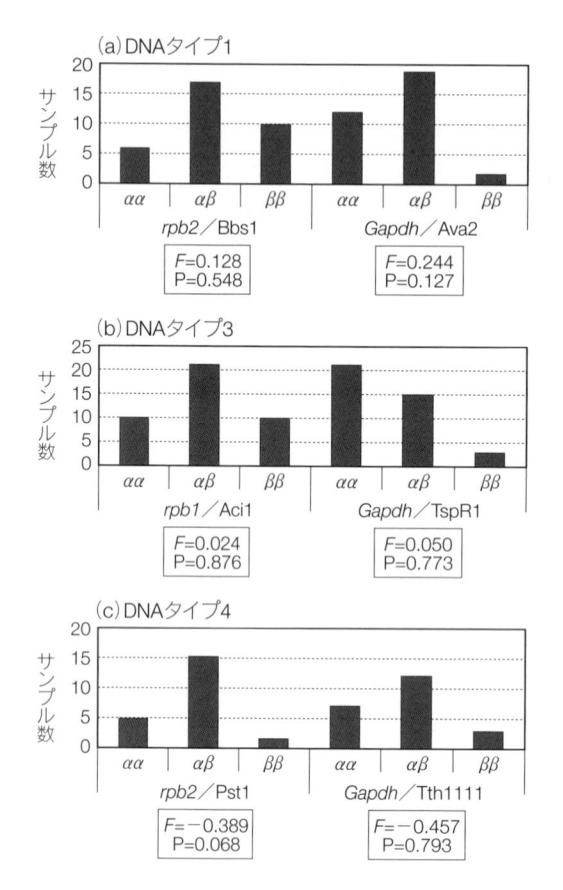

図4 吉田山のオニイグチ属菌それぞれのDNAタイプ内に見られた核遺伝子の遺伝子型
(Sato & Murakami, 2008 より改変)

DNA タイプはミトコンドリア DNA の塩基配列情報に基づいて識別された隠蔽種の候補を示している。核遺伝子について CAPS マーカーによる多型解析を行い，1 つの DNA タイプの中にどのような核遺伝子の多型が見られるかを，(a) DNA タイプ 1，(b) DNA タイプ 3，(c) DNA タイプ 4 ごとに調べた結果を示す。図の下にある F は近交係数を，P 値は集団がハーディ・ワインベルク平衡から有意にずれているかどうかを χ 二乗検定で判定した結果を示している。

菌糸と植物根が融合してできたものなので，菌根には菌根菌由来の DNA と宿主植物由来の DNA の両方が含まれている。したがって，菌根から菌根菌の DNA 情報と宿主植物の DNA 情報の両方を解読することができれば，宿主樹種を確実に決定できるはずである。従来の研究においても，菌根の菌側の DNA 情報を調べる研究はいくつもなされていたのだが，菌根中の菌と植物の両方の DNA 情報を解読して，宿主樹種を同定するという試みはなされていなかった。

6.1. 菌根サンプルの採集と選別作業

まず，菌根サンプルを確保するため，国内と台湾の計 15 の地域において，オニイグチ属菌の子実体の直下から菌根サンプルを採集した。野外で採集した

菌根の中には，通常，非常に多種多様な菌根菌の菌根が含まれているので，DNA 解析を行う前に最低限の選別作業を行う必要がある。そのため，実験室に帰ってから，実体顕微鏡と光学顕微鏡を用いて採集してきた菌根サンプルから，オニイグチ属菌の菌根サンプルを選別するという作業を行った。菌根の形状は菌根菌の種類によってある程度決まっているが，オニイグチ属菌の場合は Matsuda & Hijii (1999) においてすでに菌根の形態が記載されていたので，その記載情報に基づいてオニイグチ属菌の菌根を選別した。しかし，Matsuda & Hijii (1999) でも触れられている通り，オニイグチ属菌の菌根はその子実体の直下でも明らかにそれとわかるものが非常に少なかったので，この作業は思いのほか難航した。結局，この段階でオニイグチ属菌の菌根と自信をもって断定できるものが少なかったため，少しでもその可能性のあるものをすべて以後の DNA 解析に回した。

6.2. オニイグチ属菌の菌根かどうかの検証

次に，選抜した菌根サンプルが本当にオニイグチ属菌の子実体に由来するものなのかを DNA 実験によって検証した。菌根は元々，形態だけで識別するのが容易ではないうえに，私の研究の場合には，それと断定できないものがかなりの割合で混じっていた。そのため，DNA 解析によって，選別した菌根サンプルから菌根菌の DNA 塩基配列を解読して，オニイグチ属菌の菌根である証拠をつかむ必要があった。菌根サンプルから菌根菌の DNA 断片のみを増幅させる際には，植物の DNA は増幅しないが，菌根菌の DNA は増幅する菌特異的な PCR プライマーを用いる必要がある。このとき，菌特異的プライマーであっても土壌中の雑菌の DNA を増幅させてしまうことがありうるので，可能な限りオニイグチ類に対する特異性が高いプライマーであった方がよい。私の研究では，ミトコンドリア *atp6* でイグチ類に特異的な PCR プライマーを開発した。解読した菌根サンプルの塩基配列は，すでに解読済みの子実体サンプルの塩基配列と比較して両者が完全に一致した場合には，その菌根はオニイグチ類の菌根であると断定し，そうでない場合はデータから除外した。

解析の結果，採集した 330 個の菌根サンプルのうち，60 サンプルについてオニイグチ属菌の塩基配列を見出すことができた。数値を見てわかるとおり，大半の菌根サンプルにはオニイグチ属菌の菌根が見出せなかったので，菌根サンプルの確保は子実体以上の苦労を伴った。なお，この数値は作業に慣れて収集効率が改善した後の最終的な値であり，最初のうちはこれよりもずっと低か

った．ともかく，これで十分な数のオニイグチ属菌の菌根サンプルを確保することができた．

6.3. 宿主樹種の同定

菌根から宿主樹種を同定するためには，ここからさらに宿主植物のDNA情報を解読する必要がある．菌根から宿主植物のみのDNA情報を解読するのは，実は菌類のDNA情報を解読するのと比べてはるかに単純である．植物にしかない葉緑体のDNAを用いればよいからである．そこで，葉緑体のリブロースビスリン酸カルボキシラーゼ遺伝子（rbcL）のPCRプライマーを設計し，宿主植物のDNA断片を増幅し，塩基配列の決定を行った．葉緑体DNAの中でrbcLを選んだのは，この遺伝子には極めて保存的な領域がいくつか存在しており，さまざまな植物種に適用できるPCRプライマーを作りやすかったからである．さらに，得られたrbcLの塩基配列をNational Center for Biotechnology Information（NCBI, http://www.ncbi.nlm.nih.gov/）のDNAデータベースに照合することによって，オニイグチ属菌の宿主樹種を決定することができた．

6.4. オニイグチ属菌の宿主特異性

宿主樹種を同定した結果，検出できた宿主樹種は，マツ科のアカマツ，ブナ科のツブラジイ・コナラ・カシ類であった．カシ類に関しては，アラカシ・シラカシ・イチイガシなど，コナラ属アカガシ亜属に属する近縁種の間でrbcLの塩基配列に変異が見られなかったため，今回の調査では区別することができなかった．子実体のDNA情報に基づいて識別されたDNAタイプ（種）ごとで宿主樹種構成を調べた結果，ほとんどのDNAタイプはブナ科樹種のみを宿主としていることがわかった（図5）．なかには，DNAタイプ6のように，ブナ科の中でもカシ類のみを宿主としているものも見られた．しかし，サンプル数が少なく，1つの地域からのみのデータであったので，カシ類に対する特異性があるかどうかははっきりわからなかった．一方，DNAタイプの中で，唯一，DNAタイプ3のみは，ブナ科樹種に加えて，マツ科のアカマツも宿主としていることがわかった．京都市の吉田山に着目した際，この里山には，コナラ，アラカシ，ツブラジイ，アカマツといった複数の樹種が混生しているにもかかわらず，DNAタイプ3と他のDNAタイプの間で宿主樹種構成に違いが見られた．解析の結果から，DNAタイプ3は宿主特異性の低い種ではあるが，そ

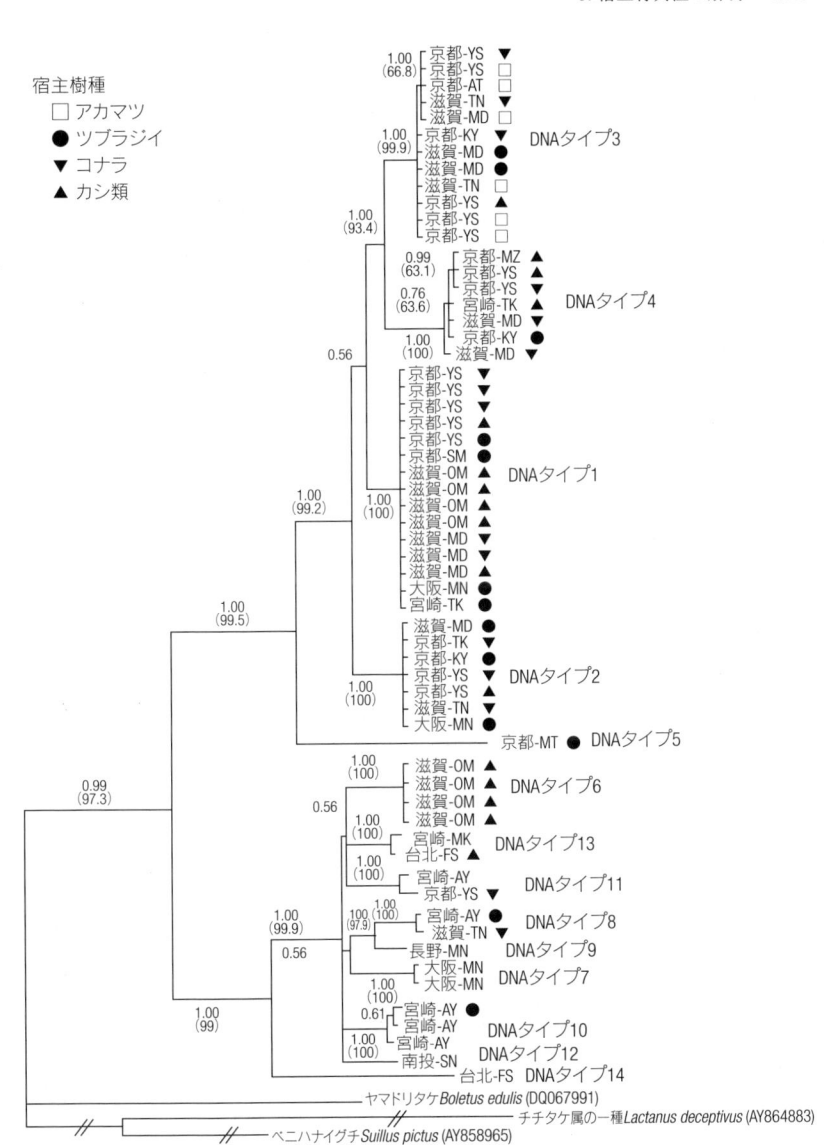

図5 オニイグチ属菌のミトコンドリアDNAタイプと各菌個体の宿主樹種

(Sato et al., 2007 より改変)

れ以外は少なくともブナ科樹種に対して宿主特異性をもっている種であることが示唆された。

従来の認識では，オニイグチ属には特定の樹種に対して宿主特異性をもつ種は知られていなかった。隠蔽種を識別し，それぞれの宿主樹種を正確に同定できたことではじめて，オニイグチ属はブナ科樹種に対して特異性をもつ種が多いことが明らかになったのである。

7. 同所的集団内でも種間で宿主樹種の構成は違うのか？

これまでの調査によって，オニイグチ属菌の多くのDNAタイプ（生物学的種）は，ブナ科樹種に対して宿主特異性がある可能性が示唆された。しかしながら，ここまでの調査では菌根サンプルをさまざまな地域から採集してきていたために，必ずしも同一条件でDNAタイプ間の宿主樹種構成を比較できてはいなかった。それぞれのDNAタイプの宿主樹種構成は，その菌根サンプルをどういった植生の森林から採集してきたかによっても強く影響を受けている可能性が高い。極端なことを言えば，ブナ科樹種しか生えていない場所からサンプルを採集すれば，必然的にブナ科樹種だけが宿主樹種になっているはずである。このような可能性を棄却するためには，同所的に複数の樹種（ブナ科樹種やアカマツ）が生えており，かつ同時に複数のDNAタイプが共存している地域において，DNAタイプ間の宿主樹種構成を改めて比較してみる必要がある。

7.1. サンプル採集とDNA解析

再び吉田山に戻り，同所的に生育するDNAタイプ間で宿主樹種構成に違いが見られるかどうかを検討するための菌根サンプルを集めた。これまでの調査でもある程度の数のサンプルを確保していたが，明らかに十分な数ではなかったので，この調査のために再サンプリングを行った。このとき，子実体の位置情報をヒントにして探さなければ菌根サンプルを確保することはまず不可能なので，まず，子実体サンプルの収集から行った。新たに採集した子実体サンプルについて，これまでの研究と同様に，ミトコンドリア *atp6* と *cox3* の塩基配列に基づいてDNAタイプを決定した。また，子実体の直下から新たに採集した菌根サンプルに対して，菌特異的なPCRプライマーと植物に特異的な葉緑体DNAのPCRプライマーを用いて塩基配列を決定し，オニイグチ属菌の宿主樹種を決定した。その結果，すでに解析済みのものと合わせて197サンプルの子実体サンプルが集まり，そのうち55サンプル（DNAタイプ1：DNAタイプ3：DNAタイプ4＝20：21：10）について宿主樹種を決定することが

図6の各円グラフ:
- DNAタイプ1 (n=20) P=0.048*
- DNAタイプ3 (n=21) P<0.01**
- DNAタイプ4 (n=10) P=0.106
- 期待値

凡例:
■ ツブラジイ
■ アラカシ
□ コナラ
■ アカマツ

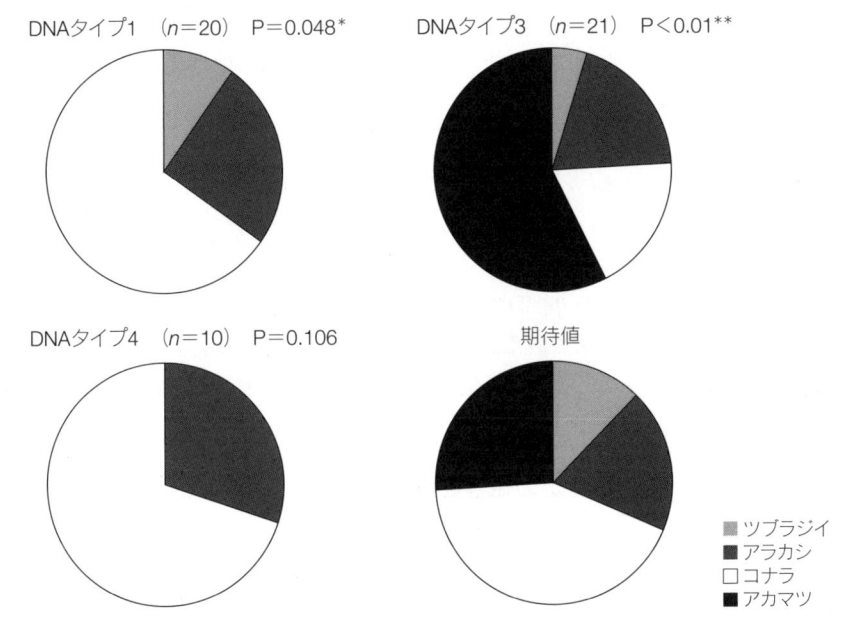

図6 各DNAタイプの宿主樹種構成と吉田山内の各樹種の構成比に基づいて算出した期待値

P値は各DNAタイプの宿主樹種構成が期待値から有意にずれているかどうかを，χ二乗検定によって判定した結果である。

できた。その中でも，サンプル数が比較的多く確保できたDNAタイプ（種）の1，3，4について，宿主樹種構成の違いについて検討した。

7.2. DNAタイプ間の宿主樹種構成の違い

さまざまな地域から採集してきたサンプルを集計して得られた結果では，DNAタイプ1と4はブナ科樹種のみを宿主としている一方で，DNAタイプ3はアマカツとブナ科樹種の両方を宿主とする結果が得られていた。この結果が正しいならば，同所的な集団で解析した今回の調査でも同様の結果が得られるはずである。

3つのDNAタイプの間で宿主樹種構成を比較したところ，DNAタイプ1はツブラジイ，アラカシやコナラといったブナ科樹種のみを宿主としており，中でもコナラを宿主樹種としている割合が高かった（図6）。DNAタイプ3はブナ科樹種とアカマツの両方を宿主としており，半数以上がアカマツを宿主としていた（図6）。DNAタイプ4はコナラとカシ類のみを宿主としており，ブナ

科樹種の中でもコナラ属だけを宿主としていた（図6）。全地域を集計した結果と比べると，大きな矛盾はなかったが，これまで同列に扱ってきたDNAタイプ1と4でも違いが見られる可能性が示唆された。

ここで，3つのDNAタイプの間で宿主樹種構成比に違いがあるかどうかをFisherの直接確率計算法（多重性に関してBonferroni補正）によって検定した。その結果，DNAタイプ3はDNAタイプ1と4と有意に異なる宿主樹種構成比をもっていることが示唆された。この結果は，DNAタイプ1と4にはブナ科樹種に対する特異性があり，DNAタイプ3にはブナ科樹種に対する特異性がないことを支持する結果である。DNAタイプ1と4の間の違いについては支持されなかったものの，サンプル数を増やしたうえで再度検定を行ってみる必要があるかもしれない。

7.3. オニイグチは特定の樹種を選好しているのか？

オニイグチ属菌のDNAタイプごとの宿主樹種構成を調べてみて気になったのが，高頻度で特定の樹種を宿主樹種とする傾向が見られたことである。具体的には，DNAタイプ1の宿主樹種はコナラが多く，DNAタイプ3の宿主樹種はアカマツが多いという傾向である（図6）。このような傾向は，それぞれのDNAタイプが特定の樹種を好んで宿主樹種としている結果なのか，それとも吉田山の樹種の構成比の影響を受けたものに過ぎないのだろうか？もし仮に，オニイグチ属菌が任意に宿主樹種を選んでいるのであれば，その宿主樹種構成比はオニイグチ属菌が生育する環境に生えている樹種の構成比に近い比率を示すはずである。そこで私は，吉田山におけるオニイグチ属の宿主樹種構成比の期待値を近似的に求め，それと各DNAタイプの宿主樹種構成比と比較することによって，オニイグチ属菌が特定の樹種に対して選好性をもっているかどうかを検討した。

宿主樹種構成比の期待値を近似的に求めるために，オニイグチ属菌の子実体67サンプル（DNAタイプ1：29サンプル，DNAタイプ3：22サンプル，DNAタイプ4：16サンプル）について，その半径10m以内に，ツブラジイ，アラカシ，コナラ及びアカマツがどの程度の頻度で見られるかを調べた。吉田山全体ではなく，子実体の周辺に限ったのは，吉田山内でオニイグチ属菌が潜在的に生育できない環境を除くためである。DNAタイプ間のサンプル数のばらつきを補正したうえで，子実体周辺の樹木データをすべて足しあわせたものをオニイグチ属菌の宿主樹種構成比の期待値とした。

宿主樹種構成比の期待値と各DNAタイプの宿主樹種構成比が近いかどうかを検討するため，x二乗検定を行った。その結果，DNAタイプ1とDNAタイプ3の宿主樹種構成比は有意に期待値からずれており，特にDNAタイプ3は顕著に期待値からずれていた（図6）。この結果から，DNAタイプ1がコナラを優先的に宿主樹種としていたのは，偶然ではなく，DNAタイプ1がコナラに対して選好性をもっているためであることが示唆された。同様に，DNAタイプ3はアカマツに対して選好性をもっていることも示唆された。DNAタイプ3の結果については特に興味深く，DNAタイプ3は全地域のデータでは宿主特異性が低いと判定されていたが，その解釈は必ずしも正しくないことが新たにわかった。すなわち，DNAタイプ3は複数の樹種を宿主樹種としているが，どんな樹種でもよいのではなく，アカマツを積極的に宿主樹種としているということである。

　以上の結果から，オニイグチ属菌には，ブナ科樹種に対する特異性をもつ種と，アカマツに対して選好性をもつ種が存在していることが示唆され，オニイグチ属菌は何らかの形で宿主樹種を選んでいることがわかった。しかし，野外では，さまざまな競争種が存在しており，土壌などの環境要因も場所によって大きく変動しているので，こういった要因が宿主特異性にどのように影響しているのかについても考慮しなければならない。例えば，競争種を一切除去した状態で，人工的にオニイグチ属菌と植物との間で菌根をつくらせた場合，野外で見られた結果とは異なる宿主特異性の傾向が見られる可能性もある。今回得られた宿主特異性の傾向がどれだけ植物との相性に裏付けられたものなのかを検証していくためには，今後，室内で菌根をつくらせたり，さまざまな微環境からサンプリングを行うことで，他種との競争や環境要因の影響について評価していくことが必要である。

おわりに

　私はオニイグチ類の研究を卒業研究からはじめて，現在に至るまで研究を続けている。しかし，菌類の研究は奥が深く，まだ現段階ではほんの一部を明らかにしたに過ぎないと思っている。現在，私が特に注目しているのは，フタバガキ科樹種である。フタバガキ科は日本には分布していないが，東南アジア熱帯においてはごく普通に見られ，熱帯雨林を代表する植物の1つである（井上，1998）。フタバガキ科は白亜紀のインド亜大陸の移動に伴ってゴンドワナ大陸から東南アジアに進出したと考えられているが，ゴンドワナ大陸に由来をもつ

マダガスカルなどでは種多様性が低く，低木を形成している。一方，進出した先の東南アジアでは非常に高い種多様性を誇り，大木を形成している。このようにフタバガキ科が東南アジア地域で繁栄を遂げることができた背景は，外生菌根菌との共生関係があった可能性も高い。この外生菌根菌とフタバガキ科樹種との共生関係については，いずれ追究したいと私は考えている。

　キノコ類については，私の扱った菌根共生だけでなく，そのほかにも興味深い研究テーマが数多く存在している。たとえば，キノコ類とその胞子散布動物との共生関係についてはごく一部のキノコ類でしか調査されていないし，何がきっかけで風散布から動物散布，あるいはその逆方向に進化が起こったかはよくわかっていない。また，野外には数多くの毒キノコが存在しているが，毒キノコがどういった適応的背景から進化してきたのかといったことも明らかにされていない。キノコ類は，しばしば他の生物と密接に相互作用しており，生態系において重要な役割を果たしていることから，生態学や進化学の研究対象として興味深い生物群である。

　本章の紹介を通して，読者の方々に「キノコ類の魅力が『言葉』ではなく『心』で理解できた！」と思ってもらえたら，幸いである。

謝辞

　ここに紹介した内容は，大学院の指導教員であった村上哲明氏（現・首都大学東京 理工学研究科 教授）をはじめ，多くの方々との共同研究の成果である。この場を借りてお礼を申し上げたい。

引用文献

Allen, M. F. 1991. The Ecology of Mycorrhizae. Cambridge University Press.〔邦訳：中坪孝之・堀越孝雄（訳）．1995. 菌根の生態学．共立出版〕

Bruns, T. D., M. I. Bidartondo & D. L. Taylor. 2002. Host Specificity in Ectomycorrhizal Communities: What Do the Exceptions Tell Us? 1. *Integrative and Comparative Biology* **42**: 352-359.

Lepage, B. A., R. S. Currah, R. A. Stockey, & G. W. Rothwell. 1997. Fossil ectomycorrhizae from the Middle Eocene. *American Journal of Boany* **84**: 410-410.

Matsuda, Y. & N. Hijii. 1999. Characterization and identification of *Strobilomyces confusus* ectomycorrhizas on Momi fir by RFLP analysis of the PCR-amplified ITS region of the rDNA. *Journal of Forest Research* **4**: 145-150.

Mayr, E. 1970. Populations, Species, and Evolution. Belknap Press of Harvard University

Press, Cambridge.
Molina, R., H. Massicotte & J. M. Trappe. 1992. Specificity phenomena in mycorrhizal symbioses: community ecological consequences and practical applications. *In:* M.F. Allen [ed.], Mycorrhizal functioning. Chapman and Hall, New York.
長沢栄史　1987．オニイグチ科（Strobilomycetaceae）．今関六也・本郷次雄（編）原色日本新菌類図鑑 I, p. 273-285．保育社．
Paris, C. A., F. S. Wagner & W. Wagner. 1989. Cryptic species, species delimitation, and taxonomic practice in the homodporous ferns. *American fern journal* **79**: 46-54.
Read, D. 1997. Mycorrhizal fungi - The ties that bind. *Nature* **388**: 517-518.
Sato, H., T. Hattori, S. Kurogi & Y. Takakazu. 2005. *Strobilomyces mirandus* Corner, a new record from Japan. *Mycoscience* **46**: 102-105.
Sato, H., T. Yumoto, & N. Murakami. 2007. Cryptic species and host specificity in the ectomycorrhizal genus *Strobilomyces* (Strobilomycetaceae) *American Journal of Botany* **94**: 1630-1641.
Sato, H. & N. Murakami. 2008. Reproductive isolation among cryptic species in the ectomycorrhizal genus *Strobilomyces*: Population-level CAPS marker-based genetic analysis. *Molecular Phylogenetics and Evolution* **48**: 326-334.
Singer, R. 1986. The Agaricales in modern taxonomy. Koeltz Scientific Books, Koenigstein.
Smith, S. E. & D. J. Read. 2008. Mycorrhizal Symbiosis Thrid edition. Academic Press, London.
Stechmann, A. & T. Cavalier-Smith. 2002. Rooting the Eukaryote Tree by Using a Derived Gene Fusion. *Science* **297**: 89-91.
Trappe, J. M. 1962. Fungus Associates of Ectotrophic Mycorrhizae. *Botanical Review* **28**: 538-606.
Tuno, N. 1998. Spore dispersal of Dictyophora fungi (Phallaceae) by flies. *Ecological Research* **13**: 7-15.
Wilding, N., N. M. Collins, P. M. Hammond & J. F. Webber. 1989. Insect-Fungus Interactions. Academic Press, London.

関連図書

キノコ・カビ類の生活史について
堀越孝雄・鈴木彰　1990．キノコの生物学シリーズ 4　キノコの一生．築地書館．

菌根に関する書籍
Allen, M. F. 1991. The Ecology of Mycorrhizae. Cambridge University Press.〔邦訳：中坪孝之・堀越孝雄（訳）．1995．菌根の生態学．共立出版．〕
Allen M. F. 1992. Mycorrhizal functioning. Chapman and Hall, New York.
Peterson R. L., H. B. Massicotte, L. H. Melville. 2004. Mycorrhizas: Anatomy and Cell Biology. CABI Publishing, Chambridge.

熱帯雨林について
井上民二　1998．生命の宝庫・熱帯雨林（NHK ライブラリー）．NKK 出版．

コラム2 核DNAとミトコンドリアDNAの比較による生殖的隔離の検出

佐藤博俊（森林総合研究所関西支所・
日本学術振興会特別研究員）

　真核生物では，一般的に核DNAは両親から遺伝するのに対し，ミトコンドリアや葉緑体などのオルガネラDNAは片親（多くの場合，母親）からしか遺伝しないことが知られている。つまり，核DNAとオルガネラDNAはそれぞれ独立に子孫に受け継がれるため，このことを利用することで生殖的隔離の有無を検出することができる。もし集団内で任意交配が起こっている場合，オルガネラDNAの変異と核DNAの変異はすべての個体にランダムに振り分けられているはずである。一方，1つの集団内で互いに生殖的に隔離されているグループが複数あった場合，それらのグループはオルガネラDNAの変異と核DNAの変異によって同じように識別できると考えられる。オルガネラDNA，あるいは核DNAの一方のみでは「種内多型」と「生殖的に隔離されたグループ」を本質的に区別することはできないが，両者を組み合わせることで明確な識別が可能になるのである。このように，核DNAとオルガネラDNAを比較することによって生物学的種を識別する手法は，隠蔽種を探索するうえでの強力なツールであり，さまざまな生物に対して広く適用されている（Avise, 2004）。

　キノコ類がもつオルガネラDNAはミトコンドリアDNAだけである。キノコ類の場合も，ミトコンドリアDNAは片親遺伝であり，核DNAと独立した遺伝様式をもっていることがわかっている（Burnett, 2003）。キノコ類でミトコンドリアDNAと核DNAの情報を比較して生殖的隔離の情報を検出する方法について，図の例を用いて具体的に解説する。この例では，1つの集団内に，ミトコンドリアDNAの情報で識別されたグループが2つ（DNAタイプ1とDNAタイプ2）あり，核遺伝子のある遺伝子座の対立遺伝子がAとaの2つだけ（遺伝子型はAA, Aa, aa）という単純な状況を想定する。このとき，（A）のようにDNAタイプ間で完全に核遺伝子が分化していた場合には，DNAタイプ間に遺伝子流動がなく，DNAタイプ1，2が互いに生殖的に隔離されてい

(A) DNAタイプ間で生殖的隔離　(B) DNAタイプ間でF1雑種形成　核遺伝子の遺伝子型
AA
Aa
aa

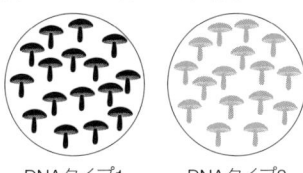

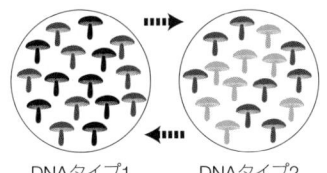

DNAタイプ1　DNAタイプ2　DNAタイプ1　DNAタイプ2

(C) DNAタイプ間で方向性のある交雑　(D) DNAタイプ間で任意交配

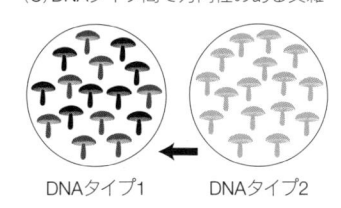

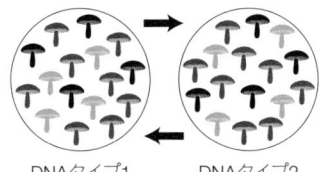

DNAタイプ1　DNAタイプ2　DNAタイプ1　DNAタイプ2

図　ミトコンドリアDNAの塩基配列情報に基づいて識別したグループ（DNAタイプ）と核遺伝子の遺伝子型との対応関係
異なるDNAタイプの間にみられる核遺伝子の遺伝子型のパターンによって，生殖隔離の有無がどのように解釈できるかを図示した。ここでは，(A)から(D)の4つのパターンについて示した。図中の円は同一のミトコンドリアDNAタイプをもつ集団を示しており，矢印は集団間の遺伝子流動をあらわす。

ることを示唆している。一方，(B)のようにそれぞれのDNAタイプで，核の遺伝型にヘテロ接合体と一方のホモ接合体のみが存在するような場合では，DNAタイプ間では自由に交配が起こっているわけではないが，F_1雑種を形成していることを示唆している。また，(C)のようにDNAタイプ1で核遺伝子型に一方のホモ接合体とヘテロ接合体，DNAタイプ2で核遺伝子型にもう一方のホモ接合体が存在している場合，DNAタイプ2からDNAタイプ1への一方向にのみ遺伝子流入が起こっていることを示唆している。さらに，(D)のように，DNAタイプ間で核遺伝子型に差がなく，2つのタイプを合わせた集団の核遺伝子型の頻度が任意交配の下で期待される頻度（ハーディ・ワインベルク平衡）と有意に異ならない場合，DNAタイプの間で任意交配が起こっているとみなすことができる。ただし，DNAタイプ間で核遺伝子型の頻度に差が見られる場合は，両者の間に遺伝子流動がないと考える必要がある。

　この解析では，ある程度まとまった数の個体についてミトコンドリアDNA

の塩基配列を決定し，さらに核DNAの同一遺伝子座の2つの遺伝子型を区別することができる共優性遺伝マーカー（アロザイム，マイクロサテライト，CAPSなど）を用いることが推奨される．ただし，共優性遺伝マーカーの中でも，アロザイム（アイソザイム）マーカーは解析時に新鮮な生サンプルを必要とするため，腐りやすいキノコ類ではこの手法を用いるのは困難である．また，同一遺伝子座の遺伝子型を区別できない優性遺伝マーカー（RAPD，AFLPなど）や対立遺伝子の存在しない核リボゾームの塩基配列の情報を用いることもできるが，この場合，図の例において（B）と（C）の状態を識別することができない．

　なお，この手法は互いに連鎖していない2つ以上の核遺伝子を用いることでも，原理的には可能である．ただし，核遺伝子を用いる場合，遺伝子内部で組み換えが起こることによって情報が錯乱しやすいこと，比較する核遺伝子が互いに完全に独立であるかどうかが必ずしも自明ではないことから，適用する際には注意が必要である．

引用文献

Avise, J. C. 2004. Molecular Markers, Natural History, and Evolution Second Edition. Sinauer Associates, Inc., Sunderland.

Burnett, J. 2003. Fungal populations and species. Oxford university press, New York.

第10章 マルカメムシ類と
腸内細菌イシカワエラの絶対的共生
——切り貼り自由な共生システム

細川貴弘（産業技術総合研究所・生物共生進化機構研究グループ）

はじめに——研究を始めたきっかけ

　私がマルカメムシの研究を始めたのは1997年，学部4年生の時である．本で読んだトンボの繁殖システムや精子競争の話に興味を持ち，昆虫の繁殖行動の研究をやってみたいと思っていた私は，身近なところでたくさん採集できるという理由だけでマルカメムシ *Megacopta punctatissima* を材料にして研究を始めた．

　マルカメムシを飼育してみると卵塊に黒い粒（以下ではカプセルと呼ぶ）がくっついていることにすぐに気がついた（図1-a）．カプセルの中には共生細菌が入っていて，孵化幼虫がこれを口吻で吸うことは，ヨーロッパ産のマルカメムシ類の一種である *Coptosoma scutellatum* において古くから知られており（Schneider, 1940; Müller, 1956），日本語の図鑑[*1]にもそう記されている．図鑑の記載を見た学部4年生当時の私は，これは！と思ったかというと残念ながらそうではなく，ふーん，と軽く流してしまった．その後，繁殖行動の研究を進めながら毎日のようにマルカメムシを見ていたが，いつしか共生細菌のことはすっかり忘れてしまっていた．

　共生細菌のことを思い出したのはそれから約3年後，2000年の春の学会のときだった．口頭発表を終えて休憩室にいた私に深津武馬さん（産業技術総合研究所 生物共生進化機構研究グループ グループリーダー）が話しかけてきて，いきなり質問攻めにされた（初対面だったのだが）．マルカメムシは卵の横にカプセルを産みつけるのか？　幼虫はそれを吸うのか？　吸わせないとどうなるのか？　……などなど．昔に図鑑で読んだことはすぐに思い出した．しかし卵塊にカプセルがくっついていること以外は確認したことがなかったので，答

＊1：『原色昆虫大図鑑』北隆館，1959-1965．

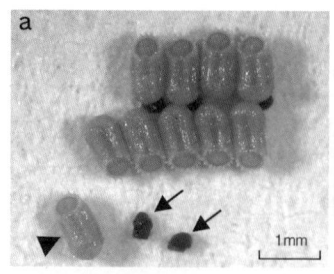

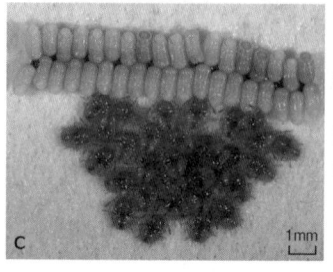

図1 マルカメムシの卵塊，カプセル，幼虫
a：孵化前の卵塊。矢頭と矢印はそれぞれ分離した卵とカプセルを示す
b：カプセルを吸う幼虫
c：カプセルを吸い終わって卵塊のそばに集団を形成する幼虫

えを返すことはほとんどできなかった。そして最後に，マルカメムシの共生細菌の研究を始めたいので協力してくれ，と頼まれた。これは後になって聞いた話であるが，深津さんは修士の大学院生時代に文献でマルカメムシの共生系を知って魅力を感じ，それ以来，機会があれば研究してみたいとずっと思い続けていたそうだ（Fukatsu & Hosokawa, 2008）。

数か月後，マルカメムシの繁殖シーズンである5月に大量の卵塊を採集して深津さんに送り，飼育方法などのこちらで持っている情報をすべて提供した。翌年の春の学会で深津さんに再会し，実験の結果と今後の展望について教えていただいた（その内容は翌年に論文 Fukatsu & Hosokawa, 2002 として発表された）。それは分野外の私が聞いてもすごく面白く，将来性を感じるものだった。深津さんは私に研究の続きをやらないかと勧めてくれたのだが，当時の私には2つの研究テーマを同時にこなすパワーはなく，とりあえずは保留ということにさせてもらい繁殖行動の研究を続けた。それから2年後の2003年の春，私は繁殖行動の研究で博士の学位をとり，日本学術振興会の特別研究員として深津さんの研究室に加わって共生細菌の研究を始めたのである。

1. すでにわかっていたこと，これからやるべきこと

私が研究を始めた時点でマルカメムシ類の共生細菌に関する論文は上述の3本

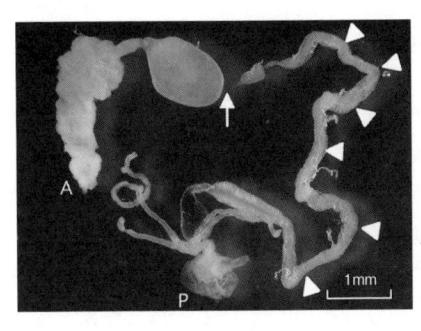

図2　マルカメムシのメスの中腸
Aが中腸の前端でPが後腸。矢印の部分で中腸は前後に隔絶しており，その後側（矢頭）が盲嚢部で内部に共生細菌が詰まっている

（ヨーロッパ産の C. scutellatum について2本，日本産のマルカメムシについて1本）が発表されていたわけだが，それらの論文で明らかになっていたことをここに簡単にまとめておく。なお，この2種で調べられていたことはおおむね共通している。

①宿主カメムシの中腸後部（盲嚢部）には1種類の腸内細菌が共生している（図2）。
②宿主カメムシのメス親は産卵時に卵のそばにカプセルを産みつける。
③カプセルの中にはメス親の中腸に由来する共生細菌が入っている。
④幼虫は孵化後すぐに口吻でカプセルを吸い，内部から共生細菌を獲得する。
⑤孵化前の卵塊からカプセルを除去すると，孵化した幼虫は共生細菌を獲得できず，このような幼虫は成長が著しく悪化する。

つまり，腸内共生細菌は宿主カメムシの成長を促進する相利共生者であり，カプセルを介して宿主のメス親から子へ受け継がれていく（垂直伝播されていく），ということである。この"カプセルを介して"というところがマルカメムシ類の共生系の最もユニークな点である。後に詳しく述べるが，他の昆虫類において体内共生微生物の伝播という現象を観察することは一般的に困難であり，伝播の過程に実験的操作を加えることは不可能である。これに対してマルカメムシ類の共生細菌の伝播は，メス親がカプセルを産出し幼虫がそれを吸うという宿主の行動として観察でき，そこに実験的操作を加えることが可能である。深津さんと私は，この特徴をうまく利用すれば非常にオリジナリティーの高い研究が展開できるだろうと考えていた。まず初めに私がやるべきことは，マルカメムシ類と腸内細菌の共生系の特徴についてさらに詳しく調べ，共生細菌の伝播に対して適切な実験的操作を行えるようにすることだった。

2. 共生細菌伝播時の幼虫の行動・メス親の行動

　新しい研究室に移ってから最初の1か月間は，深津さんからアドバイス（とプレッシャーのようなもの）を受けながら，じっくりと実験の計画を練った。また同時にDNAの抽出やPCRといった分子生物学的手法を習った。私は大学院生時代にはピペットを握るような実験はまったく経験していなかったし，学部時代の講義や実習もまじめにやっていたとはとても言えない。そんな完全な素人だったので，実験技術の習得にはかなり苦労してしまった。なんとか基本的な技術を習得できた5月初旬，野外でマルカメムシの産卵が始まり，いよいよ本格的な実験をスタートさせた。

　計画を練った結果，大きく分けて2つの実験を進めることにしていた。1つは，普通種で大量の個体を入手することができ，また大学院生時代からずっと扱っていて飼育のノウハウも十分に持っているマルカメムシを使って共生系の特徴を細部まで，特に共生細菌伝播時の行動について徹底的に調べ尽くすというものである。もう1つは，共生系の特徴をマルカメムシ類の他の種と比較したときに，共通性あるいは多様性が見られるのかを調べるというものである。実際はこの2つを同時進行で進めていたのだが，この節では前者について，次の節で後者について紹介する。

　まずは孵化幼虫がカプセルから共生細菌を獲得するときの行動をじっくりと観察することから始め，その結果以下のような行動が見られることがわかった。卵から出てきた幼虫は数分間じっとした後，口吻で何かを探るようにして卵塊の上や周辺を歩き始める。そして口吻の先がうまくカプセルに触れるとぴたりと動きを止めてカプセルに口吻を突き刺し，中身を吸い始める（図1-b; Hosokawa et al., 2006; 2007aの電子版で動画が閲覧できる）。適切な表現ではないかもしれないが，カプセルを探しているときの幼虫は"必死"に見え，カプセルを吸い始めた時の幼虫は"安心"したように見える。幼虫がカプセルを吸っている時間は30～60分ほどであり，吸い終わった幼虫はカプセルから口吻を抜いて卵塊のそばに集団を形成し約2日間の静止期に入る（図1-c）。カプセルを十分に吸い終わった幼虫は必ず集団を形成するのだが，一方でカプセルを探し当てられない幼虫はいつまでも探索を続けて集団に加わらない。このことから集団形成行動は共生細菌の獲得によって引き起こされていると考えられるが，その行動の適応的意義は今のところ不明である（Hosokawa et al., 2008）。

　さて，孵化幼虫がカプセルを吸う際の行動は把握できたわけだが，次はその

1つ前の段階であるメス親がカプセルを産出するときの行動について調べた (Hosokawa *et al.*, 2005; 2007b)。ここで注目したのはメス親が産みつけるカプセルの数である。幼虫はカプセルを吸えないと成長が著しく悪化するので、メス親はすべての子に行き渡るようにカプセルを産みつけるべきである。しかしカプセルの生産にはそれなりのコストがかかるであろうから過剰な数を産むべきではない。おそらくは過不足のない程よい数を産みつけているだろう。このような予想のもとに調査を開始した。

まず野外から卵塊を集めてきてそれぞれの卵塊について卵の数とカプセルの数を数えると、カプセル1個あたりの卵の数は平均で3.6（最小値2.1、最大値5.5）であった。つまりメス親は3、4匹の子に対してカプセルを1個産みつけていることになる。はたしてこれが程よい数なのかどうかを知るためには、1個のカプセルに幼虫何匹分の共生細菌が含まれているかを調べなければならない。そこで10匹の幼虫に対してカプセルを1個だけ与えてその後の成長を調べたところ、正常に育った幼虫は約6匹であった。カプセル1個には6匹分の共生細菌が含まれているのに、メス親はカプセル1個につき3、4個の卵しか産まない。すなわちメス親は、子が必要としている数よりも過剰なカプセルを産みつけているのである。

これは予想と異なる意外な結果であった。メス親がカプセルを多めに産みつける理由は興味深いところであるが、残念ながらよくわかっていない。マルカメムシ類の卵は産卵から孵化まで約7日かかるので、その間カプセルは野外環境に曝されることになる。メス親はこの間に起こりうるカプセルの脱落や喪失（稀ではあるがコナダニの一種がカプセルを食べてしまうことがある）、あるいはカプセル内の共生細菌の減少（紫外線や温度変動による死亡）に備えて、"保険"としてカプセルを多めに産んでいるのではないかと私は考えている。ちなみに、カプセルが産みつけられるのは産卵前か？　産卵後か？　という質問をよく受けるのだが、その答えは産卵中である。すなわち卵を3、4個産んでカプセルを1つ産みつけ、また卵を3、4個産んでカプセルを1つ産みつけ……の繰り返しである。

3. 共生系の共通性と多様性

ここまでに登場したヨーロッパ産の *C. scutellatum* と日本産のマルカメムシはともにマルカメムシ科 Plataspidae に属するカメムシである。この2種にお

ける共生系の特徴は似通っていたわけだが，同じ科の他の種についてはどうだろうか？　日本産のマルカメムシ科カメムシは3属12種が記載されており，形態，生息地域，寄主植物などは種によってさまざまである（友国ら，1993; 図3，口絵4）。これらのマルカメムシ類と腸内細菌の共生系について共通性と多様性を調べるために，まずはカメムシを収集する必要があった。マルカメムシは日本国内において極めて普通な種であり，本州，四国，九州の大部分の地域に分布し，しかも非常に高密度で生息しているので，一度に数十〜数百頭を採集することができる。私は学部4年生以来マルカメムシの研究を続けながら神戸，福岡，つくばと研究の場所を変えてきたが，入手に困ったことは一度もなかった。ところが他のマルカメムシ類についてはそうはいかなかった。生息地が非常に限られていたり，生息密度が低かったり，そもそも生態がよくわかっていない種もいたりでなかなか入手できなかった。私と深津さん，さらに共同研究者の菊池義智君の3人がかりで情報を集め，また日本各地のカメムシに詳しい方々にも協力していただき，なんとか9種のマルカメムシ類を得ることができた。

　こうして入手したマルカメムシ類の各種について，まずは産卵をさせて卵塊を観察してみた。卵の大きさや形は種によってさまざまであったが，期待していた通り，すべての種のすべての卵塊にカプセルが産みつけられていた（Hosokawa et al., 2006）。さらに卵を孵化させて幼虫の行動を観察すると，やはりどの種においても孵化幼虫は何よりもまず先にカプセルを探し，そして吸い始めた。すべての種がカプセルを使って腸内共生細菌を垂直伝播しているのだろうとほぼ確信した。

　次に各種を解剖して中腸盲嚢部の中に共生細菌が存在していることを確かめ，それぞれの共生細菌の分子系統的位置について調べた（この段階では私の分子生物実験の技術はまだ未熟であったため，実験と解析の大部分は菊池君が行った）。その結果，それぞれのカメムシには種特異的な異なる共生細菌が存在するが，それらはガンマプロテオバクテリアというグループに属する単系統群を形成することがわかった（図4; Hosokawa et al., 2006）。さらに興味深いことに，それぞれのカメムシのミトコンドリア遺伝子の配列を使って宿主の系統樹を描くと，その分岐パターンは共生細菌のものと完全に一致した（図4右下; Hosokawa et al., 2006; Kikuchi et al., 2008）。このことは，マルカメムシ類における腸内共生細菌の進化的獲得は過去に1回のみであり，獲得後に宿主カメムシの種分化が起こり，それに引き続いて腸内共生細菌も共種分化してきたことを

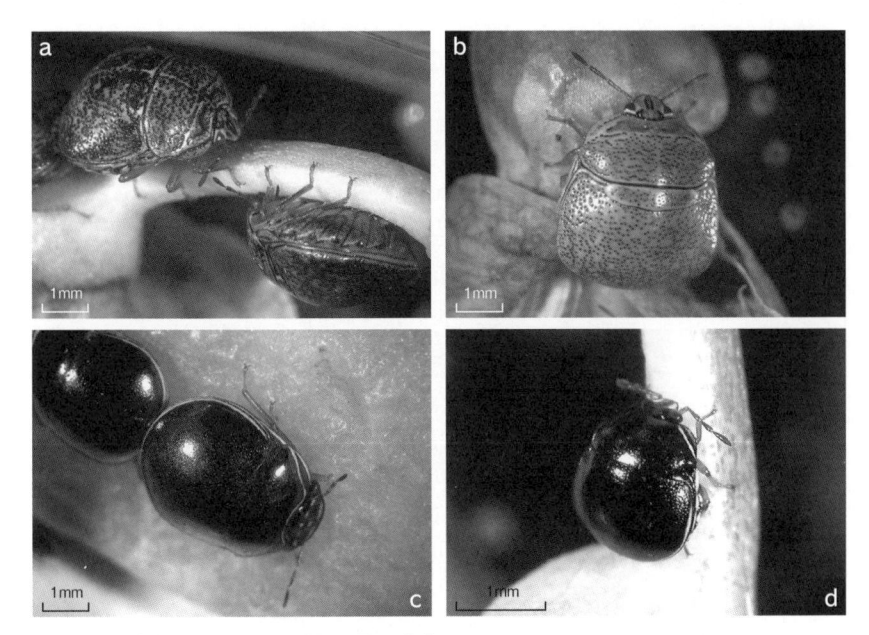

図3 日本産マルカメムシ類4種の成虫
a：マルカメムシ，b：タイワンマルカメムシ *Megacopta cribraria*，c：クロツヤマルカメムシ *Brachyplatys vahlii*，d：ミヤコキベリマルカメムシ *Coptosoma sphaerula*

強く示唆している。言い換えると，マルカメムシ類とその腸内細菌の共生は宿主カメムシの種分化以前に始まり，その後途切れることなく延々と続いてきたということである。

さらに実験を重ねていくと，これらの共生細菌はそれぞれの種のカプセルの内部にも確かに存在していること，カプセルを吸った幼虫のみが共生細菌を保持していることが明らかになり，カプセルを使って共生細菌が垂直伝播されていることがすべての種において証明された。したがってこの特徴は，おそらくはマルカメムシ科に属する種には共通して見られるものだろうと考えている。また，他の科のカメムシ類ではカプセルが卵塊に付着しているという報告はないので，マルカメムシ類に固有の特徴とも言える。

最後に，孵化幼虫にカプセルを吸わせないとき，すなわち共生細菌の獲得を妨げたときに宿主カメムシの適応度にどのような影響が出るかをそれぞれの種について調べた。結果はすべての種でおおむね同じであり，カプセルを吸わせなかった個体では，成長の遅延，外骨格を形成するクチクラ層の軟化などさまざまな異常が見られ（図5），繁殖することなく死亡した（Hosokawa *et al.*,

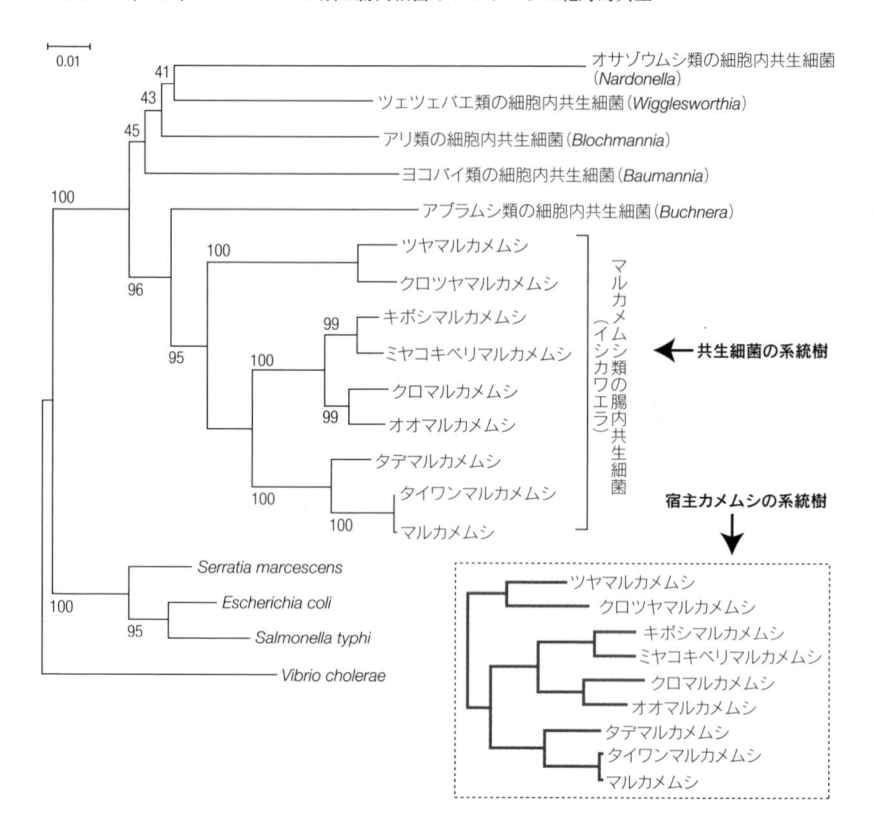

図4 日本産マルカメムシ類9種の腸内共生細菌の分子系統的位置

16S rRNA塩基配列に基づくガンマプロテオバクテリアの系統樹。数字はブートストラップ値。右下の破線内はミトコンドリア16S rRNA塩基配列に基づく宿主カメムシの系統樹。図はともに近隣結合法によって描かれたものであるが，最尤法，最節約法，ベイズ法によっても同様の結果が得られている。

2006)。つまり，マルカメムシ類にとって共生細菌は絶対的に必要な共生者ということであるが，共生細菌の具体的な生物機能については現在のところ不明である。最近著者らが取り組んでいる共生細菌の全ゲノム解析では，宿主カメムシにとって必須な栄養分（アミノ酸やビタミン類）を腸内細菌が合成・供給している可能性が示唆されている。

4. 他の昆虫の共生系との比較

マルカメムシ類と腸内細菌の共生系の基本的な特徴は前節までで一通り紹介

図5 タイワンマルカメムシにおける共生細菌を獲得して成長したメス（左）と獲得せずに成長したメス（右）
写真の2頭のメスは同一卵塊に由来する姉妹個体である。

できた．この節では，マルカメムシ類の共生系をこれまでに研究されてきた他の昆虫の共生系と比較することによって，マルカメムシ類の共生系がいかにユニークなものであるかをあらためて示し，深津さんと私が何を狙ってこの共生系の研究を始めたのかについて書きたいと思う．

　生存や繁殖に必須な絶対的共生細菌を体内に保持する昆虫はマルカメムシ類の他にも数多く知られている．アブラムシ類をはじめとする同翅亜目昆虫（他にヨコバイ類，キジラミ類，コナジラミ類など）やツェツェバエ類をはじめとする吸血性双翅目昆虫が代表的な例であり，これらは農業・衛生害虫ということもあり古くから盛んに研究されている．したがって，マルカメムシ類において新たに絶対的共生細菌を発見したということはさして大きな価値は持たないように思う人もいるかもしれない．しかし，これまでに研究されてきた共生系とマルカメムシ類の共生系を詳しく比較していくと，マルカメムシ類の共生系は進化生物学における重要な発見であり，今後さらに研究を進めていく価値が非常に高いものであることを理解していただけると思う．

　まずこれまでに研究されてきた共生系とマルカメムシ類の共生系の共通点について見ていくことにする．図4のガンマプロテオバクテリアの系統樹をもう一度見ていただきたい．上述のアブラムシ，ヨコバイ，ツェツェバエなどの絶対的共生細菌はマルカメムシ類の共生細菌の近縁に位置している．また，これらの昆虫のそれぞれのグループについて宿主昆虫群と共生細菌群の詳細な分子系統解析がなされており，マルカメムシ類の共生系と同様に宿主昆虫と共生細菌が共種分化してきたことが示されている（Chen *et al.*, 1999; Clark *et al.*, 2000; Takiya *et al.*, 2006）．次に表1を見ていただきたい．この表は図4の系統樹に示した各細菌のゲノムサイズと16 S rRNA遺伝子配列中のAT含量（アデニンとチミンの割合．一般に，この値が高いのは弱有害変異が蓄積した状態と考えられている）をまとめたものである．大腸菌 *Escherichia coli* などのよう

に昆虫と共生していない自由生活細菌ではゲノムサイズは5 Mb前後，AT含量は45〜46% である．これに対して，これまでに研究されてきた昆虫の絶対的共生細菌はすべてゲノムサイズが1 Mb以下と小さく，AT含量は50〜60%と高い．昆虫の共生細菌もその由来は自由生活細菌であったはずなので，昆虫との共生を続けていく過程で共生細菌のゲノムサイズは小さく，AT含量は高くなる方向の進化が起こったと考えられる．そしてマルカメムシ類の共生細菌について見ると，ゲノムサイズは約0.8 Mb，AT含量は50% を超えている．つまりマルカメムシ類の共生細菌においても他の昆虫の共生細菌と同様にゲノム縮小とATバイアス化が起きているのである．加えて，他の昆虫の共生細菌とマルカメムシ類の共生細菌には加速分子進化が生じているという共通点も見いだされている（Hosokawa et al., 2006）．

このように他の昆虫の共生系とマルカメムシ類の共生系ではいくつかの特徴を共有しており一見非常に似たものに見えるのだが，2つの大きな違いが存在する．その1つは宿主昆虫の体内における共生細菌の局在性である．これまでに研究されてきた共生系のすべてにおいて，共生細菌は宿主体内の菌細胞と呼ばれる特別な細胞の内部に局在する"細胞内"共生細菌である（Buchner, 1965; Baumann et al., 2000）．したがって従来は，共生細菌の共種分化・ゲノム縮小・ATバイアス化・加速分子進化といった特徴は細胞内共生細菌に特有のものではないか，あるいは，共生細菌のそのような特徴は宿主の細胞内に共生するがゆえに進化したのではないか，と考えることができた．ところがマルカメムシ類の共生細菌は宿主の中腸盲嚢部の管腔内に局在する"細胞外"共生細菌である．つまりマルカメムシ類の共生細菌の発見によって，体内共生細菌は宿主の細胞内に共生しなくとも共種分化・ゲノム縮小・ATバイアス化・加速分子進化が生じるということが初めて示されたのである．Moran（1996）およびWernegreen（2002）は，細胞内共生細菌のこのような特徴の進化は，共生細菌の有効集団サイズが小さいことと垂直伝播時に強いボトルネックを経験することに起因するのではないかと考えたが，マルカメムシ類の腸内共生細菌の発見はこの考えを支持するものである（Hosokawa et al., 2006）．

他の共生系とマルカメムシ類の共生系のもう1つの違いは垂直伝播のメカニズムである．これまで研究されてきた共生系では，メス親が保持する共生細菌の一部がメス親体内で発達中の卵あるいは胚（卵胎性であるアブラムシ類の無性生殖世代や吸血性双翅目の場合）に侵入することで垂直伝播が成立する（Buchner, 1965; Braendle et al., 2003）．一方のマルカメムシ類の共生系では，幼

表 1　ガンマプロテオバクテリアにおける自由生活細菌と昆虫の絶対的共生細菌のゲノムサイズと AT 含量

	細菌のタイプ	ゲノムサイズ	AT 含量[*1]
Escherichia coli	自由生活細菌	4.6 Mb	45.6%
Salmonella typhi	自由生活細菌	4.8 Mb	45.6%
Serratia marcescens	自由生活細菌	5.1 Mb	45.7%
Vibrio cholerae	自由生活細菌	4.0 Mb	45.9%
アブラムシ類細胞内共生細菌	共生細菌	0.45〜0.65 Mb	49.8〜52.1%
ツェツェバエ類細胞内共生細菌	共生細菌	0.70 Mb	51.5%
ヨコバイ類細胞内共生細菌	共生細菌	0.69 Mb	51.3%
オサゾウムシ類細胞内共生細菌	共生細菌	0.2〜0.3 Mb	59.5%
マルカメムシ腸内共生細菌	共生細菌	0.82 Mb	50.7%
タイワンマルカメムシ腸内共生細菌	共生細菌	0.82 Mb	50.8%
タデマルカメムシ腸内共生細菌	共生細菌	0.83 Mb	50.1%
ツヤマルカメムシ腸内共生細菌	共生細菌	データなし	53.9%

[*1]：16 S rRNA 遺伝子配列における値

虫がカプセルを吸うことで共生細菌の伝播が起こる，つまり伝播は宿主の体外で起こるのである．宿主の体内で起こる伝播に対して実験的操作を加えるのは実質不可能と言えるだろう．しかし伝播が宿主体外で起こり，しかも"カプセルを吸う"という宿主の明確な行動として観察できるのならば，そこに実験的操作を加えることは可能である．例えばすでに紹介しているように，幼虫にカプセルを吸わせないことによって共生細菌の伝播を妨げることが可能である．それにとどまらず，幼虫がカプセルを吸う時間を変えることによって伝播する共生細菌の量を操作することもできるし，親ではないメスが産出したカプセルを幼虫に吸わせることで伝播する共生細菌のタイプを操作することもできる——マルカメムシ類の共生系は言わば"宿主と共生細菌を自由に切り貼りできる共生系"なのである．もちろんこのような実験は過去にまったく例がないので，マルカメムシ類の共生系の特徴を利用した実験を行えば昆虫と共生細菌の相互作用や共進化について新たな洞察が得られることは約束されていると言っていいだろう．これこそがマルカメムシ類の共生系の最大の魅力であり，深津さんと私がこの研究に手をつけた最大の理由である．

　マルカメムシ類の特徴を利用した実験の例については次節で紹介することにして，この節の最後は共生細菌の学名の話で締めくくりたい．図 4 の系統樹にも示しているように，昆虫の共生細菌の多くにはそれぞれ固有の学名が付けられており，実はその名の由来はすべてこの分野において多大な業績を残して

いる研究者の名である。例えばアブラムシ類の共生細菌 *Buchnera* は P. Buchner から，ツェツェバエ類の共生細菌 *Wigglesworthia* は V. B. Wigglesworth からといった具合である。マルカメムシ類の共生系の特徴を解明した論文を投稿する際，この新規で重要な特徴を持つ共生細菌にも学名をつけるべきだということになり，深津さんの大学院生時代の指導教官であり，日本における昆虫の内部共生研究のパイオニアである故・石川統先生に献名し，*Ishikawaella*（イシカワエラ）と名付けた（Hosokawa et al., 2006）。

5. 共生細菌の置き換え実験：落胆と驚喜

冒頭にも書いた通り，私は日本学術振興会の特別研究員に採用されて深津さんの研究室にやってきたのだが，その申請書におけるいわゆる目玉の部分の実験がこの節で紹介する共生細菌の置き換え実験であった。幸いなことに，この実験で得られたデータで書いた論文は非常に高い評価を受けて Proceedings of the Royal Society B 誌に掲載されたのだが（Hosokawa et al., 2007a），実はそのデータは実験前にはまったく予想していなかったものだったのである。予想外のデータに直面して一度は落胆し，そして最後には驚喜したわけだが，この実験ほどどきどきわくわくしながらやった実験は後にも先にもない（今後再びやってきてくれることを願っているが）。ここでは論文には書いていない裏話を盛り込みつつ実験内容を紹介していきたい。

ここで登場するのはマルカメムシとタイワンマルカメムシの2種である。2種は異所的に生息しており，日本においては前種は本州・四国・九州に，後種は南西諸島に分布する。この2種は体色や体サイズに若干の違いが見られるが（図3），遺伝的にはさほど分化しておらず実験室内では交配し妊性のある雑種を産む（細川，未発表）。さて，この2種の間で共生細菌を置き換えてみたらどうなるだろうか？ 実験前の私の予想はこうである「マルカメムシとタイワンマルカメムシのそれぞれにおいて共生細菌との共適応が進んでいて，共生細菌を置き換えてしまうと共生関係がうまく成り立たず，2種のカメムシともにうまく成長・繁殖できないだろう」。

この実験は2年かけて行ったのだが，まず1年目にはマルカメムシの共生細菌をタイワンマルカメムシのものに置き換える実験をした。前節でも述べた通り，共生細菌の置き換えは孵化幼虫に異種のカプセルを吸わせることによって行うのだが，具体的にはまずマルカメムシの卵塊からカプセルを取り外し，

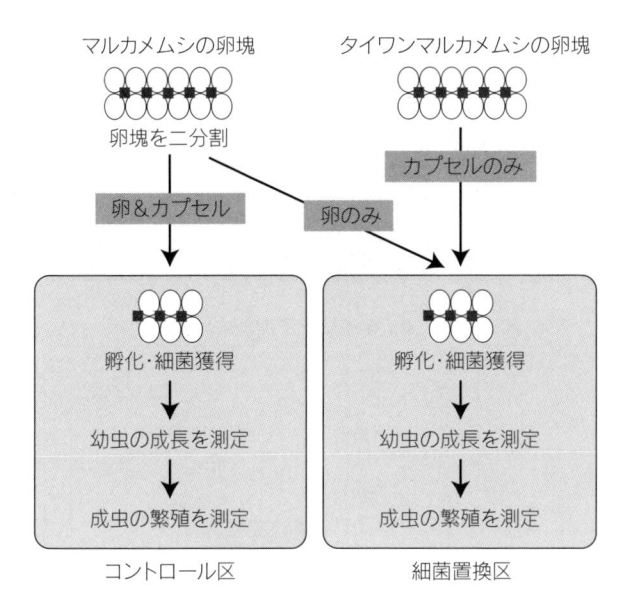

図6 共生細菌置き換え実験の概要
図はマルカメムシの共生細菌をタイワンマルカメムシの共生細菌に置き換える場合を示しているが，逆の置き換え実験も行った．

代わりにタイワンマルカメムシのカプセルを取り付けるという処理を行うのである（実験の概要を図6に示した）．卵の長径は約1 mm，カプセルの直径は0.5 mm以下である（図1-a）．実体顕微鏡の下でピンセットを使って卵とカプセルを一度ばらし，それを並べ直しながら濾紙上に糊付けしていく……想像に難くないと思うがなかなかに大変な作業であった．処理した卵塊を孵化させて幼虫の行動を観察すると，特に異常な行動は見られず置き換えたカプセルを吸ってくれていた．念のために一部の卵塊については定量的PCR法を使って幼虫の体内に取り込まれた共生細菌の量を調べてみたが，コントロール区と細菌置換区の間で違いはなかった．

そしていよいよ成長の測定に入り，毎日わくわくしながら幼虫の様子をうかがっていた．私は細菌置換区の幼虫には成長の遅延や体色の異常が出てくるだろうと予想していたわけだが，何日経ってもコントロール区との違いは出てこず，ついにはまったく正常に羽化してしまった（図7-a）．そんなはずはないと思いデータを詳しく解析してみたが，羽化率にも成長速度にも羽化時の体サイズにも実験区間で違いはなかった．しばらく頭の中が真っ白である．成長のデータを取った後に羽化成虫を使って繁殖のデータもとり始めていたのだが，その時はすでにこのネガティブデータでどう論文を書こうかと考え始めていた．繁殖の測定においても細菌置換区のメスはコントロール区のメスと同じように

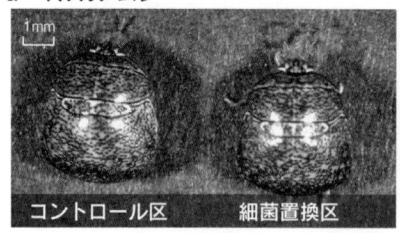

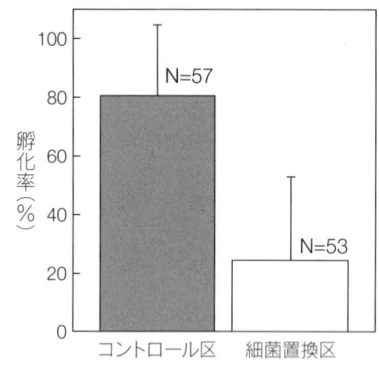

a　マルカメムシ　　　　　　　　　b　タイワンマルカメムシ

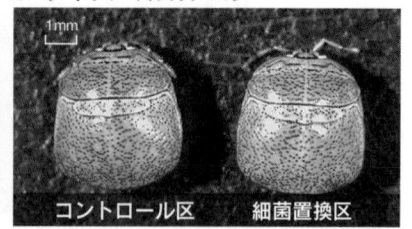

c　マルカメムシ　　　　　　　　　d　タイワンマルカメムシ

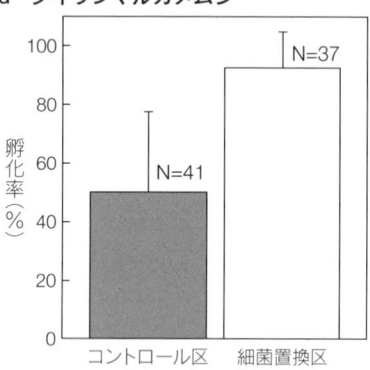

図7　共生細菌の置き換えが宿主カメムシに与える影響
a：共生細菌を置き換えて育てたマルカメムシのメス，b：共生細菌を置き換えて育てたタイワンマルカメムシのメス，c：共生細菌を置き換えたマルカメムシのメスが産んだ卵の孵化率，d：共生細菌を置き換えたタイワンマルカメムシのメスが産んだ卵の孵化率。

産卵していたのだが，完全に諦めきっていた最後の最後でついに異常が出た。細菌を置き換えたメスの産んだ卵は孵化率が低かったのである（図7-c）！　どのようなメカニズムで孵化率が下がるのかは不明であるが，共生細菌を置き換えると共生関係がうまく成り立たなくなることは間違いない。この結果は実験前に考えていた筋書きに載せてさっそく翌年の学会で発表したのだが，皆からおもしろいという感想をいただき私はすっかり喜びと満足に浸ってしまっていた。

　しかしまだ実験は半分しか終わっていないのである。論文にするためには1年目とは逆の置換，すなわちタイワンマルカメムシの共生細菌をマルカメムシのものに置き換えたときのデータが必要である。私はポジティブな結果が得られるに違いないと根拠なく確信していたので，2年目は気楽に実験を進めた。共生細菌を置き換えた幼虫は正常に育ち（図7-b），そして繁殖の測定に入ったのだが，ここでまたもや予想と大きく異なる結果が出てきたのである。当然私

の予想は昨年の実験と同様に共生細菌を置き換えると孵化率が下がるというものだった。しかし結果は逆で，細菌置換区の卵はほぼ正常に孵化し，コントロール区の孵化率が低かったのである（図7-d）。この結果の解釈には相当頭を悩ませたが，実験開始当初の予想で凝り固まってしまっていた頭をよくほぐして考え直したところ，最終的にはすっきりと以下のような結論に行き着いた。

実は私はこの実験をするときまでタイワンマルカメムシを飼育下で繁殖させたことがなかった。2種はごく近縁なのでタイワンマルカメムシもマルカメムシと同じ餌で正常に繁殖するだろうと決めつけてしまい，それまでマルカメムシの飼育に使ってきたダイズとエンドウを餌にした飼育系で実験を始めてしまったのである。野外ではマルカメムシはクズ，フジ，ハギ，ダイズなどを餌として利用しているのだが，タイワンマルカメムシが利用しているのはもっぱらタイワンクズ（クズと同属で別種）である。これを考えると2種の間で餌植物利用能力に違いがあってもおかしくないのだが，それをまったく無視してしまっていた。改めて図7の2つのグラフのコントロール区どうしを比較してもらいたい。本来の共生細菌をもつマルカメムシの孵化率は約80%であるのに対し，本来の共生細菌をもつタイワンマルカメムシの孵化率は約50%と低い。これはもともと2種の餌植物利用能力にははっきりとした違いがあり，タイワンマルカメムシはマルカメムシに比べると飼育系の餌をうまく利用できないことを示している。

では何が餌植物利用能力を決めているのだろうか？　常識的に考えると宿主カメムシの形質は宿主のゲノム上の遺伝子によって決まっているはずである。しかしこの宿主の形質に共生細菌のゲノム上の遺伝子も影響を与えている可能性はないだろうか。少し見方を変えてもう一度図7の2つのグラフを見ると，どちらのカメムシにおいてもマルカメムシ由来の共生細菌を保持している時は飼育系の餌をうまく利用でき，タイワンマルカメムシ由来の共生細菌を保持している時はうまく利用できなかったという結果になっている。これはまさに共生細菌のゲノム上の遺伝子が宿主の餌植物利用能力に影響を与えているという考えを支持する結果なのである。宿主の生存・繁殖に必須ではない共生細菌が宿主の餌植物利用能力に影響を与えることはエンドウヒゲナガアブラムシですでに報告されていたのだが（Tsuchida et al., 2004），宿主にとって必須な絶対的共生細菌での例はこれまでなかった。おそらく多くの研究者がそのアイデアを持ってはいたのだが検証する方法がなかったのだと思う。ここで紹介した実験による発見はマルカメムシ類の共生系の特徴を最大限に生かすことによって産

み出されたものと言えるだろう。

今後の展望

　これまでの研究によってマルカメムシ類と腸内細菌イシカワエラの共生系が内部共生の研究における"新しいモデル共生系"であることを示すことができたと思う。しかしこれはまだ最初の第一歩を踏み出したに過ぎず，今後もこの共生系の研究を続けていくことでまだまだ面白い研究が展開でき，共生系の進化・維持機構の解明にせまっていくことができるだろう。共生細菌の置き換え実験にしてもここで紹介したものは同属別種間の置き換えであるが，「属の異なる種間で置き換えるとどうなるか？」「同種の個体群間で置き換えるとどうなるか？」など置き換えの組み合わせはまだいくつもあり，それぞれの実験で新たな発見があることが期待される。また第3節でも触れたが，マルカメムシの共生細菌の全ゲノム配列がほぼ決定され，他のマルカメムシ類の共生細菌についても現在進行中である。今後はこれらのゲノムデータを利用した研究も始まり，さまざまな新知見が得られていくだろう。例えばマルカメムシとタイワンマルカメムシの間で共生細菌の全ゲノムを比較することで，上述の植物利用能力に影響を与えている遺伝子が特定できるかもしれない。またごく最近には，カメムシの共生器官である中腸盲嚢部における宿主遺伝子の網羅的発現解析（EST解析）によって宿主と共生細菌間の相互作用を遺伝子レベルで解明しようとする大型プロジェクトも始まった。私が研究を始めたときには想像もしなかった規模で研究が進んでいる。

　本稿を読んで，マルカメムシ類以外のカメムシではどうなっているのか？と思われた読者は多いのではないだろうか。陸生カメムシ類の大部分の種が腸内共生細菌を保持している（Buchner, 1965; 菊池，2004）。その中には古くから重要視されている農業害虫も多く含まれているのだが，意外にも腸内共生系の特性についてはほとんど研究が行われていないのが現状である。最近になっていくつかの論文が出始めているものの（Prado *et al.*, 2006; Prado & Almeida, 2009a, b; Kikuchi *et al.*, 2007, 2009; Kaltenpoth *et al.*, 2009; 細川，2009; Kaiwa *et al.*, 2010; Hosokawa *et al.*, 2010），マルカメムシ類以上に研究が進んでいるカメムシは残念ながらまだ存在しない。しかしこれは逆に言うと，今後マルカメムシ類の共生系に匹敵するような興味深い共生系が見つかる可能性があるということである。他のカメムシ類の共生系と比較していくことでマルカメムシ類の共生系の理解もよりいっそう深まることだろう。マルカメムシ類自体の研究も含めて今

後どのような発見が飛び出してくるのか、とても楽しみである。

引用文献

Baumann, P., N. A. Moran & L. Baumann. 2000. Bacteriocyte-associated endo-symbionts of insects. *In*: Dworkin, M. (eds.), The prokaryotes, p. 1-55. Springer, New York.

Braendle, C., T. Miura, R. Bickel, A. W. Shingleton, S. Kambhampati & D. L. Stern. 2003. Developmental origin and evolution of bacteriocytes in the aphid-*Buchnera* symbiosis. *PLoS Biology* **1**: e21.

Buchner, P. 1965. Endosymbiosis of animals with plant microorganisms. New York, Interscience.

Chen, X., S. Li & S. Aksoy. 1999. Concordant evolution of a symbiont with its host insect species: Molecular phylogeny of genus *Glossina* and its bacteriome-associated endosymbiont, *Wigglesworthia glossinidia*. *Journal of Molecular Evolution* **48**: 49-58.

Clark, M. A., N. A. Moran, P. Baumann & J. J. Wernegreen. 2000. Cospeciation between bacterial endosymbionts (*Buchnera*) and a recent radiation of aphids (*Uroleucon*) and pitfalls of testing for phylogenetic congruence. *Evolution* **54**: 517-525.

Fukatsu, T. & T. Hosokawa. 2002. Capsule-transmitted gut symbiotic bacterium of the Japanese common plataspid stinkbug, *Megacopta punctatissima*. *Applied and Environmental Microbiology* **68**: 389-396.

Fukatsu, T. & T. Hosokawa. 2008. Capsule-transmitted obligate gut bacterium of plataspid stink bugs: a novel model system for insect symbiosis studies. *In*: Bourtzis, K. & T. A. Miller (eds.) Insect Symbiosis, Volume 3, p. 95-121. CRC Press, Boca Raton.

細川貴弘 2009. カメムシ類における腸内共生細菌の伝播・獲得様式の多様性. 昆虫と自然 **44**: 17-20.

Hosokawa, T., Y. Kikuchi, X.-Y. Meng & T. Fukatsu. 2005. The making of symbiont capsule in the plataspid stink bug *Megacopta punctatissima*. *FEMS Microbiology Ecology* **54**: 471-477.

Hosokawa, T., Y. Kikuch, N. Nikoh, M. Shimada & T. Fukatsu. 2006. Strict host-symbiont cospeciation and reductive genome evolution in insect gut bacteria. *PLoS Biology* **4**: e337.

Hosokawa, T., Y. Kikuchi, M. Shimada & T. Fukatsu. 2007a. Obligate symbiont involved in pest status of host insect. *Proceedings of the Royal Society B* **274**: 1979-1984.

Hosokawa, T., Y. Kikuchi & T. Fukatsu. 2007b. How many symbionts are provided by mothers, acquired by offspring, and needed for successful vertical transmission in an obligate insect-bacterium mutualism? *Molecular Ecology* **16**: 5316-5325.

Hosokawa, T., Y. Kikuchi, M. Shimada & T. Fukatsu. 2008. Symbiont acquisition alters behavior of stinkbug nymphs. *Biology Letters* **4**: 45-48.

Hosokawa, T., Y. Kikuch, N. Nikoh, X.-Y. Meng, M. Hironaka & T. Fukatsu. 2010. Phylogenetic position and peculiar genetic traits of a midgut bacterial symbiont of the stinkbug. *Parastrachia japonensis*. *Applied and Environmental Microbiology*, **76**: 4130-4135.

Kaiwa, N., T. Hosokawa, Y. Kikuchi, N. Nikoh, X.-Y. Meng, M. Ito & T. Fukatsu. 2010.

Primary gut symbiont and secondary *Sodalis*-allied symbiont in the scutellerid stinkbug *Cantao ocellatus*. *Applied and Environmental Microbiology* **76**: 3486-3494.

Kaltenpoth, M., S. A. Winter & A. Kleinhammer. 2009. Localization and transmission route of *Coriobacterium glomerans*, the endosymbiont of pyrrhocorid bugs. *FEMS Microbiology Ecology* **69**: 373-383.

菊池義智 2004. カメムシ類における共生細菌の多様性. 植物防疫 **58**: 424-428.

Kikuchi, Y., T. Hosokawa & T. Fukatsu. 2007. Insect-microbe mutualism without vertical transmission: a stinkbug acquires a beneficial gut symbiont from the environment every generation. *Applied and Environmental Microbiology* **73**: 4308-4316.

Kikuchi, Y., T. Hosokawa & T. Fukatsu. 2008. Diversity of bacterial symbiosis in stinkbugs. *In*: van Dijk, T. (eds.) Microbial Ecology Research Trends, p. 39-63. Nova Science Publishers Inc., New York.

Kikuchi, Y., T. Hosokawa, N. Nikoh, X.-Y. Meng, Y. Kamagata & T. Fukatsu. 2009. Host-symbiont co-speciation and reductive genome evolution in gut symbiotic bacteria of acanthosomatid stinkbugs. *BMC Biology* **7**: 2.

Moran, N. A. 1996. Accelerated evolution and Muller's ratchet in endosymbiotic bacteria. *Proceedings of the National Academy of Sciences of United states of America* **93**: 2873-2878.

Müller, H. J. 1956. Experimentelle studien an der Symbiose von *Coptosoma scutellatum* Geoffr. (Hem. Heteropt.). *Zeitschrift für Morphologie Ökologie Tiere* **44**: 459-482.

Prado, S. S. & R. P. P. Almeida. 2009a. Phylogenetic placement of pentatomid stink bug gut symbionts. *Current Microbiology* **58**: 64-69.

Prado, S. S. & R. P. P. Almeida. 2009b. Role of symbiotic gut bacteria in the development of *Acrosterum hilare* and *Murgantia histrionica*. *Entomologia Experimentalis et Applicata* **132**: 21-29.

Prado, S. S., D. Rubinoff & R. P. P. Almeida. 2006. Vertical transmission of a pentatomid caeca-associated symbiont. *Annals of the Entomological Society of America* **99**: 577-585.

Schneider, G. 1940. Beiträge zur Kenntnis der Symbiontischen Einrichtungen der Heteropteren. *Zeitschrift fur Morphologie Ökologie Tiere* **36**: 565–644.

Takiya, D. M., P. L. Tran, C. H. Dietrich & N. A. Moran. 2006. Co-cladogenesis spanning three phyla: leafhoppers (Insecta: Hemiptera: Cicadellidae) and their dual bacterial symbionts. *Molecular Ecology* **15**: 4175-4191.

友国雅章・安永智秀・高井幹夫・山下泉・川村満・川澤哲夫 1993. 日本原色カメムシ図鑑, 全国農村教育協会.

Tsuchida, T., R. Koga & T. Fukatsu. 2004. Host plant specialization governed by facultative symbiont. *Science* **303**: 1989.

Wernegreen, J. J. 2002. Genome evolution in bacterial endosymbionts of insects. *Nature Reviews Genetics* **3**: 850-861.

第4部

新しい自然史研究の手法

　種間関係が自然界でどのように広がっており，またどのように進化したかを問うためには，ただ野外で生物を観察するだけでは不十分である。特に，生物の多様性を正確に認識し，またその進化系統関係を明らかにする有用な手段として遺伝子解析の手法が普及している。一方で種間関係を成立させている目に見えない仕組みを解明するためには，分析化学的手法や分子生物学的手法も有用である。第4部では，さまざまな生物群を横断的に解析する必要がある種間関係の研究において，生物群ごとに異なったノウハウを共有すべく，さまざまな生物群の専門家が秘蔵の手法を紹介する。

第11章　野生生物からのDNAおよびRNA抽出

I　DNA抽出の基礎

川北　篤（京都大学生態学研究センター）

はじめに

　DNAに含まれる情報をさまざまな解析に用いることは，現在の生態学における主要な研究手法の1つである．交配様式の推定，親子判定，種の判別，移動分散の歴史の推定，系統解析，共生微生物の特定，餌生物の解明，など，DNAを用いて明らかにすることができる事象は，実に幅広い．さらに近年では，こうしたマーカーとしてのDNAの利用にとどまらず，遺伝子の機能そのものに着目した研究から，さまざまな生態学的現象の解明が飛躍的な勢いで進んでいる．DNAの分析技術の進歩や，データ解析の理論的，技術的発展には目覚ましいものがあり，今後もDNAの分析を生態学研究に取り入れることで，思いもよらなかったような現象が次々と明らかになっていくであろう．

　こうしたDNAを用いた研究を行うにあたっての第一歩は，組織からDNAを抽出することである．DNAの抽出方法については，対象とする生物ごとに，すでにさまざまな方法が本や論文で紹介されている．しかしこれらの多くは，いわゆるモデル生物を含む多くの種には有効であっても，生態学者が実際に研究対象とするような野生生物すべてでうまくいくものではない．例えば，アオイ科やヤマノイモ科のように多糖類を多く含む植物や，クワ科のように乳液を含む植物では，一般的な植物のDNA抽出法は有効ではない．また生態学者が扱う試料の中には，極めて微小な昆虫や，形態観察のために破損が許されない貴重な標本なども含まれ，こうした標本から効率的にDNAを抽出するためにはさらなる工夫が要求される．場合によっては博物館に保存されている数十年前の標本や，DNAを保存することを目的とせずにホルマリン漬けされた動物標本からDNAを抽出しなければならない場合もあるであろう．あるいは菌根に含まれるDNAから共生菌を特定したり，動物の胃内容に含まれるDNAから食性を解明したりする場合には，混在する他生物由来のDNAの影響をうまく取り除かなければならない．生態学者は実験室で新鮮なサンプルを扱うことはまれで，多くの場合野外で採集した試料を，DNAが劣化しないような適切

な方法で処理して実験室に持ち帰る必要がある．その際，どのように標本を処理，保存するのが適切かは対象とする生物によって大きく異なり，また移動の際に航空機を利用する場合には，引火性の液体を用いないなどの細心の注意が求められる．

このように野生生物を対象に研究を行う生態学者にとって，DNAを抽出するためにはさまざまな工夫が必要とされる．しかしこうした問題にどのように対処すべきかについて，生態学者が手軽に情報を得られる機会は限られている．そこで本編では，DNA抽出法の全体的な流れと原理を解説したうえで，本書に登場した野生生物を中心に，DNAを抽出する際の具体的な手順と，それぞれの分類群ならではの創意工夫を紹介した．野生生物を用いた研究で直面する問題点を整理し，それぞれの対処法とその長所，短所を明らかにすることで，材料および目的に応じたDNA抽出法を工夫できるような構成を目指したつもりである．

DNAさえ抽出できれば，その後の分析の手順はどの生物でも大きく変わらない．本書では紹介しきれないが，本シリーズの『森の分子生態学』（種生物学会編，2001，文一総合出版刊）では，集団内，集団間変異の解析や，遺伝子流動の推定などの集団遺伝学的研究を行うためのDNA分析法が詳しく解説されている．また同じく『ゲノムが拓く生態学』（種生物学会編，2011，文一総合出版刊）では，機能遺伝子を探索するためのさまざまな手法が紹介されているので，ぜひ参考にしていただきたい．

DNA抽出の原理

DNAの抽出は，方法によりさまざまな例外はあるものの，大きく分けて①組織の粉砕，②細胞の溶解，③不純物の除去，④DNAの回収，という4つのステップからなる（図1）．以下ではこの流れに沿って，DNA抽出の原理と全体的な流れを説明する．

①組織の粉砕

真核生物の細胞では，DNAはヒストンと呼ばれるタンパク質と結合して染色体を構成し，核膜，細胞膜におおわれた状態で存在する．植物，菌類，および多くの藻類ではさらにその外側に，糖の重合体からなる細胞壁が存在する．そこで植物や菌類，藻類では，まず組織を粉砕することにより細胞壁を物理的に破壊する必要がある．最も一般的な方法は，液体窒素で組織を極低温にすることで細胞壁を脆化させ，乳棒と乳鉢を用いて粉末状にすりつぶす方法である．

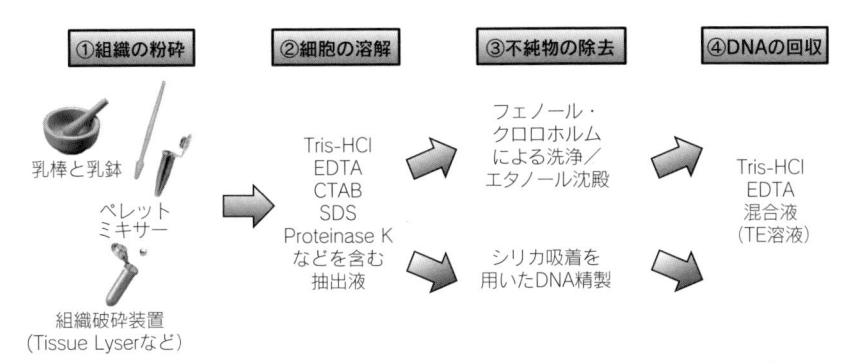

図1　DNA抽出のプロセス

　組織片が小さい場合は，サンプルチューブの中に組織を直接入れ，液体窒素で凍結させたうえでペレットミキサーを用いて粉砕することもできる。このようにすることで，すりつぶした粉末を乳鉢からチューブに移す必要がなくなり，サンプルロスを最小限にできる。

　これらの粉砕法は，細胞壁を確実に破壊する優れた方法だが，集団解析などをする場合のようにサンプル数が多いときには必ずしも効率的な方法ではない。その場合，サンプルチューブに組織片と金属ビーズを入れ，高速振動させることで粉砕する組織破砕装置を使用することもできる（Qiagen社のTissueLyserなど）。なお，細胞壁を持たない動物細胞ではこうした粉砕は必ずしも必要ないが，細胞の溶解を効率的に行うためにも，組織を同様に細かく砕いておくことは有効である。

②細胞の溶解

　粉砕された組織中では，DNAは依然として細胞膜，核膜にある程度包まれた状態で存在する。細胞膜，核膜はいずれも脂質からなるため，界面活性剤を加えることによって化学的に分解することができる。DNA抽出で一般的に使われる界面活性剤は，臭化セチルトリメチルアンモニウム（CTAB），またはドデシル硫酸ナトリウム（SDS）であり，これらは細胞膜，核膜を溶解させるとともに，DNAをヒストンタンパクから分離させるはたらきをもつため，これらを含んだ溶解バッファーを用いてDNAを溶液中に完全に遊離させることができる。また，細胞に含まれるヌクレアーゼによってDNAが分解されるのを防ぐため，ヌクレアーゼの活性に必要な二価の金属イオンをキレートさせるエチレンジアミン四酢酸（EDTA）が，多くの場合溶解バッファーに含まれている。また，細胞膜を構成しているタンパク質をはじめ，ヌクレアーゼやヒス

トンなどのさまざまなタンパク質を分解させるため，タンパク質分解酵素（プロテアーゼ）が加えられることが多い．溶解バッファーには，トリスヒドロキシメチルアミノメタン（トリス）と塩酸を含む水溶液 Tris-HCl が緩衝剤として使用される．

③不純物の除去，および④ DNA の回収

このようにして細胞を溶解させ，DNA を遊離させた溶液には，依然として脂質やタンパク質などの多くの不純物が混在している．そのためさまざまな方法で DNA を精製していかなければならないが，DNA を精製するために現在広く使われている手法は，フェノール・クロロホルム洗浄とエタノール沈殿を組み合わせた方法と，DNA をガラスに吸着させる方法の2通りに大別できる．ここではこれら2通りの DNA 精製法について解説する

③-a フェノール・クロロホルム洗浄，およびエタノール沈殿を用いた抽出法

DNA は極性をもつ高分子なため，水によく溶けるが，DNA 水溶液にフェノールやクロロホルムを加えると，これらの液体は水とほとんど混ざり合わないため，DNA が含まれる水層の下側に有機層を形成する．DNA 水溶液に含まれていた不純物のうち，脂質はこの有機層に溶けるために取り除くことができる．一方タンパク質は，フェノール，およびクロロホルムの働きによって変性し，水に溶けにくくなるため，遠心分離を行うことで，水層と有機層の境界面に沈殿させることができる．前段階で加えた酵素などもこの過程で取り除かれる．フェノール・クロロホルム洗浄では，イソアミルアルコールが少量加えられるが，これは水層と有機層を分離させやすくするためのものである．なお，フェノール，およびクロロホルムはいずれも劇薬であるため，取り扱いには注意が必要である．

このようにして不純物がある程度取り除かれた DNA 水溶液に，エタノールを加えると，DNA はエタノールに溶けないため，次第に析出し，遠心分離によって沈殿させることができるようになる（エタノール沈殿 ethanol precipitation）．ただし，DNA 分子はその骨格にリン酸を含むために水溶液中では負の電荷を帯びており，そのままでは互いに反発し合って沈殿ができにくい．そこでエタノール沈殿を行う際には，酢酸ナトリウム緩衝液などを加え，DNA の電荷を中和させると沈殿ができやすい．エタノール沈殿によって得られた DNA は，70%エタノールで一度洗浄し，さらに乾燥させてエタノールを完全に取り除いた後，TE バッファー（ヌクレアーゼ活性を阻害するキレート剤 EDTA とトリス緩衝液からなる水溶液）に溶かして保存する．なおエタノ

ールの代わりに，より極性の小さい2-プロパノールを使うと沈殿が得やすいが，同時に塩類の沈殿も多くなるため，得られた沈殿は70%エタノールで洗浄する必要がある．

③-b ガラス吸着法

フェノール・クロロホルムを用いた抽出法は古くから用いられている手法であり，安価で，かつ多糖類などの不純物を多く含む試料からDNAを抽出する際にも幅広い応用が利く（**本章** II, VI, VIIIを参照）．しかしフェノール，およびクロロホルムが有害であることから，近年ではこれらの試薬を用いない抽出法が数多く考案されている．なかでも最も一般的に使われているのがガラス吸着法で，これは，カオトロピック塩という特殊な塩を高濃度に含む溶液中で，DNAがガラスに吸着する性質を利用したものである．この方法では，細胞の溶解液，または溶解バッファーそのものに，グアニジウム塩や尿素などのカオトロピック塩を加え，溶液中に遊離したDNAをガラス繊維やガラスビーズなどに吸着させる．この過程でDNA以外の不純物を含む液体は流し捨てることができる．ガラスに吸着したDNAは，さらにエタノールなどのDNAを溶解させない液体で洗浄し，十分に乾かした後，TEバッファーなどに再溶解させて保存する．

この方法は簡便，かつ短時間で行うことができ，多くのメーカーが抽出キットとして製品化しているため，現在では広く使われている（Qiagen, Invitrogen, Promega, Roche, Macherey-Nagelなど多数）．しかし，キットが比較的高価格であることや，分類群によっては必ずしもDNA抽出がうまくいかないことが欠点としてあげられる．なお，製品化されているキットを使わなくても，同様の原理でガラスビーズを用いて安価にDNAを抽出する手法が考案されている（Rogstad, 2003）．なお，ガラス吸着法で用いるカオトロピック塩は人体に有害であるため，取り扱いには注意が必要である．

PCRを目的とした簡易DNA抽出法

これまで紹介したDNA抽出法は，PCRをはじめとして，制限酵素処理やサザンブロッティングなど，さまざまな分析に用いることができる精製度の高いDNAを得ることを目的としている．しかし，塩基配列を決定する場合や，マイクロサテライトやCAPSマーカー（第6章参照）を利用する場合のように，抽出したDNAから最低限PCRさえできれば良いといった状況では，必ずしも精製度の高いDNAを抽出する必要はない．DNAの抽出作業は，集団解析

のように一度に多くのサンプルを処理しなければならない場合には特に手間のかかる行程となるため，DNA抽出を簡略化できるかどうかは，研究の効率化を図るうえでも重要である。

　Whatman社が開発したFTAカードは，このようにPCRを目的とする場合にDNA抽出を省略できるようにした優れたキットである。キットには濾紙でできたカードがついており，基本的な手順は，試料をこのカードに押しつけるなどして染み込ませておくことだけである。カードには，細胞膜を破壊する界面活性剤であるSDSや，ヌクレアーゼの活性を阻害するEDTAなどがしみ込ませてあり，これにより細胞の溶解を行うとともに，DNAの長期保存を可能にしている。PCRを行う際には専用のパンチで濾紙を直径2 mmに切り出し，一度洗浄液を通すだけで，切り出した濾紙を直接PCRの鋳型として用いることができる。この方法によってDNA抽出が簡略化されるだけでなく，DNAを保存するためにエタノールなどの液体を野外に持ち運ぶ必要がなくなるため，たいへん便利である。ただし，値段が高いことと，どれほど幅広い野生生物で利用できるかが未知である点が問題としてあげられるであろう。同様の製品は，現在ではQiagen社などからも販売されている。

　また，島津製作所のAmpDirect Plusは，細胞の溶解液をそのままPCRの鋳型として利用することを可能にした画期的なバッファーである。上述のように，細胞の溶解液にはさまざまな不純物が含まれるが，PCR反応の際にAmpDirect Plusバッファーを用いることで，PCR反応を阻害する不純物が中和され，PCR反応が正常に進行する。同様にバイオ・ラッド社のChelex 100や，アジレント・テクノロジー社のStrataCleanは，細胞の溶解液中に含まれるPCR阻害物質を選択的に吸着させる樹脂を含んでおり，短時間でPCR反応に適したDNA溶液の調整を可能にしたキットである。ただし，やはり研究対象とする野生生物でどれほど効果的であるかは，個別に試してみなければならないであろう。

　以上のように，DNAを抽出する方法は実に多岐に渡っており，またDNA抽出をなるべく省力化できるような魅力的な製品が近年では数多く開発されている。次章からは，それぞれの野生生物を用いたDNA抽出の具体的な手順と，個々の分類群ならではの工夫が紹介されている。またいくつかの章では，質の良いDNAを保存する方法についても具体的に解説していただいた。研究対象とする生物の特性や，研究の目的，あるいは価格の問題などを考慮に入れながら，それぞれの目的により適したDNA抽出法を見つけていただきたい。

参考文献

Rogstad, S. H. 2003. Plant DNA extraction using silica. *Plant Molecular Biology Reporter* **21**: 463a–463g.

付録　動物組織からの DNA 抽出法

　ここでは動物の筋肉組織などから DNA を抽出するための一般的な方法を紹介する。この方法は，DNA を抽出するための最も基本的な手順であり，後の章で紹介されている手法はこれにさまざまな工夫を加えたものと見ることができる。

①ストック試薬を調整する。
　1×CTAB 溶液（1% CTAB，50 mM HCl，700 mM NaCl，10 mM EDTA）：CTAB 5 g，NaCl 20.5 g，1M Tris-HCl（pH8.0）25 ml，EDTA-2Na 1.85 g に純水を加え 500 ml にメスアップし，オートクレーブにかけておく。
　3% SDS：Sodium dodecyl sulphate 15 g に純水を加え 500 ml にメスアップし，オートクレーブにかけておく。
　プロテナーゼ K：純水に溶かして 20 mg/ml に調整し，冷蔵庫で保存する。長期間使用しない場合は冷凍保存する。
　クロロホルム・イソアミルアルコール（CI）：クロロホルムとイソアミルアルコールを 24:1 の割合で混ぜ合わせる。
　TE バッファー（10 mM Tris-HCl，1 mM EDTA）：1M Tris-HCl（pH 8.0）5 ml と 500 mM EDTA（pH 8.0）を試薬ビンに入れ，純水を加えて 500 ml にメスアップし，オートクレーブにかけておく。
②組織を小さく切り出し，1.5 ml チューブに入れる。エタノール中に保存していた場合は，エタノールを十分に乾かす。
③組織片の入ったチューブとペレットミキサーをそれぞれ液体窒素に浸し，十分に冷却されたところで引き上げ，一気にペレットミキサーで組織片を粉砕する。
④粉砕された組織片が入ったチューブに，以下の抽出液を加える（CTAB を加えた時点でペレットミキサーを洗いながら取り出すと良い）。

　　　1×CTAB　　　　　　　　　　　　　　　　470 μl
　　　3% SDS　　　　　　　　　　　　　　　　　30 μl

プロテナーゼ K（20 mg/ml）　　　　　　　　　10 µl
⑤ 56℃で（組織片の大きさに応じて）1時間〜ひと晩インキュベートする。時折，チューブをボルテックスにかけ，組織片と抽出液がよく混ざり合うようにする。
⑥ 組織片が完全に溶けたら，以下の試薬をチューブに加え，有機層と水層が混ざり合うように，上下によく振って混ぜ合わせる。
　　　TE 飽和フェノール　　　　　　　　　　　　　250 µl
　　　クロロホルム・イソアミルアルコール（CI）　　250 µl
⑦ 13,000 rpm，20℃で10分間遠心する（この際，温度が低いと上下の層がしっかり分離しないので，温度設定に注意する）。この間に新しいチューブをサンプル数分用意し，番号をふっておく。
⑧ 有機層と水層が混ざらないようにチューブをゆっくりと遠心機から取り出し，下の層（有機層）を吸わないように，上の層（水層）を 480 µl 慎重に吸い取って新しいチューブに入れる。
⑨ 再びフェノール，および CI をそれぞれ 240 µl ずつ加え，よく混ぜ合わせた後10分遠心する。新しいチューブをサンプル数分用意し，番号をふっておく。
⑩ 上層を 400 µl 吸い取る。
⑪ 100% エタノール 1,000 µl，および 3 M 酢酸ナトリウム 40 µl を加え，全体が均質になるようによく混ぜる。
⑫ 13,000 rpm，0℃で20分遠心する（ここでは温度が低いほど沈殿しやすいので低温にする）。
⑬ DNA のペレットを流し落とさないように，チューブを傾けながら上澄みを静かにこぼして捨てる。
⑭ 70% エタノールを 1,000 µl 加える（混ぜなくて良い）。
⑮ 13,000 rpm，0℃で5分遠心する。
⑯ ペレットに気をつけながら，上澄みを静かにこぼして捨てる。
⑰ ふたを開けたまま50℃で保温し（または真空乾燥機に入れ），10〜15分チューブをしっかり乾燥させる。ただし乾かしすぎると DNA が断片化してしまうので注意する。
⑱ TE を適量加えて，DNA を溶かす。DNA は冷蔵保存でかまわないが，長期使用しない場合は冷凍して保存する。加える TE の量は，DNA のペレットがはっきり見える場合は 50〜100 µl，うっすらとしか見えない場合は 10〜30 µl を目安に，ペレットの大きさに応じて調節する。

II 植物からのDNA抽出プロトコル（改変CTAB法）

奥山雄大（国立科学博物館）
川北　篤（京都大学生態学研究センター）

　野外で採集した植物は，DNAが劣化しないような方法で保存して実験室まで持ち帰り，DNAの抽出を行うまで適切に保管しておかなければならない．組織にはDNAを分解するヌクレアーゼが含まれているため，このはたらきを抑えなければならないが，これには凍結，または乾燥が効果的である．液体窒素やドライアイス，あるいは冷凍庫を用いて植物を凍結保存する方法は，DNAを保存するための最も優れた方法であるが，実際には野外でこれらのものを利用できることは稀である．そのため植物では一般に，シリカゲルを用いて組織を急速に乾燥させ，ヌクレアーゼのはたらきを抑えることでDNAを保存する方法が用いられている．腊葉標本（さくよう）として保存されている植物も同じようにDNAの抽出に適しているが，この場合は標本の乾燥方法や保存状態，採集されてからの年数などに結果が左右される．

　植物組織からDNAを抽出する方法にはさまざまなものが考案されているが，最もスタンダードなプロトコルでは，タンニンなどのポリフェノール類や，多糖類を多くふくむ植物からうまくDNAを抽出することができない．ポリフェノール類や多糖類は，PCRをはじめとする酵素反応を阻害したり，実験操作自体を難しくするため，これらを多く含んだ植物組織からDNAを抽出する際には，こうした夾雑物を効率よく取り除く方法を用いる必要がある．また，あまり一般的ではないが，植物のDNAは組織をエタノールに漬けておくことでも保存できる．しかし，この場合も通常のプロトコルにひと工夫加えなければDNAは抽出できない．

　本稿では，これらの場合に確実にDNAを抽出できるプロトコルを紹介する．海藻やヤマノイモ類のように多糖類を多く含む植物や，ポリフェノールの多いチャルメルソウ類などでは，カラムを用いた一般的なDNA抽出キット（QIAGEN社のDNeasyなど）を用いてもほとんどDNAが得られないが，本プロトコルを用いることで良質のDNAを抽出できることを確認している．

1. ポリフェノールを多く含む植物組織からのDNA抽出

植物組織に含まれるポリフェノールは酸化するとDNAと不可逆的に結合し，抽出後の酵素反応を阻害してしまう（Varma *et al.*, 2007）。ポリフェノールは細胞内では液胞に包まれた状態で存在するが，粉砕した組織に抽出液を加えると植物自身の酵素のはたらきで急速に酸化してしまう。そこで組織を粉砕した後に，ポリフェノールの酸化を防ぎながらこれを除去するための洗浄液を用いる方法が知られている。洗浄液には，L-アスコルビン酸や2-メルカプトエタノールといったポリフェノールの酸化を防止する還元剤と，ポリフェノールを吸着するポリビニルピロリドン（PVP）が含まれている。

・準備

①ストック試薬の調整

HEPES buffer pH 8.0（HEPES 0.1 M）：400 mlの純水に12 gのHEPESを溶かし，5NのNaOHでpH 8.0に合わせて500 mlにメスアップしたのち，オートクレーブにかけて保存する。

2×CTAB溶液（2% CTAB, 0.1 M HCl, 1.4 M NaCl, 20 mM EDTA）：CTAB 10 g, NaCl 41 g, 1M Tris-HCl（pH8.0）50 ml, EDTA-2Na 3.7 gに純水を加え500 mlにメスアップし，オートクレーブにかける。

②洗浄液（20サンプル分）の調整

HEPES buffer pH8.0	20 ml
PVP	204 mg
L-アスコルビン酸	180 mg
2-メルカプトエタノール	400 μl

これらを50 mlコニカルチューブで混合する（完全に溶解するまでよく振る）。この混合液は光が当たると変性し，長期保存が利かないので，使用する分だけ作り，遮光保存するようにする。

③サンプル数分だけ1.5 mlチューブを用意し，マジックでふたにサンプル番号を書く。

植物組織の破砕，洗浄

④乳鉢もしくはTissue Lyser（QIAGEN）のような組織破砕機を用い，サンプルを液体窒素で凍結させパウダー状になるまでしっかりと破砕する。

⑤すりつぶした葉が解凍しないうちに間髪入れず，粉末状になった葉に洗浄

液を 1 ml 加える。サンプルの入れ過ぎは禁物で,湿重で 100 mg 以内にとどめる。
⑥ チューブを転倒させながらよく混ぜる。
⑦ 常温,8,000 rpm(1 分間に 8,000 回転)で 5 分間遠心する。
⑧ PVP に吸着されたフェノールが上澄みに溶け出し,DNA は沈殿物の中に残る。上澄みをマイクロピペット,またはデカント(チューブを手で上下逆さにすること)で捨てる。多糖類が多い植物では植物組織が粘性を帯びるため,上澄みをきれいに取り除くことは難しい。
⑨ より精製度の高い DNA を得るために,再び洗浄液を 1 ml 加え,遠心,上澄み廃棄を繰り返してもよい。

細胞の破壊,タンパク質の変性(CTAB 処理)
⑩ 2×CTAB 溶液 500 μl と 2-メルカプトエタノール 25 μl(これらを合わせた物が抽出液)を先のチューブ(上澄みを捨てた後の沈殿物)に加え,よく混ぜる。
⑪ チューブを 60℃ で 30 分保温する。10 分ごとに爪で弾いて混和する。

クロロホルム・イソアミルアルコールを用いた不純物の除去
⑫ ⑪のチューブにクロロホルム・イソアミルアルコール(v/v=24:1)を 500 μl 加え,よく混ぜる。
⑬ 常温,6,500 rpm で 15 分遠心する。
⑭ クロロホルム・イソアミルアルコールの層(有機層)が下に,水層が上にきて,葉の破片,沈殿した多糖類やタンパク質は境界面にまとまる。水層の部分だけを注意深く 200 μl ピペットで吸い,新しい 1.5 ml チューブに移す。だいたい 460〜480 μl くらいを移す。
⑮ 再び⑬〜⑭を繰り返す。新しい 1.5 ml チューブには 420〜440 μl 移せばよい。有機層は次のステップで DNA の精製を妨げるため絶対に吸わないこと。もし吸ってしまった場合はもう一度⑬〜⑭を繰り返す。

2-プロパノール/エタノール沈殿による DNA の精製
⑯ 冷却した 2-プロパノールを 400 μl(または 100% エタノールを 1,000 μl)入れて,チューブの中身をゆるやかに混ぜる。
⑰ そのままチューブを −30℃ で 15 分以上おく。
⑱ チューブを冷凍庫から取り出し,4℃,6,500rpm で 15 分遠心する。
⑲ チューブの底に DNA の白いペレットが見える。ポリフェノールがうまく除去できていないとペレットが褐色になる。ペレットを落としてしまわないよ

うに注意しながら，デカントで上澄みを捨てる。
⑳ 70% エタノール 1 ml をペレットの上から加え，常温，12,000 rpm で 10 分遠心。
㉑ 特にペレットが落ちやすくなっているので，落としてしまわないように細心の注意を払いながら，再びデカントで上澄みを捨てる。
㉒ TE buffer 300 μl（過剰量）にペレットを溶かす。
㉓ 冷 100% エタノール 750 μl，3M 酢酸ナトリウム 30 μl を入れ（あらかじめエタノール・酢酸ナトリウム混合物を $-30°C$ で冷却しておくとよい），よく混ぜる。
㉔ 4°C，15,000 rpm で 5 分遠心。
㉕ チューブの側面にゼリー状にへばりついたペレットが見える。デカントで上澄みを捨てる。
㉖ 70% エタノール 1 ml をペレットの上から加え，常温，12,000 rpm で 5 分遠心。
㉗ 再びデカントで上澄みを捨てる。
㉘ ㉖，㉗を繰り返す。
㉙ 小型遠心機で残った上澄みをチューブの底に集め，ピペットで吸って捨てる。
㉚ チューブのふたを開けたまま 60°C で 2 分ほどおき，残った上澄みを完全に乾燥させる。ただし，乾燥させすぎないように注意。
㉛ TE buffer 100〜200 μl に溶解して完了。核酸量と純度を分光光度計などで測定する。

2. 多糖類を多く含む植物組織からの DNA 抽出

　植物組織に含まれる多糖類は，上記の抽出の過程で DNA とほぼ同じ挙動を示すため，多糖類を取り除くためにはさらなる工夫が必要である。多糖類は PCR などの酵素反応を阻害するほか，これらを多く含んだ DNA 溶液は高い粘性を帯びるため，ピペッティングや電気泳動などの実験操作を困難にする。そこで，高多糖の植物組織から DNA を抽出する際には，DNA 溶液に高濃度の塩を加えて多糖類を水に溶けやすくすることで，これを除去する方法が用いられる（Echevarría-Machado *et al.*, 2005）。

　筆者自身は藻類からの DNA 抽出は行っていないが，一般に多糖類を多量に含む海藻類から DNA を抽出する際にも同様な方法が用いられている（Hu *et al.*, 2004)。また，高濃度の塩を用いて多糖類を除去する方法は，Ⅱ～Ⅴで紹介されている陸貝類や海産無脊椎動物（いずれも多糖類からなる粘液が多い）とも共通する方法である。

・方法

上記の①～⑪までのステップを行う（洗浄を行わない場合は⑤～⑨を省略してよい）。

⑫ 5 M の酢酸カリウムを 500 μl 加え，よく混ぜた後，氷上で 20 分間冷却する。

⑬ 4°C，15,000 rpm で 5 分遠心する。

⑭ 上澄みを新しいチューブに移し，上記の⑫以降のステップを行う。

3. エタノール中に保存された植物組織からの DNA 抽出

エタノールに植物組織を保存すると，エタノールによって変性したタンパク質が DNA と結びついてしまう。すると，タンパク質を除去するクロロホルム・イソアミルアルコール抽出の際に DNA も同時に除去してしまうことが問題となる。そのため，エタノールで保存したサンプルから DNA を抽出する際には，プロテナーゼ K などのタンパク質分解酵素による処理を行い，DNA とタンパク質を切り離せばよい（Flournoy *et al.*, 1996）。

エタノールを完全に蒸発させたサンプルからスタートし，下記のプロトコルに従って抽出を進める。ただしこの際，メルカプトエタノールが酵素反応を阻害することが考えられるため，抽出液や洗浄液（もし用いる場合）にはメルカプトエタノールを加えないものを用いた方がよい。

・方法

上記の①～⑨までのステップを行う（洗浄を行わない場合は⑤～⑨を省略してよい）。

⑩ 洗浄した植物の破砕物に 500 μl の 2×CTAB 溶液と，15 ml のプロテナーゼ K（20 mg/ml）を加えてよく混ぜる。

⑪ ⑪以降のステップを行う。

引用文献

Echevarría-Machado, I., L. A. Sánchez-Cash, C. Hernández-Zepeda, R. Rivera-Madrid & O. A. Moreno-Venezuela. 2005. A simple and efficient method for isolation of DNA in high mucilaginous plant tissues. *Molecular Biotechnology* **31**: 129-135.

Flournoy, L. E., R. P. Adams & N. Pandy. 1996. Interim and archival preservation of plant specimens in alchohols for DNA studies. *BioTechniques* **20**: 657-660.

Hu, Z, K. Zeng, A. Wang, C. Shi & D. Duan. 2004. An efficient method for DNA isolation from red algae. *Journal of Applied Phycology* **16:** 161-166.

Varma, A., H. Padh & N. Shrivastava. 2007. Plant genomic DNA isolation: An art or science. *Biotechnology Journal* **2**: 386-392.

III 植物からのRNA抽出プロトコル

奥山雄大（国立科学博物館）

　DNAからなるゲノム情報は，基本的にすべての細胞でほぼ同じであり，その生物個体の「設計図」とも言える「静的」な存在である。一方そのゲノム情報が発現した結果として生じるRNAの情報（主にmRNA）は，個々の組織，あるいは細胞に特異的な生命活動を反映した「動的」な存在である。近年の次世代シーケンサーや定量PCRの技術革新と普及によって，あらゆる生物種を材料とした研究でRNAを取り扱うことが一般的になってきた。

　RNAはDNAと同じ核酸であり，物理化学的性質は非常に類似しているため，基本的に同様の原理に基づいた抽出法が用いられる。しかしRNAはDNAと比べてはるかに不安定であるため，抽出の際に分解が起きないように細心の注意を払わなければならない。RNAはその化学構造からもDNAと比べ不安定であるが，よりその不安定性が問題になるのは，環境中にRNA分解酵素（RNase）がありふれているためである。例えばヒトのだ液や汗などにもRNaseは多量に含まれている。よく言われているように，RNaseはDNaseと異なり，オートクレーブでも完全には失活せず，また反応にMgイオンを必要としないためにEDTAのようなキレート剤による阻害も不可能である。したがって，サンプルにいかにRNaseが入り込まないようにするかが抽出成功の鍵となる。

　RNaseは2-メルカプトエタノールのような還元剤の存在下では，可逆的ではあるが不活化される。またDEPC（ジエチルピロカーボネート）によって非可逆的に不活化される。またフェノール・クロロホルム抽出処理によって除くことができる（注：以下で紹介するPlant RNA Isolation Reagentの標準プロトコルではフェノールの使用は記述されていないが，フェノールを用いないと抽出に失敗する事例を著者は経験している）。したがってRNA抽出の際には以下の4点に気をつければよい。

・実験操作中は汗やだ液などが抽出サンプルに入り込まないように，手袋，マスクをする。
・組織は2-メルカプトエタノールの存在下で破砕する。
・フェノール・クロロホルム抽出処理により組織中のRNaseを取り除く。

・バッファーなどに用いる水はすべて DEPC 処理を施し，フェノール・クロロホルム抽出処理の後に RNase がサンプルに入り込まないようにする．

このことを踏まえたうえで，本稿では，筆者が比較的多くの植物種で成功している RNA 抽出の方法を紹介する．本手法は植物以外の材料にも適用可能であるが，動物組織では QIAGEN のキット単体を用いても十分うまくいく場合が多い．

RNA を用いる解析に必要な RNA は高品質のものが要求されるため，本方法では 2 つのキットを組み合わせ，抽出と精製の 2 ステップに分けることで高品質の RNA を得る．RNA 抽出キットはさまざまなメーカーから出ているが，特にカラムを用いるタイプ（QIAGEN RNeasy など）のものを単独で用いる場合，多糖類やポリフェノールを多く含む材料ではすこぶる成績が悪い．ただし本方法でも，ツチトリモチのような組織に顕著なねばりがある多糖類過剰な材料では，おそらくカラムを RNA が通過しないために抽出が成功しない．このような場合，筆者はまだ試みていないが，抽出液に PEG-20000（ポリエチレングリコール）を 1.5% の濃度に加える手法が知られており，結果が改善する可能性がある．

RNA 試料の準備

前述の通り RNA は「動的」な存在であり，かつ分解されやすい．例えば野外でサンプリングした植物体の一部を実験室に持ち帰るなどした場合，仮に RNA そのものが分解を免れたとしても，その遺伝子組成は大きく変化してしまう（例えば切り離されたことでストレス応答性の一連の遺伝子などが急激に発現するだろう）．したがって，生きた個体から切り離した組織は即座に $-80°C$ で凍結保存することが原則となる．なお，遺伝マーカーを開発したいなどの理由で，遺伝子組成はともかく mRNA がある程度得られれば良いという特殊な状況ではこの限りでない．

野外での RNA 採取手段としては，常温で組織内の RNA を安定的に保持する RNAlater（Ambion）が市販されており，これを用いれば発現遺伝子組成の変化や輸送中の RNA 分解の問題は解決する．しかし残念なことに RNAlater で保存したサンプルは本稿の RNA 抽出法と相性が悪いため，この場合 QIAGEN RNeasy などのキット単独での抽出を試みられたい．

試薬等の準備

さまざまな手法に用いるため，total RNA 10 μg 以上を想定している。終濃度 0.8 μg/μl 以上を目指す。

必要なもの

液体窒素

Plant RNA Isolation Reagent　　0.5 ml ×サンプル数

　　（本製品の特許の記述によると，試薬は，20% 2-メルカプトエタノール，1% IGEPAL（非イオン性界面活性剤），0.02% SDS，100mM EDTA，0.5% アジ化ナトリウムから成っているらしい。）

Qiagen RNeasy

乳鉢と乳棒，あるいは Qiagen TissueLyser

RNase-free の 1.5 ml（あるいは 2 m）チューブ

DEPC

RNase-free（DEPC 処理）の純水（DEPC 処理については下記）

RNase-free（DEPC 処理）の 5 M NaCl 水溶液

分子生物学用フェノール

RNA 実験用クロロホルム

RNA 実験用 2-プロパノール

RNA 実験用エタノール

70% エタノール（上記のエタノールを RNase-free の純水で希釈したもの）

75% エタノール（上記のエタノールを RNase-free の純水で希釈したもの）

80% エタノール（上記のエタノールを RNase-free の純水で希釈したもの）

滅菌水の DEPC 処理

　　＊：DEPC は強い発がん性を持つ物質なので，ドラフトで作業を行い，接触や吸引を避けるよう取り扱いには十分注意する。

① 1000 ml の水に，1 ml の DEPC を加える。

② よく振り混ぜ，蓋をゆるめて，室温でひと晩放置する。

③ 120℃ 40 min で，オートクレーブ滅菌する。これにより DEPC は二酸化炭素と水に分解する。

RNA 抽出用フェノール－クロロホルム－イソアミルアルコール（PCI）の準備

① 65℃ のウォーターバスでフェノールを溶解させる。

② 等量の純水を加えてフタをよく閉め，激しく数分間振り混ぜる。
③ 2層に分離するので，下層を水飽和フェノールとして用いる。
④ フェノール：クロロホルム：イソアミルアルコール＝25：24：1で混合する。

RNA 抽出

① 湿重50 mg 以内のサンプルを完全に粉砕する（50 mg を超えるときは，複数のチューブに分ける）。
② 0.5 ml の冷 Plant RNA Isolation Reagent を加える。軽く vortex するなどしてサンプルを混ぜる。
③ チューブを横に寝かせてちょうど5分室温でおく。
④ 室温，12,000G で2分遠心し，上清を 1.5 ml チューブに移す。
⑤ 100 μl の 5M NaCl 水溶液を加え，チューブを爪で弾いてよく混ぜる。
⑥ 300 μl の PCI を加え，チューブを上下にしてよく混ぜる。
⑦ 4℃，12,000 G で10分遠心し，分離した上層 450 μl（112.5×4）を新しい 1.5 ml チューブに移す。下層を誤って吸ってしまわないように注意。
⑧ 450 μl の 2-プロパノールを加え，10分常温でおく。
⑨ 4℃，12,000 G で10分遠心する。
⑩ ペレットを落とさないように注意しながら上清をデカントで捨て，代わりに 75% エタノールを 1 ml 加える。
⑪ 室温，12,000G で1分遠心し，ペレットを落とさないように注意しながら上清をデカントで捨てる。
⑫ 小型遠心機（チビタン）で軽く遠心し，残った上清を 200 μl ピペットで注意深く捨てる。
⑬ 50 μl（RNA 精製をしない場合は 10～30 μl）の RNase-free 純水を加え，丁寧にピペッティングして完全にペレットを溶かす。

RNA 精製

① Qiagen RNeasy キットのバッファー RLT を 350 μl 加え，ピペッティングでよく混ぜる。
② 計 400 μl のサンプルを 2 ml コレクションチューブ上の Qiagen RNeasy gDNA Eliminator スピンカラム（常温保存）にアプライし，室温，8,000 G で30秒遠心。カラムを廃棄する。ろ液を捨てないように注意！

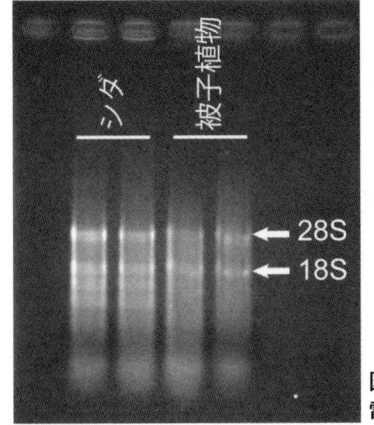

図1 植物から抽出した全RNAのアガロース電気泳動像

③ 400 μl の 70% エタノールをろ液に加え，ピペッティングでよく混ぜ，すぐに次のステップへ。

④ 計 800 μl のサンプルのうち，600 μl を新しい 2 ml コレクションチューブ上の Qiagen RNeasy Min Elute スピンカラム（冷蔵保存）にアプライし，室温，8,000 G で 15 秒遠心。ろ液を捨てる。

⑤ 残り 200 μl のサンプルを先のカラムに追加でアプライし，再び室温，8,000 G で 15 秒遠心。ろ液を捨てる。

⑥ バッファー RW1 を 700 μl 先のカラムにアプライし，室温，8,000 G で 15 秒遠心。ろ液を捨てる。

⑦ バッファー RPE を 500 μl 先のカラムにアプライし，室温，8,000 G で 15 秒遠心。ろ液を捨てる。

⑧ 80% エタノールを 500 μl 先のカラムにアプライし，室温，8,000 G で 2 分遠心。ろ液を捨てる。

⑨ 先のカラムを新しい 2 ml コレクションチューブに移し，カラムのふたを開けたままで室温，12,000 G で 5 分遠心。ふたは遠心機の回転方向の反対側に配置する。

⑩ 乾燥したカラムを新しい 1.5 ml チューブに移し，15 μl の RNase-free 水（キットについているもの）をカラムの中央部に丁寧にアプライする。

⑪ 室温，12,000 G で 1 分遠心し，13 μl の RNA サンプルが得られる。

⑫ RNA サンプルから 1 μl を取り，NanoDrop などの分光光度計で定量および純度の確認を行う。

⑬ さらにサンプル 2 μl を取り，ゲル電気泳動をすることが望ましい。電気

泳動に用いるゲル，バッファーは新しいものを用い，RNaseの混入が最低限になるように気をつける（電気泳動ゲル，バッファーが高濃度のRNaseに汚染されていると，実際には抽出に成功していてもRNAが分解されてしまっているように見えてしまうので注意）。図1のように，28S rRNAのバンドと18S rRNAのバンドがはっきり見えること，両者のバンドの濃さが同じか，28Sの方が濃いことを確認する。バンドがハッキリしない場合は，RNAが分解してしまっており，失敗である。なお，通常の解析で使用するmRNAはこれらのrRNAの1〜3%程度しか含まれておらず，電気泳動ではうっすらとスメアとして見える程度である。

⑭ 残りのサンプルは −80°C で保存する。

IV 菌根サンプルのDNA解析について

佐藤博俊(森林総合研究所関西支所・日本学術振興会特別研究員)

　ここでは，菌根とりわけ外生菌根から菌根菌の種類や菌の宿主樹種を同定するための手法として，菌根のDNA解析の手法について解説する。

1. 菌根サンプルの採取と保存

　最初に，解析する菌根サンプル（植物根）を準備する。調査に行く前に，あらかじめ採集した菌根サンプルを保存するための容器を準備しておく。100%エタノールを満たしたエッペンチューブなどの容器を用意する（筆者の場合，1.5 mlのエッペンチューブに約1 mlのエタノールを入れたものを用意している）。調査地に行き，根掘りなどを使って土壌から菌根サンプルを採取する。採集する菌根サンプルのサイズは数cm程度でよい。土壌のどの部分から菌根サンプルを採取したらよいかは目的によって異なるが，土壌表面に近い腐植の多い層に菌根は多いので，特別な目的がないのであれば，この部分から採取すると効率よく採取できる。採取した菌根サンプルは順次，用意しておいたエタノール入りの容器に入れていく。このとき，多少の土壌の付着は気にする必要はない。菌根サンプルの採取が終わったら，容器を実験室に持って帰り，ただちに観察・実験を行わないのであれば，冷凍庫で保存しておく。エタノール中に保存するだけでも十分にDNA分解酵素のはたらきを抑える効果は期待できるが，低温下におくことでさらに酵素のはたらきを抑えることができる。

2. 菌根サンプルの洗浄

　野外で採取した菌根サンプルは表面に多数の土壌粒子が付着しており，このままDNA抽出の作業を行うと，高い確率でコンタミネーションの影響を受けてしまう。そのため，DNA抽出を行う前に菌根サンプルを十分に洗浄しておく必要がある。菌根サンプルの洗浄方法にはあまり定まった方法がないが，比較的よく用いられる方法が超音波洗浄による洗浄である。超音波洗浄による洗浄を行えば，ほぼ完全に菌根表面の土壌を落とすことができるが，この方法は多数のサンプルの処理には向いていないという欠点がある。そこで，ここでは，多数の菌根サンプルを同時に洗浄する方法について紹介したい。

野外で採取し，エタノールで保存してある菌根サンプルを一部取り出し，新しい1.5 ml のエッペンチューブに移す。その後，直径 1 mm のビーズ（ジルコニアボール・ガラスビーズなど）を5〜10個程度チューブを入れ，さらに70% エタノールを 1 ml 程度加える（目分量でよい）。菌根サンプル，エタノール，およびビーズの入ったエッペンチューブを用意できたら，チューブを組織破砕装置（QIAGEN TissueLyser）の専用容器入れる。この組織破砕装置は本来，ビーズの入った状態で容器を高速振動させることによって生物組織を物理的に破砕するための装置である。しかし，振動速度を緩め，ビーズを小さめにすることによって，表面洗浄に転用することもできる。専用容器を組織破砕装置にセットしたら，振動速度を 15 Hz，2 分間に設定したのち，組織破砕装置のスイッチを入れる。装置が止まったらチューブを取り出し，エタノールを捨て，しばらく室温で放置して容器を乾燥させれば，洗浄は完了である。この一連の作業は 1 回行っただけでも十分な洗浄効果が期待できるが，2〜3 回繰り返せば，ほぼ完全に菌根表面の土壌を洗い落とすことができる。

なお，組織破砕装置がない場合，洗浄効果および作業効率は落ちることになるが，ボルテックスを代わりに用いるという方法もある。

3. 菌根サンプルから DNA を抽出

菌根サンプルの準備が終わったら，菌根サンプルから DNA を抽出する作業を行う。

菌類の DNA 抽出

菌根の DNA 抽出について説明する前に，菌類一般（子実体や培養菌株など）の DNA 抽出法について簡単に説明したい。菌類の DNA 抽出は一般的に植物の DNA 抽出法とほとんど同じ方法が用いられている。最もよく用いられる方法は，乳棒・乳鉢あるいは組織破砕装置（QIAGEN TissueLyser）による組織の破砕，臭化セチルトリメチルアンモニウム（CTAB）による細胞膜の溶解と DNA の遊離，およびクロロフォルムとイソアミルアルコールによるタンパク質などの不純物の変性・除去を行うという方法である。また，QIAGEN の DNA 抽出キット（QIAGEN DNeasy Plant Mini. Kit）を用いても良好な結果が得られる。一部例外はあるものの，菌類の組織は植物組織に比べると，多糖類など PCR を阻害するような物質は少ないため，DNA 抽出は比較的容易である。

菌根からの DNA 抽出

菌根サンプルの DNA 抽出方法は子実体などの場合とほぼ同じであるが，注

意すべきなのは、菌根サンプルの組織が破砕されにくいこと、および組織に含まれるDNA量が少ないということである。以下、これらの問題への対処法も含め、菌根サンプルのDNA抽出について説明する。

菌根組織の破砕

最初に行うのが菌根組織の破砕である。菌根サンプルは子実体サンプルに比べて組織が硬く破砕がしにくい。そのため、極低温にすることで細胞壁を脆化させたうえで組織を破砕する方法が有効的である。菌根サンプルを乳鉢に入れ、そこに液体窒素を加え組織を凍結させたうえで、ほぼ粉状になるまで乳棒を用いて組織のすりつぶしを行う。この方法では、破砕効率は非常によいが、1サンプルあたりの労力が大きく、大量サンプルのDNA抽出を行うには向いていないかもしれない。より簡便に組織の破砕を行うためには、組織破砕装置（QIAGEN TissueLyser）を用いるとよい。この装置を用いる場合は、2 mlのエッペンチューブ（1.5 mlチューブはビーズが底に詰まるため不可）に菌根サンプルと直径4～5 mmのビーズを入れた後、エッペンチューブを−30℃で冷凍保存しておく。その後、チューブを取り出して破砕装置の専用容器に入れ、装置の設定を振動速度25 Hz、時間を2分間に設定し、破砕を行う。チューブを冷却させずに破砕を行ってもまずまずの破砕効率が得られるが、チューブをあらかじめ冷凍させておくと、飛躍的に破砕効率を向上させることができる。ただし、あまりにチューブを低温にしすぎると、装置にかけた後にチューブ自体が破損してしまうこともあるので注意が必要である。

　菌根サンプルの組織が十分に破砕できたら、次に細胞中からDNAを抽出する作業を行う。ここで用いるDNA抽出方法は特別な手法ではないので、作業の流れについて簡単に説明するだけにする。まず、チューブに入った菌根組織の粉末に、0.5% 2-メルカプトエタノールを含むCTAB溶液を500 μl加えた後、DNAが細胞から遊離させるため、チューブを55℃で20分程度温める。次に、DNAと一緒に遊離したタンパク質などの不純物を変性・除去するため、CTAB溶液と等量のクロロホルム・イソアミルアルコール溶液（24：1に事前に混合しておく）を加え、軽く攪拌したのち、遠心分離を行う。遠心後の水層を新しいチューブに取り出したのち、水層と等量のイソプロパノールを加え、遠心分離を行い、DNAを沈殿させる。遠心後の水層を捨てた後、500 μlの70%エタノールを加え、遠心分離したのち、水層を捨てる。その後、チューブを乾燥させて、エタノールを完全に除去させたのち、DNAを50 μlのTEバッファーに溶かして保存する。

菌根サンプルは通常，少量のDNAしか含んでいないため，不純物を取り除くための特別な処置はあまりしない方がよい．たとえば，子実体サンプルの場合，CTAB溶液を加える前段階で，0.1 M HEPESバッファー（pH 8.0），0.1％ポリビニルピロリドンおよび2％ 2-メルカプトエタノールを混合して作った洗浄液を加え，遠心分離した後に水層を捨てることで，効果的に多糖類を取り除くことができる．しかし，この作業を行うと，多糖類と同時にDNAも失われてしまう恐れがあるため，DNAの少ない菌根サンプルに対しては適用しない方がよい．

4. 菌根から菌根菌のDNAのPCR

次に，菌根サンプルから抽出したDNAからPCRを行う手法について説明する．菌根は菌根菌と宿主植物の共生体なので，菌根から抽出されたDNAは両方に由来するDNAが混合されている状態である．そのため，PCRを行う際には，菌根菌のDNAのみを増幅する過程と，宿主植物のDNAのみを増幅する過程に作業が分けられる．最初に，菌根サンプルから菌根菌のDNAをPCRで増幅する作業について説明する．

菌根菌の塩基配列を解読する際に，一般的に対象とされるのが核のリボソームRNA遺伝子の非コード領域（ITS領域）である．さまざまな議論はあるが，ITS領域は菌類のDNAバーコードで最も広く用いられている領域である．ITS領域には，18SリボソームRNA遺伝子と5.8SリボソームRNA遺伝子で挟まれたITS1領域と，5.8SリボソームRNA領域と28SリボソームRNA遺伝子で挟まれた*ITS2*領域が存在する（図1-a）．ITS1とITS2はいずれも非常に変異が多いことで知られており，種間変異を調べる際によく用いられている．その一方で，リボソームRNA遺伝子には極めて保存性の高い領域が存在しており，ITS領域のPCRプライマーはそのような領域で開発されている（White *et al.*, 1990）．このため，ITS1，ITS2，ITS3やITS4といった主要なプライマーは，あらゆる菌群に対して適用が可能である．つまり，高い変異をもった領域をあらゆる菌群で同じようにして増幅することができるという点でITS領域は利便性が高いのである．

プライマーの選択

菌根サンプルに対してPCRを行う際には，プライマーの選定について注意が必要である．菌根は菌糸と植物根の融合体なので，菌根の中には菌根菌由来のDNAと宿主植物由来のDNAが混在している．そのため，ユニバーサルプ

ライマー（幅広い生物群でその配列が共有される PCR プライマー）を用いて PCR を行うと，植物の DNA が増幅してくる可能性もある．実際，White らが開発した ITS 領域のプライマーの場合，主要なプライマーは極めて保存性が高いため，菌類だけでなく，いくつかの植物群でも用いられている．従って，菌根サンプルから，菌根菌の DNA だけを増幅するためには，より特異性の高いプライマーを用いる必要がある．菌特異的とされている PCR プライマーとして最もよく使われているのは，ITS1-fungs（ITS1-F）という菌特異的な PCR プライマーと，ITS4-basidio（ITS4-B）という担子菌類に特異的な PCR プライマーである（Gardes & Bruns, 1993）．対象を担子菌に絞るのであれば，この 2 つの PCR プライマーを用いて PCR をすることによって，効果的に担子菌の ITS 領域を増幅させることができる．担子菌だけでなく，子嚢菌も対象にしたい場合には，ITS1-F とユニバーサルプライマーの ITS4（White et al., 1990）を組み合わせることで，菌根菌の ITS 領域を増幅させることができる．ターゲットとする菌根菌が不明である場合，後者の組み合わせを用いて PCR を行った方がよいだろう．

Nested PCR

菌根サンプルでは元々 DNA 量の少ないということも問題となってくる．そのため，通常の PCR を行うだけでは必ずしも十分な量の DNA を回収できない可能性がある．この問題に対しては，Nested PCR を行うことで解決することができる．Nested PCR とは，ひと組のプライマー対で増幅される標的配列の内側に位置する第 2 の PCR プライマー対を準備して，最初の PCR で増えた生成物を新たな鋳型とした第 2 の PCR を行う手法である．Nested PCR を行うことで，非特異的増幅によるノイズを抑えつつ，最大限に目的とする DNA 断片を増幅させることができる．この手法は，複数の生物種由来の DNA が混在しており，しかも，PCR の鋳型となる DNA の量が少ない菌根サンプルからの解析では非常に効果的な手法である．ITS の場合，菌特異的な ITS1-F と ITS4-B の内側に，ユニバーサルプライマーである ITS1 と ITS4 が位置している（図 1-a; White et al., 1990）．ITS 領域の PCR を行う際には，1 回目に ITS1-F と ITS4-B（あるいは ITS1-F と ITS4）の組み合わせで PCR を行う．さらに，1 回目の PCR 産物を鋳型として，ITS1 と ITS4 のプライマーペアで 2 回目の PCR を行うことによって，菌根菌の ITS 領域を効果的に増幅することができる．2 回目の PCR については，菌根菌の同定だけを目的としているのであれば，ITS1 と ITS2 のプライマーペア，あるいは ITS3 と ITS4 のプラ

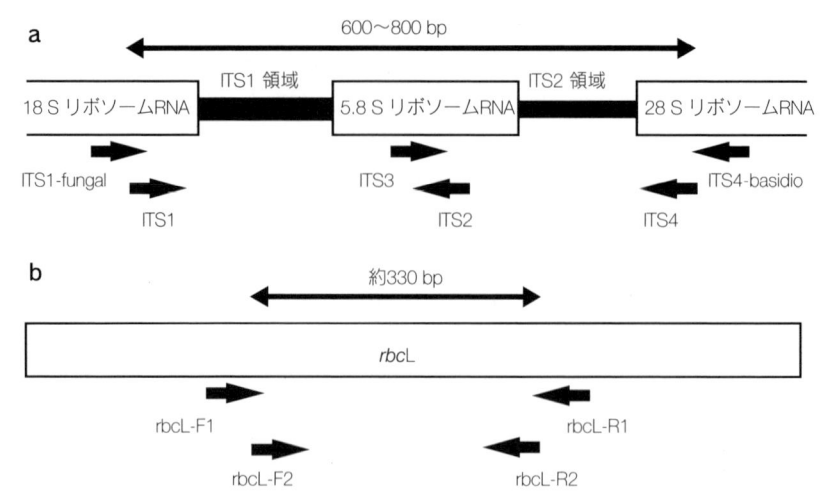

図1　菌根サンプルのPCRで用いるPCRプライマーの位置情報
a: 核ITS領域の菌特異的なPCRプライマー（Gardes & Bruns, 1993）, ユニバーサルプライマー（White et al., 1990）, b: 葉緑体 rbcL 領域のPCRプライマーの位置情報。それぞれのPCRプライマーの配列は, ITS1 (TCCGTAGGTGAACCTGCGG), ITS1-fungal (CTTGGTCATTTAGAGGAAGTAA), ITS2 (GCTGCGTTCTTCATCGATGC), ITS3 (GCATCGATGAAGAACGCAGC), ITS4 (TCCTCCGCTTATTGATATGC), ITS4-basidio (CAGGAGACTTGTACACGGTCCAG), rbcL-F1 (AGCAGTTTATGAATGTCTCC), rbcL-F2 (TTACCAAAGATGATGAGAACG), rbcL-R1 (AATCTTGAGTGAAATAAATACC), rbcL-R2 (TGAATATGATCTCCACCAGAC) である。

イマーペアを用いて短い断片を増幅してもかまわない。この方法では，非特異的増幅はある程度抑制されているが，PCRを2回行っているため，複数のDNA断片が増幅されてくることもある。この問題に対しては，1回目のPCRを30サイクル程度にすることで，ある程度解決できる。あるいは，1回目のPCR産物を滅菌水で5～10倍希釈したものを2回目のPCRの鋳型として用いることでも対処が可能である。

また，菌根サンプルからPCRを行う際に有用なのがAmpDirect Plus（島津製作所）のPCRバッファーである。この試薬は，PCRバッファーに不純物を吸着するはたらきがあり，細胞の溶解液をそのままPCRの鋳型として利用することを可能にしたPCRバッファーである。筆者の経験では，残念ながら，菌根サンプルの場合，細胞の溶解液（CTAB溶液）から直接PCRを行ってもうまくいかないようである。しかし，菌根サンプルの場合，多糖類などを除去するための洗浄作業を積極的に行えないため，通常のDNA抽出産物を鋳型と

してPCRを行うときにこの試薬を用いるだけでも十分な価値があるといえる。PCRのTaqポリメラーゼはAmpDirect Plusに付随しているものでも，他のメーカーのものでもどちらでもかまわない。なお，AmpDirect Plusのバッファーを用いるのは1回目のPCRだけでよい。

5. 菌根から宿主植物のDNAのPCR

次に，菌根を形成している宿主樹種を決定するため，宿主植物のDNAをPCRする作業について説明する。宿主樹種のDNAのPCRを行う際の注意点は菌根菌の場合とほぼ同様である。すなわち，植物に特異的なPCRプライマーを用いること，Nested PCRを行うこと，および1回目のPCRでAmpDirect PlusのPCRバッファーを用いることである。宿主植物のDNAのみを増幅させるためには，葉緑体DNAにコードされているリブロースビスリン酸カルボキシラーゼ遺伝子（*rbc*L）のPCRプライマーを用いればよい。*rbc*LのプライマーはHasebe *et al.*（1994）など多数開発されているが，なるべくNested PCRができるように設計されていて，かつ短い断片を増幅できるものが望ましい。筆者の場合，独自に開発したプライマーを用いている（図1-b; Sato *et al.*, 2007）。筆者の開発したプライマーの例で説明すると，PCRプライマーのrbcL-F1とrbcL-R1を用いて第1のPCRを行い，続いてPCRプライマーのrbcL-F2とrbcL-R2を用いて第2のPCRを行うことによって，宿主植物の*rbc*L領域を効率的に増幅させることができる（図1-c; Sato *et al.*, 2007）。

6. 塩基配列の解読

PCRによって増幅した菌根菌のITS領域，および宿主植物の*rbc*L遺伝子のDNA断片は精製作業を行った後，シーケンシングを行う。宿主植物の*rbc*L遺伝子の塩基配列は，ダイレクトシーケンス法によって容易に決定することができる。菌根菌のITS領域の塩基配列の場合も，ある程度，ダイレクトシーケンス法によって決定することができる。しかしながら，リボソームRNA遺伝子は細胞内に複数のコピー遺伝子が存在しているため（マルチコピー遺伝子），これらのコピー遺伝子間で塩基配列が異なっている場合，シーケンサーが異なる複数の波形のピークを同時に拾ってしまうことになり，塩基配列の解読が難しくなってしまうという問題がある。

この場合の対処法として考えられるのは，サブクローニング法である。すなわち，ITS領域のDNA断片を組み込みこんだプラスミドDNAを大腸菌に導

入した後，大腸菌を培養し，得られた大腸菌のコロニーからプラスミドDNAの塩基配列を決定することで，挿入したDNA断片の塩基配列を決定するという方法である。この手法は確実ではあるが，作業量が大幅に増えることになるので，大量サンプルの解析には向いていないという欠点がある。

　もう1つの対処法は，従来のキャピラリー式のシーケンサーの代わりに，Roche 454 FLXやRoche GS Juniorなど，新型のシーケンサーを用いることである。新型のシーケンサーを用いれば，波形の重なりによる問題を回避できるだけでなく，大量サンプルの解析も可能になってくる。ただし，この方法は，現状ではコストが割高なので(特に454 FLX)，研究費に余裕がないのであれば，ダイレクトシーケンス法やサブクローニング法で対処した方がよいかもしれない。

7. BLASTによる塩基配列の検索

　塩基配列を解読することができたら，配列をNational Center for Biotechnology Information（NCBI, http://www.ncbi.nlm.nih.gov/）のウェブサイトでBasic Local Alignment Search Tool（BLAST）による検索を行えば，NCBIのシーケンスデータベースと照合することができる。この結果，非常に相同性の高い配列をもつ生物種が見つかれば，菌根菌や宿主樹種の同定をすることができる。

　菌根菌の場合，塩基配列がシーケンスデータベースに登録されていない種が相当数あるので，BLAST検索によって種レベルの同定をすることは困難であることが多い。また，シーケンスデータベースの配列とどの程度の相同性があれば，同じ種とみなしてよいかも難しい問題である。絶対的な基準は存在しないのだが，筆者の場合，97％以上の相同性があれば同じ種である可能性が高いと判断している。検索の結果，相同性の高い配列が見つからないのであれば，属レベルの同定でとどめておいた方が無難だろう。

　宿主植物の場合，菌根菌と比べると，塩基配列の登録状況がはるかによい。rbcL遺伝子は分子進化速度が遅い領域なので，宿主植物の塩基配列のBLAST検索では，ほぼ完全に一致する配列を探索していくことになる。しかし，植物では，異なる種がまったく同じ*rbcL*遺伝子配列をもっていることも珍しくないため，種レベルの同定を行うのは必ずしも容易ではない。宿主植物の同定は，調査地に生息している植物種のリストと照らし合わせながら行うとよいだろう。

引用文献

Gardes, M. & T. D. Bruns. 1993. Its primers with enhanced specificity for basidiomycetes - application to the identification of mycorrhizae and rusts. *Molecular Ecology* **2**: 113-118.

Hasebe, M., T. Omori, M. Nakazawa, T. Sano, M. Kato & K. Iwatsuki. 1994. *rbc*L gene sequences provide evidence for the evolutionary lineages of leptosporangiate ferns. *Proceedings of the National Academy of Sciences of the USA* **91**: 5730-5734.

Sato, H., T. Yumoto, N. Murakami. 2007. Cryptic species and host specificity in the ectomycorrhizal genus Strobilomyces (Strobilomycetaceae). *American Journal of Botany* **94**: 1630-1641.

White, T., T. Bruns, S. Lee, J. Taylor. 1990. Amplification and direct sequencing of fungal ribosomal RNA genes for phylogenetics. *In*: PCR protocols: a guide to methods and applications, p. 315-322. Academic Press, New York.

V 動物糞に含まれるキノコのDNA解析法

佐藤博俊（森林総合研究所関西支所・日本学術振興会特別研究員）

　動物が採食した食物のDNAは，新鮮な糞の中では十分に残存していると考えられる。ここでは，動物が採食し，その糞に残存しているキノコのDNAを抽出する方法，およびその後の作業工程について説明する。

1. 糞サンプルの保存

　調査を行う前にサンプルを保存する容器を準備する。保存の仕方には，シリカゲルを用いる方法と，100%エタノールを用いる方法の2通りがある。前者の方法をとるときには，50 mlの遠心管に不織布のお茶パックに封入したシリカゲルを入れておけばよい。または，15 mlの遠心管にシリカゲルを入れ，その上に脱脂綿を入れておくという方法でもよい。封入するシリカゲルの量は保存したい糞サンプルの倍程度はあった方がよい。後者の方法をとるときには，15 mlあるいは50 mlの遠心管に100%エタノールを入れておく。入れておくエタノールの量は，保存したい糞サンプルの10倍程度あれば十分だろう。
　調査地で新しいグローブを使って新鮮な動物糞を採集したら，ただちに用意しておいた容器に入れる。排泄後に繁殖した菌を検出してしまうのを避けるため，採集する糞サンプルはなるべく新鮮なものがよい。持ち帰った容器は，シリカゲル保存の場合は室温で，エタノール保存の場合は冷凍庫で保存する。シリカゲル保存の場合，シリカゲルが赤色に変色してしまっていたら，新しいシリカゲルに変えた方がよい。

2. 糞サンプルの破砕

　DNA抽出を行う前に糞サンプルの破砕を行う。糞サンプルは新鮮なものであれば，破砕作業を行うまでもないことが多いが，保存しておいたサンプル（特にシリカゲル保存しておいたサンプル）は硬質化していることが多々あるため，破砕作業は必要になってくる。シリカゲルでサンプルを保存した場合はそのまま破砕作業に移ることができるが，サンプルをエタノールで保存している場合，破砕する前に十分に乾燥させてエタノールを取り除く必要がある。サンプルの破砕する方法は**本章**IV項で紹介したサンプル破砕方法とまったく同じ方法を

用いればよい．

3. 糞サンプルからの DNA 抽出

　サンプルの破砕ができたら，次に DNA 抽出を行う．糞サンプルからの DNA 抽出方法で広く用いられているのが QIAGEN から販売されている QIAamp DNA Stool Mini Kit を用いた方法である．このキットを用いた DNA 抽出方法については，QIAGEN から詳細なプロトコルが提供されているので，そちらの方を参照してほしい．このキットを用いれば，メルカプトエタノールやクロロフォルムといった劇物を使用することなく，簡便に DNA 抽出の作業を行えるという点でメリットが大きい．ただし，コスト面では割高になるという欠点もある．より安価な方法として，臭化セチルトリメチルアンモニウム（CTAB）を用いた DNA 抽出方法でもまったく問題がないようである．CTAB による DNA 抽出方法は**本章** IV 項で紹介したので，そちらの方を参考にしてほしい．本稿では，これらの DNA 抽出方法のいずれかを用いることを前提として，サンプルの保存方法や破砕方法について説明したが，まったく異なる方法として FTA カードを用いて DNA 抽出を行う方法もある．FTA カードを使用する場合は，糞サンプルを FTA カードに押しつけて染み込ませた後，FTA カードを保存しておけばよく，後に破砕作業を行う必要もない．しかし，筆者が試した限りでは，FTA カードによる DNA 抽出方法は前述した方法に比べると DNA の回収効率が落ちるようなので，注意が必要である．

4. 糞サンプルの PCR

　DNA 抽出が終わったら次に PCR を行う．キノコをターゲットにする場合は，菌根サンプルの場合と同様に核のリボソーム RNA 遺伝子の非コード領域（ITS 領域）の DNA 断片を増幅する．PCR で使用するプライマーについても，菌根サンプルの場合とまったく同様で，1 回目の PCR で ITS1-fungus と ITS4-basidio（または ITS4），2 回目の Nested PCR で ITS1 と ITS4（または，ITS1 と ITS2，あるいは ITS3 と ITS4）を用いればよい．また，糞サンプルでは，多糖類などが含まれていることがあるため，AmpDirect Plus（島津製作所）の PCR バッファーを用いて 1 回目の PCR を行うと，PCR の効率を向上させることができる．AmpDirect Plus の PCR バッファーを用いた PCR は，細胞の溶解液に対してではなく，通常の DNA 抽出産物をテンプレートとして行った方がよい．

なお，ここでは，糞の中に含まれるキノコのDNAをターゲットにしているが，植物や昆虫などを対象にしたい場合は，適宜，PCRのプライマーを適したものに変えてやるだけでよい（Nested PCRができるようにプライマーを選定すると成功率が飛躍的に上がる）。

5. 塩基配列の解読とBLAST検索による塩基配列の検索

塩基配列の解読には特に大きな注意点はない。PCRで増幅したITSのDNA断片をサブクローニングした後に，塩基配列を決定すればよいだけである。サンプル数が多い場合には，Roche 454 FLXやRoche GS Juniorといったシーケンサーを用いると，効率があがるだろう。

解読した塩基配列をNCBIのシーケンスデータベースで検索する作業については**本章**IV項で紹介したので，そちらを参考にしてほしい。

VI 貝類，および各種海産無脊椎動物からの DNA 抽出

亀田勇一（東北大学大学院生命科学研究科）

　無脊椎動物には柔らかい体を保護するために多量の粘液を分泌するものや，体内にさまざまな化学物質を蓄積するものが数多く存在する。これらの物質は時に PCR を阻害することがあるため，DNA 抽出の際にはこれらの物質をうまく取り除く必要がある。中でも粘液に含まれる多糖類は多くの動物に共通する悩みの種であり，それらを除去するための手法もいくつか考案されている。本稿では軟体動物を主な材料として，多糖を多く含むサンプルからの DNA 抽出法を紹介するとともに，野外で採集した標本の DNA 保存方法についても簡単に解説する。

1. 軟体動物からの DNA 抽出

　軟体動物の体には多量の多糖類が含まれるが，特に粘液はとりわけ多くの多糖類を含んでいる。したがって抽出された DNA 溶液への多糖類混入を抑えるうえで最も効果的なのは，組織を溶解する前に可能な限り粘液を除去することである。生きたサンプルでは難しいが，液浸標本では体表に粘液が固まって付着しているので，これを除いてから抽出を行うことが望ましい。また，内臓には線虫や吸虫などが寄生している場合も多く，貝 1 個体を丸ごと抽出に使用すれば，それらの DNA も混入することになる。したがって抽出には，可能な限り筋肉など一部の組織を用いた方がよい。

　軟体動物サンプルからの DNA 抽出には通常のフェノール・クロロホルム法や抽出キットが使用されることが多いが，Sokolov (2000) や van Moorsel et al. (2000) など，多糖類を除去する操作を加えた手法も提案されている。ここでは筋肉など体組織の一部から DNA を抽出することを前提に，フェノール・クロロホルム法の応用である Sokolov (2000) の手法を紹介する。なお，オリジナルの手順では液量が多くなり，途中でチューブを 2 本に分ける必要があるため，筆者は普段の実験では液量などを改変し，以下の手順を使用している。

試薬の調整

a) Lysis buffer（0.05 M Tris-HCl（pH 7.5），0.1 M NaCl，0.01 M EDTA，1% SDS），1 M Tris-HCl 12.5 ml，NaCl 1.45 g，EDTA-2Na 2 水和物 0.93 g，SDS 2.5 g に超純水または滅菌済み蒸留水を加え，250 ml にメスアップする。pH はそれほど厳密ではなく，Tris-HCl や EDTA は pH8.0 の水溶液を使用しても問題ない。

b) 塩化カリウム飽和水溶液

　滅菌済みの蒸留水に過剰量の塩化カリウムを加える。常温でかまわないが，気温が低く DNA の収量が悪い場合には 30～55℃ くらいに温めて使用する。

組織の破砕・溶解

① サンプルから肉片を切り出し，1.5 ml チューブに移す。エタノール等が残っていると DNA の収量が少なくなるため，完全に揮発させる。使用する組織の量は少量でよく，多くても米粒の 3 分の 2 程度までにとどめる。巻貝の腹足など溶解しやすい組織ならそのまま次のステップへ進む。溶解しにくいものや，殻付きの個体などの場合には液体窒素や破砕機を用いて組織を破砕する。

② Lysis buffer 800 μl，Proteinase K（20 mg/ml）10～20 μl を加えてよく混ぜる。55℃ に加温し，時々混和しながら完全に組織を溶解させる。

多糖類の除去

③ 塩化カリウム飽和水溶液 80 μl を加えてよく混和し，氷上で 5 分静置する。

④ 4℃，13,000 rpm で 10 分遠心する。上澄み 650～750 μl をピペットでとり，新しい 1.5 ml チューブに移す。

フェノール・クロロホルム洗浄

⑤ TE 飽和フェノールとクロロホルム・イソアミルアルコール（v/v=24:1）をそれぞれ上澄みの半量ずつ加え，よく転倒混和する。

⑥ 常温，13,000 rpm で 10 分遠心する。境界面の不純物を吸わないよう注意しながら，ピペットで水層 600～700 μl を新しい 1.5 ml チューブに移す。

⑦ 手順⑤，⑥を繰り返す。不純物がほとんど見えないほど液がきれいであれば省略してもよい。

2-プロパノール沈殿による DNA の回収

⑧ 回収した上澄みに等量の 2-プロパノールを加え，よく転倒混和する。4℃以下で 30 分以上静置する。

⑨ 4℃，13,000 rpm で 20 分遠心する。上澄みを捨て，70%エタノール 1 ml を静かに加える。

⑩ 4℃，13,000 rpm で 5 分遠心する。上澄みを捨て，ペレットを完全に乾燥させる。

⑪ 最初に使用した肉片の量に応じて，20〜200 μl の TE buffer を加え，ペレットを溶解する。

通常の抽出法との違いは，フェノール・クロロホルム洗浄の前に手順③で塩化カリウムの飽和水溶液を加えて氷冷する点である。この操作により，溶解バッファに含まれるラウリル硫酸イオンがカリウムイオンと難溶性の塩を形成し，多糖類と絡まりながら沈殿することで多糖類が液中から除去できるとされている。保存状態のよい標本では CTAB 法による抽出と大きな差は見られないが，生きたままアルコールに浸けた標本や，粘液の除去が完全でない標本では，PCR の成績は通常の CTAB 法よりも向上する場合がある。

なお，この方法が組織片からの DNA 抽出を目的としているのに対し，van Moorsel et al. (2000) では殻長 1〜2 cm の陸産貝類を丸ごとすり潰すことを前提としている。そのため後者ではより多量の粘液を除去するために，溶解バッファで組織を消化する前段階として，洗浄バッファ中で組織を粉砕し，遠心分離して粘液を含む上澄みを捨てるという操作が加わる。上記の手法では多糖が多すぎて除去しきれないような場合には，こちらの方法を応用する手もある。ただ，筆者が実際に試した印象では，洗浄の恩恵は多少あるものの，全体をすり潰すことによる粘液量の増加や証拠標本の喪失といったデメリットの方が大きかった。こちらの方法を採るにしても，使用する肉片の量は最低限にとどめることをおすすめしたい。

2. 他の抽出法との比較

上記の方法は軟体動物を対象として考案されたものであるが，多糖類を多量に含む他の海産無脊椎動物にも応用できるほか，多糖をあまり含まないサンプルにも適用が可能である。ここでは参考としてタコクラゲ（刺胞動物）やスジホシムシ（星口動物）のほか，粘液を多く分泌するコウガイビルの 1 種（扁形

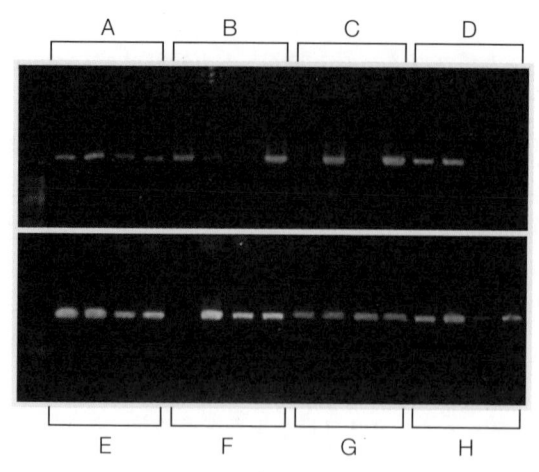

図1 18S rRNA 領域約 1800 bp の PCR の結果
A: スジホシムシ, B: タコクラゲ, C: スジユムシ, D: ナマコの1種, E: サナダヒモムシ, F: コウガイビルの1種, G: オキナワヤマタカマイマイ, H: カイメンの1種。各種内では左から DNeasy, Nucleospin, CTAB 法, 本章で紹介した方法で抽出した DNA をそれぞれ鋳型として加えている。

動物), スジユムシ (環形動物), サナダヒモムシ (紐形動物), 腹足類と二枚貝 (軟体動物), ならびに PCR を阻害する可能性のある化学物質を多く含む尋常海綿類 (海綿動物) と樹手目ナマコの1種 (棘皮動物) の8つの動物門の生物について, 99.5% エタノールに浸漬した標本から DNA を抽出し, 18S rRNA 領域約 1800bp の PCR を行った結果を紹介したい。上記の方法と CTAB 法の他, 比較のために2種類のキット (QIAGEN DNeasy Blood & tissue kit, Macherey-Nagel Nucleospin tissue) でも抽出を行った。

その結果, 半数のサンプルではどの抽出法でも問題なく増幅することができた (図1)。本稿で紹介した方法でも PCR の結果はおおむね良好であり, 軟体動物以外に用いても問題ないといえる。また, タコクラゲとユムシでは CTAB 法で抽出したもののみ成績が悪かったことから, 一部の動物に対しては CTAB 法よりも有効である可能性がある。一方, ナマコではキットを使わない方法では増幅が行われなかった。特にナマコやカイメンでは DNA 抽出液が動物体の色を帯びており, フェノール・クロロホルム抽出では PCR 阻害物質を除去しきれていないと推定される。このような動物の場合には抽出キットを利用する方が, 簡便かつ確実に不純物を除去できるといえよう。

なお, 抽出キットを使用した場合はほぼすべてのサンプルで PCR は成功した。現在出版されている論文でもさまざまな動物門でキットによる抽出が行われており, ほとんどの動物には問題なく使用できると判断される。ただし, 今回の実験ではクラゲとユムシ, コウガイビルにおいて, 使用した2種類の抽出キットの間で PCR の結果に大きな差が見られた。筆者の普段の実験において

は，軟体動物でも一部の分類群では使用する抽出キットによってPCRの結果に大きな差が見られており，動物によってはキットとの相性の問題が存在する可能性がある．

3. DNA 標本の保存

　野生生物を対象とする解析では，新鮮なサンプルを扱うだけでなく，長期間保存された標本からDNAを抽出する機会も多い．したがって，DNAの解析で良い結果を出すためには，質の高いDNA標本を作製することも重要となる．多くの無脊椎動物では冷凍保存するか，全体あるいは体の一部を保存液に浸け，DNA標本とすることが一般的に行われる．保存液としてよく用いられるのはエタノールやDMSO溶液である．エタノールはサンプルを素早く脱水することでDNA分解酵素の活性を抑えるため，優れた保存液である．しかし引火性を持つ危険物であるため，その輸送には制限が設けられている．したがって，特に航空機を利用した移動をともなうような場合にはDMSO溶液など引火性のない保存液が用いられることが多い．DMSOは細胞膜の物質透過性を高めるはたらきを持ち，これによって細胞内に浸透したEDTAが二価の金属イオンをキレートすることでDNA分解酵素のはたらきが抑えられる．いずれの保存液でもDNAはよく保存されるといわれ（Dawson et al., 1998），上記の動物で試した結果でも保存液による差はみられなかった．ただし，DMSO溶液中ではクラゲやヒモムシ，ホシムシは体壁が極端に薄くなったり溶解したりすることがあるほか，一部の刺胞動物や軟体動物（ゾウクラゲ）などではエタノール中で溶解してしまう．一度溶けてしまえば保存液中にDNAが拡散し，他の標本を汚染することになるため，保存する対象の特徴をある程度把握し，溶ける可能性のあるものとは分けて浸漬する必要がある．また，死にかけた貝など弱った生物からもDNAが漏れ出して他の個体を汚染することがあるため，複数の個体を同じ容器で保存する際には注意を要する．

　標本の作製には大量のエタノールなどを用意し，その中になるべく少量の動物体を浸けこむのがよいとされるが（上島，2000），サンプルを液中に投入するだけでは容器下部に水が溜まってしまい，脱水とDNAの保存が十分に行われない．逆に，標本が脱水されるまでの処理を適切に行えば，液量はもっと少なくてもすみ，多少の手間をいとわなければ1個体ずつ小さなバイアルに保管することもできる．幸い陸産貝類や潮間帯・浅海性生物の多くは生かしたまま輸送できるため，現地で浸けるよりも宿や実験室に持ち帰ると適切な処置が行

いやすい。

　DNA標本を作成するうえで重要なのは，保存液を速やかに浸透させ，分解酵素などのはたらきを抑えることである。多くの動物では体の一部または全体を浸漬するだけでその目的は達せられる。しかし，貝類のように厚い殻を持つものでは保存液が内部まで浸透しにくいため，殻を割るか，殻から軟体部を摘出（肉抜き）する必要がある（上島, 2000）。多くの貝は熱湯で数秒〜数分茹でることで肉抜きができ，この際に DNA 分解酵素も失活するため，DNAの保存状態も大幅に向上する（Fukuda et al., 2009）。浸漬前に熱湯をかけるだけでも同様の効果が見込めるが，動物によっては煮崩れて使いものにならないこともある。

　筆者の研究室では肉抜きした貝の筋肉を 1.5 ml や 2 ml のチューブに入れ，99.5% エタノールで保存している。最初に浸けてから 30 分〜 1 時間後と翌日にそれぞれエタノールを交換して軽く攪拌し，1 週間程度経過するまではチューブを横倒しにして時折攪拌し，十分に脱水する。その後，再度エタノールを交換したうえで，フリーズボックス等に収めて保存している。この方法で 5 mm 角以上の肉片を保存することもあるが，10 年近く経過した標本からでも問題なく塩基配列を得られている。

4. 微小な生物の DNA 保存

　肉眼で見える大きさの生物は保存液に浸漬することで DNA の保存が可能であるが，微小なメイオベントスやプランクトン，単細胞の原生生物等では，保存液に溶解したり，液中で見失うなど，液体で保存すること自体にリスクが存在することがある。このような場合には，FTA カードを用いることで比較的簡便に DNA を保存することができる。手順としては，あらかじめきれいなハサミ等で FTA カードを 1.2 mm 角程度に切り分けておき，実体顕微鏡下で対象生物の周囲の水分をある程度取り除いた後，FTA カードで押しつぶすだけである。あとは乾燥させ，プロトコル通りに洗浄すれば PCR テンプレートとして使用できる。PCR 後もゲノム DNA 自体はカードに付着したままであるので，原理的には 1 サンプルにつき 2 〜 3 回の PCR に使用できる。

　この方法は直径 1 mm 程度の平板動物 1 個体からシーケンスを得るのに用いられた実績があるほか（Signorovitch et al., 2006），通常では DNA 抽出のために培養が必要となる単細胞生物でも，実体顕微鏡で見える程度の大きさであれば 1 個体から塩基配列が得られることを確認している。類似の方法として，濾

紙とProteinase Kを使って繊毛虫1個体から塩基配列を得る手法が公開されているが（九州沖縄農業研究センター，2008），FTAカードを用いることで，より簡単に同様の結果を得ることができる。

引用文献

Dawson, M. N., K. A. Raskoff & D. K. Jacobs. 1998. Field preservation of marine invertebrate tissue for DNA analyses. *Molecular Marine Biology and Biotechnology* **7**: 145-152.

九州沖縄農業研究センター　2008．土壌繊毛虫1個体からのDNA抽出法とそれを用いた系統樹作成．九州沖縄農業研究成果情報 **24**（生産環境）: 15.

Fukuda, H., T. Haga & Y. Tatara. 2008. Niku-nuki: a useful method for anatomical and DNA studies on shell-bearing mol.uscs. *Zoosymposia* **1**: 15-38.

Signorovitch, A. Y., S. L. Dellaporta & L. W. Buss. 2006. Caribbean placozoan phylogeny. *Biological Bulletin* **211**: 149-156.

Sokolov, P. E. 2000. An improved method for DNA isolation from mucopolysaccharide-rich molluscan tissues. *Journal of Molluscan Studies* **66**: 573-575.

上島 励　2000．簡単にできる軟体動物のDNA保存方法．*Venus* **61**: 91-94.

van Moorsel, C. H. M., W. J. van Nes & H.-J. Megens. 2000. A quick, simple, and inexpensive mollusc DNA extraction protocol for PCR-based techniques. *Malacologia* **42**: 203-206.

VII 古い昆虫標本からのDNA抽出と抽出産物のPCR増幅

大島一正（基礎生物学研究所）
吉澤和徳（北海道大学農学研究院）

　昆虫からのDNA抽出は，サンプルが新鮮であれば「野生生物からのDNA抽出」で述べられている方法で十分対応できる。しかし，さまざまな理由により，新鮮なサンプルが得られない場合もある。このような時，博物館等に保管されている標本からDNAを抽出できれば，研究の幅やスピードが飛躍的に向上する。しかし博物館標本の大部分は，そもそもDNA抽出を目的として保存されていないため，DNAの断片化が相当進んでいると考えられる。そのため，博物館標本からのDNA抽出や増幅には工夫が必要となる。さらに，古い標本には貴重なものが多く，DNA抽出に伴う標本の損傷を最小限に抑える必要もある。

　ここでは，まず昆虫標本の損傷を最小限に抑えてDNAを抽出する方法を述べる。次に，著者らが古い標本から得られたDNA抽出物を用いてPCRを行った例を紹介する。その後，100年以上前の乾燥標本を用いた研究例を紹介し，最後に，より高品質なDNAを標本中に残す方法を，研究例と著者らの経験をもとに議論する。

1. 古い標本からのDNA抽出法

　博物館標本の多くは，形態観察を目的として保存されている。形態の詳細な観察には，アルカリ処理で筋肉を溶解し，外骨格を透化する必要がある。タイプなど非常に貴重な標本でも，多くの場合，必要最小限の解剖は許容される。そこで，この筋肉の溶解と外骨格の透化処理に，アルカリではなくプロテアーゼを用い，DNAと分類学的研究に耐える外骨格標本の両方を得ようというのが今回紹介する方法である (Cruickshank *et al.*, 2001)。用いるサンプルが古いことと，プロテアーゼ処理した後の外骨格を保存すること以外は，基本的に新鮮なサンプルを用いる場合と違いはない。この方法は，証拠標本の保存の観点からも，全虫体をDNA抽出に用いなければならない微小昆虫にも推奨される。筆者らが行っている，Qiagen社のDNeasy® Blood & Tissue Kitを用いたプロトコルは以下の通りである。

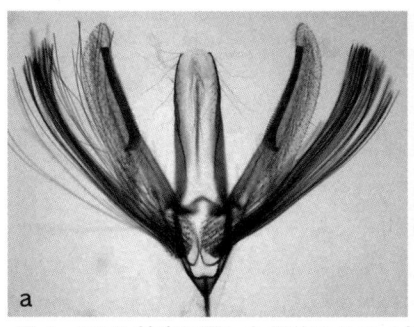

図 1　DNA 抽出に用いた個体のスライド標本
a: クルミホソガの近縁種 *Acrocercops leucophaea* のオス交尾器，b: シカハジラミ *Damalinia sika*（全身）

① 標本から腹部を取り外し，1.5 ml チューブに入れる。液浸標本を用いる場合は保存溶液を完全に気化させる。微小昆虫であれば全身を抽出に用いる。
② 虫体入りの 1.5 ml チューブにキット付属の ATL buffer 180 μl，Protenase K 20 μl を加え，voltex をかけて溶液を混和させる。
③ 56℃で 1～2 晩ほど培養する。途中 3 時間に一度程度 voltex をかけるか，シェーカーやローテーターを用いて常に溶液を混和させることが望ましい[*1]。

　これ以降のプロトコルはキット付属の説明書に従う。ただし，溶出 buffer の量は，得られる DNA 量が少ないことを考慮して少なめにする。また，1 回目の溶出作業だけでは全 DNA は回収されないため，2 回目の溶出も効果的である。

　筆者らは 20 年前に採集されたホソガ *Acrocercops leucophaea* の乾燥標本 2 個体の腹部からこの方法で DNA を抽出し，24.0 ng/μl と 28.5 ng/μl の抽出産物を得ることができた（30 μl の buffer で溶出）。抽出後に作製した交尾器のスライド標本も，通常のアルカリ処理で作製したものと同品質である[*2]（図1）。

　タイプ標本など貴重な博物館標本の場合，種の同定に必要な交尾器の解剖は許容されることが多い一方，その他のパーツの解剖は許容されない場合も多い。

＊1：腹部を切り離したときの断面や肛門，全身を用いた場合なら口器等から溶解 buffer が染み込むため，虫体を破壊することなく DNA を抽出できる。ただし，乾燥標本は虫体が縮んで溶液が染み込みにくいことが多いため，培養時間を長めにする。
＊2：プロテアーゼ処理のみを施したサンプルは，アルカリ処理をしたサンプルに比べると若干固く，脂質も溶け残っているため，必要に応じてアルカリ処理を施す。

多くの昆虫では，交尾器を含む腹部末端部は露出しており，その取り外しに特段の前処理は必要ない。一方，鞘翅目昆虫などでは，交尾器の取り外しにあたって，標本を事前に軟化する必要がある。通常，軟化処理は水で行われるが，あとで述べるように，水を用いた軟化処理はDNAの断片化を急速に促進する。ATL bufferやEDTA buffer等で軟化処理を行うと，DNAの断片化を防げると同時に，標本の他の部位への影響も水を用いた処理と同程度に抑えることができる。標本の軟化後，buffer中で解剖し，交尾器のみにプロテアーゼ処理を施すことで，標本の破壊を最小限に抑えたうえで，DNAと透過処理した交尾器が得られる。筆者らは，この方法をハムシ科昆虫に適用し，良好な結果を得ている（松村ら，未発表）。Gilibert et al. (2007) は，標本の透化処理を行わず，50年前のオサムシ科の乾燥標本を軟化する際の溶出液のみから，28S ribosomal DNA 255 bp の断片の増幅に成功している。

2. 古い標本から抽出した DNA を用いた PCR 法

古い標本から抽出したDNAは，新鮮なものから抽出したDNAに比べ断片化が進んでいる。特定の遺伝子領域を増幅しようとしても，より長い領域では，増幅したい領域内で鋳型DNAが切断されている場合が多く，より短い領域の方が増幅されやすい。そこで，通常用いているプライマー対の内側に追加のプライマーを設計し，増幅する断片を複数の領域（200 bp 程度かそれ以下）に分割するとよい。また，1回目のPCR産物をテンプレートにした second PCR も効果的である。

筆者らは，ミトコンドリア COI 遺伝子の部分配列 344 bp を増幅するプライマーセット（Hafner et al., 1994）を普段用いている。しかし，古いサンプルから抽出したDNAからは目的の領域を増幅できなかったため，新たにプライマーを設計し 160 bp と 221 bp に分割して増幅させることを試みた（図 2-A; Ohshima & Yoshizawa, 2006）。このプライマーを 20 年前，25 年前（2 個体），45 年前に採集されたクルミホソガ Acrocercops transecta の乾燥標本から抽出したDNAの増幅に使用した結果が図 2-B である。

古い実験ノートからスキャンしたためやや見づらいが，A（160 bp）の断片は first PCR の段階で 20 年前と 25 年前のサンプルで増えており，second PCR を行うことで 45 年前のサンプルでさえ薄いバンドが確認できた。一方，B（221 bp）の断片は first PCR の段階ではいずれのサンプルでもバンドは確認できず，second PCR を行うことで，25 年前のサンプルまでは増幅するこ

A

COILH (344 bp)

a (160 bp)　　b (221 bp)

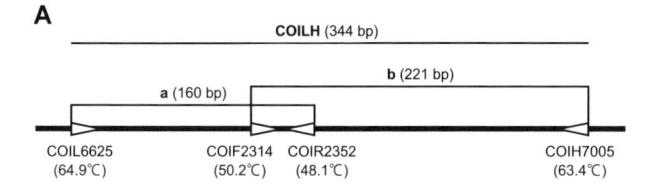

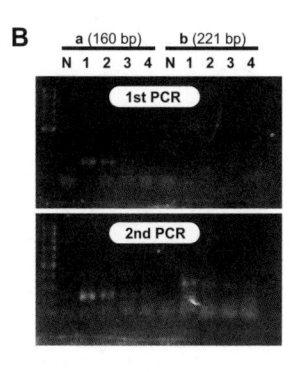

COIL6625　COIF2314　COIR2352　　　　COIH7005
(64.9℃)　　(50.2℃)　(48.1℃)　　　　(63.4℃)

B

a (160 bp)　b (221 bp)
N 1 2 3 4　N 1 2 3 4

1st PCR

2nd PCR

図2 古い乾燥標本から抽出したDNAを用いたPCR
A: 使用したプライマーセット。（ ）内は各プライマーのTm値，**B**: a，b両断片の増幅結果。Nはネガティブコントロール，1は20年前，2と3は25年前，4は45年前のサンプル

とができた。ここで用いたPCRのプロトコルは以下の通り。

　　反応系はfirst, second PCRともに20 µl.
　　DNAポリメラーゼはTaKaRaのEx Taq™.
　　各試薬の混合比は, first, second PCRともにメーカー推奨のプロトコル通り。
PCRの温度条件は以下の通りである。
　　First PCR
　　　　94℃ (1 min)　　　1サイクル
　　　　94℃ (30 sec) --> 45℃ (30 sec) --> 72℃ (45 sec)　　40サイクル
　　　　72℃ (1 min)　　　1サイクル
　　　　4℃ hold
　　Second PCR
　　　　94℃ (1 min)　　　1サイクル
　　　　94℃ (30 sec) --> 48℃ (30 sec) --> 72℃ (45 sec)　　5サイクル
　　　　94℃ (30 sec) --> 45℃ (30 sec) --> 72℃ (45 sec)　　35サイクル
　　　　　　　72℃ (1 min)　　1サイクル
　　　　　　　4℃ hold

鋳型 DNA は，first PCR 時に抽出産物を 2 μl, second PCR 時に，a 断片（160 bp）用には first PCR 産物を 1 μll，b 断片（221 bp）用には同産物を 2 μll 用いた．著者らの経験では，鋳型 DNA の量より，断片化の程度といった質の方が PCR の成否にかかわっている．この点は，標本の保存法の項でも議論する．

今回は結果を示していないが，COI の他に，12 S rDNA の部分配列 335 bp を増幅するプライマーセット（12Sai＋12Sbi; Simon et al., 1994) でも上記の 4 サンプルの増幅を試みた．12S では，first PCR の段階で全てのサンプルでバンドが確認でき，second PCR を行うことでより明瞭なバンドが得られた (Oshima & Yoshizawa, 2006)．

このように，同程度の長さの断片でも遺伝子領域によって PCR の増幅効率に差が見られたが，second PCR の有用性は共通していた．ここまでは成功例を紹介してきたが，失敗例として，まったくバンドが見られない場合と，スメアになる場合の 2 通りがある．バンドが見られない場合は，primer や鋳型 DNA の濃度を上げる，さらに PCR を繰り返す，DNA ポリメラーゼを変える，といった改良が考えられる．筆者らの経験では DNA ポリメラーゼを TaKaRa の Ex *Taq*™ から LA *Taq*™ に変えると良い結果が得られる場合があった．スメアが見られる場合は，非特異的な増幅が起きている可能性があるため，primer や鋳型 DNA の濃度を下げる，ホットスタート用のポリメラーゼを用いる，アニーリング温度を上げる，1st PCR 用のプライマーの 3' 末端に数塩基追加したプライマーを 2nd PCR に用いる (Yoshizawa & Johnson, 2008) といった改良が考えられる．またいずれの場合でも，first PCR で薄いバンドさえ得られていれば，これをクローニング処理することによって，目的の DNA 断片の増幅が可能である．筆者らは追加標本が見込めないブラジル産の洞窟性チャタテムシの解析にこの方法を適用し，15 年間 80% エタノールに保存されていた状態の悪い標本から，18S rDNA のほぼ全長を 3 つの断片に分けることで決定できた (Yoshizawa & Lienhard, 未発表)．クローニング処理では，PCR エラーも明瞭に検出されるので，複数クローンをシーケンスし，エラーを補正する必要がある．

3. 古い標本を用いた研究例

100 年以上にわたって博物館に所蔵されていた標本からマイクロサテライト領域を増幅し，過去に起きた遺伝的変動を調べた研究を紹介する．

Harper et al.（2006）は イギリスに分布するシジミチョウの1種 *Polyommatus bellargus* の乾燥標本（1896年採集）と，1998～1999年に採集された新鮮な標本の4つのマイクロサテライト領域（146～260 bp）を解析した。その結果，1つのマイクロサテライト領域で，1896年に56% もの頻度を占めていたアリルが1998～1999年にはまったく見られなくなっていたことを突き止めた。理論的には，遺伝的浮動は低頻度のアリルに対してより強くはたらくため，この結果はこのチョウが過去に強力なボトルネックを経験したことを示している。しかし，現代のサンプルのみを用いたヘテロ接合度による推定では，明瞭なボトルネックの存在は示されなかった。

このように，過去の遺伝的変動を調べるには過去に採集されたサンプルを用いることが効果的である。そして，遺伝マーカーとして一般的なマイクロサテライト領域の多型チェックには，200 bp 前後の断片を増幅できれば十分であり，古い標本でも十分に研究に使える可能性がある。もちろん，長いアリルほど増幅されにくくなるといったバイアスも考慮に入れるべきだが，博物館標本を利用した研究の展開が期待できる。

4. DNA の品質を低下させないための標本作製法と保存法

ここでは他の研究例を紹介しながら，どのような標本作製法と保存法が DNA の品質維持に効果的かを見ていきたい。

Knölke et al.（2005）では，メイガ科の一種 *Dioryctria schuetzeella* Fuchs, 1903（開長 [前翅を広げたときの幅] 約 2 cm）の乾燥標本から DNA を抽出し，ミトコンドリア COI 遺伝子の PCR を行っている。10年以内の標本なら，用いた39個体のすべてから 200 ng 以上の DNA を抽出できており，36個体で 300 bp 以上の長さの断片を増幅できている。ところが，展翅前に水で軟化処理したと思われる別の標本35個体では，30個体から 200 ng 以上の DNA が得られているものの，300 bp 以上の断片は15個体でしか増幅できていない。さらに，展翅前に2日以上軟化処理をしたことが確実な3個体からはまったく増幅産物が得られていない。以上から，乾燥標本の軟化に伴う湿度上昇は DNA を断片化させるため，DNA を抽出する必要がある場合は，軟化前に抽出に用いる脚や腹部等を外すことが望ましい。また，DNA 量が同じでも PCR 結果に大きな差が見られたことから，鋳型 DNA 量は PCR の成否の目安にはなりにくいといえる。

Mandrioli et al.（2006）では，ヨトウガ *Mamestra brassicae* (Linnaeus, 1758)（開

長約 4.5 cm）を用いて，さまざまな条件下で保存されてきた標本間での DNA 断片化の程度や PCR 効率を比較している。DNA の断片化は，採集直後の個体でもいったん乾燥させると起こることが示されている。ただし，断片化の程度は乾燥後 2 か月から 2 年の間で変化が見られないため，最初に乾燥させるまでに断片化が生じていると考えられる。75% エタノールでは乾燥標本より断片化の程度が少し抑えられ，無水エタノールでは飛躍的に断片化が抑えられた。興味深いことに，75% エタノール，無水エタノールともに，室温保存と 4℃ 保存で断片化の程度に差は見られなかった。−80℃ もしくは液体窒素中で虫体を保存した場合のみ，新鮮個体と同程度の状態を維持できた。アセトンと無水エタノールには，DNA の断片化という点では差が見られなかったが，PCR 効率という点では，アセトンの方が良かった。

　以上の研究例は，標本の保存法に関して議論しているが，標本作製時の手法には言及していない。DNA は分解酵素のはたらきで加水分解され，断片化が起きる。したがって，殺虫時に酵素を失活させるか，水分を急速に取り除くことができれば，乾燥標本であっても DNA の劣化を防げる可能性が高い。もちろん，無水エタノールに標本を保存すればよいことだが，形態や色彩の研究上，乾燥標本が必要になる場合も多い。上で述べたように，乾燥標本に含まれる DNA 情報も，のちの研究者にとって非常に重要な情報源となりうるため，乾燥標本を作製する場合でも DNA の劣化を防ぐ工夫をすべきである。

　著者らはホソガをアンモニアで殺虫しており，こうして作成された乾燥標本に由来する抽出物からは，比較的良好な PCR 結果を得ている。アンモニアにはタンパク質変成作用があるため，殺虫時に DNA 分解酵素を失活させることができたことと，小型のホソガは殺虫後速やかに乾燥したことが，DNA の品質維持に貢献したと考えられる。よって，アンモニアを用いて殺虫し，展翅・展足後は恒温器で速やかに乾燥させる方法は，多くの昆虫の殺虫に用いられている酢酸エチルによる殺虫に比べ，DNA 保存の観点では効果的であろう。このような処理が行われていない古い標本の場合には，跗節など速やかに乾燥が進んだと予想される部位から DNA を抽出するのも 1 つの方法である。

　一方で，標本のもう 1 つの大きな目的である形態情報の保存にも気を配る必要がある。無水アルコールで固定された標本は，急速に水分が失われることで非常にもろくなる。チャタテムシなどでは，無水アルコールで標本の固定を行うと，野外調査に伴う振動で多くの標本から触角や脚の一部が失われてしまう。改善策としては，採集時に 80% エタノールで固定し，研究室に戻った後に標本

を無水アルコールに移し替えるという方法が挙げられる。数年間 80％エタノールに常温で入れておいた標本からも，2000 bp 程度の PCR は問題なく行える。

参考文献

Cruickshank, R. H., K. P. Johnson, V. S. Smith, R. J. Adams, D. H. Clayton & R. D. M. Page. 2001. Phylogenetic analysis of partial sequences of elongation factor 1α identifies major groups of lice (Insecta: Phthiraptera). *Molecular Phylogenetics and Evolution* **19**: 202-215.

Gilbert, M. T. P., W. Moore, L. Melchior & M. Worobey. 2007. DNA sxtraction from dry museum beetles without conferring external morphological damage. *PLoS One* **2**: e272.

Harper, G. L., N. Maclean & D. Goulson. 2006. Analysis of museum specimens suggests extreme genetic drift in the adonis blue butterfly (*Polyommatus bellargus*). *Biological Journal of the Linnean Society* **88**: 447-452.

Hafner, M. S., P. D. Sudman, F. X. Villablanca, T. A. Spradling, J. W. Demastes & S. A. Nadler. 1994. Disparate rates of molecular evolution in the cospeciating hosts and parasites. *Science* **265**: 1087-1090.

Knölke, S., S. Erlacher, A. Hausmann, M. A. Miller & A. H. Segerer. 2005. A procedure for combined genitalia dissection and DNA extraction in Lepidoptera. *Insect Systematics and Evolution* **35**: 401-409.

Mandrioli, M., F. Borsatti & L. Mola. 2006. Factors affecting DNA preservation from museum-collected lepidopteran specimens. *Entomologia Experimentalis et Applicata* **120**: 239-244.

Ohshima, I. & K. Yoshizawa. 2006. Multiple host shifts between distantly related plants, Juglandaceae and Ericaceae, in the leaf-mining moth *Acrocercops leucophaea* complex (Lepidoptera: Gracillariidae). *Molecular Phylogenetics and Evolution* **38**: 231-240.

Simon, C., F, Frati, A, Beckenbach, B. Crespi, H. Liu & P. Flook. 1994. Evolution, weighting, and phylogenetic utility of mitochondrial gene sequences and a compilation of conserved polymerase chain reaction primers. *Annals of the Entomological Society of America* **87**: 651-701.

Yoshizawa, K. & K. P. Johnson. 2008. Molecular systematics of the barklouse family Psocidae (Insecta: Psocodea: 'Psocoptera') and implications for morphological and behavioral evolution. *Molecular Phylogenetics and Evolution* **46**: 547-559.

VIII ホルマリン浸漬標本からのDNA抽出

島田知彦（愛知教育大学）

　ホルマリンや70%エタノール中で長期保存された標本からのDNA抽出は，通常の抽出に比べると容易ではないが，昨今では決して珍しい技術ではなくなった。しかし液浸標本中のDNAの保存状態は，その標本の来歴によりさまざまであり，こうすれば確実に抽出できるという手法が確立されているわけではない。本稿では1つの成功例として筆者が行った手法を詳述するとともに，それ以外の既知の方法もいくつか紹介する。同様の問題に直面した読者諸氏は，参考にしていただければ幸いである。

　そもそも液浸標本中のDNAはどのような変性を受けているのだろうか。筆者の扱っている両生類の分野では，まず生体をアセトンクロロホルム（クロレトン）やトリカイン・メタンサルフォネート（MS-222）溶液を用いて麻酔した後，ホルマリン蒸気や10%ホルマリン溶液で固定する。その後一昼夜程度の水洗でホルマリン分を流し，70%エタノールで長期保存するのが一般的である。こうした標本中のDNAは，後述するように解析に不向きなため，現在ではDNA抽出用に麻酔後の生体から組織片（大腿筋や肝臓等）を切り取り，無水エタノールに浸漬して4℃で保管する等の措置が取られることが多いが，DNA技術が知られる以前の標本や，何らかの事情で組織サンプルが適切に保存されていない標本に関しては，ホルマリン浸漬を経験した組織からDNAを抽出せざるを得ない。

　ホルマリンがDNA抽出やPCRを困難にする機構については諸説があるが（Palero et al., 2010），一般的にはホルマリンによりDNAを構成する塩基同士，または塩基とタンパク質のアミノ基の間に架橋構造 cross link が形成され（Chaw et al., 1980），タンパク質の除去が難しくなるとされている（Gilbert et al., 2002）。また緩衝化されていないホルマリン溶液中では，ホルムアルデヒドの酸化によってpHが低下し，脱プリン化反応 depurination が起こってDNAが断片化されるという（Gilbert et al., 2002）。組織中のDNAは，10%ホルマリンに数日漬けた程度では完全に変性することはなく，通常の方法でも抽出することができるが，水洗後も標本中に残っている残留ホルムアルデヒドは長期に

わたり DNA に悪影響を与え続けるであろう。また，残留したホルムアルデヒドが PCR に混入すれば，増幅反応は阻害される。さらに，エタノールのみで保存された標本でも，DNA は少しずつ断片化される (Post et al., 1993)。これは組織中に残ったヌクレアーゼのはたらきによるものらしく (Dessauer et al., 1990)，この効果は，低温下より常温下で，またエタノール高濃度下より低濃度下で強くはたらくことが知られている (Post et al., 1993)。従って，たとえホルマリンを経験していなくても，常温で長期保存された標本から DNA を抽出することはやはり容易ではない。

　ここまで見てきたように，ホルマリン浸漬標本からの DNA 抽出の際には，(1)タンパク質との架橋構造，(2)抽出液へのホルマリン混入の危険性，(3)DNA の断片化の3点に留意する必要がある。こうした問題を克服するために，これまでにさまざまな手法が報告されているが，それらは基本的にこの3点のどれかをクリアするためのものであるため，どの手法を採用するかを考えるうえで，自分のサンプルで何が障害となっているかを検討する必要がある。従って，いろいろな手法を試す前に，まずは基本的なフェノール・クロロホルム洗浄で抽出を試み，その抽出物をコントロールと並べてアガロース電気泳動してみることをお勧めしたい。抽出物をそのまま泳動すると，通常は非常に幅の広いスメアーが確認されるが，DNA の断片化が進んだサンプルでは短い断片しか確認できない。また，泳動像に DNA がまったく確認できない場合，DNA とタンパク質の架橋構造の分解が十分でなく，タンパク質と一緒に DNA も除去されてしまっているのかもしれない（ただし，この段階で目視できないような DNA 量でも PCR が可能な場合があるので，諦めてはいけない）。DNA 量にも断片長にも問題がないのに PCR がうまくいかない場合，抽出物にタンパク質やホルマリンが残留している可能性を疑う必要があるかもしれない。

　筆者はボルネオ島に生息するボルネオハヤセガエル属の1種，*Meristogenys amoropalamus* とされていたカエルに2独立種が含まれていることを発見した。この2種は幼生期には形態的に明瞭に区別できるが，成体になると識別がきわめて難しい (Shimada et al., 2011)。しかし2種のうちどちらが真の *M. amoropalamus* であるかを特定するためには，成体であるホロタイプ標本の同定をする必要があった。そこで大阪自然史博物館の協力を得て，タイプ標本シリーズから抽出した DNA 配列を用いた種判別を試みた。対象とした標本は，1979年と1981年に採集された3個体で，いずれも採集直後にホルマリンで

固定され，以降2007年まで70%エタノール溶液中に保存されていたものである。試行錯誤の結果，架橋構造の問題に対しては，酵素消化時間を長くすることと，PCR時に粗精製DNA用バッファを用いることで対処し，DNAの断片化に対しては，増幅領域のきわめて短いプライマーを用いることと，PCRのサイクル数を多くすることで，良好な結果を得ることができた。以下にその詳細を述べる。

1. 抽出

市販されているDNA抽出キットの中にはホルマリン固定されたパラフィン包埋切片からDNAを抽出できることを謳っているものがある。筆者もQ社のある製品を使用してみたが，後述するフェノール・クロロホルム洗浄法（フェノクロ法）に比べて得られたDNA量が少なく，PCRはうまくいかなかった。またDNAの架橋構造を分解するというDithioerythritol (DTE, Chatigny et al., 2000) を試してみたが，やはり結果は思わしくなかった。いろいろなPCR法と組み合わせて検討したところ，結局普段行っているフェノクロ法を改良した方法でうまく抽出できていたことが判明した。

作業手順
① 博物館の管理者の許可を得て，標本の一部（カエルの脇腹の筋肉）を切り取った。組織の量は3×10 mm程度で，通常よりかなり大きめである。
② 組織片を1.5 mlチューブに入れ，テフロンホモジナイザーを用いてSTEバッファ600 μl 中でよくすりつぶした。
③ 10% SDS 60 μl と10 mg/mlプロテイナーゼKを15 μl 加えた（通常の抽出では6 μl ）。
④ 55℃で36～72時間放置した（通常3時間）。途中で何度かタッピングした他，プロテイナーゼKを15 μl ずつ2回加えた。
⑤ 組織が溶解した後，一般的なフェノクロ法のプロトコルに従って，フェノール，PCI，CIAの順に1回ずつ洗浄を行った。
⑥ CIA処理後の上層にエタノール沈殿とリンスを行いペレットを風乾させた。
⑥ ペレットをTEバッファ100 μl に溶解し，揮発を防ぐためにミネラルオイルを添加した（通常は500～1000 μl で，ミネラルオイルは必要ない）。

2. PCR

通常ボルネオハヤセガエル属の種判別には，ミトコンドリアDNAの12 S

rRNA 領域約 440 bp が用いられているが，これを互いに重複した 150 bp 程度の 4 領域に分け，プライマーを設計した（Shimada et al., 2011）。このプライマー（25 pmol/L）各 0.5 μl に，純水 12.3 μl，dNTP 1.6 μl，粗精製 DNA 用バッファ AmpDirect^R（島津製作所）4 μl，Blend Taq^R（東洋紡）0.1 μl，鋳型 DNA 1 μl を混合して 20 μl とし，PCR を行った。ちなみに最近島津製作所は，Ampdirect^R Plus に最適化した酵素，BIOTAQ^{TM} HS DNA polymerase を販売しているが，筆者は使用したことがない。

PCR 反応は，サイクル数を通常の 2 倍にし，94℃ 1 分→（94℃ 20 秒 +45℃ 20 秒 +72℃ 40 秒）×60 回→72℃ 3 分とした。この方法で成功したものが多いが，増幅が起こらなかった反応液を，同じプライマセットで再度 PCR（second PCR）することによって成功したものもある。PCR 以降は，通常の方法で PEG 沈殿，サイクルシーケンス反応，エタノール沈殿の後，ABI 3130 でシーケンスした。PCR 産物が 150bp ときわめて短いため，通常よりシーケンスの波形は不安定ではあったが，PCR が成功したものではおおむね良好な結果が得られた。

3. コンタミネーション

液浸標本から抽出される DNA は微量であることが多いため，わずかでもコンタミネーション（コンタミ）があると PCR 時に目的外の DNA が増幅されてしまう可能性が高い。筆者はタイプ標本からの DNA の抽出，増幅に関しては他の実験と分け，すべて新しく調製した試薬を用いた。また，すべての作業にネガティブ・コントロール（ネガコン）を付け，コンタミが起こった場合にはすぐに検出できるように準備した。

今回の例では，得られた塩基配列は隠蔽種の片方ときわめて似通っていた一方で，これまでに得られたどの個体の配列とも完全には一致しなかったため，ほぼ確実にコンタミの可能性を却下できた。これは，筆者がこれまで集めていた標本がどれもマレーシア領のものであり，インドネシア領にある基準産地からは距離的に遠いサンプルばかりであったことによるが，通常は既知のものと同じ配列が得られることが多いだろう。普通 DNA 実験でネガコンをやっていても，論文でわざわざ言及しない場合が多いが，こうした微量 DNA を対象としている場合には，常にコンタミが疑われがちなため，ネガコンを行っていることを明記しておくのがいいかもしれない。

4. 他の方法

Gilbert et al. (2007) は，ホルマリン浸漬標本からの DNA 抽出法をレビューしたうえで，これまでに提唱されてきた手法に科学的に根拠のないものが多く含まれていることに着目し，彼ら自身で再実験を行い，各手法の妥当性を検証した．その結果を要約すると下記のようになる．

1. キレートイオン交換樹脂 Chelex 100 による抽出，パラフィン包埋標本におけるパラフィン除去措置，$LiCO_3$ 溶液による試料の洗浄，ホルマリン除去を目的とした臨界点乾燥 critical point drying などは，行う意味がない．
2. ホルマリン吸着を目的として抽出バッファにグリシンを加えるなど，いくつかの措置は，かえって抽出できる DNA 量を減らしてしまう．
3. 効果があった手法は，架橋の切断を目的とした抽出前の熱処理，適温かつ長めの酵素消化，シリカを用いた抽出，*Taq* ポリメラーゼを用いた DNA 修復，熱アルカリ液を用いた抽出であったが，このうちのいくつかは良い面と悪い面を併せ持っている．たとえば酵素消化時間を長くすると DNA の架橋の分断には効果があるが，一方で DNA の断片化が進行して増幅可能な DNA は減少する．

参考文献

Chatigny, M. E. 2000. The extraction of DNA from formalin-fixed, ethanol-preserved reptile and amphibian tissues. *Herpetological Review* **31**: 86-87.

Chaw, Y. F. M., L. E. Crane, P. Lange & R. Shapiro. 1980. Isolation and identification of cross-links from formaldehyde-treated nucleic acids. *Biochemistry* **19**: 5525-5531.

Dessauer, H. C.,C. J. Cole & M. S. Hafner. 1990. Collection and storage of tissues. *In*: D. M. Hillis & C. Moritz (eds.), Molecular Systematics. Sinauer, Massachusetts.

Gilbert, M. T. P., T. Haselkorn, M. Bunce, J. J. Sanchez, S. B. Lucas, L. D. Jewell, E. V. Marck & M. Worobey. 2007. The isolation of nucleic acids from fixed, paraffin-embedded tissues—Which methods are useful When? *Plos One* **2**: e537.

Palero, F., S. Hall, P. F. Clark, D. Johnston, J. MacKenzie-Dodds & S. Thatje. 2010. DNA extraction from formalin-fixed tissue: new light from the deep sea. *Scientia Marina* **74**: 465-475.

Post, R.J., P. K. Flook & A. L. Millest. 1993. Methods for the preservation of insects for DNA studies. *Biochemical Systematics and Ecology* **21**: 85-92.

Shimada, T., M. Matsui, P. Yambun & A. Sudin. 2011. A survey of morphological variation in adult *Meristogenys amoropalamus* (Amphibia, Anura, Ranidae), with a description of a new cryptic species. *Zootaxa* **2905**: 33-56.

第12章 花の匂いの捕集方法

岡本朋子（京都大学大学院 人間・環境学研究科）

はじめに

学会などで発表を行った時，最もよく質問される内容の1つとして「花の匂いはどうやって捕集するのですか？」というものがあげられる。意外なのは，揮発性物質の分析に関する技術的な質問よりも，圧倒的に捕集に関するものが多いことだ。確かに，化学分析に関しては，具体的な仕組みや方法はわからなくとも，特別な分析器にサンプルを導入して行うということは想像できるだろう。けれど，空気中を漂ってどこかにいってしまう儚げな花の匂いを，野外で集めて研究室に持ち帰る方法はなかなか想像し難いのかもしれない。

この章では著者がこれまでの経験で得た花の匂いの捕集方法を紹介していく。初めて花の匂いを捕集する研究者が，一通りの作業がこなせるようになることを目指しているため，数ある捕集法のごく一部，特にできるだけ必要なツールが少なく簡単であり，多くの学術論文でも用いられている方法をとりあげている。対象とする植物によっては他の方法が適切な場合もあることに注意し，またこれを土台としてさらなるステップアップを目指していただければ幸いである。

1. 花の匂いとは？

花の匂い物質は植物の二次代謝経路を経て生成される。花の匂いは，その化学構造の上から大きく3つ，メバロン酸経路やメチルエリスリトールリン酸（MEP）経路で生成されるテルペノイド，シキミ酸経路など数種の代謝系で生成されるベンゼノイドおよびフェノール性化合物，長鎖炭化水素の不飽和脂肪酸から生成される脂肪族化合物 aliphatics, fatty acid derivatives に分けられる。これらの他にも，アミノ酸に由来し窒素（N）や硫黄（S）を含む匂い物質なども存在する。これらの合成経路では花の匂い物質以外にも，植物ホルモンであるジベレリン（ジテルペン）や植食性の動物に対する防御物質（テルペン類），アントシアニンなどの色素化合物であるフラボノイド（フェノール性化合物）

などが生成される。つまり，これらさまざまな二次代謝物質の中でも，花から放出される物質のみを花の匂いとして扱う。

Knudsenら（2006）によると，これまで捕集・分析された花の匂い物質約1,700のうち，テルペン類が556と多くを占め，続いて脂肪族化合物が528，フェノール性化合物が329と，匂い物質の多くが上記の3つのどれかに属することがわかっている。しかしながら，有香（匂いがある）物質という点のみに注目すると，20万種以上の物質が存在するとされており，さらに被子植物が25万種以上あることを考慮すると，現在確認されている花の匂い物質はごく一部である可能性が高い。

2. サンプル管の準備

花が持つ揮発性物質には細胞内に有しているものと，細胞外に放出されたものの2つが存在する。細胞内の揮発性物質のうち，一部は細胞外へ放たれて匂いとなるが，一部は他の物質に代謝され，不揮発性の物質となることもある。第1章でも触れたように，植物を利用する動物が，植物の位置などを知る手掛かりとして利用できるのは，自然の状態で空気中に放たれた化学物質に限られる。そのため，ここでは溶媒中で花を破砕して細胞内の揮発性物質を溶出させる方法や，蒸留で抽出する方法などには触れず，常温で放出される揮発性物質の捕集法にのみ触れることにする。

2.1 吸着剤の種類

花の匂いを捕集する場合はまず吸着剤 adsorbent に吸着させて捕集を行う。吸着剤はさまざまな種類があるが，ここでは比較的よく使用されているものについて紹介を行う。

現在さまざまな研究で使用される吸着剤は TENAX（GLサイエンス）であり，2,6-Diphenyl-p-Phenylene Oxide がベースになっている。これは微細な孔がたくさんあいた粒度の細かいビーズ（ポーラスポリマー）である。これは，細かい粉状の吸着剤のため（図1），使用時にはガラスや金属の管に詰めて使用する（作り方は後述）。他にも，TENAXのような粉状の吸着剤として，ethylvinylbenzene-divinylbenzeneベースのPorapak QやSuper Q（スペルコ），そして活性炭（スペルコ，GLサイエンス等）などがしばしば使われる。これらの吸着剤は，花の匂い捕集だけでなく，葉の匂いなどのあらゆる揮発性有機

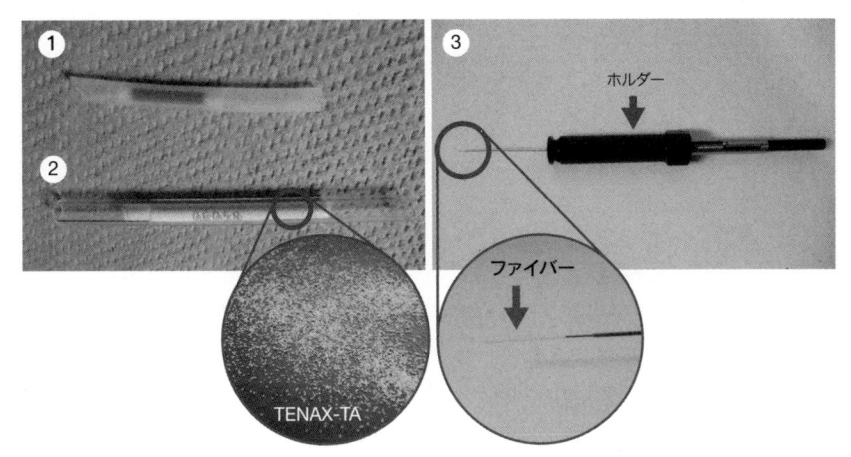

図1 吸着剤の例
①TENAX-GRを充填したシリコンチューブ，②TENAX-TAを充填したガラス管，③SPME

化合物 Volatile Organic Compound; VOCの捕集に幅広く使用されている。TENAXとPorapak Q, Super Qは，吸着できる物質が，質的に非常に似ている（Raguso & Pellmyr, 1998）。

上記の吸着剤と仕様が大きく異なる吸着剤として，Solid Phase Microextraction（SPME，スペルコ）がしばしば使用される。SPMEは，ホルダーの先に細い針（ニードル）が付いており，その周りに吸着剤（固相）が塗布された形状のものである（図1）。このファイバーには塗布量や極性の異なるいくつか種類がある。無極性の物質を捕集する場合は polydimethylsiloxane（PDMS），極性のある物質の場合は PDMS/divinylbenzene（PDMS/DVB），微量物質の捕集には PDMS/Carboxen といったように，吸着する物質の性質や量によってファイバーを交換する。近年の花の匂い研究では後者2つのファイバーが使用されることが多い。

2.2. 吸着剤を選ぶ―どこでどのくらい捕集するのか？―

では先に紹介したTENAXタイプとSPMEタイプの吸着剤の長所と短所をあげつつ，どのような捕集に向いているかを説明する。

まず1つめの制限となってくるのは，捕集の後すぐに分析できる環境にあるか，そうでないかということである。SPMEは，基本的にサンプリングの後すみやかな分析を行うことを前提に作られたものであり，保存のためには専用の

ホルダーを用いなければならない．つまり，野外で多くの捕集をこなすには，高価なホルダーをたくさん準備しなければならない．一方，TENAX は物質を吸着させた後，サンプル管をガラスビーズなどで密閉することで，ある程度の保存が可能である．またサンプル管 1 本あたりが比較的安価であるため，野外での捕集に便利である．

次に，捕集に必要な時間に注目する．TENAX は，多くの場合 1 時間以上は匂い物質に晒し続けなければならないが，SPME の場合，物質の濃度によるものの，数分から数十分程度で匂い物質がファイバーに吸着されることが多い．つまり，花の匂いのプロファイルだけを作成するなら TENAX で問題はないが，分単位など短いスパンで匂いの経時変化を追いたいならば，SPME を用いる必要がある．

特徴のまとめ

TENAX タイプ：ガラス管に詰めた状態で持ち運ぶことができる．捕集後は密閉し，冷凍庫での保存が可能．捕集にかかる時間が長い．

SPME：捕集時間が短い．使い方が簡単．基本的に捕集後の保存性に欠けるため，野外捕集に向かない（野外捕集用のホルダーを購入すれば可能）．野外で多いサンプル数を対象とする場合，ホルダーやファイバーを大量に購入しなければならない．

－注意すべきこと－

捕集の前に以上の特徴をふまえて吸着剤の選択を行う．匂いの比較を行う場合は，同じ吸着剤を用いていることが前提となる．そのため，捕集中に吸着剤の変更がないよう，予備捕集と分析でどの吸着剤を用いるかをあらかじめ検討した方がよい．

2.3. サンプル管の作成（TENAX タイプのみ）

ガラス管に TENAX が充填されたものが販売されているが，ここでは，より安価にすませるために自身で TENAX を詰めてサンプル管を作る手順を紹介する．

詰める

匂いの捕集を行う前に，サンプル管に充填した吸着剤のエージングを行い，サンプリングに邪魔になる物質を除去する．この時，高熱で処理する方法と，溶媒で溶出する方法があるため，吸着剤を充填する容器は高熱や溶媒に耐性のある，ガラスやシリコン製のもの（図 1）を用いる必要がある．また，ガラス

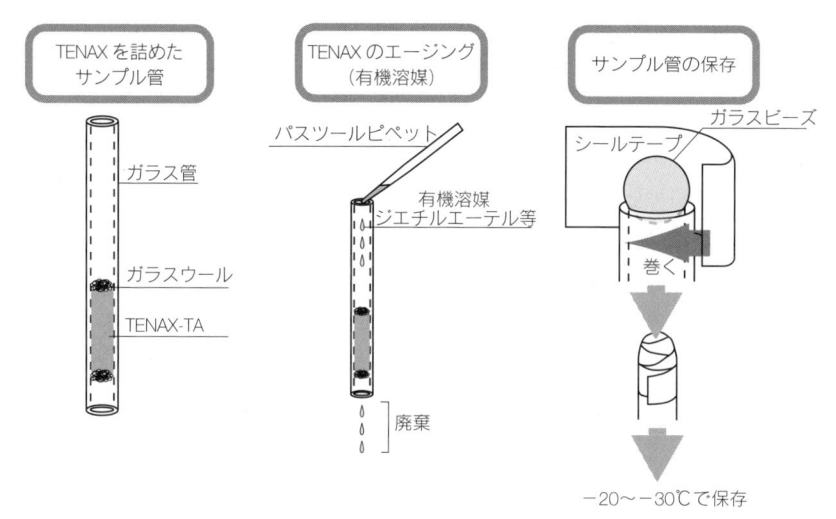

図 2　溶媒を用いたエージング法 (TENAX タイプ)

　管などに吸着剤を充填する際に，吸着剤が漏れ出ないように栓をする必要があるが，ここでも高熱や溶媒に耐性のあるガラスウールなどを用いる（図2）。1本のサンプル管に詰める吸着剤の量は 20～100 mg 程度が一般的である。

　エージング

　吸着剤は使用する前にエージングを行って不純物を取り除く必要がある。捕集前に余計な物質が吸着されていると，目的の物質が検出されないこともある。よってエージングは念入りに行うのがよい。エージングの方法は，SPME の場合は高熱処理の 1 通りのみ，TENAX タイプの場合は高熱処理と溶媒処理の 2 通りがある。

　〔高熱処理〕

　TENAX タイプ：ヘリウムや窒素気流下で高熱状態（吸着剤の種類によって耐熱温度が異なることに注意）に数時間おくことにより，吸着されている物質を取り除くことができる。TENAX の場合 300℃で 2 時間程度。エージングには TENAX にヘリウムや窒素などのガスを流しながら高熱にできる専用の機器（サンプルチューブコンディショナー STC4000 GL サイエンスなど）が必要である。

　SPME：SPME は，ガスクロマトグラフ（GC）のインジェクション部分に，SPME ファイバー挿入用の部品を取り付けて熱処理を行う。エージング専用の機器は必要ない。ファイバーによって耐熱温度と時間が異なるので注意が必要。

なお，PDMS（100 μm），PDMS/DVB（65 μm）の場合，250℃で30分間の処理を行うことが勧められている。

　〔溶媒処理〕
　ジエチルエーテルやアセトンなどの極性の高い有機溶媒を用いて吸着剤の洗浄を行うことが可能である。これらの有機溶媒は揮発性が高く引火しやすいため，取り扱いには十分注意を行う。使用時にはドラフトを用い，換気をよくすること。また，溶媒の廃棄方法はそれぞれの大学や研究施設などで異なるので併せて注意が必要である。下水道などには絶対に流してはいけない。
　パスツールピペットなど汚染されていないものを用いて，サンプル管の一方から有機溶媒を流し入れる（図2）。この時，サンプル管の外径に合わせたニップルで管内の溶媒を押し出すと作業が早く進む。エージングで用いる有機溶媒は汚染されていないものを使用することが絶対なので，ニップルと管内の溶媒が触れないように注意する。TENAX-TA 50～60 mgの場合，約7～10 mlのジエチルエーテルで不純物はかなり除去できるが，予備的に分析を行い，各自でエージングに十分な溶媒の量を把握した方がよい。また，洗浄に用いる溶媒は純度のなるべく高いものを用いるべきである。

　　サンプル管の保存
　エージングを行ったサンプル管は，すみやかに両端をとじ，外気による汚染を防がなければならない。ここで使用するのはガラスビーズとシールテープである。サンプル管の内径よりも若干大きめのガラスビーズを，図2のように乗せ，テフロン製のシールテープで固定する。
　シリコン樹脂などで小さめのサンプル管を作成した場合，ガラスビーズが使用しづらいので，アルミホイルなどで1本1本厳重に包み，ガラス製バイアルなどに入れる。栓をし終えたサンプル管はビニール袋やタッパーなどに入れ，冷凍庫（-20～-30℃）で保管する。

3. 花の匂いの捕集

　サンプル管の準備ができたら次はいよいよ花の匂いの捕集である。大気中の揮発性物質の捕集には，古くからダイナミックヘッドスペース法が用いられてきた。この方法は植物にガラスなどの容器を覆い，揮発性物質を容器内に充満させ，物質を吸着剤にトラップすることで匂いを捕集する方法である。捕集の概要図は図3と図4に示す。捕集に必要な道具を以下に示す。

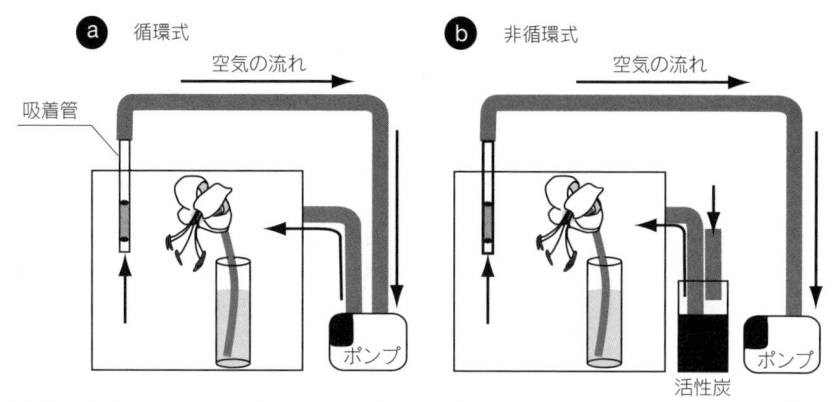

図3 ダイナミックヘッドスペース法による花の匂いの採集例（TENAXタイプ）
a：循環式，b：非循環式

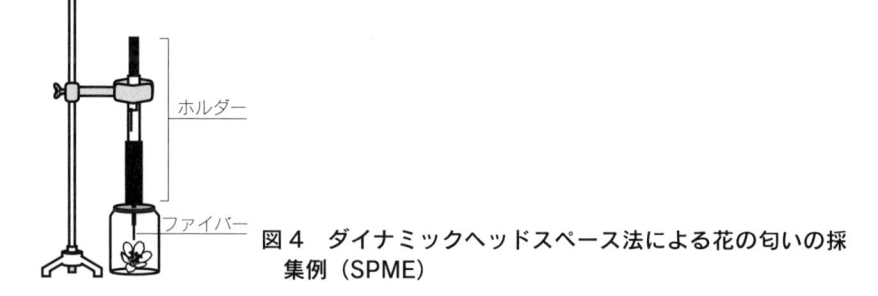

図4 ダイナミックヘッドスペース法による花の匂いの採集例（SPME）

TENAXタイプ：エージング済みのサンプル管・植物を覆う容器・簡易型ポンプ・活性炭・流量計

簡易型ポンプは，流量が300 ml/min以下で，ある程度の流量調節が可能なもの，排出だけでなく吸引ができるもの，電池式のものが便利である。

SPME：植物を覆う容器・SPMEホルダーを固定するスタンド・アルミホイルなど。

　TENAXタイプの吸着剤を使用する場合，吸着剤が管の中に詰まっているため，サンプル管を植物を覆った容器に入れるだけでは，匂い物質が吸着剤に触れない。そこで，エアポンプを用いて，匂い物質を含んだ容器内の空気をサンプル管内に送り込む方法をとる（図3）。匂いの少ない植物を対象とする場合，循環式（図3-a）にすることで比較的吸着しやすくなる。匂いがある程度多い植物を対象とする場合や，容器内に植物体などを閉じ込められない場合は，非循環式（図3-b）で捕集が可能である。非循環式では外気を容器に取り込む前

に活性炭で浄化することで余計な物質の吸着を防ぐことができる。

　吸着時間は植物によって1～24時間とさまざまなので，予備捕集と分析を行うのが望ましい。なお，カンコノキ属植物の場合，1時間半の捕集では微量成分が吸着せず，捕集が不十分であるが，3時間ではかなり多くの物質がトラップできる。

　捕集時の流量に関しても，すべての捕集にベストといえる流量を示すことはできないが，200～400 ml/min程度で捕集を行っている研究例が多い。

　SPMEを使用する場合，吸着剤が直接空気に触れるためポンプは必要がない。図4のようにホルダーを固定し，ファイバーを容器内の空気に晒す。TENAXの時と同様，捕集時間は植物によってまちまちだが，数分程度と比較的短い。純品の試薬など，非常に濃度の濃いサンプルを吸着する場合は，数秒で捕集できるので，サンプルの濃度を考慮して捕集時間を決定する。

コントロールをとる

　花の匂いを捕集する際に，必ずコントロールとして，捕集場所の空気や，葉の匂いなどを捕集しておく。活性炭で外気を浄化するとはいえ，中には活性炭では除去しきれずに，不必要な物質を吸着してしまう場合もある。また，花が葉腋部分につくカンコノキのように，花だけを袋やガラスで覆うのが難しい植物も多い。このような場合，やむなく花と葉の匂いを共に捕集しなければならず，不必要な葉の匂いも吸着してしまうことになる。このような場合に備えて，空気や葉のみの匂いを捕集しておくと，花を含むサンプルからのみ見られる物質をピックアップし，それらを花の匂い物質として特定することができる。

【補足】野外での捕集－カンコノキの例－

　カンコノキなどの木本植物では，花をつける位置がしばしば胸高よりも高くなるため，ガラス製の容器で植物を覆うことは現実的でない。そこで野外では持ち運びにも便利で，捕集もしやすい袋状のものを用いて植物を覆う。夜間や直射日光が当たらない涼しい場所での捕集の場合，ポリエチレン製の袋でも捕集が可能だが，日中の気温の高い時間帯や直射日光に当たる場所での捕集の場合，袋から出たガスを吸着してしまうことがある。そのため，袋はなるべく耐熱性に優れたものを用いるのが望ましい。海外でオーブン料理によく使われる「オーブンバッグ」は，耐熱性に優れ，高温下においても袋から匂いが出ないため，花の匂いの捕集によく使われる。

　以下に筆者が行った捕集法を示す。植物をオーブンバッグなどで覆った後，

2か所穴を作り，一方に活性炭，もう一方にサンプル管を設置した。タイゴン®チューブ（サンゴバン）を用いてエアポンプとサンプル管を繋ぎ，ポンプの流量は 200 ml/min に設定し 3 時間捕集を続けた（図3-b 参照）。捕集の途中で雨が降ってきた場合，吸着剤が濡れないような工夫も行うとよい。

匂い捕集時の注意事項

(1)捕集場所の周りに強い匂いが漂っていないこと，(2)サンプル管とポンプがきちんと接続されていること，(3)ポンプが正常に動いていること，(4)TENAX が水に濡れていないこと（植物の水分が容器内に貯まることがあるので，水がサンプル管に入らないようにする）の以上 4 点に最低限注意する。ちなみにここであげた 4 点は，恥ずかしながら著者が経験した失敗ばかりである（夜間の捕集では，エアポンプとサンプル管をつなぐタイゴンチューブが，ネズミに齧られてしまったこともある）。

捕集後のサンプル管の保存

捕集後のサンプル管は，両端をガラスビーズで密閉し，アルミホイルなどを巻いて光を遮蔽した容器に入れ冷暗所で保存する（可能な場合は $-20\sim-30℃$ で保存）。

4. 花の匂いの分析

吸着剤に捕集した花の匂いは，ガスクロマトグラフィー（GC）及びガスクロマトグラフ質量分析計（GC/MS）を用いて分析する。TENAX タイプの吸着剤で捕集した匂いの分析の手順は，吸着剤で捕えた物質を溶媒や熱で脱着後，分析器へと導入し，同定を行う。熱による脱着は分析器とは別に特別な装置を必要とするため，ここでは割愛し，以下に溶媒脱着の方法のみ紹介する。SPME の場合，ファイバーを分析器のインジェクション部に直接差し込んで分析を行う。

4.1. 溶媒脱着

TENAX に吸着された匂い物質は，ジエチルエーテルなどの有機溶媒に溶かし出し，分析器に導入する。一度溶媒脱着したサンプルは，時間とともに揮発してしまうので，脱着後はなるべくはやく分析する。分析まで時間があく場合は，サンプル管の状態で冷凍保存（$-20\sim-30℃$）する。

溶媒脱着の一連の手順を図 5 に示す。サンプル管を固定し，下にスピッツ

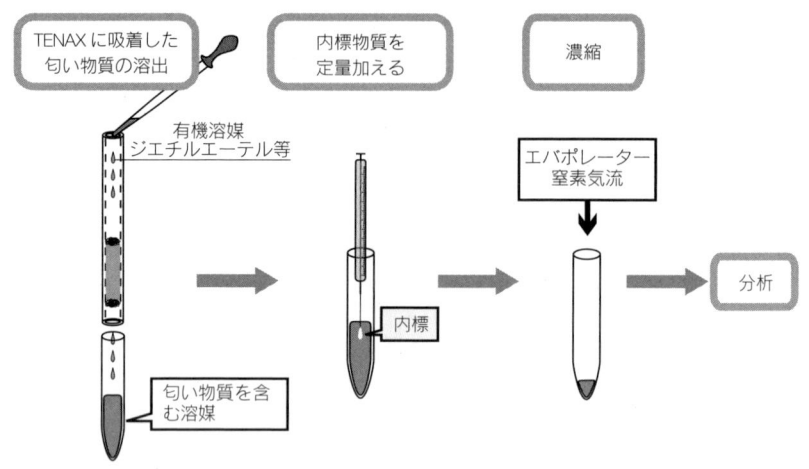

図5　匂いの捕集後から分析までの流れ

管を置く。この時，スピッツ管は溶媒を用いて超音波洗浄器で十分に洗浄したものを用いる。さらに使用前に溶媒で共洗いし，十分に乾かす。ここでの汚れは分析結果に大きく影響するので注意が必要である。

　サンプル管の上側から溶媒を流し入れ，下のスピッツ管で受ける。この時の溶媒の量は1〜2 ml程度でよいが，必ずサンプル間で一定にする。スピッツ管に受けたサンプルに，内標を入れる。内標は分析時の"目印"になるものなので，必ずどのサンプルにも一定の量を入れること。その後，窒素気流下，もしくはエバポレーター等を用いて，5〜50 μlくらいまで濃縮する。この時すべてのサンプルで濃縮後の量を一定にするか，もしくはそれぞれのサンプルの濃縮率を記録しておく。

　内標を選ぶ際には，花から放出されていない物質である必要がある。ノナン酸メチルやトルエン，エイコサンなどさまざまな物質が内標として用いられる。

4.2. 分析

　溶媒抽出したサンプルは分析計にかけ，物質の同定を行う。分析の原理や仕組みは複雑なため，ここでの詳しい説明は割愛する。どんな装置が必要で，どのような流れで分析が行われるかだけを簡単に説明したい。

　ガスクロマトグラフィー（GC）は，クロマトグラフィーの一種である。クロマトグラフィーとは，20世紀初頭にロシアの植物学者Michael Tswettにより創始されたもので，物質を分離・精製する方法である。GCは，カラムを固

4. 花の匂いの分析　327

図6　GC/MS の構成

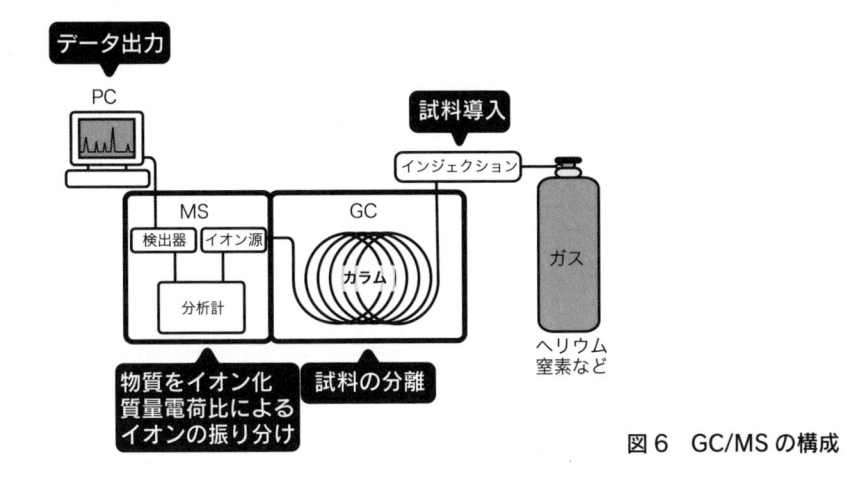

定相，気体を移動相（キャリアガス）として，物質の分離を行う方法である。図6のように，匂いサンプルは試料導入部から注入され，30〜60 m と長いカラムの中で沸点とカラムとの反応性により物質が分離される。検出器へ到達したそれぞれの物質はイオン化され，その量に比例した電流が流れ，増幅器で増幅されたものがクロマトグラム（図7）として記録される。

　GC/MS は上記の GC にマススペクトロメトリー，すなわち質量分析計が備え付けられたものである。GC 部で分離された各物質は，順番に MS 部に送られ，イオン源でイオン化される。匂いの分析に用いられる一般的な GC/MS のイオン化法は，電子イオン化法（EI 法）であり，これは加速した熱電子 e- を目的物質に衝突させイオン化を起こすものである。過大なエネルギーを受けた物質は，ばらばらになりイオン化する（フラグメンテーション）。これらフラグメントは，その後高真空に保たれた分析計内で質量電荷比（m/z）ごとに振り分けられる。その後検出器に到達したそれぞれのイオンは電気的に増幅され，スペクトル形に変換される（マススペクトル mass spectrum，図7）。このマススペクトルには，物質の構造に関する情報が多く含まれており，目的物質の同定の手がかりになる。このように，MS 部はイオン源，分析計，検出器，コンピュータで構成され，GC などの何らかのクロマトグラフィーとともに用いられることがほとんどである（図6）。GC/MS（EI 法）での分析は，GC 部で物質を分離し，MS 部で物質ごとに"ばらばら"にした後に，その破片を見て元の物質の形を推測する破壊的な同定法である。

　ここでは簡単な GC/MS の仕組みについて説明を行ったが，ここからの同定

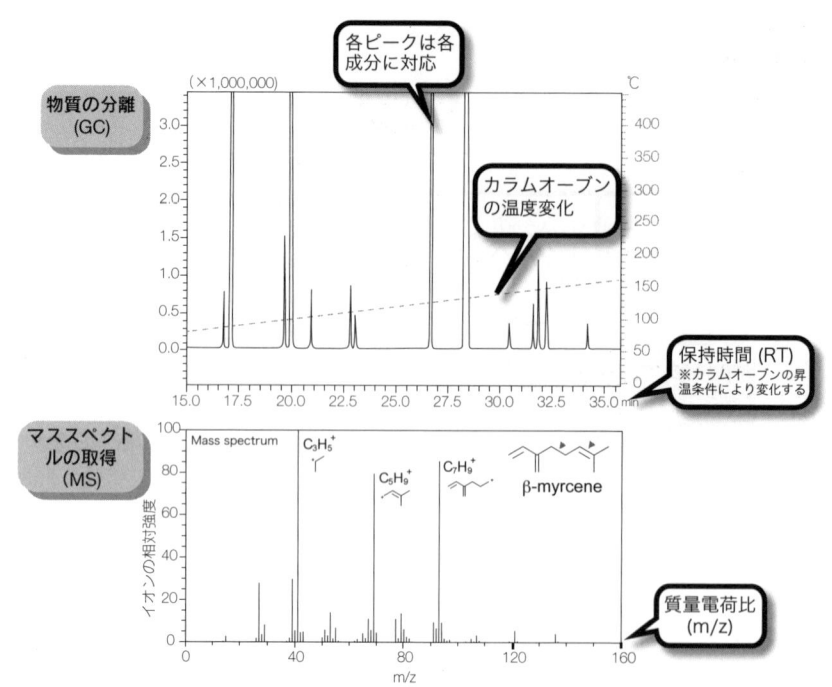

図7 GC/MS分析によって得られたデータの例

作業は独学で習得するには若干難しいため，ここで説明することはしない．以下に技術習得の助けになる資料や講習会の例を紹介するので参考にされたい．

【書籍など】

ガスクロマトグラフィーの基礎
　キャピラリーガスクロマトグラフィー　－基礎と応用－　日本分析化学学会ガスクロマトグラフィー研究懇談会（編集）　朝倉書店.

マススペクトロメトリーの基礎
　マススペクトロメトリーってなあに？日本質量分析学会 編　ミュージアム図書.
　これならわかるマススペクトロメトリー　志田保夫・黒野定・高橋利枝・笠間健嗣・高山光男 著　化学同人.
　有機化合物のスペクトルによる同定法　Robert M. Silverstein, Francis X. Webster, David J. Kiemle 著　東京化学同人.

マススペクトル情報など
　Identification of essential oil components by gas chromatography/mass

spectrometry. Robert O. Adams. Allured Pub.

NIST Chemistry WebBook   http://webbook.nist.gov/chemistry/

【講習会】

島津製作所　GCMS 講習会

日本質量分析学会　質量分析講習会

引用文献

Knudsen J. T., R. Eriksson, J. Gershenzon & B. Ståhl. 2006. Diversity and distribution of floral scent. *The Botanical Review* **72**: 1-120.

Raguso, R. A. & O. Pellmyr. 1998. Dynamic headspace analysis of floral volatiles: a comparison of methods. *Oikos* **81**: 238-254.

第13章 リーフマイナーの自然史と採集法, 飼育法, 標本作製法

大島一正（基礎生物学研究所・生物進化研究部門）

　第4章でも説明したように，リーフマイナー leaf miner とは葉の中に潜り込んで葉肉組織を食べる昆虫のことである（図1）。ほとんどのリーフマイナーは，それぞれごく限られた植物種のみを寄主としており，採集と飼育の経験を積むと潜り痕であるマインがあった植物種とそのマインの形状からリーフマイナーの種類にも見当がつくようになる。本章ではリーフマイナーを採集し成虫にまで育て上げる方法を紹介し，後半では羽化した成虫の飼育法や実験室内で次世

図1　さまざまなマイン
a: オオモミジ *Acer amoenum* 上に形成された *Cameraria niphonica*（ホソガ科）のマイン。b: ゴボウ *Arctium lappa* の葉に形成されたハモグリバエ科 Agromyzidae の1種のマイン。c: ブタナ *Hypochaeris radicata* の葉に形成されたハモグリバエ科 Agromyzidae の1種のマイン。d: クズ *Pueraria lobata* の葉に形成されたダイズクロハモグリバエ *Japanagromyza tristella* のマイン。

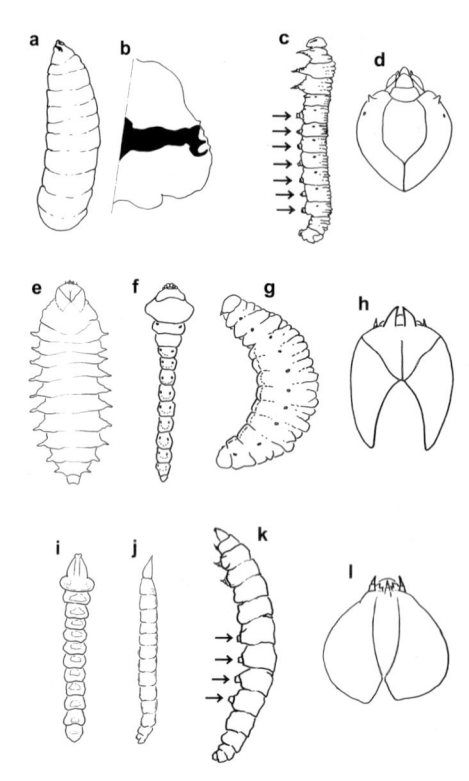

図2 リーフマイナーが見られる昆虫4目の幼虫形態
a: 双翅目ダイズクロハモグリバエ *Japanagromyza tristella* の背面。b: 同口器。c: 膜翅目ハバチ科 Tenthredinidae の背面（素木（1982）より一部改変）。d: 同頭蓋（黒子（1989）より一部改変）。e: 鞘翅目ハムシ科 Chrysomelidae の1種の背面。f: 鞘翅目タマムシ科 Buprestidae の背面（素木（1982）より一部改変）。g: 鞘翅目ゾウムシ科 Curculionidae の1種の側面（素木（1982）より一部改変）。h: 鞘翅目ハムシ科の1種の頭蓋。i: 鱗翅目 *Acrocercops leucophaea*（ホソガ科 Gracillariidae）の吸液型幼虫背面。j: 同側面。k: 鱗翅目 *Artifodina japonica*（ホソガ科 Gracillariidae）の側面（Kumata（1985）より一部改変）。l: 鱗翅目ホソガ科の1種の頭蓋。幼虫の全体図はすべて上側が頭部。

代を得るための累代飼育法，成虫の標本作成方法についても述べる。こうした一連の手法は，分類学や生態学といった基礎科学だけでなく，植物防疫等の応用面でも役立つはずである。

　本章で紹介する採集，飼育，標本作製法は，筆者が研究対象としている鱗翅目のホソガ科という小型蛾類用に考案されたものである。このため，必ずしもすべてのリーフマイナーの飼育に向いているわけではないが，各手法をうまく応用していただければさまざまなリーフマイナーに適用できるはずである。

1. リーフマイナーとは

　採集や飼育法の詳細に入る前に，リーフマイナーの概要を説明しておく。リーフマイナーは鞘翅目と双翅目，膜翅目，鱗翅目の4つの目に見られる。これらのうち幼虫の形態から最も区別がつきやすいのが双翅目の幼虫であり，図2-aのようなウジ虫型をしている。頭部には他の目に見られるのような明瞭な

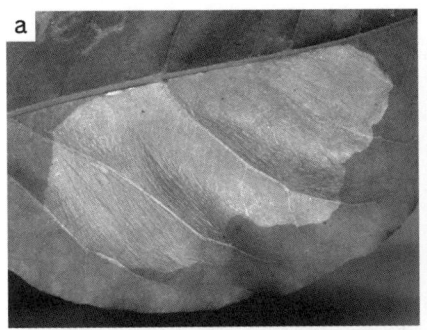

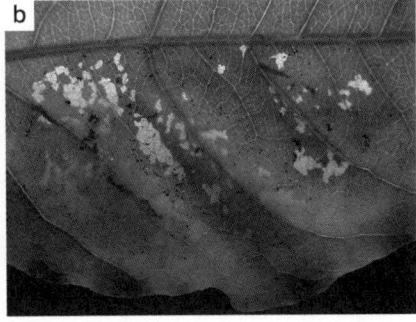

図3 クルミホソガのマインを光にかざしたところ
a：落射光で見たマイン。**b**：透過光で観察すると，咀嚼型幼虫のマインには完全に透けた部分が所々に見られる。**c**：吸液型幼虫のマインを透過光で観察しても，完全に透けて見える部分はない。

頭蓋がなく，口器にはかぎ爪型の骨片がみられる（図2-b）。次に区別をしやすいのは膜翅目の幼虫であり，腹脚が7対みられる（図2-c）。また，頭蓋の後頭部側が後方へ張り出している点からも区別できる（図2-d）。頭蓋の形態は鞘翅目と鱗翅目の幼虫を区別する際にも有用である。鞘翅目の幼虫では前額縫線が頭部前方に向かって開き触角の外側で終わっているが（図2-h），鱗翅目の幼虫では触角の内側で終わっている（図2-l）。鞘翅目幼虫の外見は科ごとに異なっており，腹部各節に突起が見られるのがハムシ科 Chrysomelidae（図2-e），前胸部が扁平で幅広いが腹部後方の節ほど細くなって行くものがタマムシ科 Buprestidae（図2-f），無脚でずんぐりとしているものがゾウムシ科 Curculionidae の幼虫である（図2-g）。鱗翅目幼虫の外見も科ごとに異なるが，細胞液を吸い取ることで栄養を吸収する吸液型幼虫 sap feeder と葉肉組織を噛み砕いて摂食する咀嚼型幼虫 tissue feeder の2タイプに大別できる。吸液型幼虫は非常に扁平であり無脚であるが（図2-i, j），咀嚼型幼虫には4対の腹脚が見られる（図2-k）。

では次に，こうしたリーフマイナーが葉のどの部位に潜っているのかを見ていく。リーフマイナーが潜っている葉（図3-a）に光をかざしてみると，完全

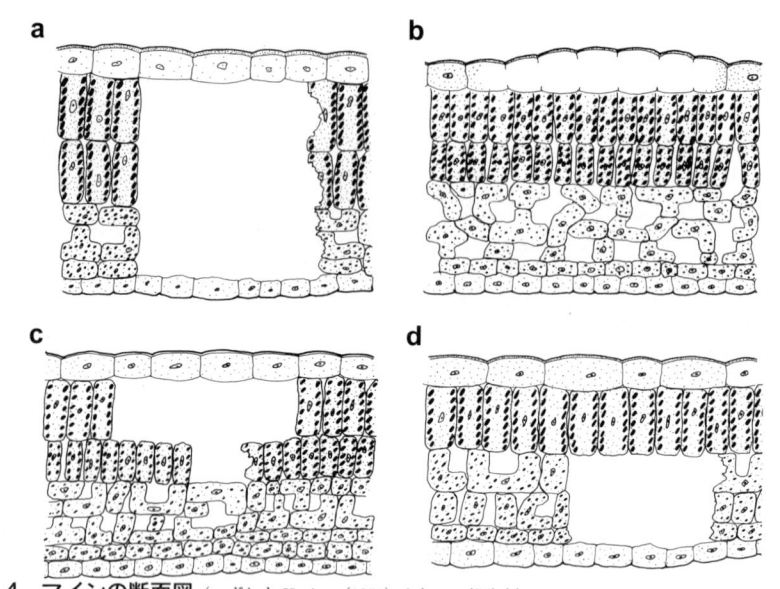

図4　マインの断面図（いずれも Hering (1951) より，一部改変）
a: 柵状，海綿状両組織が摂食されたマイン。b: 表皮細胞のみが摂食されたマイン。c: 柵状組織のみが摂食されたマイン。d: 海綿状組織のみが摂食されたマイン。

に透けて見える部分（白い部分）がある場合と（図3-b），葉肉組織が残っていて完全には透けて見えない場合（図3-c）に大別できる。完全に透けて見える部分は，葉内部の柵状組織と海綿状組織の両方が摂食されている（図4-a）。一方の透けて見えないマインでは，表皮細胞内（図4-b），もしくは柵状組織，海綿状組織のいずれかのみが摂食されている（図4-c, d）。こうした潜行様式は種ごとに厳密に決まっており，同種内でも齢期が異なると違った潜行様式を示すリーフマイナーもいる。マインの2次元的な形状にも，線状やパッチ状のように様々なタイプがあり，幼虫の成長とともに作るマインの形状が変わる種もいる。このように，潜行様式やマインの形状もリーフマイナーの種類ごとに様々であるため，寄主植物だけでなく，葉への潜り方も野外でマインを見つけた際の同定の手がかりとなる。

　リーフマイナーについてさらに知りたい方は，久万田（1997）や保田ら（1998），広渡（2011）を見ていただきたい。これらは和文で読める数少ない一般書である。このほか，少々入手しづらいが黒子（1989, 1990, 1999）にも非常に詳しい説明が載っている。英文であれば，古い本だが Hering (1951) が挙げられる。リーフマイナーの同定に関しては，原著論文にあたる以外なかなか良い文献が

ないが，ホソガ科であれば De Prins & De Prins (2005) にわかっている限りの寄主植物が載っているので，マインを見つけた植物の学名から蛾の候補種を選び出せる。

2. 野外でのマイン採集法と野外採集個体の飼育法

リーフマイナーを採集し飼育するうえで最も重要な点は，マインが形成されている葉を枯らさないことである。これさえできれば，多くの場合餌はマインが形成されている葉のみで十分であり，新たな餌を与え続けなければならない昆虫に比べると飼育はむしろ簡単といえる。本章に登場する採集・飼育道具はすべて表1にまとめてある。

2.1. 採集法

1) 一般にマインは白く目立つため，容易に見つけて採ることができる。採集したい種類が決まっている場合は，寄主植物を目印に探す。マインを新葉に形成するか古い葉に形成するかも種ごとに決まっているので，採集対象に合わせてどのような葉を重点的に探すかを決めておく。また，マインが見つかったとしても，生きた幼虫が入っているかを見極める必要がある。太陽にすかして動く幼虫が見えれば確実だが，うまく見えないことも多々ある。生きた幼虫が入っているマインは多少なりとも膨らんでおり，特に幼虫がいる部分は幼虫の厚みだけ膨らんでいることが多い。逆に，寄生されて死んだ幼虫は内部が溶け出して扁平になっているため，マインも均一に扁平となる。蛹になるために脱出したマインでは，マインに脱出口が見つかる。また，幼虫が死亡もしくは脱出してから時間が経ったマインでは，マイン内部の葉肉組織が褐変していることが多い。

2) マインの付いた葉（もしくは小葉）を採集する際，マインに対して葉が十分に大きい場合（図5-a）は葉を葉柄から切り取るが，マインが葉全体に広がっているような場合（図5-b）は，葉が付いている枝（もしくは中軸）ごと採集する。

3) 採集した葉はジップロック®に入れ，さらにそのジップロック®を大きめの袋もしくは段ボール箱等に入れて持ち運ぶ。袋や段ボール箱が黒色がかっていると熱を持つのでこうした色のものは避ける。また，ジップロック®1袋に大量の葉を入れると，葉や枝どうしがこすれてマインが破れて

表1 本章で使用する飼育・採集用具（＊は本文の脚注番号）

	採集	野外採集個体の飼育	成虫の飼育	
ジップロック®（大，もしくは中。旭化成）	○			
ジップロック®（小，もしくは中。旭化成）		△		
大きめの袋，もしくは段ボール箱	○			
油性ペン（MediaX [PD-153T 1P]。三菱鉛筆株式会社） CD 用のためプラスチックにも書きやすい	○	○	○	
1%ショ糖水溶液（適量，文中では砂糖水と表記する）		○	○	
プラスチック製飼育容器（200KTC PET-P [ふた]，200KB PET-P [本体]。東名化学工業） 類似品が多いが，他社製品はふたの締まりが悪く幼虫が逃げ出す		○		
短冊型キムワイプ®（あらかじめ 1/8 の短冊状に切っておく）		○	○	
正方形型キムワイプ®（あらかじめ 1/8 の正方形に切っておく）			○	
ハサミ		○		
ピペット（プラスチック製のもので十分）		○		
かご（筆者は A4 書類用のかごを用いている）		○		
50 cc 遠沈管（スタンディングタイプ，C571-2。アズワン） 安価。あらかじめ注射針が通る程度の穴を開けておく *2			○	
50cc 遠沈管（成虫の飼育用とは異なり，目盛りがない側に穴を開けたものを用いる）				
50cc 遠沈管（ふたも使用。穴なし）		△		
吸虫管 *3（遠沈管用，図 7）			○	
吸虫管（採卵用，図 10）				
吸虫管（殺虫用，図 12）				
輪ゴム			○	
注射器と注射針			○	
遠沈管立て（50cc 用，25 本立て，RACK-50。IWAKI） 安価かつ省スペース		△	○	
メンディングテープ（Scotch, 810-1-18。住友スリーエム株式会社） きちっと貼りつき，かつ表面に字が書ける			○	
寄主植物の葉				

2. 野外でのマイン採集法と野外採集個体の飼育法　337

成虫の交配	採卵	採卵後の飼育	羽化成虫の殺虫	展翅	ラベル付けと標本管理	採集後の成虫保管	採集成虫の殺虫
						○	
	○						
○	○	○				○	
○	○	○					
		○					
○	○						
○							
	○						
	○	○					
	○	○					
○							
	△	○					○
○							
	○						
			○				
○							
○							
○	△						
	○						
○							

表1　本章で使用する飼育・採集用具（続き）

	採集	野外採集個体の飼育	成虫の飼育	
寄主植物の葉（産卵に適した葉を選ぶ）*7, 8				
透明のプラスチック容器（品名等は下記 a. 参照。HEIKO）*8				
双眼実体顕微鏡				
書類整理用の仕切り（SSS-505-90。セキセイ）				
アンモニア水				
展翅板*11				
微針（虫体用，テープ止め用）*9				
展翅テープ（パラフィン紙で作ったテープ）*10				
ポリフォーム台				
ピンセット				
微針で作った柄付き針*9				
毛抜き（眉毛用）				
ラベル印刷用ケント紙（高級製図ケント，808，エース，が厚めでかつインク乗りがよく使いやすい）				
虫ピン（4号もしくは5号）				
ポリフォーム台				
マウント用ポリフォーム				
平均台				
スチロールチューブ（No. 7，マルエム）				
脱脂綿				

○：必要，△：必要な場合もある
a：**品名** クリスタルボックス スタンダードタイプ C シリーズ。**サイズと品番** C-9B（100×100×50 mm, #6828000），CL-10（120×200×50 mm, #6826300），CL-12（125×225×50 mm, #6826400），CL-14（175×260×50 mm, #6826600）

　しまうので，葉を入れすぎないよう気をつける。逆に，1袋にごく少数の葉しか入れない場合は，乾燥を防ぐため適当な大きさの生葉を保湿剤代わりに入れておく。寄主植物ごとに袋を替えたり，採集地点ごとに袋を替えると便利である（採集後持ち歩いている間に，蛹化のために終齢幼虫がマ

成虫の交配	採卵	採卵後の飼育	羽化成虫の殺虫	展翅	ラベル付けと標本管理	採集後の成虫保管	採集成虫の殺虫
	○						
	○						
	○			○			
	○						
			○				○
				○			
				○			
				○			
				○			
				○			
				○			
				○	○		
					○		
					○		
					○		
					○		
					○		
						○	
							○

インから出てくることもあるため，筆者はリーフマイナーの種類ごとに袋を分けることが多い）．採集中は，ジップロック®を入れた袋や箱にできるだけ直射日光が当たらないよう注意する．

この方法で葉を持ち運ぶことで，朝から夕方まで採集しながら歩いたとして

図5 マインの大きさ
a: あまり広がっていないマイン。b: 多数の幼虫が1枚の小葉上にマインを形成したため，マインが小葉全体に広がっている場合。

も，葉が枯れることをかなり抑えることができる。しかし，できれば2〜3時間おきくらいに宿舎等に持ち帰るのが望ましい。雨天時にはマインに水がしみ込み，また葉自体も水滴で光るため，マインの発見は非常に難しくなる。同様に，朝露に葉が濡れている時間帯もマインの採集には向かない。過度の湿気はマイン内の幼虫によくないため，濡れている葉を採集した場合は，できるだけ水気を取り除いてからジップロック®に入れるようにする。

2.2. 野外採集個体の飼育法

1) マインが形成されている葉（もしくは小葉）の主脈を葉柄側から切り出し短冊状に切ったキムワイプ®を巻く（図7-a〜e）。
2) 葉を飼育容器に入れ，キムワイプ®に1％のショ糖水溶液（以下，砂糖水と表記する）を染み込ませる。主脈を切り出すことで，葉柄が短い場合や小葉のように葉柄がない場合でも砂糖水に浸かる部分を十分に確保でき，葉が長持ちする。採集したマインが1齢幼虫のものであったり，まだ柔らかい新芽についたマインであった場合，飼育容器では幼虫が蛹化するまで葉が持たない場合もある。このような場合は第3節の累代飼育法で述べるように，気密性の高い50 cc遠沈管かジップロック®を用いる。葉が大きい場合にもジップロック®は有用である。また，筆者は他の研究例（Roessingh et al., 2000）を参考に1％の砂糖水を用いているが，1％が最適かどうかは調べていない。もし可能であれば，ご自身の材料に最適な濃度を調べていただきたい（実際に最適な砂糖水濃度を調べた研究例としては，坂巻ら（2011）を参照）。

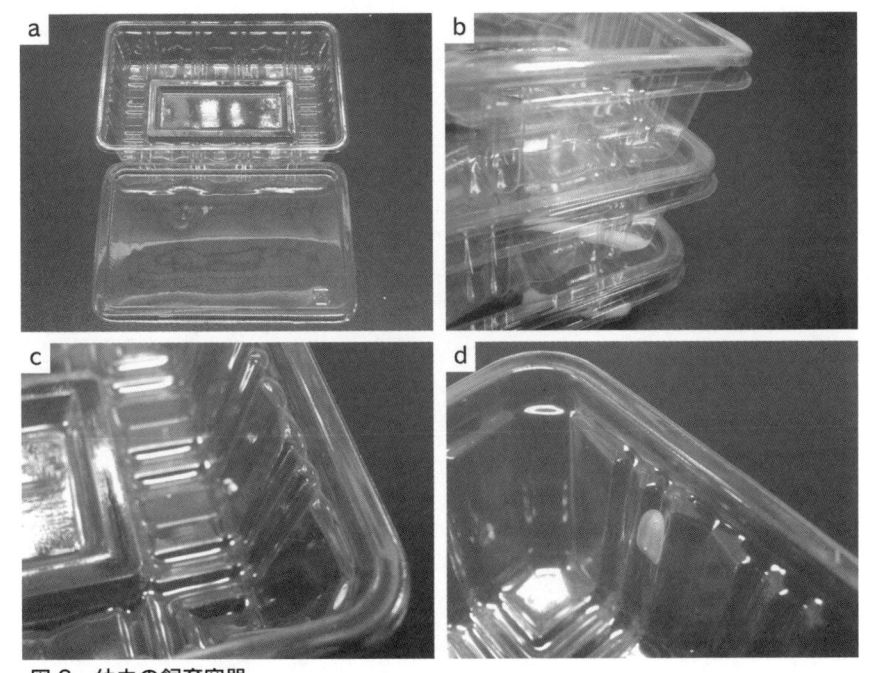

図6 幼虫の飼育容器
a：本体（上，200KB PET-P）とふた（下，200KTC PET-P）。b：ふたの縁が盛り上がっているため，パックを重ねておくことができる。c：本体の壁面と底面にはくぼみが作られている。d：容器のくぼみで蛹化した個体。

3) 最後に飼育容器にふたをし，ふたに飼育番号[*1]等を書き込む。この飼育容器のふた（図6）は縁が盛り上がっており重ねて置いても安定するため扱いやすい。
4) 葉が乾燥しないように，キムワイプ®を巻き付けた部分に定期的に砂糖水を加える。マイン外で蛹化する種類の場合，マインから出た幼虫は蛹化場所を探して活発に歩き回る。砂糖水が過剰に容器内に溜まっていると溺れてしまうため，蛹化直前は砂糖水の量を控える。ホソガ科の場合は凹部で蛹化したがる傾向があり，今回使用している飼育容器は壁面に凹凸があるため蛹化させるのに適している。マイン内で蛹化する種類では，蛹化後も葉が枯れないよう砂糖水を与え続ける。また，蛹化場所にかかわらず，羽化が近付いてきたらキムワイプ®に砂糖水を再度染み込ませ，羽化した成虫が乾燥で死亡しないよう気をつける（種類によっては羽化後の成虫の餌にもなる）。筆者が材料としているホソガ科蛾類は葉や枝の上で蛹化す

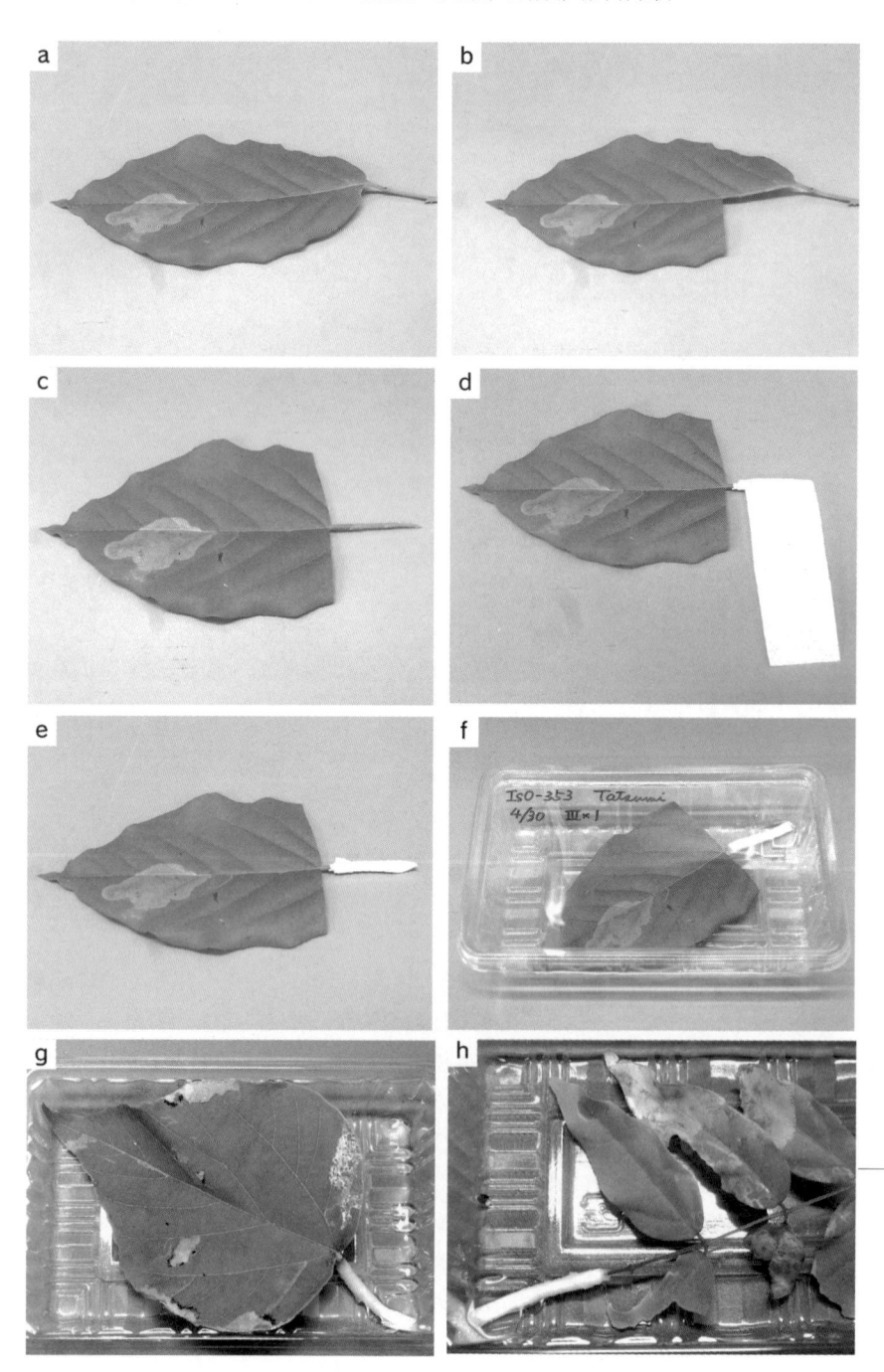

342　第13章　リーフマイナーの自然史と採集法，飼育法，標本作製法

るが，他のリーフマイナーには土中に潜って蛹になるものもおり，こうした場合は飼育容器に土を敷くといった改良が必要であろう．この点は読者ご自身で工夫していただきたい．

今回は詳しく触れないが，成虫にする過程で越冬処理が必要な種類もいる．筆者の場合，飼育容器ごと適当な木箱に入れ，屋外の日陰に土もしくは雪をかぶせて春まで放置している．荒っぽい方法ではあるが，低温室や冷蔵庫に保管するよりカビの発生が少なく，手間もかからない．

3. 羽化した成虫の飼育法と羽化成虫を用いた累代飼育法

ここからは，筆者が自身の研究材料であるホソガ科用に開発した成虫の飼育法と累代飼育法を説明する．一般の読者はここまでされることは少ないと思われるので，第4節の成虫の標本作製法に進んでいただきたい．

3.1. 成虫の飼育法

1) 短冊型キムワイプ® を丸めて紙縒り状にし，遠沈管[*2]の底に入れる．この遠沈管を吸虫管[*3]（遠沈管用，図8）に取り付け，羽化した成虫を1個体ずつ飼育容器から吸い取って吸虫管内に移す．強く吸いすぎると成虫が遠沈管壁に衝突して死亡するため，スッと勢いよく，しかし短く吸い上げるようにする．
2) 成虫が静止したら，遠沈管を吸虫管から取り外し，遠沈管の口に正方形型キムワイプ® をのせ輪ゴムでとめる（図9-a）．

[*1]：幼虫から飼育することで，マインの形や寄主植物，幼虫期の長さといったさまざまな情報が得られる．筆者はこうした情報を詳しい採集地点などとともにできる限り飼育ノート（もしくは電子ファイル）に書き込むようにしている．この際，通し番号をつけて管理し，羽化した成虫を実験に用いる際や，標本にする際，さらに標本から核酸を抽出する際にもこの飼育番号をラベルに記入している．こうすることで，リーフマイナーの生活史情報と成虫の形態や核酸の情報を統合的に扱うことができ，個々のサンプルが持つ情報量が飛躍的に増えることになる．

図7　キムワイプの巻き方と飼育例
主脈の葉柄側を切り出し（a～c），キムワイプを巻き付け（d, e），1% 砂糖水を足して飼育容器に入れる（f）．この際，容器のふたに採集場所や日付，飼育番号等を記入しておく．**g**: アカメガシワ *Mallotus japonicus* に形成されたアカメガシワホソガ *Deoptilia heptadeta* マインの飼育例．**h**: フジ *Wisteria floribunda* に形成されたフジホソガ *Psydrocercops wisteriae* マインの飼育例．

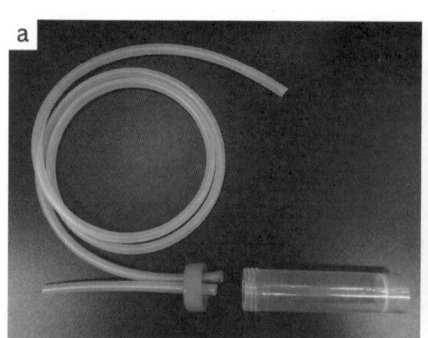

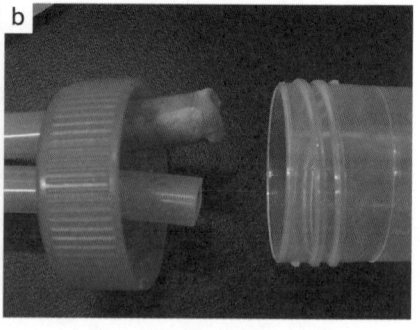

図 8. 吸虫管（遠沈管への移し替え用）
a：長い方のチューブを口で吸い，短い方のチューブから虫を遠沈管内へ吸い込む。b：口で吸い込む方のチューブには布が巻き付けてあるため，吸い込んだ虫が口に入ってしまうことはない。

3) 遠沈管の穴から注射器で餌となる砂糖水を与える。クルミホソガの場合は遠沈管の底に2～3mm溜まる程度に与える。紙縒り状のキムワイプ®に砂糖水が染み込み，キムワイプ®近くに来た成虫は摂食を始める。

4) 蛾を入れた遠沈管の目盛り側にメンディングテープを貼り，各個体の飼育番号や羽化日などの情報を記入する（図9-a）。このメンディングテープが各個体のラベルとなり，交配させる際や産卵させる際にはこのラベルを遠沈管から剥がし，各目的用の容器へと貼付ける。このため，初めにメンディングテープを貼付ける際に一方の端を折り曲げておくと剥がしやすい。

5) 遠沈管は遠沈管立てに並べ，恒温室もしくは恒温器内で飼育する（図9-b）。特に交配や産卵のために成虫を飼育する場合は，日長周期[*4]が管理できる条件下で飼育することが望ましい。

筆者が研究しているクルミホソガは成虫で越冬するため，成虫入りの遠沈管を4℃前後に置くことで成虫を長期間（最長で半年ほど）維持できる。ただし，10日に一度ほど2～3時間だけ室温に戻し，砂糖水を与える。このように越冬態を把握しておくと，サンプルを生きたまま長期間保存できる可能性がある。

[*2]：遠沈管の目盛り側，7.5ccの目盛りあたりに熱した針で注射針が通る程度の穴を開ける。この穴から注射器で餌の砂糖水を与えるが，成虫が逃げないよう穴の大きさに気をつける。

[*3]：吸虫管とは文字通り虫を吸い上げる道具だが，その用途によりさまざまなタイプがある。この章では，遠沈管への移動用（遠沈管用）と産卵容器への移動用（産卵容器用），標本作製用（殺虫用）の3種類が登場する。遠沈管用の構造は図8の通りである。

[*4]：日長周期は，温帯の種であれば「明期14時間，暗期10時間」から「明期16時間，暗期8時間」，熱帯の種であれば「明期，暗期ともに12時間」が一般的である。

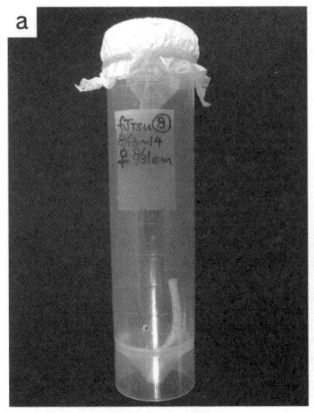

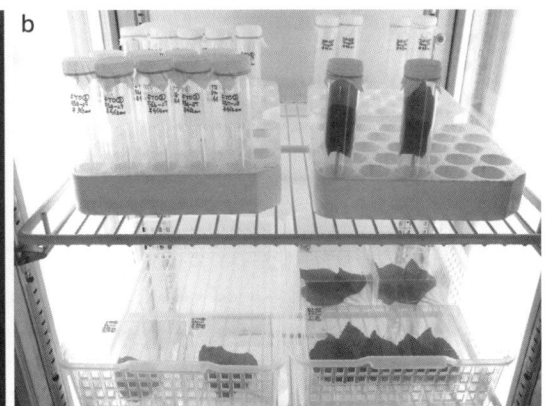

図9　成虫飼育の様子
a: 遠沈管の底には紙縒り状にしたキムワイプが入れてあり，1%砂糖水を染み込ませてある。
b: 遠沈管立てに並べ，恒温器内に置いた様子。下段の棚には累代飼育用に採卵用の葉を並べた容器が見える。

3.2. 羽化成虫を用いた累代飼育法

累代飼育を行うには，①成虫を交配させ，②交尾済みのメスを産卵させ，③得られた卵を再び成虫にまで飼育する必要がある。以下この3点について説明する。また，羽化後何日目から交尾行動を示すかをあらかじめ調べておき，羽化した成虫は交尾行動を始める前に飼育容器から回収し，個別に飼育しておく。

3.2.1. 成虫の交配

1) クルミホソガの場合，羽化後4～5日が経過した個体を用いる。メスは砂糖水を与えながら飼育することで卵巣が発達し，見た目にも腹部が膨らむ。
2) 寄主植物の葉[*5]を2.1.で説明したように主脈を切り出し，キムワイプ®で巻く。異なる寄主植物を利用する集団間での交配では，雌雄それぞれの寄主植物の葉を用意し，2枚重ねて巻く。いずれの寄主植物の葉にも蛾が触れられるよう，上側に重ねた葉を中程で切っておく（図10-a）。こうして用意した葉を遠沈管（目盛りがない側に穴を開けておく）に入れる。
3) 遠沈管用の吸虫管を取り付け，交配に用いる個体を吸い込む。

[*5]: 蛾類では寄主植物の存在がメスの交尾行動の誘発に必要であるという例が知られている（Menken et al., 1992）。蛾類のオスで調べた研究例は筆者の知る限りないが，植食性のハエ類ではオスも交尾場所として寄主上を選ぶため（Feder et al., 1994），雌雄両方の寄主植物を交配用遠沈管に入れている。

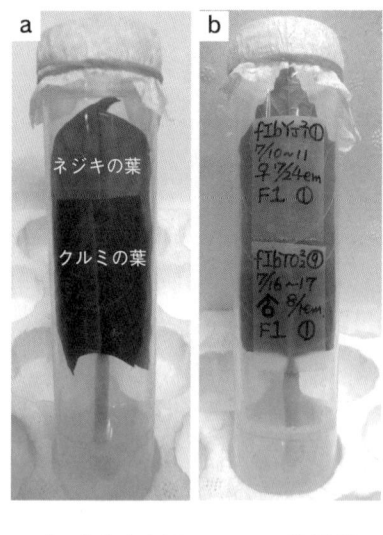

図10　クルミホソガの交配実験の様子
a: クルミレースの雌とネジキレースの雄のかけ合わせのため、クルミとネジキの両方の葉を入れている。**b**: 遠沈管にかけ合わせている個体のラベルを貼っておく。

4) 成虫を飼育していた遠沈管からラベルをはがし、交配用の遠沈管に貼り付ける（図10-b）。注射器で砂糖水を入れた後、遠沈管立てに並べ、日長がコントロールできる恒温器もしくは恒温室内で飼育する*6。

3.2.2. 採卵

1) 雌個体が産卵し始めたかどうかは、遠沈管内の寄主植物上に卵が産みつけられているかどうかを実体顕微鏡下で観察することで確認する。葉だけでなく、遠沈管壁に産む個体もいる。
2) 寄主植物の葉*7,8 から 2.2. で紹介した要領で主脈を切り出しキムワイプ® を巻いた状態にする。寄主植物の葉を採卵用の透明プラスチック容器*8 へ並べ（図11-a）、キムワイプ® を巻いた部分に砂糖水を加える。砂糖水が少なすぎると葉が乾燥してしまうが、多すぎても雌個体が脚を取られて死亡する

---

*6: 蛾類の場合、日長周期に合わせて特定の時刻に交配行動や産卵行動をとるため、必ず日長がコントロールできる環境下で飼育すること。交配行動や産卵行動は特定の時刻に起こるため、あらかじめどの時刻に起こるかを調べておけば、これらの行動を観察することも容易である。

*7: 野外で弱齢幼虫のマインが見られる葉の状態から、産卵させたい種類の雌が新葉を好むのか、あるいは少し古くなった葉を好むのか、といった見当をつけておく。大量に採卵したい場合は、圃場等で寄主植物を栽培し、最適な状態の葉を常に供給できるようにする。

*8: 1枚の葉で育つ幼虫の数には、葉の面積に伴う制限があり、1枚の葉に大量に産卵されても、最終的に得られる F_1 成虫の数は増えない。よって、飼育しようとしているマイナーの幼虫が蛹化するまでに必要とする葉の面積と、1頭の雌個体が1日に生む卵の数を把握する必要がある。採卵に用いる容器の大きさもこれらに合わせて調整する。

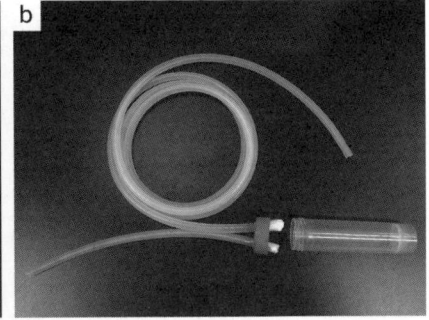

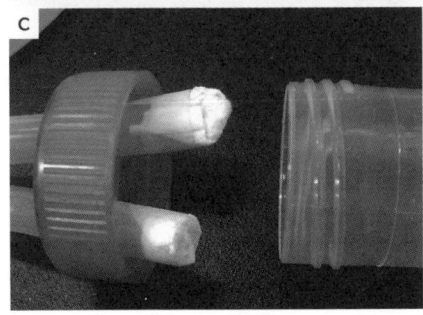

図11 吸虫管(産卵容器への移し替え用)
a: 寄主植物の葉を採卵用の透明プラスチック容器に並べたところ。b: 虫を吸い込む方のチューブが長めになっている．チューブの途中まで虫を吸い込んだ後，再び吹き出して移動させる。c: 口で吸い込む方のチューブだけでなく，虫を吸い込む側にも布が巻かれているので，吸いすぎても虫が遠沈管内に入ってしまうことはない。

　　　ため，うまく量を加減する。
3) 産卵を始めた雌を，次の産卵時間が来る前に寄主植物の葉を並べた採卵用の透明プラスチック容器に移動させる。この移動には，採卵用の遠沈管 (図11-b, c) を用いる。
4) プラスチック容器をかごに並べ，恒温器もしくは恒温室内に戻す。
5) 産卵が終わったら採卵容器から葉を取り出し，実体顕微鏡下で産卵数を計測する。あらかじめ1日あたりの産卵数から1回の採卵に用いる葉の総面積を算出しているが，複数枚の葉を用いた場合，特定の葉に産卵が集中してしまうことがしばしば起こる。このため，各葉への産卵数を確認後，過剰な卵については針やピンセット等で潰しておく。ただし，孵化率が低い場合や弱齢幼虫期の死亡率が高い場合等は，ある程度幼虫が育ってから間引く。また，そもそも葉ごとに産卵数が偏ってしまうことを防ぐため，同じ採卵容器にはできるだけ同質な葉を並べることが望ましい。
6) 産卵された葉はそのサイズに応じて，遠沈管もしくはジップロック®に移し，葉のキムワイプ®部が十分に浸る程度の砂糖水を入れる (図11)。遠沈管の場合はプラスチック製のふた (付属品) をし，ジップロック®に

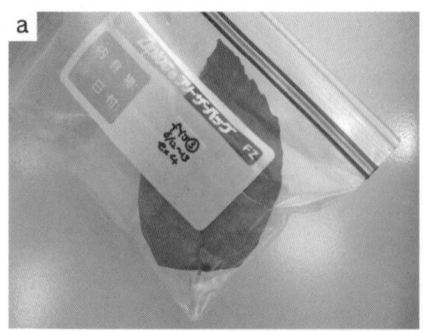

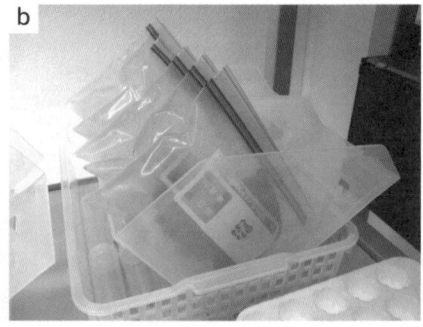

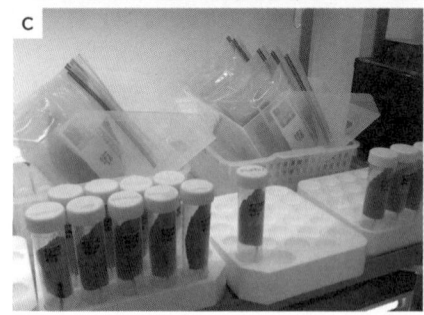

図12 飼育の様子
a: ジップロック®に葉を入れ，斜めにして底に1%砂糖水を入れる。b: ジップロック®を斜めにしたまま保てるよう，適当なラックに入れて飼育する。c: 累代飼育の様子。手前は遠沈管内でマインを育てているところ。

入れた場合は，ラベルを貼った後に息を吹き込んで袋を膨らませ，図12-bのように斜めに立てかける。いずれの場合もメンディングテープのラベルを貼っておく。

3.2.3. 採卵後の飼育法

1) 遠沈管およびジップロック®内で飼育している間は世話をする必要はあまりない。ただし，容器内の結露がひどい場合は，マインが水に濡れて幼虫が死亡する可能性があるので，適宜結露を拭き取り蒸発した分の砂糖水を加える。
2) マイン外で蛹化する種なら終齢幼虫期に2.2.で野外個体の飼育の際にも用いた飼育容器に葉を移し，マイン内で蛹化する種なら羽化直前に飼育容器に移す
3) 葉を移した先の飼育容器にラベルを張りつける。移動させた日をラベルに書き加えておくと，羽化日を予測する際に便利である。
4) これ以降の作業は，2.2.と同じである。

4. 羽化した成虫の標本作製法

　乾燥標本の作成は，①羽化した成虫が傷まないように殺し，②展翅し（翅の模様が見やすい標本を作るために翅を広げる作業），③乾燥後に採集ラベルを付けて標本箱に整理して並べる，という3つの段階からなる。特に，最後のラベル付けは後回しにされがちであるが，「ラベルを付けるまでが採集だ」と言う分類学者もいるほど重要な作業である。
　リーフマイナーは成虫も小さく標本にしづらい印象を持たれるかもしれないが，実体顕微鏡下での作業にさえ慣れてしまえば簡単であり，出来上がった標本も場所をとらないため小さなスペースで大量のコレクションを維持することができる。

4.1. 殺虫

　昆虫を殺す方法には，大きく分けて薬剤を使用するものとしないものの2通りがある。薬剤を使用しない方法で最もシンプルなものは，蝶の標本を作製する際等に用いられている，胸部を手で圧迫して殺す方法である。この方法はシンプルで良いが，小さなリーフマイナーには使えない。他の方法としては，冷凍庫内で凍死させるというものがある。利点としては，凍死させた後そのまま凍らせて保存しておくことで，室温に戻した際に虫体が柔らかくなり展翅等の整形がしやすいことが挙げられる。しかし，寒さに強い種類の場合はなかなか死なないうえ，野外では行えない。
　こうした点から，今回は薬剤による殺虫法を解説する。昆虫標本の作成を目的とした場合，現在一般的に用いられている薬剤としては，酢酸エチル，亜硫酸ガス，アンモニア等が挙げられる。酢酸エチルは即効性はあまり高くないが，その分死後硬直も起こりにくい。このため，甲虫類のように採集しながらその都度殺虫し，後でまとめて展足（脚を整えること）するような場合に用いられることが多い。死後硬直が起こりにくい点は展翅をするうえでも好適だが，酢酸エチルを入れた容器内がべたつきやすく，小さな昆虫の殺虫には向かない。亜硫酸ガスとアンモニアは即効性が高くすぐに死ぬが，死後硬直も早く起こるため，殺虫後はできるだけ早く展翅する必要がある。**第11章-VII**の古い標本からのDNA抽出の項でも述べているように，将来的な核酸抽出も視野に入れて薬剤を選ぶことが望ましい。また，薬剤を使用する際は薬剤自体の扱いに細心の注意を払う。

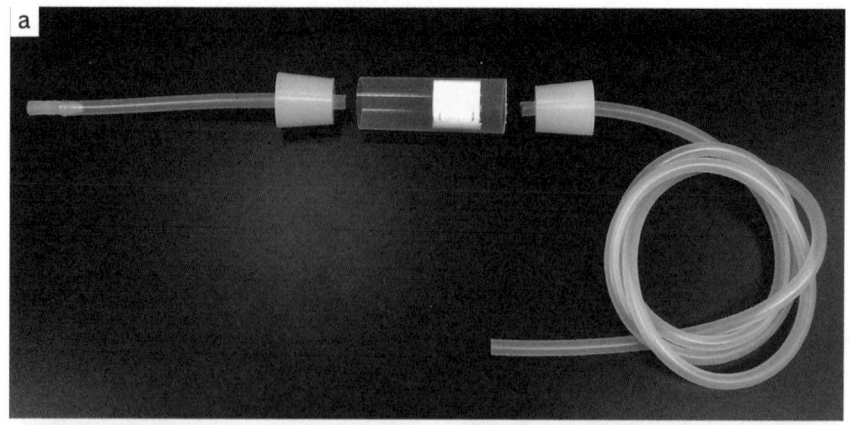

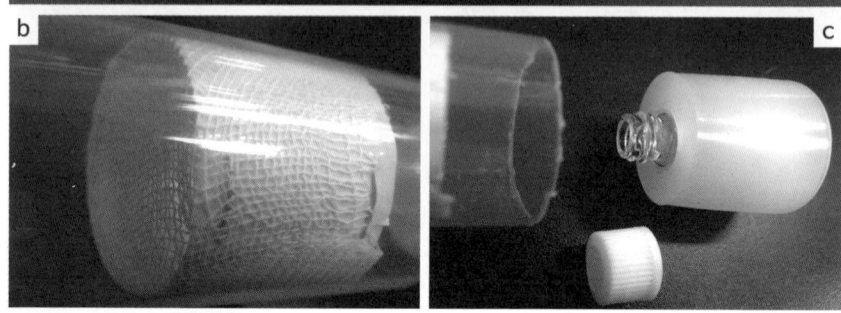

図13 吸虫管（殺虫用）
a: 長い方のチューブを口で吸い，短い方のチューブから虫を吸い込む。b: 吸虫管本体の中程にガーゼの布のしきりがあるため，吸い込んだ虫はこれよりも左側にたまる。c: 小さなガラス製スクリュー管が埋め込まれたシリコン栓に付け替える。このスクリュー管にはアンモニア水溶液を染み込ませた脱脂綿を入れてある。

1) 羽化した成虫を殺虫用の吸虫管（図13）で飼育容器内から吸い取る。
2) 吸虫管の吸い込み口に栓をし，吸引用チューブ付きシリコン栓をアンモニア水入りの瓶が付いた栓に取り替える（図13-c）。瓶のふたを開けアンモニアガスを吸虫管内に充満させ殺虫する。殺虫が不十分な場合，展翅中に虫が蘇生する一方，吸虫管に長く置きすぎると虫体が硬くなので，殺虫時間に気をつける。

4.2. 展翅

1) 殺虫後の虫体をポリフォーム台の上にのせ，顕微鏡下で胸部に微針[*9]を刺す（図14-a～d）。この際，虫体の大きさに適した微針を選び，微針が虫体の前後左右いずれの軸に対しても垂直に刺さるよう気をつける。針を刺

す場所は，中胸の中央部が望ましい。前胸と中胸，もしくは中胸と後胸の間に刺してしまった場合は標本が乾燥した後，針を刺した場所から壊れることが多い。虫体が微針の先端から2/3の位置にくるように刺しておく。

2) 展翅テープ*10 の片方の端を折り返し，その部分を微針で展翅板*11 の上端にとめる（図 14-e）。

3) 微針の頭側（先端の反対側）をピンセットで持ち，展翅板中央の溝に微針を刺す（図 14-e）。この際，虫体の翅を広げた面が展翅板の表面と水平になるように気をつける。翅を広げた面が展翅板面に触れるまで微針を刺す。

4) 軽く息を吹きかけて翅を展翅板の上に広げる。その後，通常の展翅同様，柄付き針で翅の角度を整える。展翅テープを指で引っ張りながら好みの角度で翅を止め，微針でテープを止め翅を固定する（図 14-f）。固定用の微針を刺す際は，ピンセットよりも眉毛用の毛抜き等を用いた方が針を刺しやすい（図 14-l, m）。

5) 展翅した個体に続けて，採集地や飼育番号等を記入した仮ラベルを刺しておく（図 14-g）。

6) この状態で1か月ほど乾燥させる（小型昆虫は乾燥が早いが，最低2週

---

*9：虫体および展翅テープの固定用には，英国の Watkins & Doncaster 社製の微針（http://www.watdon.co.uk/the-naturalists/acatalog/Pins.html）を用い（図 14-a～c），展翅用の柄付き針を作る際には，志賀昆虫社製の微針を用いる（http://www.shigakon.com/fs/konchuu/gr12/20111）。Watkins & Doncaster 社製の微針は先端が非常に尖っており，虫体や展翅板に突き刺すのに向いている。また，さまざまな太さや長さがあり，虫の大きさによって使い分けることができる。筆者の場合，虫体用には長さ12.5 mm のものを，展翅テープの固定用には10 mm のものを使っている。太さはA（太さ0.1 mm）～G（太さ0.45 mm）まで7段階あるが，A～D（太さ0.1～0.25 mm）の4種類があれば十分である。展翅テープの固定用にはDサイズの針を用いている。一方の志賀昆虫社製の微針は，先端があまり尖っておらず虫体に突き刺さりにくいが，そのかわり翅を傷つけにくく，柄付き針に適している（図 14-n, o）。微針は非常に細いため，誤って散乱させると発見しづらくたいへん危険であり，取り扱いには細心の注意が必要である。

*10：展翅テープは薬包紙を適当な幅にカッターで切り作っておく。展翅板の板の幅は何種類かあるので，各展翅板にあわせて作っておくと良い（筆者の経験では8 mm 程度のものが汎用性が高くて使いやすい）。カッターで切ると切り口の部分が下へ曲がっており，そのまま使うと翅を傷つけるので，切る際に裏側になっていた面を表側にして展翅する。

*11：小型昆虫用の展翅板は，現在理科器具店等では手に入らない。しかし，長野県に在住の平野長男さんが個人的に作成されており，直接依頼することで購入できる。なお，平野さんが作成されている展翅板は小蛾類の展翅を目的に作られており，専用の携帯用箱に入れて持ち運べるため非常に便利である（図 14-j, k）。平野さんのご連絡先は以下の通りである。

〒390-1401 長野県波田町下島 9955-3

352　第13章　リーフマイナーの自然史と採集法，飼育法，標本作製法

間は乾燥させる）（図 14-h～j）。

4.3. ラベル付けと標本の管理

1) 展翅テープを止めている微針を毛抜きで注意深く抜き取り，テープを横へずらすようにして展翅板からはずす（図 15-a）。
2) 虫体に刺さっている微針を注意深く毛抜きでつまみ上げて，展翅板から

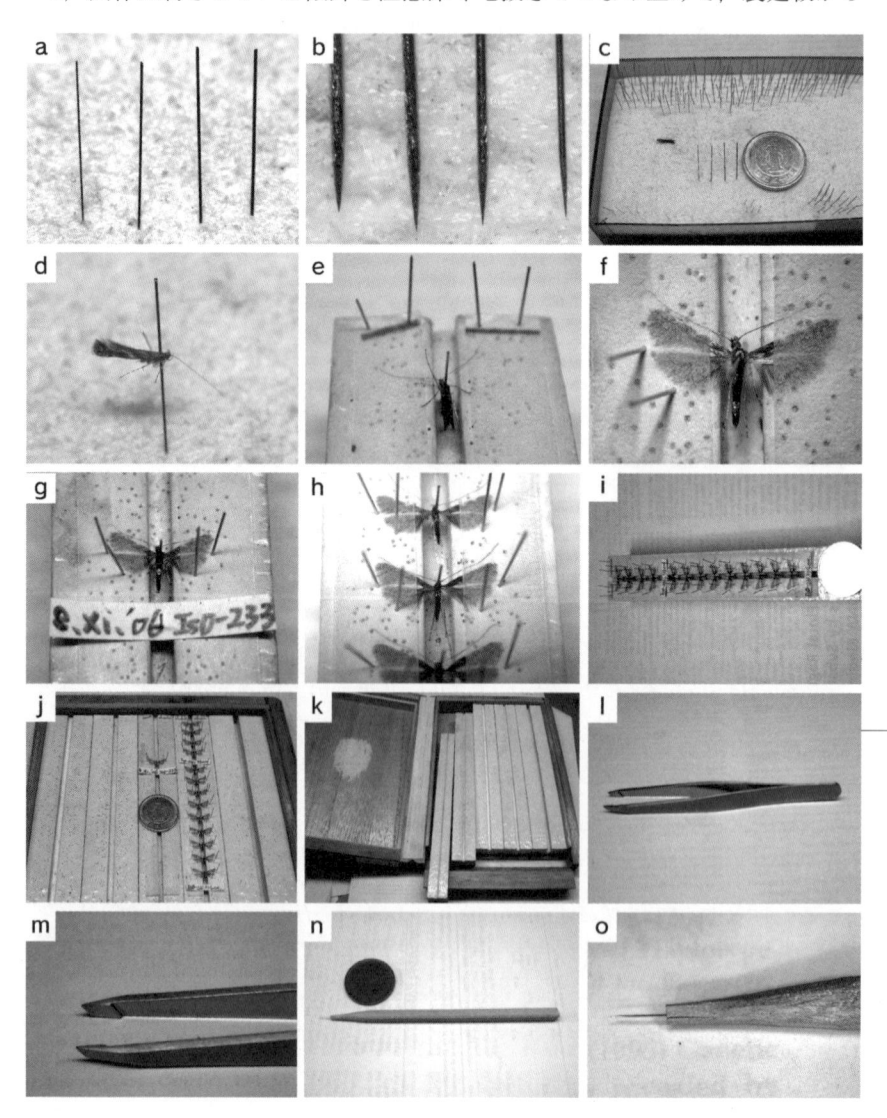

虫体をはずす。外した虫体はポリフォーム台に刺す。展翅の際につけた仮ラベルも取り外し，虫体と一緒にポリフォーム台に刺して各標本の情報が分かるようにしておく（図15-b, c）。

3) 固めのポリフォーム材を適当な大きさに切り（例えば，厚さ3 mmのポリフォーム台を5 mm×15 mmに切る），マウント用の台を作っておく。図15のように4号か5号の虫ピンをマウント台に刺し，平均台で高さを揃えておく（図15-d, e）。

4) マウント台に標本を刺す（図15-f）。虫ピン側からある程度遠くに刺した方が，後々標本を扱う際に指が虫体に触れにくくなる。

5) ラベルをケント紙に印刷し，1枚1枚のラベルへと切り分ける（図15-g）。ラベルには採集地や採集日時，採集者等を書いたいわゆる普通のラベル（ここでは「採集ラベル」と呼ぶことにする）から，飼育情報（飼育番号や寄主植物）を書いた「飼育ラベル」，種名を同定した際につける「同定ラベル」など，さまざまなものがある。このなかで，展翅板から外した後すぐにつけるのは，採集ラベルと飼育ラベルである（成虫を野外採集した場合は飼育ラベルはつけない）。通常，採集ラベルの下に飼育ラベルをつける。各ラベルとも平均台を用いて一定の高さに揃うようにする（図15-h, i）。

5. 野外で採集した成虫の標本作製法

ここでは野外で小型の蛾類成虫を採集した場合の標本作製法を述べておく。飼育した場合と異なるのは，成虫を採集したあとの保存法と殺虫法のみであり，

図14　展翅
a: 虫体に刺すための微針4種類。太さは左から，A (0.1mm)，B (0.15)，C (0.20)，D (0.25)。**b**: 各針の先端。**c**: このようなポリフォーム台を作成しておくと作業を行いやすい。写真の例では名刺ケースを再利用している（大きさの比較のため1円玉をのせている）。**d**: 虫体に垂直に微針を刺す。**e**: 展翅板の面に垂直になるように微針を刺す。**f**: 太さDの針を使って展翅テープを固定する。**g**: 左右の翅が固定できたら採集日や飼育番号等を書いた仮ラベルを微針で刺しておく。**h**: 複数個体を並べて展翅した様子。**i**: できるだけつめて展翅した方が多くの個体を展翅できる。右端は大きさ比較のための1円玉。**j**: 展翅済み展翅板をケースに並べた様子。**k**: 展翅板と展翅板ケース。このケースに入れて持ち運ぶ。ケースのおおよその大きさは22 cm×15 cm。**l**: 筆者が微針を扱う際に使っている毛抜き。**m**: 毛抜きの先端部。**n**: 翅を広げて角度を調整する際に使う柄付き針。柄は割り箸で作成。**o**: 柄付き針の先端部。

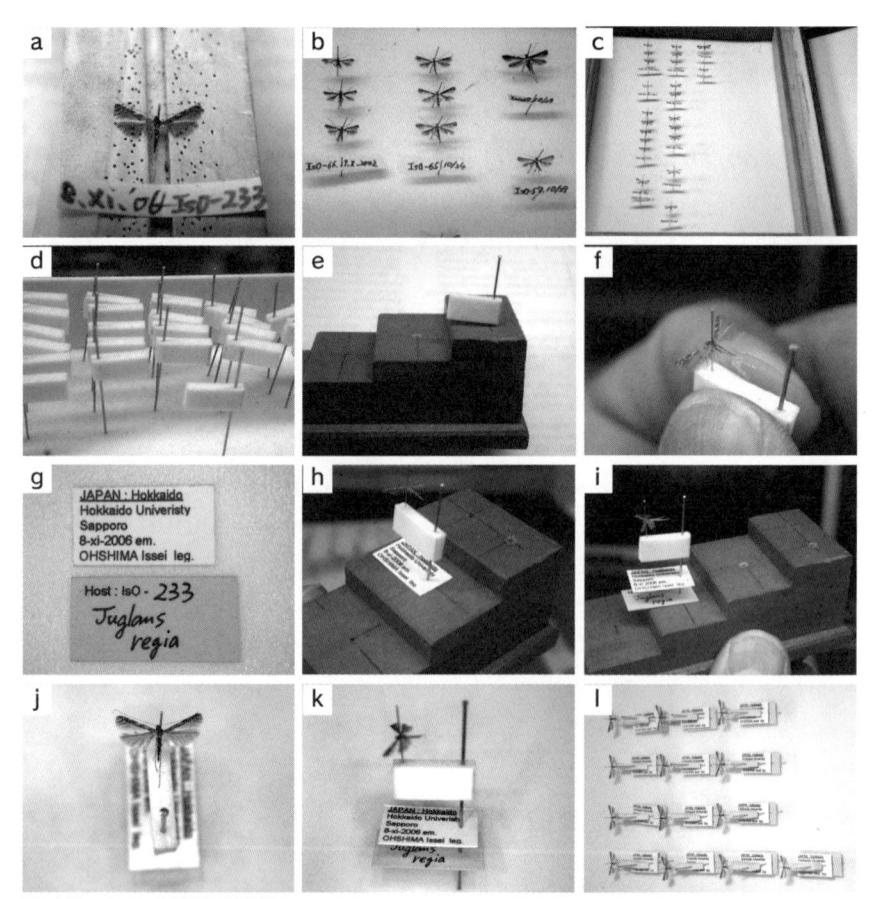

図15 ラベル付けと管理

a: 展翅テープを横へずらして外す。b: 展翅板から取り外した標本。c: ポリフォーム敷きの携帯ケース(展翅板ケースと同じ大きさ)があると便利である。d: 微針刺しの標本をのせるための小型ポリフォーム。e: 平均台で高さを揃えておく。f: 小型ポリフォームに標本を刺す。g: 採集ラベル(上)と飼育ラベル(下)。h: 採集ラベルの高さを合わせる。i: 次に飼育ラベルをつけ,高さを合わせる。j: 完成した標本。上から。k: 横から。l: 標本は向きを揃えて並べ,標本箱に保管する。

その他の部分は第4節を参考にしていただきたい。

5.1. 採集後の成虫の保管

第4節でも述べたように,小蛾類の成虫は死亡後急速に硬くなるため,展翅するときまでできるだけ生かしておくことが重要となる。

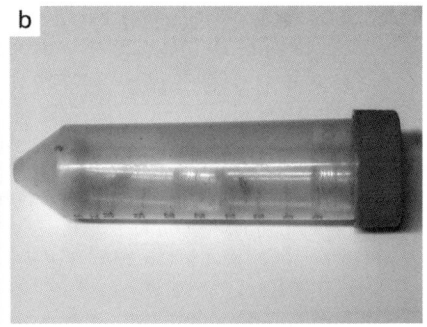

図 16　殺虫
a: アクリルチューブに入れた蛾。b: アンモニアを充満させた遠沈管内で殺虫する。

1) 採集した成虫をスチロールチューブに移す（図 16-a）。1つのチューブには1個体しか入れてはいけない。2頭以上入れると，お互いに刺激し合いすぐに鱗粉がはがれてきれいな標本が作れない。
2) 成虫を入れたスチロールチューブをジップロック®に移す。乾燥を防ぐため，ジップロック®に適当な大きさの生葉をいれておく。このスチロールチューブは気密性が低いため，採集個体も窒息しにくく，かつ適度な湿度もチューブ内に行き渡る。マイン採集の時と同様に，できるだけ採集品に直射日光が当たらないよう注意する。

5.2. 殺虫

展翅の準備が整ったら，成虫を順次殺していく。
1) 50 cc の遠沈管に脱脂綿を入れ，アンモニア水を染み込ませる。次に蛾が入っているチューブのふたを少しあけ，2つずつ遠沈管に入れ，遠沈管のふたを閉める（図 16-b）。10分ほど置き，蛾を完全に殺す。殺虫が不完全だと展翅中に蘇生し，うまく固定できない。また，一度に大量の個体を殺虫してしまうと，展翅するまでに硬くなってしまうので，筆者の場合は6個体ずつ殺すようにしている。
2) 遠沈管からチューブを取り出し，蛾をポリフォーム台に置く。これ以降の方法は第4節で説明した通りである。

引用文献

De Prins, W. & J. De Prins. 2005. Gracillariidae (Lepidoptera). World Catalogue of Insects. Vol. 6. Apollo Books, Stenstrup.

Feder, J. L., S. Opp, B. Wlazlo, K. Reynolds, W. Go & S. Spisak. 1994. Host fidelity is an effective pre-mating barrier between sympatric races of the apple maggot fly. *Proceedings of the National Academy of Sciences of the United States of America* **91**: 7990-7994.

Hering, E. M. 1951. Biology of Leaf Miners. Uitgeverij Dr W. Junk,'s-Gravenhage.

広渡俊哉（編） 2011 絵かき虫の生物学 北隆館.

Kumata, T. 1985. A new genus of Gracillariidae, with three new species from Asia (Lepidoptera). *Insecta matsumurana New Series* **32**: 109-137.

久万田敏夫 1997. 葉にもぐるガ類. 石井実・大谷剛・常喜豊（編）日本動物大百科 第9巻, p. 70. 平凡社.

黒子浩 1989. 日本のハモグリガ（1）. 北九州の昆蟲 **36**: 73-80.

黒子浩 1990. 日本のハモグリガ（2）. 北九州の昆蟲 **37**: 1-6.

黒子浩 1999. 日本のハモグリガ（3）. 北九州の昆蟲 **46**: 79-88.

Menken, S. B. J., W. M. Herrebout & J. T. Wiebes. 1992. Small ermine moths (*Yponomeuta*): their host relations and evolution. *Annual Review of Entomology* **37**: 41-66.

Roessingh, P., K. H. Hora, S. Y. Fung, A. Peltenburg & S. B. J. Menken. 2000. Host acceptance behaviour of the small ermine moth *Yponomeuta cagnagellus*: larvae and adults use different stimuli. *Chemoecology* **10**: 41-47.

坂巻祥孝・杉谷詩麻・近藤岳美・津田勝男 2011. チャ葉の延命処理によるチャノホソガの室内飼育法. 蝶と蛾 **62**: 51-55.

素木得一（編） 1982. 昆虫学辞典. 北隆館.

保田淑郎・広渡俊哉・石井実（編） 1998. 小蛾類の生物学. 文教出版.

コラム3　博物館標本の活用術

細　将貴（NCB Naturalis）
鈴木まほろ（岩手県立博物館）

　世界中を探検して標本を集める。行く先々で見たことのない生き物に出会い，遠い異邦を垣間見る偉大な旅……。そんな博物学時代の冒険譚に憧れて生物の研究者を志す人も多いだろう。しかし，研究を始めてみればすぐに，そんな悠長な方法は現実的ではないことに気づく。残念ながら採集旅行に費やせるお金や時間は有限だ。検疫のほか，国内外の法律によって，持ち出し・持ち込みが禁止されている生物も少なくない。遺伝子資源の流出に敏感な国が相手ならなおさらだ。また，何人たりとも過去を旅することはできない。だから，たとえば外来生物の影響を知りたくても，比較対象になる100年前の状況を直接調べる術はない。空間や時間を越えた比較研究は，いつだって困難だ。だからこそ，みんなが憧れる。

　そんな時，博物館は生態学者の強い味方になるかもしれない。あまり知られていないことだが，自然史博物館に所蔵されている標本をはじめとする学術資料（natural history collections）は，分類学や地質学，考古学の礎であるばかりでなく，生態学の発展にも大きく貢献する可能性を秘めているのだ。そこでこのコラムではまず，博物館標本を活用した研究の具体例を紹介し，ゲノミクス，分析化学，情報技術などの発展とともに今後ますます高まるであろう博物館標本の学術資源バンクとしての魅力を概説する。それから筆者（細）のケース（Hoso *et al*., 2007；第10章参照）を参考にしながら海外の博物館から標本を借用する方法を紹介し，合わせて国内外の博物館標本を利用する際の一般的な留意点について簡単に触れる。本稿が，研究者と博物館標本のよりよい関係の構築に貢献できれば幸いである。

1. 博物館標本の威力

　博物館標本を活用した生態学的研究の例は枚挙に暇がなく，すでにほかの出版物で詳しく紹介されている（Graham *et al*., 2004; Suarez & Tsutsui, 2004;

Wandeler *et al.*, 2007; 鈴木，2007 など参照）。ここでは博物館標本の将来を明るく照らすトピックスを，厳選して紹介したい。

1.1. 急速な適応進化を実証する

• 移入生物どうしの共進化

継時的に収蔵されてきた外来生物の標本は，急速な適応進化の過程をその身に刻んだタペストリーといえるかもしれない。Zangerl と Berenbaum (2005) は，外来の植物と植食者の間で短期間のうちに起こった共進化の歴史を標本から復元することに成功した。

1609 年に食用としてヨーロッパから北米に持ち込まれ，1630 年には野外への逸出が確認されたセリ科草本アメリカボウフウ（アメリカ原産じゃないのにね）*Pastinaca sativa* L. が，その二次代謝物による化学防御をかいくぐることのできるほとんど唯一の仇敵であるハナツヅリマルハキバガ *Depressaria pastinacella* (Duponchel) と再び相まみえたのは，時をはさむこと実に 150 年後の 1865 年頃のことだった。「パクス・アメリカーナ」とその終焉に際して，アメリカボウフウが受けた自然選択は著しいものであったに違いない。幸運なことに，各地の博物館の植物標本庫には，アメリカボウフウの腊葉標本が 1850 年以降，時と場所はしばしば離散的ながらも大切に保存されていた。多くは，一緒にはさみ込まれたハナツヅリマルハキバガのかわいそうな幼虫とともに。

Zangerl と Berenbaum は植物標本から各種毒性物質を抽出し，それらの含有量の時系列に沿った変化を追いかけた。その結果，植食者の到来以前には，同時期のヨーロッパ自生個体群のものより毒性物質含有量が低下していたこと，さらに，到来以降は一貫して増加したことが判明した。しかも標本の食害率からは，侵入初期には一時的に激しい食害を受けたものの，その後は毒性の復活と軌を一にして食害を受けにくくなっていったことが判明した（しかしなぜか近年にも食害が急増している）。このように，植物標本庫に眠っていた醜い虫食い標本は，自然選択の理論的予測を裏づける史実を雄弁に語ったのだった。

• 人為的な環境変化への適応

人類による生態系への介入は，もはや全世界に普遍的な「自然」選択の要素といえるかもしれない。現存する生物たちは，何らかの方法でこれらに機敏に対処して生き残ってきたはずであり，今後もそうせざるを得ないだろう。その対処方法は適応進化だろうか，それとも既存の遺伝基盤の枠内での可塑性だろうか。

環境の人為的な急変に対して適応進化で対処した例を，Kitano ら (2008)

は淡水魚の標本に見出した。およそ1万5000年前，最終氷期が終わりを告げると，長らく氷河に覆われていた北米の大地に，大小無数の淡水湖がいっせいに誕生した。トゲウオ科の小魚であるイトヨ *Gasterosteus aculeatus* L. の一部は，海での暮らしを捨ててそこへ進出していった。湖の多くには天敵がいなかったため，海では魚食魚からの防御に一役買っていた物々しい鱗板（体側に並ぶトゲウオ科魚類に特徴的な大型の鱗）は無用の長物となり，不足しがちなカルシウムを節約するべく退化していった。

ところが，本研究の舞台であるアメリカ北西部，シアトルの中心部に位置するワシントン湖のイトヨ個体群では，今でも堅牢な鱗板が維持されている。それは獰猛な魚食魚であるカットスロート・トラウト *Oncorhynchus clarkii* (Richardson) が生息しているためである。この鱒は視覚に頼ってハンティングを行うため，透明な水を湛えた現在のワシントン湖ではイトヨは格好の餌食となっている。しかしながらこの湖には富栄養化の暗い過去があり，1970年代の初めに下水が整備されるまで，湖は仄暗く濁っていた。つまり水質が改善されるまでの間，湖内のイトヨは鱒からの捕食圧から解放されていた可能性が高い。当時のイトヨは現在のイトヨより軽装で，鱗板が未発達だったのではないだろうか。

北野らは，ワシントン大学海洋・水産学部の標本データベース（University of Washington Fish Collection: http://artedi.fish.washington.edu/）を繰り，濁っていた時代に採集されたイトヨの標本が複数収蔵されていることに気づいた（北野潤，私信）。それらの標本は，果たして，鱒のいない現在の他の湖のイトヨと同様に，鱗板をほとんど失っていた。水質の改善にともなって上昇した鱒からの捕食圧に対応して，現在の重厚な鱗板は復活を遂げたのだろう。

ちなみに最も古い1956年の標本の採集者は，William Aron というワシントン大学の元教官だった。採集当時は修士の学生だったそうだ。北野は Aron に早速連絡をとり，博物館標本が，確かに彼がワシントン湖でトローリングによって採集したものであることを確認した。このような研究に自分の標本が使われるとは Aron は思いもしなかったという。北野はこう語る。「科学者が，その時代の横の線だけでなく，縦の線でも昔の研究者とつながっていることを実感し感慨深いものがあります。」「50年後に，誰かから『北野博士，あなたの標本ですか？　もっと詳しく教えてください』というメールがきたらうれしいでしょうね。一見どうでもいいサンプルでも保存しておけば誰かの役に立つかもしれないのです。」

標本の分子遺伝学

イトヨは，ゲノム進化学における野生のフロントランナーである。イトヨの鱗板については遺伝的基盤がはっきりしており，*Ectodysplasin* (*Eda*) と呼ばれる遺伝子が鱗板の有無に大きく寄与することが知られている (Colosimo *et al.*, 2005)。そのため，前述の事例では鱗板の多型頻度の変化を進化 (遺伝子頻度の変化) と見なすことが可能である。しかしながら，適応度を左右する形質は，必ずしもこのような一目瞭然の形態形質ばかりではない。行動戦略や花香といった非形態形質に関しては，標本の見た目からではその機能を推測することができない。もしも標本に残された遺伝子から往年の機能を推測することができたなら……。この夢は，非モデル生物がゲノミクス研究の射程に入りつつある現在，すでに夢ではなくなりつつある。博物館標本から過去の非形態的表現型形質を再現し，機能遺伝子の頻度変化を追跡することが，現実味を帯びてきているのだ。

ただし，博物館標本はDNAを研究者に提供するために保存されてきたわけではない。そのため利用にあたっては，さまざまな障壁を乗り越える必要がある。

まず，DNAを抽出することによって，標本を損耗してしまうという問題がある。標本は半永久的な保存を前提として博物館に所蔵されてきたのであり，たとえ研究のためとはいえ消耗品として扱われていいはずがない。この問題については，標本活用に関して現在は比較的リベラルな立場をとっているアメリカの自然史博物館においてすら，過去に激しい論争があった (Graves & Braun, 1992; Schram, 1992)。最近ではこのジレンマを解消するべく，標本を収蔵する際に，破壊的な分析用の組織標本を別途に登録する場合が増えてきている。また，かけがえのない，古く貴重な標本にも適用できるように，非破壊的な操作によって遺伝子を抽出する方法が，材料ごとに不断の努力をもって開発されてきている (Gilbert *et al.*, 2007; Hutchinson *et al.*, 1999; Pichler *et al.*, 2001; Rohland *et al.*, 2004; Wisely *et al.*, 2004 など)。

次に，標本組織中のDNAが劣化しているという問題がある。DNAの劣化とは，主に加水分解によって塩基配列が細切れに寸断されることである。そのため，PCR (Polymerase Chain Reaction) 法を用いて配列を増幅するために必要な，健全に保存された長い配列が試料組織中にほとんど含まれていないことがある。有望な対処法として，SNP (単塩基多型，Single Nucleotide Polymorphism) や次世代シーケンシング技術などを利用した，長い配列の増幅を必要としないアプローチに期待がもたれている (Mason *et al.*, 2011 など)。ま

た，ホルマリンで固定された標本からは，DNAを抽出することがよりいっそう困難であることもよく知られており（Hall, 1997; Hedmark & Ellegren, 2005; 上島，2002），あの手この手の対策が練られてきているが（Tang, 2006），決定打には欠けるようだ。

さらに，PCRの際に塩基の複製エラー（多くの場合は単塩基の結合エラー single nucleotide misincorporationによる）が頻発してしまうという問題がある（Stiller et al., 2006）。これを考慮しないと過去の遺伝的多様性が過大に推定されてしまうため，特に保全目的の研究ではデータの信憑性に致命的な影を落とすことになる（Sefc et al., 2007）。対象がホルマリン標本の場合には特に，単塩基の結合エラーの起きる頻度が上昇することが知られている（Stuart et al., 2006; Tang, 2006; Williams et al., 1999）。60〜70%のエタノールに浸された状態で保管されている標本であっても，その前にホルマリン溶液による固定を経験していることがしばしばあるので注意が必要だ。複製エラーに対してデータの信頼性を担保するためには，同じ試料から何度も独立にPCR産物を得て結果を比較する必要がある。

こうした幾多の技術的困難が克服され，博物館標本から遺伝子情報を容易に引き出す手法が確立されていけば，博物館標本の利用可能性には計りしれない拡張がもたらされることだろう。なお，この話題に関してはWandelerら（2007）が詳しい。標本を破壊的な分析にかけるうえで欠くことのできない博物館側の協力を得る手順をはじめ，DNA抽出に用いる部位の選定，劣化したDNA（特に化石骨中などの古代DNA）を増幅する際の技術的な問題など，さまざまな注意事項が手際よく解説されている。計画を立てる際にはぜひ参照されたい。

1.2. 生態系の激変

少し暗い話をしよう。現在，人間活動が生態系に甚大な影響をもたらしていることには疑念の余地がない。特に，高頻度な人の往来と貨物の運輸にともなう生物の越境は，New Pangaeaと呼ばれる汎世界的な生物相の画一化をもたらしつつあり，多くの研究者が警鐘を鳴らすところである（Mooney & Cleland, 2001; Rosenzweig, 2001; 種生物学会, 2010; New Pangaeaの命名はHarold A. Mooney）。なかでも上位捕食者の侵入は，食物網構造の激変とそれにともなう在来生物の大規模絶滅をもたらすことがあり（Case & Bolger, 1991; Rodda et al., 1997），懸念の対象とされることが多い。しかしながら，その影響の度合いを定量的に示すことは難しい。初期値を知ることができないからである。侵入に

先んじて確実にデータをとることは，長年育ててきた調査地を外来生物に破壊されるようなよほどの不運（幸運？）に見舞われるか，のちのち自分で侵略的外来生物を導入するような不埒な業でも犯さない限り無理なのだろうか．実は，古い標本が残されていれば，食物網構造の変容については知る術がある．標本の組織を構成する元素の安定同位体比を利用するのだ．

安定同位体とは

本題に入る前に，安定同位体比について説明しておこう．この世界を構成する元素の一部には，同位体 isotope をもつものがある．同位体とは，化学的なふるまいがほとんど同じであるにもかかわらず，原子を構成する中性子の数が違うため質量が異なるという兄弟のような関係の元素のことだ．短時間で崩壊して他の元素に置き換わってしまう放射性同位体 radio isotope と区別して，自然界に安定して存在するものを特に安定同位体 stable isotope と呼んでいる（水素 H と重水素 D，窒素における ^{14}N と ^{15}N，炭素における ^{12}C と ^{13}C など）．軽いほうの安定同位体の数に対する重いほうの同位体の数の比を標準化したもの，これを安定同位体比（たとえば $\delta^{15}N$ や $\delta^{13}C$）という．生物の体組織を構成する物質の安定同位体比が，実は生態学的に非常に有益な情報になる．ロジックはこうだ．

生物の体内における代謝活動には，生理的なメカニズムについてはまだ十分に理解されていないものの，経験的に知られている興味深い法則がある．それは，取り込んだ物質のうちで軽い同位体のほうが排出されやすいというものだ．すると生物の体内では，自然界に存在する比率よりも高い割合で重い方の同位体が濃縮された状態が維持されることになる．同位体ごとに物理的・化学的・生物学的な反応の速度が異なるために起きる，こうした存在比の変化のことを同位体分別という．その結果，体組織の安定同位体比は，同じ生物を餌とし，同じ代謝経路をもつ生物どうしでは等しい値をとる一方，栄養段階を上がるごとにだんだんと上昇していく．ここでさらに重要なことは，元素ごとに体内での安定同位体の濃縮率が異なるということと，生産者の安定同位体比が環境や種によって異なることである．これらの性質を利用して，安定同位体比は食物網のさまざまな解析に応用されているのだ．なお安定同位体生態学全般についての入門書としては和田・神松 (2010) がある．

移入生物が破壊した食物網構造

Vander Zanden ら (1999) の例は，強大な捕食者の侵入によって食物網の構造が激変したことを鮮やかに示すものである．カナダの湖沼では，レイクトラ

ウト Salvelinus namaycush (Walbaum) が最上位捕食者の座に君臨している。しかし一部の湖には，獰猛な2種の魚食魚，コクチバス Micropterus dolomieu Lacepède とロックバス Ambloplites rupestris (Rafinesque) が同じ大陸の南方から，人の手によって導入された。バスの侵入を受けた湖では，現在，レイクトラウトの餌となる魚の種数と現存量が明らかに少ない。そして組織中の $\delta^{15}N$ 値が低いことから，レイクトラウトの栄養段階が低いことも確かである。しかし，これらのデータがバスの侵入した結果を意味するのか，それとももともとそういう湖であることを意味するのかは，区別することができない。

　バスに罪状を突きつける決定打となった証拠は，バスの侵入前に採集されたレイクトラウトの標本から得られた。侵入前と後を比べると，確かにレイクトラウトの $\delta^{15}N$ 値が大きく低下していたことがわかったのだ。この変化は，餌になっていた魚の漁獲高の低下と見事に同調している。こうして，バスの侵入によって餌の魚が激減したために，レイクトラウトは食事のメニューを動物プランクトン中心に変えていった，という歴史が明らかにされた。

　なお，バスの侵入前に採集されたレイクトラウトの標本は，著者のひとり (John M. Casselman) がたまたま冷凍保存していたものである。彼には古い標本を残しておくという習慣があったらしい (M. Jake Vander Zanden, 私信)。博物館標本ではないではないかとお怒りの読者もおられるかもしれないが，この著者らと同じグループによる別の湖での追試 (Vander Zanden et al., 2003) では，ミシガン大学付属動物学博物館 University of Michigan Museum of Zoology をはじめとする博物館に収蔵されていた標本の力が，如何なく発揮されている。

アミノ酸の窒素同位体分析

　博物館標本だけを対象にしているわけではないが，さらなる可能性を拓く手法として，アミノ酸の窒素同位体比を利用した手法が考案されている（力石ら，2007; Chikaraishi et al., 2009; 2010a; 力石ら，2010, 2011; 永田・宮島，2008）。この手法で重要なのは，アミノ酸のなかには，アミノ酸代謝の過程でアミノ基（窒素）の脱離反応をともなわないために同位体分別を起こさないものが存在するということである (McClelland & Montoya, 2002)。たとえばフェニルアラニンがそうである。このアミノ酸はベンゼン環を含むため，動物には合成することができない。つまりフェニルアラニンの窒素同位体比（$\delta^{15}N_{Phe}$）はその生態系の一次生産者のものとほとんど違わない一方で，通常のアミノ酸の窒素同位体比（たとえばグルタミン酸の窒素同位体比 $\delta^{15}N_{Glu}$）は確実に上昇するのだ。この原理を利用することで，食物網の下位にある生物の同位体比がわからなく

ても，一個体の生物の栄養段階を一義的に算出することが可能になる．少なくとも水域生態系では，フェニルアラニンとグルタミン酸の同位体を利用した場合の栄養段階（$TL_{Glu/Phe}$）は下記の式で導出できることがわかっている（Chikaraishi et al., 2009）．

$$TL_{Glu/Phe} = (\delta^{15}N_{Glu} - \delta^{15}N_{Phe} - 3.4)/7.6 + 1$$

手法の詳細は Chikaraishi et al.（2010b）に詳しいため，ここでは簡単に述べるにとどめるが，基本の手順は，酸加水分解した試料を精製・誘導体化し，アミノ酸各種を単離，それからアミノ酸の種類ごとに窒素の安定同位体比を計測するというものである．計測機器として，安定同位体質量分析計にオンラインで接続されたガスクロマトグラフィー（ガスクロマトグラフィー／燃焼／同位体質量分析計：GC/C/IRMS）が市販されている．

アミノ酸窒素同位体比による栄養段階の推定は精度が高いだけでなく，いくつもの点で前述のバルク窒素同位体比（体組織まるごとの窒素同位体比）によるそれよりも有用である．まず，捕食者の栄養段階を算出するのに一次生産者の安定同位体比に関する情報が必要ない．次に，一次生産者の季節変動や成長段階による窒素同位体比の変動（幅）をあらかじめ把握しておく必要もない．また，バルク窒素同位体分析では液浸標本に適用する際にホルマリンや（より軽微だが）エタノールが $\delta^{13}C$ の値に影響するため注意が必要だが（Sarakinos et al., 2002），こちらの手法ではその心配がいらない．さらに特筆すべきことに，この分析手法で必要とされる組織片は，乾重量にしてわずか 1 mg に満たない．未来永劫にわたって標本を保存するという博物館の使命を鑑みるに，標本をほとんど損壊することのないこの手法は革新的である．

ただし，この手法にも限界はある．その 1 つは，同じ栄養段階の餌を食べてさえいれば，どの捕食者の栄養段階も変わらないということである．これは，どの栄養段階の餌をどのくらい食べているのかがわかっても，その由来生物が何なのかがわからないからである．そのため，消化管内容物や排泄物の分析によって餌生物を同定することも並行して行うことが，遠回りでも結局は望ましいといえるだろう．

このように，近年のオミクス研究や安定同位体研究の発展によって，博物館標本の研究資源としての価値はますます高まってきているといえる．Global environmental change が火急の研究課題となっている今，博物館標本は人と地球の未来を予測するうえでかけがえのない情報源であるといっても過言では

ない。

　では，博物館の標本を活用するには，具体的にどのような手順を踏めばいいのだろうか。

2. 標本貸借の実際
2.1. 標本を探そう

　まずは，調べたい標本がどこの博物館にあるのかを知らなくてはいけない。熟練した分類学者なら，自分の専門とする生物の標本がどの博物館にどのくらい充実しているのかを知っていて当然だが，あなたはそうではない。だから，限られた縁故をたどってそういう専門家たちとコンタクトをとり，情報を集めるしかない（もっとも，相手にしてもらえるかどうかはその専門家の人柄やあなたとの近しさに依存する）。これが，日本で博物館標本を利用するときの常識的なファーストステップだと思う。しかし，アメリカの博物館標本の利用システムを知ったときに，この常識は大きくゆらぐに違いない。

　西海岸を代表する博物館，カリフォルニア科学アカデミー（CAS）California Academy of Sciencesでは，インターネットを介して世界中の誰もが自由にアクセスすることのできる標本検索システムが整備されている（http://research.calacademy.org/）。ここでは学名はもちろんのこと，科名ほか高次分類群名，採集地の大陸・国・標高，保存方法，タイプ標本か否か，DNA採取用の組織標本が別途保存されているか否かといった多くの項目から，標本を絞り込むことができる。該当する標本があれば，その詳細なプロフィールも見てみよう。その標本を使って先人が書いた論文がリストされているかもしれないし，あなたの日頃の行い次第では，折り悪く貸し出し中かもしれない。

　こうして所蔵標本をオンラインで検索できるのは，なにもCASに限られた事情ではない。ニューヨークのアメリカ自然史博物館やワシントンのスミソニアン博物館，シカゴのフィールド自然史博物館など，主だった博物館では独自に標本台帳がオンラインに整備されており，それぞれのウェブサイトから所蔵標本を検索できるようになっている。

　CASに所蔵されている標本のデータベースは，植物学，人類学，鳥類・哺乳類学，爬虫・両棲類学，魚類学，昆虫学，無脊椎動物・地学の7つのカテゴリーに大きく分けられて管理されている。そのうちの爬虫両棲類に関してはさらに，CASのみならず北米（カナダ含む）の28もの博物館をカバーした統合

データベースが構築されている（http://research.calacademy.org/research/herpetology/Comb_Coll_Index/）。これにより，しらみつぶしに各博物館のウェブサイトから（あるかどうかもわからない）検索画面を見つけ出して検索をかけるという手間を省くことができる。Hosoら（2007）の場合は，主にこのデータベースを使って標本のありかを探索した。しかしながら，こうした統合データベースを構築し，維持するのには大変なコストがかかる。実際，手が回らないせいか，新しく標本が収蔵されて自前のデータベースのほうには登録されたのに，統合データベースのほうではアップデートされず，見つけることができないという場合がある。

　こうした不具合を解消するため，現在，データベースを統合するのではなく，独立のデータベースを横断的に検索することができるシステムの構築が進められている。これは大学の図書検索システムによく似ており，情報の規格を統一することによって既存のデータベースをそのまま利用するネットワークシステムである。Global Biodiversity Information Facility（GBIF; http://www.gbif.org/）は，その中でも最も大規模なプロジェクトであり，後述のとおり日本の博物館も参加している（菊池，2003）。しかしながらこうしたシステムを構築するためには，標本台帳にある情報の粗さが問題になる。種名には分類学上の混乱や誤同定がつきものであり，記入様式の定まっていない産地情報を緯度経度に変換するのは大変な手間である。こうした問題への対処に際して，コストを低減させるためのさまざまな工夫が提案されている（Guralnick *et al.*, 2006; Yesson *et al.*, 2008）。なお，この話題に関しては Grahamら（2004）が詳しい。

2.2. 標本を貸してください

　目当ての標本が所蔵されていることを確認したら，e-mail や手紙で該当博物館の担当キュレーターに問い合わせよう。こちらの所属機関と身分，標本調査の目的と具体的な調査方法，必要な標本の種類と数を明記して，博物館による審査の結果を待つ。この時，自分が標本の取り扱いに習熟していることと，標本を保管するうえで好適な環境がこちらに整っていることも忘れずに伝えよう（そうでなければ，そもそも標本をさわる資格がない）。標本貸借は原則的に研究者個人に対してではなく所属機関に対して行われるため，この手続きは欠くことができない。やりとりは，最終的にいくつの標本を何回に分けて送ってほしいのかといった貸借計画に合意が得られるまで続けられる。最後に署名入りの公式書類を郵送して，手続きは完了である。

貸借計画をつめる必要があるのは，一度に送ってもらえる標本の数に限りがあるからである．特定の分類群の所蔵標本が複数個ある場合，一度に届けられるのは通常そのうちの半分までで，それらが無事返却された後に残りの半分が改めて送られてくる．これは，貸し出している間に他から標本調査依頼があった場合に対処するためである．なお，解剖など標本を傷める可能性のある作業を予定している時には，所定の手続きによって別途に許可を申請し，その正当性を理解してもらわなくてはならない。Hosoら（2007）の場合，目的が外部形態の計測とレントゲン撮影だけだったので，非常に簡便なやりとりで事足りた．

　標本の返却には通常，半年間の期限が設けられている．期限が来る前に必要なデータを取って，届いた時と同様に丁寧に梱包して返送しよう（図1）．また，送料は基本的に送り手が負担する．つまり，届く時には博物館が，送り返す時にはこちらが負担する．標本貸借に関するこうした決まりごとはすべて，loan policy（貸借の実施方針）として各博物館のウェブサイトに手際よくまとめられているので，あらかじめよく読んでおくとよい（たとえばhttp://research.calacademy.org/research/herpetology/loan_policy.php）．

　このシステムで重要なのは，標本貸出は博物館に勤務するスタッフの業務の一環であり，厚意によるボランティア活動ではないということである．正式な手順を踏み，借りる資格の前提を満たしてさえいれば，利用者は国籍や居住地を問われることなく標本を借りることができる．ここでいう資格とは，ちゃんとした職に就いている研究者であることや，標本を傷めずに扱うことのできる環境と技術を備えていることである．

　Hosoら（2007）の場合，ヘビの液浸標本の取り扱い自体は難しいことではなかったが，当時の著者はまだ大学院生だったので，貸出依頼の最初のやりとりだけは共同研究者（のちに指導教員）の堀道雄京都大学教授に代行してもらった．

　なお，分類群によっては国際的な標本貸借にあたって事前に特別な手続が必要なものもある．特にワシントン条約や種の保存法により保護の対象とされている種は，所管の官公庁に対し，輸入および国内移動に関する申請を行うことが必要な場合がある．手続の流れや申請書類についての情報を得ることができるので，詳しくは経済産業省のワシントン条約に関するウェブサイト（http://www.meti.go.jp/policy/external_economy/trade_control/boekikanri/cites/index.html）や，環境省の種の保存法に関するウェブサイト（http://www.env.go.jp/nature/yasei/hozonho/espa3.html）などを参照されたい．

　上記の前提を満たしていても，標本貸出が許可されるとは限らない．実際,

図1 アメリカ自然史博物館から届けられたヘビ類の標本
　液浸標本は，少量のエタノールで湿らせたガーゼに包まれ，液漏れ予防と遮光のためのペーパータオルをはさんで二重のビニールでパックされている。左下の紙箱には頭骨標本が納められている。これらは，緩衝材の詰まった1つの段ボール箱に梱包されていた。

日本が遠すぎることを理由に貸出を断られたこともあったし，郵送するには数が多すぎることを理由に貸出許可が一部の標本に限られたこともあった。つまり，標本貸借の代わりに標本閲覧（博物館に滞在して調査すること）を勧められたわけである。このように，利用者自ら博物館を訪れて所蔵標本にアクセスするほうが，貸出にともなうリスクと手間が省ける分だけ博物館側からは歓迎される。標本台帳の整理やオンライン化が進んでいない博物館もあるという現状も鑑みると，標本閲覧は依然として現実的な調査手段だといえるだろう。むろん，採集生物の同定や標本ラベルの確認といった簡便でかつ大量の標本を要する調査が目的であれば，閲覧のほうが利用者にとっても合理的である。なお，標本閲覧にも博物館の許可が必要である。

　システマティックな標本貸出方針をもつ上述のような博物館がある一方で，貸出に厳しい制限を設けている博物館も少なくない。そういった博物館から標本を借りるとなると，信用獲得のための地道な努力が欠かせない。最も確実なのは，当該施設で標本閲覧を行い，担当キュレーターとのコミュニケーションを通じて信頼を得ることである。それが難しければ，仲立ちできそうな専門家に紹介状を書いてもらうか標本借用を代行してもらうとよい。長期的なつき合いを視野に入れるなら，標本寄贈を積極的に行うことにより，標本管理に長けたエキスパートであることを相手に認知してもらうというのも1つの手である。

　なお，標本の適切な取り扱い方法は分類群や保存方法によって異なるため，くれぐれも注意が必要である。また，標本貸借に関する博物館側の内情については，実際にコレクションマネージャーとしてコロラド大学自然史博物館に勤務されている蔭山麻里子氏による解説（蔭山，2005）に詳しい。標本貸借のノ

ウハウについても，本稿より豊富な情報に基づいて解説されているので，実際に標本借用を始める際にはぜひ参照されたい。

2.3. 貸してくれてありがとう

　黙々と標本調査をこなし，がりがりと論文を書き，めでたく雑誌に掲載されたら，標本調査の機会を提供してくれた博物館に礼状と別刷を送ろう。これは，ただの礼節ではない。シビアで実務的な意味があるのだ。

　経営母体が何であれ，博物館は節目ごとに評価を受けながら沿革を進めていく。運営を支える助成金を継続的に獲得することも重要である。標本の貸出や閲覧が業務の一部である以上，その成果は問われ，究極的には人件費を含む予算編成や維持管理する標本の収蔵規模に影響する。ここでいう成果とは結局のところ，標本を礎にして行われた研究の成果である。年間何件の標本貸出があり，あるいは何人が標本調査に訪れ，それらをもとに何本の論文がどこに出版されたか。これらの集計こそが博物館の燃料であり，アメリカの自然史研究を支える底力であるといっても過言ではないと思う。

　別刷を送ると，本人にもイイコトことがあるかもしれない。Hoso ら（2007）の場合，スミソニアン協会の出版する「Smithsonian Magazine」誌やアメリカ自然史博物館の出版する「Natural History Magazine」誌といった一般向けの雑誌に論文の紹介記事が掲載された。これらには，博物館の成果を宣伝するという意図もあったに違いない。

3. 眠れる日本の博物館標本

　かたや日本の博物館には，標本を活用するにあたってさまざまな障害がある。まず，初学者には，探している標本がどの博物館にどれだけ所蔵されているのかわかりにくい。日本の博物館の標本情報は，比較的最近まで，収蔵資料目録など紙媒体の形で刊行され，図書館や関係施設へ配布されるのみであった。インターネット上で誰もが簡単にアクセスできる情報源としては，タイプ標本などの特に貴重なコレクションのリストに限られ，量としてはきわめてわずかなものだった。研究上有用な「普通の標本」の情報を探す方が，むしろ難しかったといえる。

　しかし，この 10 年ほどの間にようやく日本でも，博物館のもつ標本情報のデジタル化と公開が全国的に行われるようになってきた。各館が単独で所蔵標

本データベースを有するのみならず，それらのネットワーク化も促進されている．国立科学博物館が運営するポータルサイト「サイエンスミュージアムネット」(http://science-net.kahaku.go.jp/) では，国内各地の博物館がもつ標本情報を集積し，横断的に検索できるシステム「自然史標本情報検索」を 2006 年から公開している．ここに集積された情報は前述の GBIF へも提供されており，英語での利用が可能である．2011 年 11 月現在，情報を提供している機関は約 50，登録件数は約 221 万件とまだまだ少ないが，その数は今後も順調に増えていくことが期待される．

このように，標本情報へのアクセスは改善されつつあるが，標本そのものへのアクセスはどうだろうか．国内における標本利用システムの整備状況は，館によって千差万別であり，ひとくちに語ることは難しい．

日本でも大きなコレクションをもつ自然史系博物館や研究機関の標本庫ならば，閲覧・貸出手続のシステムは海外並みに整備されていることが多い．しかし不思議なことに，機関のウェブサイトなどに利用の方法や申込用の電子メールアドレスがわかりやすく掲載されているところはとても少ない．GBIF に標本情報を提供している博物館であれば，GBIF のサイトから窓口となるスタッフのアドレスがわかる．また，植物標本庫に限られるが，Index Herbariorum (http://sciweb.nybg.org/science2/IndexHerbariorum.asp) に登録されている標本庫であれば，ウェブ上データベースを検索し，管理者の連絡先を知ることができる．もし，申込用のアドレスがウェブサイト上に見当たらなくても，遠慮することはない．博物館が公開している標本目録やデジタルデータベースなどで，利用したい標本の情報を見つけたら，まずは該当する分野の学芸員や研究員に直接コンタクトをとろう．もしかしたら，公開されている以上の情報や，他館のコレクションに関する情報も提供してもらえるかもしれない．

ここで少し，国内の博物館における標本管理の内情について簡単に触れておこう．日本では，標本管理のための専任スタッフをおいている博物館はほとんどない．多くの館では研究員や学芸員が，きわめて多様な業務の合間に，1〜数名で標本の作成から管理までを行っており，外部からの標本閲覧・貸出の申込への対応もこれに含まれる（博物館学芸員の担う幅広い業務については，たとえば畑田ら (2008) などを参照していただきたい）．標本管理を補助するアルバイトスタッフがいれば，それだけでかなり恵まれている博物館と見なされるだろう．

したがって，残念なことではあるが，いつでも希望した日に標本が閲覧でき

るとは限らない。多くの場合は、あなたが調査を希望する日時と標本管理者のスケジュールとを、事前にすり合わせなければならない。ひょっとすると、コンタクトをとるだけで数日かかることもあるかもしれない。できるだけ早めの相談をおすすめする。

　貸出の場合、多くの博物館では関係する規定が定められているので、それに則って手続を進めることとなる。貸出に厳しい制限を設けている博物館もある。また、博物館側の経済事情がとても厳しい場合、標本の輸送料は貸出時・返却時とも借り受ける側が負担することを求められる可能性がある。

　標本の損傷や破壊を必要とする研究の場合は、研究の価値や手法の妥当性と、目的とする標本の貴重性を天秤にかけるような、きわめてデリケートな問題が生じ得る。研究目的で行う標本損壊の許可について、明確なガイドラインを定めている博物館は国内にはまだ少ない。そもそも、標本の種類や分類群によって取り扱いの慣行はずいぶん異なるので、単純一律に扱うべき問題とも思われない。標本管理者に、あなたの研究の目的と価値をよく説明して、標本をどのように調べるべきかをよく相談してほしい。

標本の未来

　現在の標本庫をめぐる社会的状況は、国際的に見ても決して明るいとはいえない。近年は、評価の高かった標本庫が経済的事情により閉鎖を余儀なくされるというニュースが、学術の世界をたびたびゆるがしている（Dalton, 2003; Erkens & Baas, 2008; Gropp, 2003）。このような時代にあって、標本を管理する人と利用する人はともに、標本を基盤に成り立つナチュラルヒストリーという文化を支える役割をも担っているといえる。多少の不便はあるかもしれないが、研究者は国内の博物館標本にも積極的にアプローチしてほしい。多くの標本管理者は、標本を永久に保存するという重大な使命を果たしつつ、標本の新たな価値を見出すためなら、助力を惜しまないはずだ。両者の協力関係なしに、標本のおかれている環境や利用システムを改善していくことは難しい。

　さらに、野外生物研究者の方には、標本を利用するだけでなく、自らの研究材料を証拠標本として博物館に提供・寄贈することを勧めたい。これによって、第三者による検証が保証されるだけでなく、個人の研究材料としてはひとまず役割を終えたサンプルが、将来の研究や教育のための潜在的資源として共有され、新たな社会的価値を与えられることになる（蔭山, 2008）。博物館は、専門家が採集した貴重な標本をコレクションに加えることを歓迎するだろう。未

来のために，研究者だからこそできる貢献の1つである。

　最後に，標本を管理する側へも提案しておきたい。国内の標本情報へのアクセスが改善されつつある現在，日本の博物館や標本庫は，これまでの利用システムを見直す時期に入っているといえよう。インターネットに標本データベースを公開するだけでこと足れりとせず，自館の標本を利用したい人に向けて，利用方針や手続の方法，年間の利用件数などをウェブサイトで公開し，利用を歓迎する姿勢を積極的に示してはいかがだろう。また，内外の博物館や諸学会とも連携し，標本庫への人員配置も含めたインフラ整備の必要性について，社会に向けてより効果的に働きかけることが求められているのではないだろうか。

引用文献

Case, T. J. & D. T. Bolger. 1991. The role of introduced species in shaping the distribution and abundance of island reptiles. *Evolutionary Ecology* **5**: 272-290.

Chikaraishi, Y., N. O. Ogawa, Y. Kashiyama, Y. Takano, H. Suga, A. Tomitani, H. Miyashita & N. Ohkouchi. 2009. Determination of aquatic food-web structure based on compound-specific nitrogen isotopic composition of amino acids. *Limnology and Oceanography: Methods*. **7**: 740-750.

Chikaraishi, Y., N. O. Ogawa, & N. Ohkouchi. 2010a. Further evaluation of the trophic level estimation based on nitrogen isotopic composition of amino acids. *In*: Ohokouchi, N., I. Tayasu & K. Koba (eds.), Earth, life, and isotopes, p. 37-51.Kyoto University Press.

Chikaraishi, Y., Y. Takano, N. O. Ogawa & N. Ohkouchi. 2010b. Instrumental optimization for compound-specific nitrogen isotope analysis of amino acids by gas chromatography/ combustion/isotope ratio mass spectrometry. *In*: Ohokouchi, N., I. Tayasu & K. Koba (eds.), Earth, life, and isotopes, p. 367-386. Kyoto University Press.

力石嘉人・柏山祐一郎・小川奈々子・大河内直彦　2007．生態学指標としての安定同位体：アミノ酸の窒素同位体分析による新展開．*Radioisotopes* **56**: 463-477．

力石嘉人・大場康弘　2008．ガスクロマトグラフ／同位体比質量分析計による分子レベル安定同位体比分析法．*Researches in Organic Geochemistry* **23/24**: 99-122．

力石嘉人・小川奈々子・高野淑識・土屋正史・大河内直彦　2010．アミノ酸の窒素同位体比を用いた水棲生物の栄養段階の解析．地球化学 **44**: 233-241．

力石嘉人・高野淑識・小川奈々子・佐々木瑶子・土屋正史・大河内直彦　印刷中．アミノ酸の窒素同位体比を用いた生物の栄養段階の解析：陸上環境を含めた生物生態系の解明に向けて．*Researches in Organic Geochemistry* **27**．

Colosimo, P. F., K. E. Hosemann, S. Balabhadra, G. Villarreal, M. Dickson, J. Grimwood, J. Schmutz, R. M. Myers, D. Schluter & D. M. Kingsley. 2005. Widespread parallel evolution in sticklebacks by repeated fixation of ectodysplasin alleles. *Science* **307**: 1928-1933.

Dalton, R. 2003. Natural history collections in crisis as funding is slashed. *Nature* **423**: 575-575.
Erkens, R. H. J. & P. Baas. 2008. Utrecht: rise and fall of a great herbarium. *Taxon* **57**: 24-26.
Gilbert, M. T., W. Moore, L. Melchior & M. Worobey. 2007. DNA extraction from dry museum beetles without conferring external morphological damage. *PLoS ONE* **2**: e272.
Graham, C. H., S. Ferrier, F. Huettman, C. Moritz & A. T. Peterson. 2004. New developments in museum-based informatics and applications in biodiversity analysis. *Trends in Ecology and Evolution* **19**: 497-503.
Graves, G. R. & M. J. Braun. 1992. Museum - storehouse of DNA? *Science* **255**: 1335-1336.
Gropp, R. E. 2003. Are university natural science collections going extinct? *Bioscience* **53**: 550-550.
Guralnick, R. P., J. Wieczorek, R. Beaman, R. J. Hijmans & G. BioGeomancer Working. 2006. BioGeomancer: Automated georeferencing to map the world's biodiversity data. *Plos Biology* **4**: 1908-1909.
畑田彩・鈴木まほろ・三橋弘宗 2008. 博物館と生態学：まとめ 連載「博物館と生態学」を振り返って. 日本生態学会誌 **58**: 57-61.
Hall, L. M. e. a. 1997. Association of enzyme inhibition with methods of museum skin preparation. *Biotechniques* **22**: 928-934.
Hedmark, E. & H. Ellegren. 2005. Microsatellite genotyping of DNA isolated from claws left on tanned carnivore hides. *International Journal of Legal Medicine* **119**: 370-373.
Hoso, M., T. Asami & M. Hori. 2007. Right-handed snakes: convergent evolution of asymmetry for functional specialization. *Biology Letters* **3**: 169-172.
Hutchinson, W. F., G. R. Carvalho & S. I. Rogers. 1999. A nondestructive technique for the recovery of DNA from dried fish otoliths for subsequent molecular genetic analysis. *Molecular Ecology* **8**: 893-894.
蔭山麻里子 2005. 標本を貸すこと・借りること－テキサステック大学博物館のローン活動紹介－. タクサ：日本動物分類学会誌 **19**: 49-71.
蔭山麻里子 2008. 博物館のバウチャー. 生物科学 **60**: 17-18.
菊池俊一 2003. 地球規模生物多様性情報機構（GBIF）およびその国内対応. 情報管理 **46**: 389-393.
Kitano, J., D. I. Bolnick, D. A. Beauchamp, M. M. Mazur, S. Mori, T. Nakano & C. L. Peichel. 2008. Reverse evolution of armor plates in the threespine stickleback. *Current Biology* **18**: 769-774.
Mason, V. C., G. Li, K. M. Helgen, & W. J. Murphy. 2011. Efficient cross-species capture hybridization and next-generation sequencing of mitochondrial genomes from noninvasively sampled museum specimens. *Genome Research* **21**: 1695-1704.
McClelland, J. W. & J. P. Montoya. 2002. Trophic relationships and the nitrogen isotopic composition of amino acids in plankton. *Ecology* **83**: 2173-2180.
Mooney, H. A. & E. E. Cleland. 2001. The evolutionary impact of invasive species. *Proceedings of the National Academy of Sciences of the United States of America* **98**: 5446-5451.
永田俊・宮島利宏 2008. 流域環境評価と安定同位体. 京都大学出版会.

Pichler, F. B., M. L. Dalebout & C. S. Baker. 2001. Nondestructive DNA extraction from sperm whale teeth and scrimshaw. *Molecular Ecology Notes* **1**: 106-109.

Rodda, G. H., T. H. Fritts & D. Chiszar. 1997. The disappearance of Guam's wildlife - New insights for herpetology, evolutionary ecology, and conservation. *Bioscience* **47**: 565-574.

Rohland, N., H. Siedel & M. Hofreiter. 2004. Nondestructive DNA extraction method for mitochondrial DNA analyses of museum specimens. *Biotechniques* **36**: 814-821.

Rosenzweig, M. L. 2001. The four questions: What does the introduction of exotic species do to diversity? *Evolutionary Ecology Research* **3**: 361-367.

Sarakinos, H. C., M. L. Johnson & M. J. Vander Zanden. 2002. A synthesis of tissue-preservation effects on carbon and nitrogen stable isotope signatures. *Canadian Journal of Zoology-Revue Canadienne de Zoologie* **80**: 381-387.

Schram, F. R. 1992. Museum collections - why are they there? *Science* **256**: 1502-1502.

Sefc, K. M., R. B. Payne & M. D. Sorenson. 2007. Single base errors in PCR products from avian museum specimens and their effect on estimates of historical genetic diversity. *Conservation Genetics* **8**: 879-884.

種生物学会（編）2010. 外来生物の生態学－進化する脅威とその対策．文一総合出版．

Stiller, M., R. E. Green, M. Ronan, J. F. Simons, L. Du, W. He, M. Egholm, J. M. Rothberg, S. G. Keats, N. D. Ovodov, E. E. Antipina, G. F. Baryshnikov, Y. V. Kuzmin, A. A. Vasilevski, G. E. Wuenschell, J. Termini, M. Hofreiter, V. Jaenicke-Despres & S. Paabo. 2006. Patterns of nucleotide misincorporations during enzymatic amplification and direct large-scale sequencing of ancient DNA. *Proceedings of the National Academy of Sciences of the United States of America* **103**: 13578-13584.

Stuart, B. L., K. A. Dugan, M. W. Allard & M. Kearney. 2006. Extraction of nuclear DNA from bone of skeletonized and fluid-preserved museum specimens. *Systematics and Biodiversity* **4**: 133-136.

Suarez, A. V. & N. D. Tsutsui. 2004. The value of museum collections for research and society. *Bioscience* **54**: 66-74.

鈴木まほろ 2007. 博物館と生態学(4) 博物館が所蔵する生物標本の生態学的利用事例．日本生態学会誌 **57**: 129-132.

Tang, E. P. Y. 2006. Path to effective recovering of DNA from formalin-fixed biological samples in natural history collections workshop summary. The National Academies Press, Washington, DC.

上島励 2002. 簡単にできる軟体動物のDNA保存方法．*Venus* **61**: 91-94.

Vander Zanden, M. J., J. M. Casselman & J. B. Rasmussen. 1999. Stable isotope evidence for the food web consequences of species invasions in lakes. *Nature* **401**: 464-467.

Vander Zanden, M. J., S. Chandra, B. C. Allen, J. E. Reuter & C. R. Goldman. 2003. Historical food web structure and restoration of native aquatic communities in the Lake Tahoe (California-Nevada) Basin. *Ecosystems* **6**: 274-288.

和田栄太郎・神松幸弘 2010. 安定同位体というメガネ：人と環境のつながりを視る．昭和堂．

Wandeler, P., P. E. A. Hoeck & L. F. Keller. 2007. Back to the future: museum specimens in population genetics. *Trends in Ecology and Evolution* **22**: 634-642.

Williams, C., F. Ponten, C. Moberg, P. Soderkvist, M. Uhlen, J. Ponten, G. Sitbon & J. Lundeberg. 1999. A high frequency of sequence alterations is due to formalin fixation of archival specimens. *American Journal of Pathology* **155**: 1467-1471.

Wisely, S. M., J. E. Maldonado & R. C. Fleischer. 2004. A technique for sampling ancient DNA that minimizes damage to museum specimens. *Conservation Genetics* **5**: 105-107.

Yesson, C., P. W. Brewer, T. Sutton, N. Caithness, J. S. Pahwa, M. Burgess, W. A. Gray, R. J. White, A. C. Jones, F. A. Bisby & A. Culham. 2008. How global is the Global Biodiversity Information Facility? *PLoS One* **2**: e1124.

Zangerl, A. R. & M. R. Berenbaum. 2005. Increase in toxicity of an invasive weed after reassociation with its coevolved herbivore. *Proceedings of the National Academy of Sciences of the United States of America* **102**: 15529-15532.

コラム4　ハーバリウムにおけるローン制度と貸し出し方法

藤井伸二（人間環境大学）

　植物分類学分野においては，世界的に標準化されたローン loan（標本貸し出し）制度が整備されていて，国際登録されたハーバリウム herbarium（植物標本館）どうしでは日常的に標本の貸し出し，交換，寄贈などが行われている。こうした標本移動をともなう事業が顕著なのは，植物標本がもつ特有の利便性（たとえば，台紙サイズの規格化や圧縮乾燥によるコンパクト化）のためと考えられる。日本国内においても各地に地方博物館が設立され，博物館活動の充実とともにハーバリウムとしての事業の展開を目指す館が増加している（たとえば，「日本植物分類学会ニュースレター」に掲載された一連のハーバリウム紹介記事を参照）。それにともない，標本所蔵機関に対するローンリクエストの増加，さらには分析手法や技術の発達によるローン依頼者・利用者の多様化が起きている。このことは，博物館におけるローン業務の増加だけでなく，ローンに不慣れなリクエストの増加も意味する。

　この小文は，王立キュー植物園から出版された『ハーバリウムハンドブック』（Forman & Bridson, 1989）の内容をもとに，私が大阪市立自然史博物館に在職した際の経験を加味することで，ローンに携わる植物担当学芸員の参考となることを目指したものである。また，これからローン制度を利用しようとする研究者にローン制度の具体的な運用について知っていただくことは，今後の積極的な標本利用を推し進めるために不可欠だと考えている。

　なお，Forman & Bridson（1989）にはローンのための知識と技術が解説されており，現在は第3版（Bridson & Forman, 1998）が出版されている。以下の文章の「ローンの原則」，「ローンの条件」，「ローンの対象範囲」，「標本を送り出す」，「ローン標本の保管」，「返却標本の受け取りと再収納」の各項目は，同書の内容を元に筆者の国内での具体例と経験をアレンジして大幅に加筆・再整理したものである（整理については，我流であることをお断りしておきたい）。同書ではマニュアルの記述が主体であるため，以下の文章ではできるだけ原則，条件，制約を加筆したうえで，その理由と具体例を明示するように努めた。そ

のことによって，標本利用が多様化（分析技術の発展にともなう他分野の研究者の利用など）した現状において，多様な利用者にローン事業を理解していただき，さらにローン事業を支援していただきたいと思うからである。

ローンの原則

1. 標本の貸し出しは，個人に対してでなく，ハーバリウムの間で行う
2. 貸し出しに関する文書のやりとりは，館長 director または学芸員 curator が行う
3. 合理的な借用理由がある
4. 輸送上，合理的な量である
5. その他
   ・輸送費は発送者が負担する
   ・貸し出し条件を明示する

第1に，ローンは機関（ハーバリウム）の間で行うものであり，個人は対象外となっている。ローン制度への責任と信頼の観点から，この原則は銘記しておきたい。私が見聞した例では，ある大学院生が海外のハーバリウムから教授名で借用した標本がそのまま研究室に埋もれてしまい，年末の大掃除のときに発掘されたという。当該院生は研究を完結できずにすでに進路を変更していた。発見者が標本の素性を思い出したのでことなきを得たが，同様のリスクは学生のみならず教授にも当てはまる（他大学などへ転出した場合，実験室などに置き忘れられた標本が後任者によって廃棄されるかもしれない）。植物標本が安全に保管され，そして確実に返却のなされることを保証するために，ローンは機関の間で行うことが原則である。

第2に，館長または学芸員はローン業務の責任をもつとともに，文書（館長または学芸員の決裁文書，図1）の作成を行う。貸し出す機関と借用する機関の双方の担当者が同等の責任能力を有することが望ましい。対等性の確保と責任所在の明確化は，標本の破損や紛失といった予測不能の事態に対しての保険でもある。また，仮に館長や学芸員が交代した場合でも，ローン事業は役職とともに引き継がれる点も重要だ。ローンが機関間で行われ，研究者個人が標本の貸し出しの対象とならないのは，こうした点からも理解できると思う。

ローンに関係する文書は，たとえオリジナルが電子データであっても必ずハードコピーをつくってファイルしておく。紙媒体による文書保存は，担当者交

```
                  Osaka Museum of Natural History (OSA)              OSA
              1-23 Nagai Park, Higashi-Sumiyoshi, Osaka, 546-0034 JAPAN   X-XX
                            大阪市立自然史博物館
                        〒546-0034 大阪市東住吉区長居公園 1-23
                          TEL : +81-6-697-6221 FAX : +81-6-697-6225

    Date: ___XXXXXX___
    To:   _____
                              Curator 学芸員: __XXXXX__

    We are sending you the plant specimens as indicated below. Please check its contents, and
    sign and return one copy of this form: 下記のものをお送りします。中身をご確認のうえ、
    この書状の1通に署名し、ご返送ください。

    □ Loan at your request 貸出            □ Gift from us 当館よりの寄贈
    □ Return of materials borrowed by us 返却  □ Exchange 交換
    □ Loan for identification at our request 同定依頼  □ Other その他

    _XX_ specimens (_XX_ packages),  □ a list of specimens in appended papers

    - - - - - - - - - - - - - - - - - - - - - - - - - - - - - - - - - - - - - - -
                         Loan conditions 貸出条件
    1. All of the specimens should be returned before the deadline : _____
       当館からの貸出標本は右記期限までに返却して下さい。
    2. Any cutting or removal of the parts of specimens is prohibited.
       標本の一部等を切除することはできません。
    3. You must accept responsibility for the safe custody and return of the material.
       貸出標本の取り扱いについては十分に責任を持って下さい。
    4. When you would like to extend the period of loan, please ask our permission.
       上記の貸出期間を延長する場合は当館に許可を得て下さい。
    5. Please do not re-lend or entrust the specimens to others without our written permission.
       この標本を当館の許可なく他へ貸し出すこと、または研究の依託をしないで下さい。
    6. Notes or changes of names should be written on annotation labels.
       注記・名前の変更は annotation label に書いて台紙に貼り付けてください。
    7. All materials should be returned at one time.
       標本の返却は一括してお願いします。
    8. Any publications or reprints based on the loan materials would be appreciated.
       貸出標本に基づいた研究を公表された場合は別刷りをご寄贈いただくようお願いします。

    In borrowing the specimens, I promise you to conform to the stipulation above.
    標本を受け取るにあたり上記の条件にしたがうことを約束します。

    □ All specimens were received in good condition (Please check in the box).
       標本は全て問題のない状態で受け取りました (ボックス内にチェックをお願いします)。

    Date 日付: _____
    Name 氏名 (in block letter): _____
    Signature 署名: _____
    Address 住所: _____
```

図1 ローン送付の書類例
（大阪市立自然史博物館の様式を改変して，模式的なものを作成）

　代時の引き継ぎにおいて最も安全かつ信頼できる方法だからだ。
　なお，国内の博物館の場合には「県立博物館であれば収蔵標本は県民の財産，市立博物館であれば市民の財産，そしてその財産管理者が学芸員である」ということを学芸員は理解しておくべきだろう。標本の紛失や破損は財産への損害という認識をもつことが肝要だ。このことは，博物館資料の1つである絵画や美術品を思い浮かべればわかりやすい。残念ながら，当時の私も含めて自然史系博物館の学芸員は「博物館標本資料の管理＝財産管理」という感覚に乏し

いと思う。美術館や人文系博物館資料のように研究目的のローンがほぼ不可能に近いほど厳しい管理をする必要はないと思うが，学芸員として標本資料への価値意識は十分に高めておきたい。

　第3に，ローンは合理的な理由のある場合に行うものである。ローンは機関間で行うが，具体的な借用理由は個別の研究者の事情に基づいている。借用依頼において，当該標本が依頼者の業務（研究など）に必要不可欠で，代替えができない点を吟味するべきだ。少しの努力をすればローンをするまでもない場合，そのような努力を怠ってローンの依頼するようなことがあってはならないだろう。また，どこのハーバリウムに自分の研究材料が存在するかを十分に調査することなく，いきなりローンの依頼をしてくる困った例も見られる（後述の体験例を参照）。これらの安易な依頼ケースでは，ローン制度への理解が不十分か，あるいはローン制度利用の経験が浅い可能性があり，貸し出し標本の安全な管理について不安を覚えてしまう。

　私が経験した例では，海外の大学教授から「自分が指導する院生の研究のために標本を貸してほしい」というローン依頼の手紙を受け取った。手紙には10種ほどの借用を希望する分類群が書かれているだけであった。大部分の種類は日本に自生しておらず，依頼した大学の国内に生育するものが多かった。博物館の収蔵庫で調べてみたところ，希望に該当する標本は交換などによって入手した数点のみだったので，ローンの依頼に応じるかどうかどうか考えあぐねた。K博物館に勤めている知人に相談したところ，そこにもまったく同じ文面の手紙が送られてきているとのことであった。おそらく，各地のハーバリウムに同じようなローン依頼を行ったのであろう。だとすれば，十分な標本を所蔵している自国や近隣諸国のハーバリウムが対応すると想像されるので，この依頼に対するローンは行わなかった。

　第4に，梱包作業や輸送および効率的研究のために，ローン点数は重要である。一般的なローンでは，先行研究の成果物に引用された標本の再検討を行うものが多い。この場合，具体的な標本の点数と各標本の情報（種名，採集者名，採集者番号，採集地，採集年月日など）が借用依頼文書にリストされてくるのが普通だ。一方，リヴィジョン研究（ある分類群を対象に網羅的な再検討を行う分類学的研究。膨大な文献資料の収集と膨大な標本資料の再検討作業が不可欠）を目的としたローンでは，大量のローンを依頼してくることが多い。リヴィジョン研究へのローンでは，未同定標本を含めた貸し出し標本すべての同定が期待できるため（ローン返却時にすべての標本に同定結果を記入した

annotation labelが添付されるのが通例，annotation labelについては後述）．貸し出し側にとっては願ってもない機会だ．しかし，研究目的を十分に説明することなく借用希望の種名だけを記した（数量を明記していない）依頼への対応はやっかいだ．借用標本とその点数を把握するには，依頼者本人が当該ハーバリウムに直接出向いて標本の選定とリストの作成を行うのが効率的である．もし事前に借用相談があればそのように助言をしてあげてもよいだろう．そうすれば，学芸員の作業負担は大幅に軽減され，ローン手続きの期間も短縮される．ただし，その場での直接の持ち出しは許可せず，機関からの正式なローン依頼文書を受け取ってから発送する．

ローンの条件

ローンの諸条件を明記した文書（図1）を添付して標本を貸し出す．借り手は標本を受け取ると同時にこれらの文書に，館長（または学芸員）による同意のサインをして直ちに返送する．

貸し出し条件例の4番目に示した「研究成果のフィードバック」は必須事項だ．別刷送付の要求も明記した方がよい．論文に引用された標本は，証拠標本voucher specimenとして博物館資料の価値が高められる．また，annotation label（図2-B, 3）によって同定結果が付された確証標本authentic specimenは，同定の際の重要な拠りどころとなる．新種とされた標本がその研究成果を添付されずにハーバリウムに返送されてくれば，学芸員はその標本が新種であることを認知することができず，いつまでも未同定（あるいは誤同定）標本として収蔵・保管されることになる．そのようなことが起こらないよう，借り手には研究成果のフィードバックを義務づけるべきだ．また，借り手側も「借用ハーバリウムへの貢献（成果の還元）」を常に意識せねばならない．

貸し出し条件の例
- 返却期限：貸出期間は6か月または1年が標準的
- 制限事項：無許可の，標本の一部切り取りを禁止するのが一般的
- 取り扱いの注意事項：安全な保管と虫害への対処を求めるのが一般的
- 研究成果のフィードバック：annotation labelの添付と論文別刷送付を要求するのが一般的
- その他：標本に関する個別の制限や注意事項，謝辞などへの配慮を求めることなどが一般的

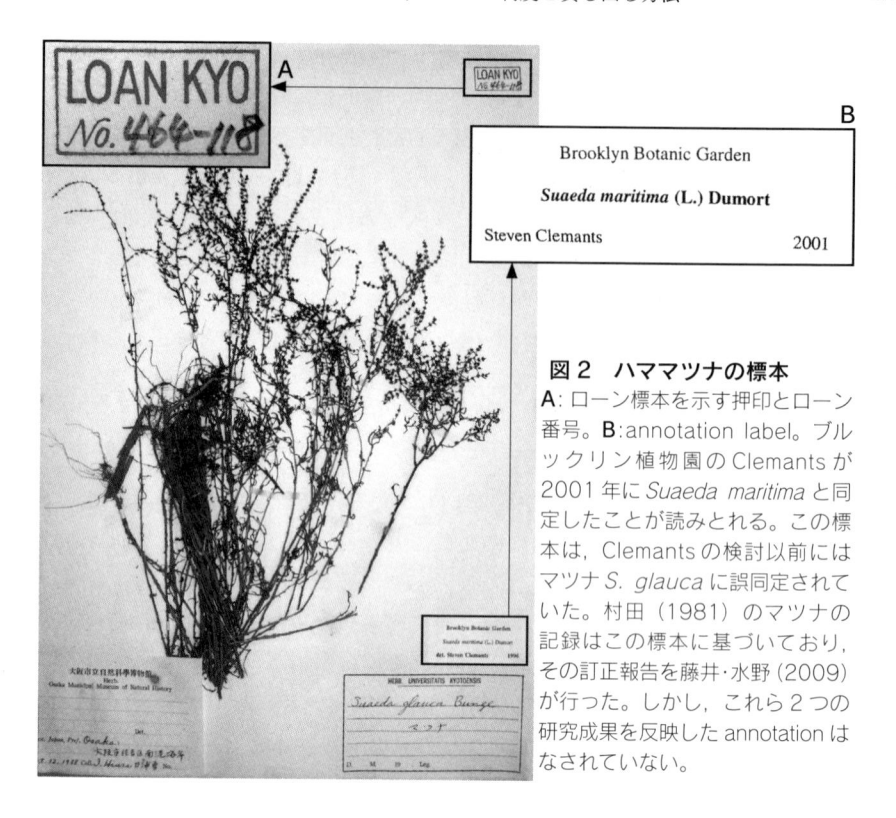

図2　ハママツナの標本
A: ローン標本を示す押印とローン番号。B: annotation label。ブルックリン植物園の Clemants が 2001 年に Suaeda maritima と同定したことが読みとれる。この標本は，Clemants の検討以前にはマツナ S. glauca に誤同定されていた。村田（1981）のマツナの記録はこの標本に基づいており，その訂正報告を藤井・水野（2009）が行った。しかし，これら 2 つの研究成果を反映した annotation はなされていない。

ローンの対象範囲

　ローンの依頼に対して，リクエストのあった標本のすべてを貸し出すことができるとは限らない。以下に列記したような標本をすべて貸し出すのか，一部の貸し出しにとどめるか，あるいはローンの依頼を断るかについては，ハーバリウム内部で一定の基準や共通認識を構築しておくのがよいだろう（ローン依頼の内容に応じてその都度検討するという方法もある）。貸し出しができない場合，依頼相手に対してそのことを伝えると同時に，直接の来館による標本閲覧をすすめるのがよいと思う。

・タイプ標本
・歴史的に重要な価値のある標本（historic collection）
・輸送・貸し出しに耐えられない標本
・文化財などの指定を受けた標本（法令に従った手続きが必要）
・その他の特に貴重なコレクション

・未整理標本

標本を送り出す

標本を送り出す際の作業はおおよそ以下の手順に従うことになる。
1. 標本を抜き出した配架棚に「LOAN中，返却期限：○○」等の札を掲示
2. 標本台紙へのLOANの明示（押印など，図2A）
3. 標本台紙へのハーバリウム名の明示（押印など，図2A）
4. 標本台紙へのローン番号の記入（図2A）と登録
5. 標本データの複写
6. ローン標本のリスト作成
7. 梱包
8. 書類の添付（送り状，ローン標本のリスト，ローンの諸条件など）

ローン標本を抜き出した配架棚にはそのことを明示する。これには，標本管理上と標本閲覧上の2つの意義がある。標本収蔵現場でローン状況の把握が即座に可能であることと，ローン中の空棚に誤って新規標本を配架することを防ぐことができる。一方，標本閲覧に来訪した研究者にとっては，目当ての標本がローン中であるか否かが一目でわかり，標本探索時間を大幅に短縮することができる。

LOANとハーバリウム名の明示（押印）は不可欠だ（図2-A）。これは，借用側のハーバリウムにおいて，所蔵標本とローン標本がまぎれないようにするためである。借用側のハーバリウムでは，多数のハーバリウムから同時にローンを行っていることが普通だ。小規模ハーバリウムですら数万〜10万点，大規模ハーバリウムでは100万点を超える標本資料を所蔵しており，誤って所蔵標本群の中にローン標本がまぎれてしまうと再発見は困難である。

ローン番号（図2-A）はローン標本の管理のためのものであり，重複がなければ自由な番号をふってよい。一般的には，通し番号（混同を避けるため，各ローンで新しい番号を付与するのではなく，すべてのローンに通算した番号）をつける。機関独自の標本の登録番号（あるいはデータベース登録番号）があれば，それを代用してもよい。

標本データ（植物名，採集者名，採集者番号，採集年月日，採集場所，タイプ標本などの種別）を写して，ローン番号に従ってリストを作成する。データベースが構築されていれば，それをコピーするか，あるいはデータベース上に

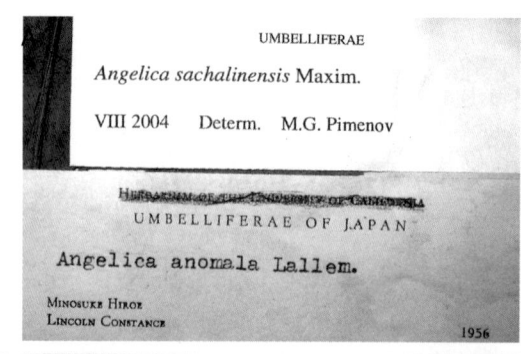

図3 annotation label の例

A: エゾノヨロイグサ標本に添付された annotation label。廣江美之助と Constance が 1956 年に *Angelica anomala* と同定したことを記した annotation（下）と Pimenov が *A. sachalinensis* と同定したことを記した annotation（上）の 2 つが貼られている。Hiroe & Constance の研究成果は 1958 年に「Umbelliferae of Japan」として公表されており，この標本がその研究材料だったことがわかる。当時は大陸から日本にかけて広く分布するこの群を単一種と考えて *A. anomala* の学名を採用していたが，その後の研究によっていくつかの種に細分することが提案され，それにしたがうと日本のものは *A. sachalinensis* に相当する。Pimenov の *A. sachalinensis* とした同定はそのことを示している。なお，この経緯については山崎（1986）が詳しい。
B: フサスゲ標本に添付された annotation。「京都帝國大学理学部紀要 B 11: 472」に引用された標本であることを，1989 年にこの標本を検討した小山博滋氏が記している。
C: カワチスズシロソウ標本に添付された annotation。「大阪市立自然史博物館研究報告 53: 43-52」に引用された標本であることを示している。氏名や日付が書かれていないが，論文発表時に著者本人が添付したものである。B と C の annotation は，同定結果ではなく引用情報を明示している。

　このような annotation は，①再検討の際の強力なポインタとなる，②確証標本となる，③研究成果の埋没を防ぐ，④重複研究の防止，などの利点をもち，後続研究者の労力削減に大きく貢献する。

ローンのフラグを立てる。こうして作成したリストを送り状（貸し出し状）に添付する。現今では，ハードコピーリストのほかに電子データを一緒に添付するところがあり，借用側の作業軽減にもなる。

以上の作業が終了してから標本を梱包し，発送する。

ローン標本の保管

ローン標本は，他の標本群とまぎれないように別のロッカーに収納・保管することが望ましい。また，多数のハーバリウムから借用を行っている場合は，借用先ハーバリウムが混乱しないように注意する。収蔵標本と同様に，虫害，紫外線，温度，湿度には十分に注意し，いざというときのために冷凍処理あるいは薬剤薫蒸の設備を整えておくことが肝要である。

大阪市立自然史博物館では，20℃，湿度50%の条件で24時間の間接空調を行っている（虫害対策だけなら，5〜10月の高温期のみ20℃の空調という方法もあり得る）。これらの設備は大規模ハーバリウムでは常識だが，国内の小規模博物館では不十分な場合が多い。相手との対等なローン関係を確立するためにも，そして収蔵標本の安全な管理のためにも，保管体制の充実への努力が必要だろう。

蛇足だが，個人研究室にローン標本を保管していた知人は，夏季の研究室の冷房温度を20℃に設定していた。事情を知らない私があまりの寒さに「なぜ？」と尋ねたところ，「ローン標本が傷まないように気を遣っている（自分は寒さを我慢している）」との返答を得て，妙に納得した覚えがある。そういえば，私が博物館の学芸員を務めていたときには，研究室の空調は9〜17時のみの運転だったので，熱帯夜の残業の際にはセーターやジャンパーを羽織って20℃の収蔵庫で仕事をしたことがよくあった。収蔵庫の視察者に対して「当博物館では，残業時の労働条件よりも標本の保管条件が優先されています」と説明していた自分を思い出した。

なお，標本ロッカー（図4）の価格だが，スチール製標本ロッカーであれば1台10〜20万円程度である。事務用ロッカーの規格品をベースに棚などの内装を特注で製作してもらうので，発注台数が多ければ単価は安くなる。

返却標本の受け取りと再収納

ローン標本の返却を受けた際には，送付リストと照合して過不足の確認と標本の状態の確認を行う。返却標本には「annotation label」（図2-B, 3）によっ

図4 スチール製の植物標本ロッカーの例

てさまざまなコメントが記されていることが普通である。昨今ではほとんどのハーバリウムで標本データベースが構築されているので，それらのコメントを入力する。

　ここで注意したいのは，annotationは借用する側の義務であり，ハーバリウムへの最大の貢献であるということだ。このことを借用機関は忘れないでほしい。annotation labelが添付されることなく標本が返却されてきた場合，貸出機関は「なぜannotation labelの添付がなされていないのか？」というクレームを行うことも必要だろう（実際にそのようなこともあると聞く）。annotation labelに記されるのは分類学的な同定結果のみではなく，観察結果のメモ（たとえば，花被片の数や胚珠数，顕微鏡で観察された形態情報のメモ），さらには顕微鏡写真，ソフトX線写真などが添付されることもある。また，破壊的な標本利用が許可された場合には，走査電顕写真，透過電顕写真，DNA塩基配列データ，化学成分の分析結果などが添付されて返却されてくる。

　annotation labelの作成は借り手が標本から得た情報を標本そのものにフィードバックする作業であるから，「分類学者以外はannotationができない」と考えるのは見当はずれといえる。標本利用が多様化した現状では，そうしたannotationに関する十分な知識のない研究者への教育や指導が必要になって

いると思われるが，そのことを博物館の標本管理者のみに委ねるのは酷だろう。学会などで組織的に取り組む課題ではないだろうか。

貸し出し時の分類群名と「annotation label」による最新の見解との間に不整合のある場合，どちらの分類群名に基づいてハーバリウムの戸棚に収納するかが大きな問題になる。一般論としては，タイプ標本，証拠標本，確証標本，オールドコレクションなどについては，元の分類群名の場所に収納するのがよいと思う。これらの標本は先行研究によって何らかの利用がされた（あるいはされた可能性が高い）ものであり，後続の研究者がそうした標本の利用を行う際には先行研究で使われた分類群名を検索する可能性が高いからである。理想をいえば，標本シートの複写を作成し，オリジナルは元の分類群名の位置に収納し，複写を新しく同定された分類群名の位置に収納する。ヨーロッパのハーバリウムでは1点の標本にそれぞれの専門家によって異なる名前（3つ以上のこともある）が与えられていることがよくあり，これらのトレーサビリティの確保のために，ダミー標本（複写）をそれぞれの場所に配置することは有効だ。こうした対応が可能なのは，台紙サイズに規格化された植物標本ならではの利点であろう。ただし，この作業を完結するにはかなりの手間がかかる。

代理ローンと個人ローン

原則として研究者個人へのローンが認められていないため，一般の研究者が標本を借りる場合にはハーバリウムを通じて代理ローンを行う。この場合，代理ローンを依頼する研究者は，標本の扱いや保管に関する十分な知識と技能を有し，安全で信頼のおける標本管理能力を有することが前提だ。もしトラブルが生じた場合は，代理ローンを行ったハーバリウムの責任となるので，代理ローンにあたっては学芸員の慎重な判断が必要である。研究者の標本管理能力に不安のある場合は，標本の保管と管理をハーバリウムで行い，ハーバリウムで閲覧をしてもらうのも1つの安全策だ。

ローンはハーバリウム間でのやりとりを原則としているが，この原則は個人へのローンを禁止しているわけではない。自分が学芸員として勤めるハーバリウムや博物館に，個人に貸し出す規定やシステムがあればどんどん貸し出せばよいし，新たにそのような規定を作ってもよい（その際には，既存の博物館条例や博物館規則，あるいは内規などに抵触しないように気をつけること）。また，学芸員による個別判断によって貸し出してもよいだろう。ただし，個人へのローンの場合には，博物館財産である標本の破損や紛失などのトラブルが起こっ

た際の責任所在の明確化が必要だ。

　当たり前の事実だが，ローン期間中は他の研究者が当該標本を研究することはできない。借用した研究者には都合がよくても，他者の研究活動の妨げになることに十分留意すべきだ。このことは，図書館の貸し出し業務を考えると理解しやすい。国立国会図書館ではなぜ貸し出しを行っていないかに思いをめぐらしていただきたい。ローン制度は利用する側に不便をもたらす場合のあることも強調しておきたい。

　植物分類学の世界では標本閲覧はごく当たり前の研究手段として使われ，研究者への利便性も確保されている。研究の内容にもよるが，ハーバリウムを介さなければ依頼できないローンよりも，ハーバリウムに直接出向いての標本閲覧の方が個人研究者にとって手軽な研究方法である。

体験例

　私が博物館在職時代に経験した例だが，海外の大学研究者からローン依頼があった。そこには *Pentacoelium* の標本借用をしたいと記されていたが，具体的な標本の指定（採集者名と採集者番号の明示，あるいは地域の明示）はなかった。じつのところ気乗りはしなかったが，とりあえず収蔵庫で標本を探してみた。当該標本が依頼先に存在するかどうかを確かめずになされる「一方的な依頼」を受けた場合，標本の有無の確認という初歩的な作業から始めざるを得ない。正直いって迷惑なものだ。収蔵庫をチェックした結果，そのような名前の植物を収蔵していないことがわかった。この時点で依頼に応えられないという返信を書いてもよかったのだが，少し気になったのでいくつかの文献を調べてみた（さらに時間が浪費される……）。その結果，*Pentacoelium bontioides* は *Myoporum bontioides*（和名：ハマジンチョウ）のシノニム（同物異名）として扱われていることがわかり，もう一度収蔵庫に出向いた結果，3 点ほどの標本を見出すことができた（二度手間になってしまった……）。*Myoporum bontioides* は国内では主に小笠原諸島と南西諸島に生育する植物であることがわかり，小笠原なら牧野標本館，南西諸島なら鹿児島大学または琉球大学に依頼するのがよいだろう。1 つ気になった点は，シノニムとなっている学名のみを記していた点で，「専門家としての知識は？　標本を貸しても大丈夫？」という印象を私に与えたことである。私は，① *Pentacoelium* の標本は存在しないこと，② *Myoporum bontioides* のシノニムとなっている *Pentacoelium bontioides* の標本はわずかな点数のみがあること，③日本国内で当該標本を多

数収蔵していそうなハーバリウムの名称の3点を手紙に記して返答した。返事はなかったので，この研究者がその後どうしたかはわからない。

依頼者側の立場に立てば，小笠原・鹿児島・沖縄といった地域把握やあらかじめ標本の所在を確認する作業はたいへんであろうし，不可能に近い場合もある。そのため，ダメもとでローン依頼をしてくるのも理解できる。結果として，同じ内容の依頼状を多数のハーバリウムに同時に送ることになるかもしれない。研究時間が保証されていない地方博物館の一学芸員にとって，上の例のような成果の望めない作業に貴重な時間を奪われることはたいへんつらい。借りる方も貸す方も十分な成果を期待すべきで，そのための努力と配慮が必要ではないだろうか。

ローン依頼をする際には，借り手の専門家としての実績を借用先に積極的にアピールして信頼を得ることも重要だろう。所属機関長が作成する借用依頼文書だけでなく，それに添付する手紙に自身のアピールとして過去の標本借用をもとにした研究成果（別刷）を同封するのは有効だと思う。

ここで述べたローンの原則は地方博物館では通用しないことも多い。条例や規則によって貸し出しが規定されている場合は，その条文内容や手続き方法に従うことになる。博物館資料の貸し出しについての取り決めは，美術資料や人文系資料に関してはよく整備されており，自然史系博物館では遅れているのが現状だ。これは，美術資料や人文系資料は展示品としての貸し出しが非常に多いことを反映しているのであろう。こうした資料においては破損や紛失は論外であり，ある程度の利活用を犠牲にしても資料劣化の防止と安全な保存が求められる。それゆえ，収蔵資料の貸し出しにはかなり厳格な制限が設けられていることが多い。特に，歴史系博物館の収蔵資料は文化財保護法の適用を受けるものが少なくないため，遺跡出土物などのローンは研究目的ではなかなか応じてくれない。

総合博物館や小規模博物館において美術系・人文系の規定をそのまま自然史系資料に適用した場合には，研究目的のローンは事実上できない可能性がある。そのような場合には，自然史系資料のローン制度の条例や規則の新設・改正に取り組む努力も必要だ。そのためにも，標本閲覧の実績を着実に積み上げることが重要である。博物館外の研究者へのお願いになるが，「標本のローン依頼に応じてくれないから博物館を利用しない」という近視眼的な考えではなく，「自分たちの頻繁な閲覧利用によって利用の実績を重ねることが，ローン制度

の新設と拡充につながる」ということにも思いをめぐらせてもらいたい.
　国内の博物館はその規模，設備，人員，事業も千差万別であり，本稿で述べた原則どおりにローンを行う義務があるわけでもない．研究者を対象としたローン制度が博物館業務としてそもそも位置づけられていない小規模博物館も多いだろう．研究目的のローン事業の展開は困難かもしれないが，博物館どうしの展示標本の借用と貸し出しを日常的な業務としているところは多い．それゆえ，博物館に収蔵されている標本活用をもう一歩進めるために，ハーバリウム間における研究者を対象としたローン制度を理解しておくことは意義のあることだと思う．「標本管理」という視点に立脚したこの小文が，博物館学芸員はもとより博物館を利用する研究者の参考になり，ひいては標本資料の利活用に資することを願っている．

参考文献

Forman, L. and Bridson, D. 1989. The Herbarium Handbook. Royal Botanic Gardens, Kew.
藤井伸二　2002. 大阪市立自然史博物館植物標本庫（OSA）について．日本植物分類学会ニュースレター **5**: 25-27.
藤井伸二・水野知巳　2009. 移入と思われる伊勢湾のマツナ（アカザ科）．植物研究雑誌 **84**: 50-54.
狩山俊吾　2005. 倉敷市立自然史博物館植物標本庫のご案内．日本植物分類学会ニュースレター **18**: 10-11.
三島美佐子　2007. 九州大学のハーバリウムと所蔵植物標本のご紹介．日本植物分類学会ニュースレター **27**: 14-16.
村田源　1981. 近畿地方植物誌 24. 兵庫生物 **8**: 101-104.
内貴章世　2004. 信州大学理学部植物標本庫（SHIN）のご案内．日本植物分類学会ニュースレター **12**: 13.
落合雪野　2002. 鹿児島大学総合研究博物館植物標本室の紹介．日本植物分類学会ニュースレター **6**: 7-8.
小川誠・茨木靖　2005. 徳島県立博物館植物標本庫（TKPM）のご案内．日本植物分類学会ニュースレター **17**: 14-15.
山崎敬　1986. 日本におけるエゾノヨロイグサの変異．植物研究雑誌 **61**: 238-245.

執筆者一覧 (五十音順)

大島一正[*1] (基礎生物学研究所 生物進化研究部門:第3章, 第11章, 第13章)

岡本朋子 (京都大学大学院 人間・環境学研究科:第7章, 第12章)

奥山雄大 (国立科学博物館:責任編集, 第11章)

亀田勇一 (東北大学大学院生命科学研究科:第11章)

川北 篤[*2] (京都大学大学院 人間・環境学研究科:責任編集, 第11章)

岸田 治 (北海道大学北方生物圏フィールド科学センター天塩研究林:第1章)

北村俊平 (立教大学理学部生命理学科・日本学術振興会特別研究員:第5章)

佐藤博俊 (森林総合研究所関西支所・日本学術振興会特別研究員:第9章, 第11章, コラム2)

島田知彦 (愛知教育大学:第11章)

杉浦真治 (森林総合研究所:第4章)

鈴木まほろ (岩手県立博物館:コラム3)

髙野(竹中)宏平[*3] (長崎大学熱帯医学研究所:第8章)

畑 啓生 (愛媛大学大学院理工学研究科:第6章, コラム1)

藤井伸二 (人間環境大学:コラム4)

細 将貴 (NCB Naturalis:第2章・コラム3)

細川貴弘 (産業技術総合研究所 生物共生進化機構研究グループ:第10章)

山崎一夫 (大阪市立環境科学研究所:第4章)

吉澤和徳 (北海道大学農学研究院:第11章)

　　　　*1:現所属　京都府立大学大学院生命環境科学研究科
　　　　*2:現所属　京都大学生態学研究センター
　　　　*3:現所属　総合地球環境学研究所

生物名索引

【植物】

Aglaia spectabilis 136
Drakaea 177
アカマツ 234
アメリカボウフウ Pastinaca sativa 358
アラカシ 234
イスノキ 104
イチイガシ 234
イチジク 208
エゾノヨロイグサ 384
オオモミジ Acer amoenum 331
オノエヤナギ 105
カワチスズシロソウ 384
カンコノキ属 Glochidion 178
　　ウラジロカンコノキ —— acuminatum 180
　　キールンカンコノキ —— lanceolatum 181, 184, 191
　　カキバカンコノキ —— zeylanicum 190, 191
　　カンコノキ —— obovatum 178, 184, 187, 191
　　ヒラミカンコノキ —— rubrum 181, 184, 191
ガンピ Diplomorpha sikokiana 187
キンモクセイ Osmanthus fragrans var. aurantiacus 175
クズ Pueraria lobata 331
クチナシ Cyperus brevifolius 187
クルミ科 Juglandaceae 71, 84
　　オニグルミ Juglans ailanthifolia 71, 84
　　サワグルミ Pterocarya rhoifolia 71, 85
　　ノグルミ Platycarya strobilacea 71, 85
ケヤキ 103, 104, 108
コチョウラン Phalaenopsis 176
コナラ 105, 234
コナラ属 109
ゴボウ Arctium lappa 331
コミカンソウ科 Phyllanthaceae 178
サトイモ科
　　Furtadoa sumatrensis 205
　　クワズイモ属 Alocasia 200

　　—— macrorrhizos (L.) G. Don 201
　　インドクワズイモ —— macrorrhizos 202, 204, 208
　　クワズイモ —— odora 195, 200, 209
　　ジャワクワズイモ —— alba 201, 205
ザゼンソウ 196
スマトラオオコンニャク 196
タロイモ Colocasia esculenta 197, 199
テンナンショウ（マムシグサ）196
テンナンショウ属 196
フィロデンドロン 196
ポトス 196
ミズバショウ 196
シバ Zoysia japonica 164
シラカシ 234
シロイヌナズナ 84
ジンチョウゲ Daphne odora 175
スイカズラ Lonicera japonica 180
セイタカアワダチソウ 116
ソヨゴ 103
タニウツギ 106, 113
タニウツギ属 110
チャルメルソウ類 273
ツチトリモチ 280
ツツジ科 Ericaceae 71
ツブラジイ 234
ネジキ Lyonia ovalifolia 71
バニラ Vanilla planifolia 175
ハマジンチョウ 388
ハママツナ 382
バラ Rosa 175
ハルニレ 109
ハンマーオーキッド 177, 180
フサスゲ 384
フジ 113
ブタナ Hypochaeris radicata 331
ブナ科 234
マツ科 234
ヤブウツギ 113
ヤマノイモ類 273
ユッカ 208
ラベンダー Lavandula angustifolia 175

【哺乳類】

アカスンダトゲネズミ *Maxomys surifer* 142, 143, 144, 145
アジアゾウ *Elephas maximus* 125
クロオオリス 131, 140, 141
サンバー *Cervus unicolor* 125, 129
シロテテナガザル *Hylobates lar* 125, 131, 140
フィンレイソンリス 131, 140, 142
ブタオザル *Macaca nemestrina* 125, 126, 131, 132, 133, 140
マレーヤマアラシ *Hystrix brachyura* 142, 143

【鳥類】

アメリカコガラ 116
ウグイス 104
カッコウ 104
サイチョウ類 123, 125
　オオサイチョウ *Buceros bicornis* 123, 130, 131, 139, 140, 141
　オナガサイチョウ *Buceros vigil* 126, 127
　キタカササギサイチョウ *Anthracoceros albirostris* 130, 131, 139, 140, 141
　クロサイチョウ *Anthracoceros malayanus* 127, 136
　シロクロサイチョウ *Aceros comatus* 127
　シワコブサイチョウ *Rhyticeros undulatus* 130, 131, 139, 140, 141
　ツノサイチョウ *Buceros rhinoceros* 127
　ビルマサイチョウ *Anorrhinus austeni* 130, 131, 139, 140, 141
セジロコゲラ 116
ハシブトアオバト *Treron curvirostra* 132
ヤマミカドバト *Ducula badia* 131, 132

【両生爬虫類】

イワサキセダカヘビ *Pareas iwasakii* 53, 58, 59
サキシマハブ *Protobothrops elegans* 60
セダカヘビ科 Pareatidae 56
ハブ *Protobothrops flavoviridis* 60
マラッカセダカヘビ *Asthenodipsas malaccanus* 59
イモリ 25, 35
エゾアカガエル *Rana pirica* 11
エゾサンショウウオ *Hynobius retardatus* 11
ハイイロアマガエル *Pseudacris triseriata* 24
ヨーロッパアカガエル 25

【魚類】

イトヨ *Gasterosteus aculeatus* 359, 360
カットスロート・トラウト *Oncorhynchus clarkii* 359
コクチバス *Micropterus dolomieu* 363
スズメダイ科 152
　アイスズメダイ *Stegastes obreptus* 163, 164
　クロソラスズメダイ *Stegastes nigricans* 153, 155, 158, 167
　ジャイアント・ダムセルフィッシュ *Microspathodon dorsalis* 155
　スズメダイモドキ *Hemiglyphidodon plagiometopon* 161, 165
　ダンダラスズメダイ 165
　ハナナガスズメダイ *Stegastes lividus* 162, 165, 166
　ルリホシスズメダイ 165
ヨーロッパフナ 33
レイクトラウト *Salvelinus namaycush* 362
ロックバス *Ambloplites rupestris* 363

【昆虫】

Acrocercops defigurata 93
Acrocercops leucophaea 93, 305
Cameraria niphonica 331
Colletes cunicularius 191
Coptosoma scutellatum 245
Curculio crux 112
Curculio salicivorus 109, 112
Dioryctria schuetzeella 309
Eurosta solidaginis 116
Mordellistena convicta 116
Polyommatus bellargus 309
Pontania 105

Sophophora 亜属 209
　Drosophila obscura 種群 209
　melanogaster 種群 209
Yponomeuta 属 79
アカアシノミゾウムシ 108
イチジクコバチ 208
ウツギメタマバエ 106, 108
エンドウヒゲナガアブラムシ
　Acyrthosiphon pisum 89
オオルリボシヤンマ *Aeshna nigroflava* 26
キアシハネオレバエ 113
キクイムシ 163
キノコアリ 163
キノコシロアリ 163
キムネクマバチ *Xylocopa appendiculata circumvolans* 176
クルミホソガ *Acrocercops transecta* 71
クロツヤサルゾウムシ属 110
クロツヤマルカメムシ *Brachyplatys vahlii* 251
クロフマエモンコブガ 104
ケヤキヒトスジワタムシ 103, 104
ゲンゴロウ 25, 47
コオロギ 49
コツチバチ科 177
サルゾウムシ亜科 110
シギゾウムシ亜科 109
ジュウジチビシギゾウムシ 109
ショウジョウバエ 49, 197
シロアリ 220
シロオビチビシギゾウムシ 105, 106, 109
スガ科 79
セシロヒメハマキ 110
ソヨゴ 110
ソヨゴタマバエ 103, 110, 114
ダイズクロハモグリバエ *Japanagromyza tristella* 331, 332
タイワンマルカメムシ *Megacopta cribraria* 251
タニウツギクロツヤサルゾウムシ 106
タロイモショウジョウバエ属
　Colocasiomyia 197
　——— *alocasiae* 200, 209
　——— *colocasiae* 200
　——— *diconica* 200
　——— *pistilicola* 200
　——— *stamenicola* 200
　——— *xenalocasiae* 200
　baechlii 種群 201
　cristata 種群 200, 207, 208
チビシギゾウムシ 107
チャタテムシ 310
トビケラ 47
ナガキクイムシ亜科 163
ナラメリンゴタマバチ 105
ネマルハキバガ科 77
ノミゾウムシ亜科 108
ハナツヅリマルハキバガ *Depressaria pastinacella* 358
ハナホソガ 182
ハナホソガ属 179
ハネオレバエ科 113
ハネカクシ 206
ハバチ類 106
ハモグリバエ科 Agromyzidae 331
ハリオタマバエ属 116
ハリナシバチ 205
フサカ 17
ホソガ 310
ホソガ科 179, 332
マツモムシ 25
マメゾウムシ 49
マルカメムシ *Megacopta punctatissima* 245
マルカメムシ科 Plataspidae 249
ミツバチ 205
ミヤコキベリマルカメムシ *Coptosoma sphaerula* 251
ミヤマシギゾウムシ 105, 109, 110
ムカシハナバチ科 191
ムカシハナバチ属 191
ヤドリチビシギゾウムシ 109
ヤドリノミゾウムシ 103, 104
ユッカガ 208
ヨトウガ *Mamestra brassicae* 309
リンゴミバエ *Rhagoletis pomonella* 89

【その他の無脊椎動物】

オオジョロウグモ *Nephila pilipes* 60
ザリガニ 25
タイワンオオムカデ *Scolopendra morsitans*

L. 60
ハサミムシ 206
ミジンコ 17, 33
Physa heterostropha 25
イッシキマイマイ *Satsuma caliginosa caliginosa* 62
オナジマイマイ *Bradybaena similaris* 63
カサガイ類 164
クロイワオオケマイマイ *Aegista mackensii* 62
クロイワヒダリマキマイマイ *Satsuma yaeyamensis* 54
サカマキガイ 25
シュリマイマイ *Satsuma mercatoria mercatoria* 65
タママイマイ *Acusta tourannensis* 62
ニッポンマイマイ属 *Satsuma* 54, 60, 65
リュウキュウヒダリマキマイマイ *Satsuma perversa* 65
イシサンゴ類 151
線虫 49
有孔虫 151

【真菌類】

オオシロアリタケ属 220
オニイグチ 224
オニイグチモドキ 224

オニイグチ属 *Strobilomyces* 224
キヌガサタケ 220
コオニイグチ 224
シイタケ 217, 219
セミタケ 219
ツクリタケ 219
トライグチ 224
ブナシメジ 219
ホンシメジ 219
マツタケ 217, 219

【藻類】

Womersleyella setacea 159
イトグサ類 154, 157
サンゴモ類 151, 164, 166
シマテングサ 157
ハタケイトグサ（仮称）156, 159
モサズキ 157
紅藻 154

【細菌】

Buchnera 256
Ishikawaella 256
Wigglesworthia 256

事項索引

【英数字】

2-プロパノール 269, 275
2-メルカプトエタノール 274, 279

AmpDirect Plus 270, 290, 295, 315
annotation label → ラベル
ATL buffer 306
ATバイアス化 AT-biased nucleotide composition 254

BLAST（Basic Local Alignment Search Tool）292, 296

CAPS：Cleaved Amplified Polymorphic Sequences 229
CTAB → 臭化セチルトリメチルアンモニウム
CTAB処理→ タンパク質の変性

DEPC（ジエチルピロカーボネート）279, 281
DMSO溶液 301
DNA 265
　鋳型── 306
　──の断片化 306
DNAタイプ 226
DNA抽出法 265
　DNAの回収 268
　細胞の破壊 275
　細胞の溶解 267
　組織の粉砕 266
　タンパク質の変性（CTAB処理）275

不純物の除去 268
DNA 抽出キット 273
DNA バーコード 288
DNA 分解酵素 310
DNA ポリメラーゼ 308

EDTA 274, 279, 306
EI 法→電子イオン化法

FTA カード 270, 295, 303

GBIF Global Biodiversity Information Facility 366, 370
GC → ガスクロマトグラフィー
GC/MS → ガスクロマトグラフ質量分析計
Global environmental change 364

HEPES 274

L-アスコルビン酸 274

mRNA 279, 284

natural history collections 357
Nested PCR → PCR
New Pangaea 361

PCR 269, 273
　　Nested —— 291, 295, 296
　　second —— 306
　　定量的——法 quantitive PCR 257
PVP → ポリビニルピロリドン

RDB →レッドデータブック
rDNA
　　12 S —— 308
　　18 S —— 161
RNAlater 280

RNase → RNA 分解酵素
RNA 分解酵素（RNase） 279
rRNA 284
　　18 S —— 284
　　28 S —— 284

SDS → ドデシル硫酸ナトリウム
second PCR → PCR
SNP : Single Nucleotide Polymorphism 229, 360
SPME → 吸着剤

TENAX → 吸着剤
TE バッファー 268
Tris-HCl 274

【ア行】

アニーリング温度 308
アミノ酸窒素同位体比→窒素同位体比
亜硫酸ガス 349
アリル→ 仮種皮
アルカリ処理 304
暗期 80
安定同位体比 362
　　窒素同位体比 363
　　　　アミノ酸—— 364
　　　　バルク—— 364
アンモニア 310, 349
　　——水 355

鋳型 DNA → DNA
移植実験 76, 85
異所的種分化→種分化
イソアミルアルコール 268, 275
一次生産 164
遺伝基盤 92
遺伝距離 90
遺伝子流入 88, 91
遺伝的浮動 309
隠蔽種 161, 218

液体窒素 267, 273, 274
液胞 274
エコタイプ ecotype 89
エタノール 273, 277
　　75% 310
　　80% 310
　　無水 310
エタノール沈殿 268
柄付き針 353
越冬処理 343
越冬態 344
遠沈管 79, 340, 347, 355

雄交尾器 73
オルガネラ DNA 242

【カ行】

外骨格 304
外生菌根→ 菌根
外生菌根菌→ 菌根菌
海藻 273
界面活性剤 267
海綿状組織 334
外来種 159
海流分散 167
カオトロピック塩 269
カオヤイ国立公園 123
核 DNA 242
学芸員 370
核酸抽出 349
角質突起（カスク） 126
確証標本→ 標本
核膜 266
隔離
　　交配後—— 90
　　受精後—— 90
　　生殖的—— 76
隔離障壁 88, 90
果実 123
果実食 123
仮種皮（アリル） 133
カスク→ 角質突起
ガスクロマトグラフィー（GC） 325

索引 397

ガスクロマトグラフ質量分析計（GC/MS）325
加速分子進化 accelerated molecular evolution 254
果胞子 167
ガラス吸着法 269
刈り取り者→グレイザー
仮ラベル→ラベル
乾燥標本→標本

記載論文 77
寄主植物 75, 335
　祖先的── 95
　派生的── 95
寄主適応力 91
寄主転換 host shift 91
寄主特異性 89, 90
寄主範囲 75
寄主利用能力 75, 76, 89, 92
　──遺伝子 89, 92
寄生者 75
喫食者→グレイザー
キムワイプ®
　正方形型── 343
　短冊型── 343
吸着剤 adsorbent 318
　SPME 319
　TENAX 318
吸虫管 80
キュレーター 366
夾雑物 273
共種分化 cospeciation 250
共進化 54, 358
共生細菌 bacterial symbiont
　細胞外── extracellular 254
　細胞内── endocellular 254
共優性遺伝マーカー 244
菌園 167
菌根 220
　外生── 221
菌根共生 220
菌根菌 220

外生── 221
菌糸 219

グレイザー（喫食者，刈り取り者）152
クレード 224
クローニング処理 308
クロロホルム 268, 275

毛抜き 351, 353
ゲノミクス 357
ゲノム縮小 genome size reduction 254
ゲノム情報 279

恒温器 310, 344, 346
恒温室 344, 346
口器 333
交配後隔離→隔離
交配実験 76, 86
交配場所 90
交尾嚢 80
国際野外生物学コース 124, 125
昆虫標本→標本
根毛 221

【サ行】

サイエンスミュージアムネット 370
採集ラベル→ラベル
細胞壁 266
細胞膜 266
酢酸エチル 310, 349
酢酸ナトリウム 268, 276
柵状組織 334
腊葉標本→標本
雑種第1代（F1）87
殺虫 349
砂糖水 79, 83, 340
左右性 62
左右非対称性 57
サンゴ礁 151
散布者 123
サンプルチューブ 267

産卵選好性 75, 76, 89, 92
　──遺伝子 89, 92
　──実験 76, 81

飼育番号 341, 344, 353
飼育法 343
飼育容器 341
飼育ラベル→ラベル
ジエチルピロカーボネート→DEPC
脂質 267
子実体 219
次世代シーケンシング 360
自然選択 90
ジップロック® 335, 340, 347, 355
質量電荷比（m/z）327
四分胞子 167
脂肪族化合物 aliphatics, fatty acid derivatives 317
周縁的種分化→種分化
臭化セチルトリメチルアンモニウム（CTAB）267, 286, 295
宿主特異性 222
種子 123
種子散布 123, 125, 130, 136, 137, 141, 147
　──範囲 seed shadow 145
種子食害 140, 141
受精後隔離→隔離
出現時期 90
種特異性 163
種の保存法 367
種分化 speciation 73, 74
　異所的── 73, 74
　　周縁的種分化 74
　　二所的種分化 74
　　生態的── ecological ── 74
　　適応的── adaptive ── 74
　非異所的── 73, 74
　　側所的種分化 74

同所的種分化 74
証拠標本→標本
鞘翅目 306, 332
植食性昆虫 75
食虫植物 92
食物網 361
除藻行動 157
真核生物 266
真菌類 219
新種記載 77
侵略的外来生物 362

垂直伝播 vertical transmission 247
スチロールチューブ 355
住み込み連鎖仮説 152
スメア 308

生殖的隔離→隔離
生存率 88
生物学的種 218
生物学的種概念 74
生物多様性 151
精包 80
絶対栽培共生 161
前額縫線 333
染色体 266

藻園 152
藻食性 152
双翅目 332
相利共生者 mutualist 247
側所的種分化→種分化
組織 266
組織破砕機 274

【タ行】

タイプ標本→標本
多糖類 265, 275, 276, 280, 297
タンニン 273
タンパク質 266, 275
タンパク質の変性→DNA抽出法
タンパク質分解酵素 277

窒素同位体比→安定同位体比
中規模攪乱説 155

定量的PCR法→PCR
デカント 275
適応的種分化→種分化
テルペノイド 317
電子イオン化法（EI法）327
展翅テープ 351, 354
展翅板 351, 353, 354
展翅板ケース 353
天敵 75

同位体分別 362
頭蓋 333
透過処理 306
凍結保存 273, 280
同所的種分化→種分化
同定ラベル→ラベル
突然変異 90, 92, 93
ドデシル硫酸ナトリウム（SDS）267
ドライアイス 273

【ナ行】

ナチュラルヒストリー 371
なわばり 152
軟化処理 306
軟体動物 297

肉抜き 302
二所的種分化→種分化
日長周期 344
乳鉢 274

ヌクレアーゼ 273

熱帯季節林 123

【ハ行】

ハーディ・ワインベルク平衡 231, 243
博物館標本→標本

微針 350, 351, 353
ヒストン 266
表皮細胞 334
標本 specimen
——閲覧 368
——作製 310
——貸借 366
——の保存
　4℃—— 310
　−80℃—— 310

　液体窒素中 310
　室温—— 310
確証—— authentic —— 381
乾燥—— 306, 349
昆虫—— 304
腊葉—— 273
証拠—— voucher —— 381
タイプ—— 305, 365, 382
博物館—— 304
標本作製法 332, 349

富栄養化 359
フェノール 268
フェノール・クロロホルム洗浄 268, 298, 313
フェノール・クロロホルム抽出 279
孵化率 87, 88
複合形質 91, 92
副産物 90
腐食連鎖 164
腹脚 333
プライマー 306
フラグメンテーション 327
プラスチック容器 81, 347
プロテアーゼ処理 304
プロテナーゼK 277
分光光度計 276
分子系統解析 92
分類学 77

平均台 353, 354
ペレット 275
　——ミキサー 267
ベンゼノイド 317

胞子 219
捕食者 75
ホストレース host race 88, 89, 91
母性効果 89
ホットスタート 308
ボトルネック 309
ポリエチレングリコール 280
ポリビニルピロリドン（PVP）274
ポリフェノール 274, 275, 280
ポリフェノール類 273
ポリフォーム台 350, 353
ポリメラーゼ 308

【マ行】

マイクロサテライト 308
マイン mine 71, 331
マウント台 353
膜翅目 332
マススペクトル mass spectrum 327
実生 79
ミトコンドリア COI 遺伝子 306
ミトコンドリア DNA 93

虫ピン 353

明期 80
メルカプトエタノール 277
メンディングテープ 344

戻し交雑世代 backcross 88

【ヤ行】

有機層 275

幼虫
　ウジ虫型—— 332
　吸液型—— sap feeder 333
　咀嚼型—— tissue feeder 333
葉肉組織 331

【ラ行】

ライトトラップ 78
ラベル
　annotation label 381
　仮—— 351
　採集—— 349, 353, 354
　飼育—— ß 353, 354
　同定—— 353

リーフマイナー leaf miner 71, 331
リボソーム RNA 遺伝子 288
鱗翅目 332

累代飼育 87
　——実験 76, 89
　——法 332, 343

レッドデータブック（RDB）55

ローン番号 383

【ワ行】

ワシントン条約 367

種生物学会（The Society for the Study of Species Biology）

植物実験分類学シンポジウム準備会として発足。1968年に「生物科学第1回春の学校」を開催。1980年，種生物学会に移行し現在に至る。植物の集団生物学・進化生物学に関心を持つ，分類学，生態学，遺伝学，育種学，雑草学，林学，保全生物学など，さまざまな関連分野の研究者が，分野の枠を越えて交流・議論する場となっている。「種生物学シンポジウム」（年1回，3日間）の開催および 学会誌の発行を主要な活動とする。

● 運営体制（2010～2012年）
- 会　　　長：角野 康郎（神戸大学）
- 副 会 長：川窪 伸光（岐阜大学）
- 庶務幹事：小林 剛（香川大学）
- 会計幹事：布施 静香（兵庫県立人と自然の博物館）
- 学 会 誌：英文誌　Plant Species Biology（発行所：Wiley-Blackwell）
  - 編集委員長／大原 雅（北海道大学）
- 和文誌　種生物学研究（発行所：文一総合出版，本書）
  - 編集委員長／藤井伸二（人間環境大学）
- 学会HP：http://www.speciesbiology.org

種間関係の生物学
共生・寄生・捕食の新しい姿

2012年3月31日　初版第1刷発行

編●種生物学会

責任編集●川北 篤・奥山雄大

©The Society for the Study of Species Biology　2012

カバー・表紙デザイン●村上美咲

発行者●斉藤 博

発行所●株式会社　文一総合出版
〒162-0812　東京都新宿区西五軒町2-5
電話●03-3235-7471
ファクシミリ●03-3269-1402
郵便振替●00120-5-42149

印刷・製本●奥村印刷株式会社

定価はカバーに表示してあります。
乱丁，落丁はお取り替えいたします。
ISBN978-4-8299-6200-8　Printed in Japan

JCOPY　<（社）出版者著作権管理機構 委託出版物>

本書（誌）の無断複写は著作権法上での例外を除き禁じられています。複写される場合は，そのつど事前に，（社）出版者著作権管理機構（電話 03-3513-6969，FAX 03-3513-6979，e-mail: info@jcopy.or.jp）の許諾を得てください。また本書を代行業者等の第三者に依頼してスキャンやデジタル化することは，たとえ個人や家庭内の利用であっても一切認められておりません。